博士后文库
中国博士后科学基金资助出版

激波串/边界层相互作用机理及其流动控制方法

王子傲 著

科学出版社
北京

内 容 简 介

本书对高超声速进气道-隔离段中激波串的流动结构、振荡特性、流动控制方法进行了介绍，分析了矩形超声速等直隔离段中扰动对激波串的影响机制，描述了激波串振荡过程中流场的空间振荡结构及不同振荡结构之间的运动关系，介绍了弯曲超声速叶栅中激波串流场的演化规律，揭示了均匀来流和背景波系作用下的内凹通道中激波串流场特性，阐明了内凹通道中激波串与流向涡相互作用机理，建立了微型斜坡对激波串结构和振荡的控制机理，并揭示其内在流动控制机理。

本书适合从事航空航天推进系统设计、分析、教学与生产的科技人员参考，以及从事高超声速推进技术、航空航天发动机技术研究的科研人员阅读，也可以作为航空宇航推进理论与工程专业及工程热物理专业高年级本科生及硕士研究生的教学参考书。

图书在版编目(CIP)数据

激波串/边界层相互作用机理及其流动控制方法 / 王子傲著. — 北京 : 科学出版社, 2025. 6. —（博士后文库）. — ISBN 978-7-03-080312-2

Ⅰ. V43

中国国家版本馆CIP数据核字第2024G5A048号

责任编辑：陈　婕　赵微微 / 责任校对：任苗苗
责任印制：肖　兴 / 封面设计：陈　敬

科学出版社 出版
北京东黄城根北街 16 号
邮政编码: 100717
http://www.sciencep.com
涿州市般润文化传播有限公司印刷
科学出版社发行　各地新华书店经销
*
2025 年 6 月第　一　版　开本：720 × 1000　1/16
2025 年 6 月第一次印刷　印张：19
字数：380 000

定价：168.00 元

（如有印装质量问题，我社负责调换）

“博士后文库”序言

1985年，在李政道先生的倡议和邓小平同志的亲自关怀下，我国建立了博士后制度，同时设立了博士后科学基金。40年来，在党和国家的高度重视下，在社会各方面的关心和支持下，博士后制度为我国培养了一大批青年高层次创新人才。在这一过程中，博士后科学基金发挥了不可替代的独特作用。

博士后科学基金是中国特色博士后制度的重要组成部分，专门用于资助博士后研究人员开展创新探索。博士后科学基金的资助，对正处于独立科研生涯起步阶段的博士后研究人员来说，适逢其时，有利于培养他们独立的科研人格、在选题方面的竞争意识以及负责的精神，是他们独立从事科研工作的“第一桶金”。尽管博士后科学基金资助金额不大，但对博士后青年创新人才的培养和激励作用不可估量。四两拨千斤，博士后科学基金有效地推动了博士后研究人员迅速成长为高水平的研究人才，“小基金发挥了大作用”。

在博士后科学基金的资助下，博士后研究人员的优秀学术成果不断涌现。2013年，为提高博士后科学基金的资助效益，中国博士后科学基金会联合科学出版社开展了博士后优秀学术专著出版资助工作，通过专家评审遴选出优秀的博士后学术著作，收入“博士后文库”，由博士后科学基金资助、科学出版社出版。我们希望，借此打造专属于博士后学术创新的旗舰图书品牌，激励博士后研究人员潜心科研，扎实治学，提升博士后优秀学术成果的社会影响力。

2015年，国务院办公厅印发了《关于改革完善博士后制度的意见》(国办发〔2015〕87号)，将“实施自然科学、人文社会科学优秀博士后论著出版支持计划”作为“十三五”期间博士后工作的重要内容和提升博士后研究人员培养质量的重要手段，这更加凸显了出版资助工作的意义。我相信，我们提供的这个出版资助平台将对博士后研究人员激发创新智慧、凝聚创新力量发挥独特的作用，促使博士后研究人员的创新成果更好地服务于创新驱动发展战略和创新型国家的建设。

祝愿广大博士后研究人员在博士后科学基金的资助下早日成长为栋梁之材，为实现中华民族伟大复兴的中国梦做出更大的贡献。

中国博士后科学基金会理事长

前　言

人类对飞行和速度的迷恋已经持续了几个世纪，这两个概念的结合激励了多代空气动力学家和工程师投入大量精力开发高速飞行器，对于在高空飞行的高速飞行器，进入燃烧室的空气需要经历显著的压缩和加热，该原理是吸气式发动机(如冲压发动机和超燃冲压发动机)的特征，利用高速气流的物理特性，通过内部几何形状的变化来压缩空气。这种设计使发动机能够在燃气涡轮发动机效率降低的高速飞行状态下保持运行，由于其没有运动部件、结构简单，因此极具吸引力。

在吸气式高超声速飞行器的飞行过程中，低密度空气进入发动机进气道，在到达燃烧室之前被压缩。在大多数高速进气道中，气流的压缩，包括外部和内部过程是通过激波实现的，内部压缩是在进气道-隔离段内部通过一种极其复杂的机制实现的，即激波串结构，该机制的特点是激波结构在流动通道中传播较长的距离。燃料的燃烧导致燃烧室内压力迅速上升，而进气道-隔离段内部激波串结构的形成则导致流动通道上游和下游条件的不同。国内外已出版的同类书籍针对进气道-隔离段的设计方法、宏观性能、不起动失稳特征等开展了描述，然而对于进气道-隔离段中的重要流动现象“激波串”的阐述较少，进气道-隔离段中激波串的结构、位置、运动等特性对于发动机的安全高效运行至关重要。

本书聚焦于吸气式高超声速进气道-隔离段流场中激波串这一重要结构，按照“由单一因素到复杂耦合、由现象剖析到机理揭示、由规律总结到理论预测、由流场认知到流动控制”的学术思想进行，内容涵盖高超声速二元进气道-隔离段、高负荷航发压气机超声速叶栅以及高超声速三维内转式进气道-隔离段，结合理论分析、风洞实验以及数值模拟，揭示超声速内部流场中激波串/边界层相互作用机理并建立流动控制方法，为提高吸气式高超声速飞行器气动性能提供理论和方法支撑。

本书共分为 5 章。全书的撰写、修改与校订由哈尔滨工业大学王子傲完成，参与本书撰写的博士后有吕铖坤和孔辰，硕士和博士研究生有信宣安、姚凯、黄赐映、洪章园、黄仁哲等，在此向他们表示衷心的感谢。

由于作者水平有限，书中难免存在不足之处，恳请读者批评指正。

作　者

2024 年 8 月

目录

第 1 章　概　论

1.1　引　言

在当下年代若发生战争，决定胜负的将不是人数，而是科技含量，尤其在制空权方面，如果一个国家能够研制出飞行速度超越其他所有国家的飞行器，将会极大提高该国家的空军力量[1]。在高马赫数下的飞行器拥有更强的突防能力和攻击能力，在高速飞行时也会有更大的概率躲避攻击，甚至能够使敌方的防空系统失效，其生存能力不仅得到加强，而且还会拥有更多的作战主动权[2]。高超声速飞行器以其独特的速度和机动性，具有革命性的军事和民用应用前景(图 1.1)。美国[3]、法国[4]等先后自主研制了高超声速飞行器，其飞行试验为我国在该领域的研究提供了宝贵的飞行数据。

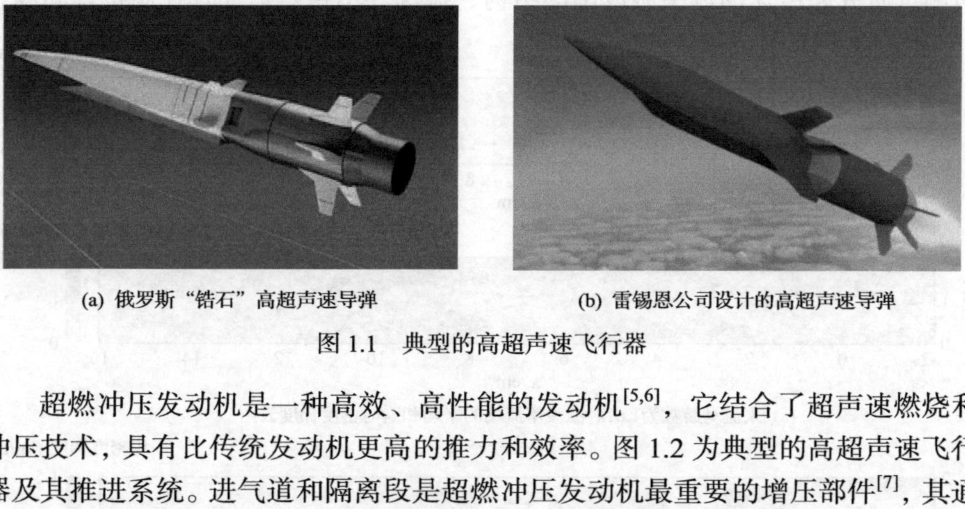

(a) 俄罗斯“锆石”高超声速导弹　　(b) 雷锡恩公司设计的高超声速导弹

图 1.1　典型的高超声速飞行器

超燃冲压发动机是一种高效、高性能的发动机[5,6]，它结合了超声速燃烧和冲压技术，具有比传统发动机更高的推力和效率。图 1.2 为典型的高超声速飞行器及其推进系统。进气道和隔离段是超燃冲压发动机最重要的增压部件[7]，其通道内部的流动特性极其复杂，如激波串与边界层相互作用[8]、激波与激波之间相互耦合作用[9]以及强涡流[10]等，这些流动因素也是影响进气道和隔离段增压过程的关键。此外，进气道和隔离段的流场质量影响燃烧室内的气流稳定性和混合效果[11]，但直到目前，关于进气道和隔离段流场机理的现有理论和实验不够充分，因此，深入研究进气道和隔离段气流的流动特性是解决超燃冲压发动机关键技术的重要因素。

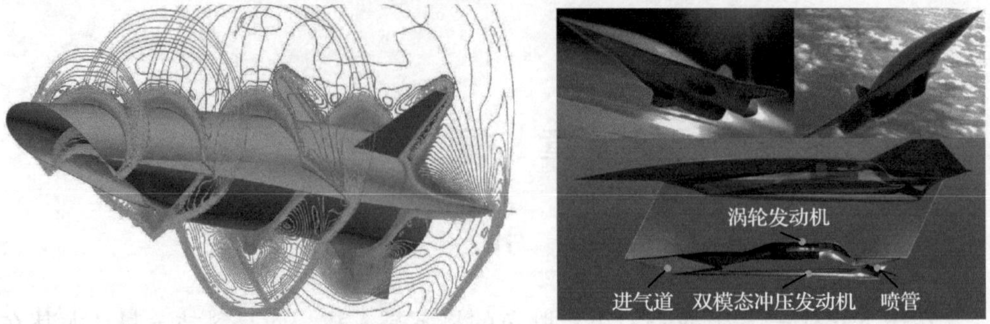

(a) HIFiRE-6飞行器及其流场马赫数云图　　(b) SR-72飞行器及其推进系统

图 1.2　典型的高超声速飞行器及其推进系统

激波串结构是高超声速进气道-隔离段中广泛存在的一种流场结构(图 1.3)[12]，激波串流场中存在着由压缩波和膨胀波组成的复杂波系，超声速内流中的非定常机制是由多个亚声速分离区域和激波串核心流动区域的耦合波动引起的[13,14]，其频率范围很广。目前关于真实发动机复杂内部流动的机理研究较少，潜在的对发动机性能、不起动检测、不起动控制等问题的影响不能被很好地暴露，因此本书侧重研究超声速内流中激波串的结构、振荡、不稳定运动及控制机理问题，

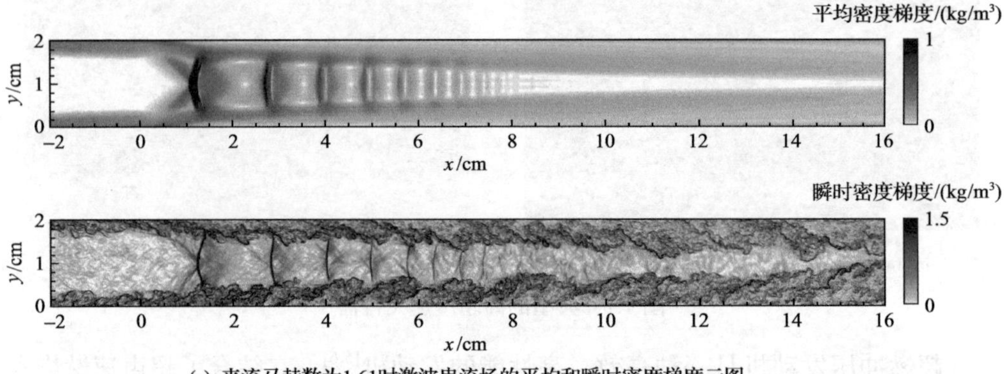

(a) 来流马赫数为1.61时激波串流场的平均和瞬时密度梯度云图

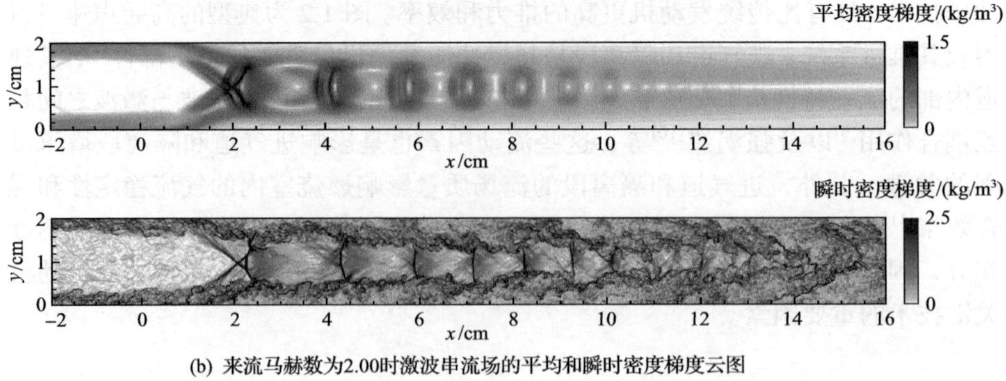

(b) 来流马赫数为2.00时激波串流场的平均和瞬时密度梯度云图

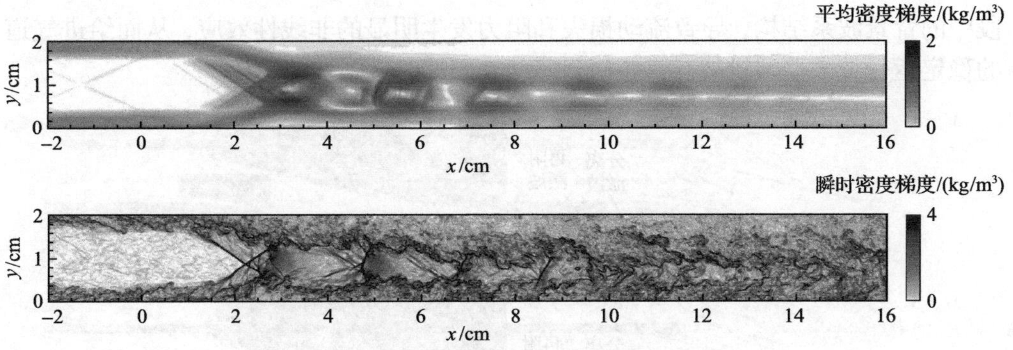

(c) 来流马赫数为2.45时激波串流场的平均和瞬时密度梯度云图

图 1.3 激波串流场结构

探索发展激波串流动控制方法，为超燃冲压发动机的研制提供理论基础，确保其安全高效运行。

1.2 高超声速进气道-隔离段中的激波串流动

超燃冲压发动机内部流体流动是一个复杂系统，包括进气道捕获空气、隔离段激波串减速增压、燃烧室燃烧燃料、尾喷管加速等步骤之间的紧密关联和协同作用。在实际运行中，超燃冲压发动机通过调节前后气流的匹配关系适应飞行马赫数和飞行高度的变化，以确保其长期处于安全高效的工作状态。隔离段通过激波串流场结构平衡进气道来流和燃烧室燃烧，有效隔离了燃烧过程和压缩过程之间的相互干扰[5]。激波串被视为匹配进气道和发动机的重要流场结构，其位置对发动机的安全裕度有着重要影响，因此吸引了许多研究人员对其展开探索研究。超燃冲压发动机的创始人 Billig 教授在 1973 年的一篇文章中提出了激波串前缘位置的数学模型，该模型被称为 Billig 公式[15]。他认为，隔离段激波串前缘位置受到来流马赫数、边界层动量厚度、动量厚度雷诺数、管道特征长度和背压比等因素的共同影响。

在超燃冲压发动机实际工作中，来流首先通过进气道进行压缩，形成入射激波，然后进入隔离段，入射激波在隔离段内上下壁面间不断反射，形成复杂的背景波系结构。在不同来流条件下，背景波系结构存在多种模式[16]。图 1.4 展示了在不同来流马赫数(M_∞)下，进气道激波串流场的密度梯度及涡流黏度云图。当来流马赫数较小，为 4 时，唇口激波入射带来的逆压力梯度引发了前体侧流动分离，在分离点处形成分离激波，在再附点处形成一道再附激波，两道激波在唇罩侧反射到隔离段中，形成了背景波系结构。当来流马赫数为 5 时，由于唇口激波诱导前体侧分离泡尺度减小，分离激波和再附激波的反射点逐渐靠近，背景波系结构中只有一道激波在唇罩侧和前体侧之间反射。因此，来流条件的改变会影响进气道和隔离段中的背景波系结构，导致流动损失和阻力发生明显的非线性效应，从而给进气道的稳定运行带来严峻挑战。

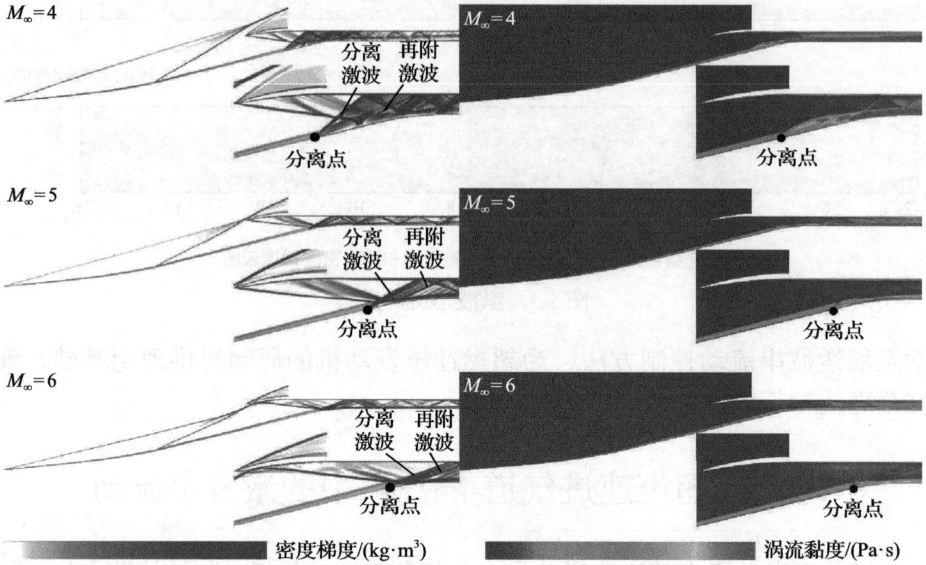

图 1.4　在不同来流马赫数下进气道激波串流场的密度梯度及涡流黏度云图

激波串在背景波系扰动下的运动过程通常伴随着突跳运动特性[17]，导致大面积的流动分离以及激波串前缘向上游的快速移动。观察激波串突跳过程的纹影图像(图 1.5)可发现，激波串的运动状态主要受激波串前缘的流动分离影响，突跳运动会使进气道在相同来流和背压条件下的安全裕度急剧降低，当激波串移动到喉道附近时，突跳运动容易引发进气道不起动流动失稳，进而对发动机的可靠工作和稳定控制产生严重影响。

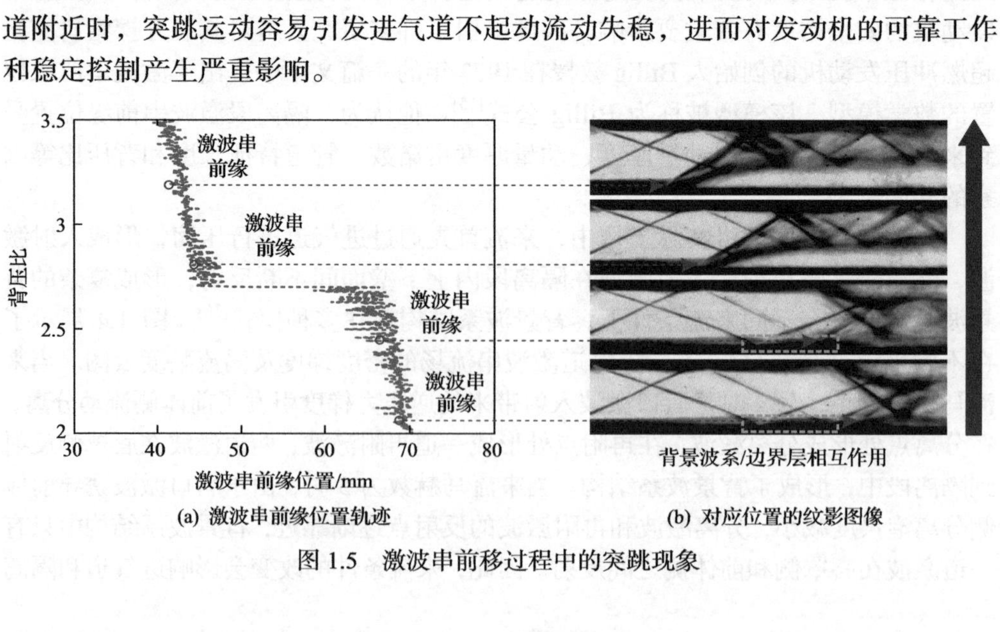

图 1.5　激波串前移过程中的突跳现象

综上所述，高超声速进气道-隔离段中激波串的结构、位置、运动等特性对于发动机的安全高效运行至关重要，而高超声速进气道-隔离段中背景波系干扰下的激波串运动表现出非线性、突跳性与不可预测性。因此，本书以高超声速进气道-隔离段流动为代表的背景波系作用下激波串流动为研究对象，开展了针对性风洞实验，并紧密结合数值模拟和理论研究，揭示了高超声速进气道-隔离段中的激波串流动机理，为超燃冲压发动机在高超声速飞行器自主飞行过程中的安全可靠工作提供技术支撑。

1.3 高负荷航发压气机超声速叶栅中的激波主导流动

航空发动机被誉为一个国家的工业明珠，也是现代航空工业的基础所在。我国航空发动机经历多年发展，正在不断实现航空强国的战略目标。从航空发动机的演进历史来看，增大推重比一直是研究的关键目标[18]。

降低压气机级数、减小压气机重量，是增大推重比的有效途径。但这会使得压气机的单级增压比增大，基于激波增压，超声速叶栅可以获得较高的单级增压比[19]。然而，高的来流马赫数会导致超声速叶栅流场中激波损失增加，且过强的激波会诱导边界层分离，甚至流场失稳，对压气机效率及稳定性十分不利[20]。因此，高负荷航发压气机超声速叶栅中的激波主导流动是不可避免的重要现象，值得深入研究。

超声速叶栅中激波损失显著[21]，同时激波诱导边界层局部分离甚至完全分离，加剧了流动分离损失[22-27]。如图 1.6(a)所示，前缘激波、膨胀波、预压缩激波、入射激波、分离激波、结尾激波等多种波系结构存在于超声速叶栅流场中，入射激波和结尾激波分别导致了吸力面边界层和压力面边界层的分离[28]。如图 1.6(b)所示，流动分离区域的总压损失显著增加，导致流场总压恢复系数减小，叶栅流动损失急剧增加[29]。

超声速叶栅中激波/边界层相互作用会导致流动失稳发生的概率增加，压气机流动失稳是航空发动机不可触碰的红线，是要不惜一切代价避免的问题，然而，超声速叶栅流动呈现强逆压，叶栅流场中低能边界层流体受强激波作用极易发生分离诱发流动失稳[30,31]。如图 1.7(a)所示，结尾激波入射吸力面引起的分离流动扩张触发了失稳流动的发生，在失稳流动期间，结尾激波在吸力面前缘和压力面前缘之间大幅度振荡，随着结尾激波脱体距离的增加，叶栅的流量捕获系数不断下降[32]。如图 1.7(b)所示，在失稳流动期间，结尾激波在吸力面前缘和压力面前缘之间大幅度振荡，进而产生周期性力/热载荷，容易引起飞行器结构的破坏，大大增加控制难度。

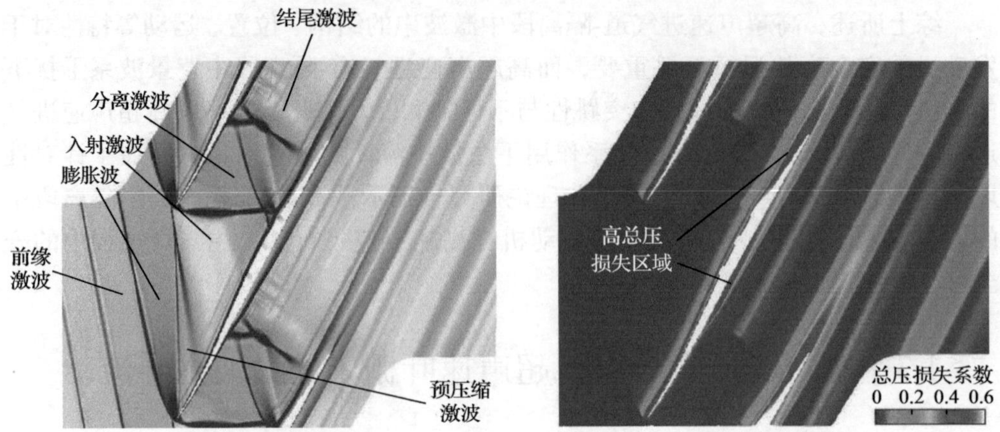

(a) 流场中的波系结构　　(b) 流场中的总压损失分布

图 1.6　超声速叶栅流场结构及损失分布

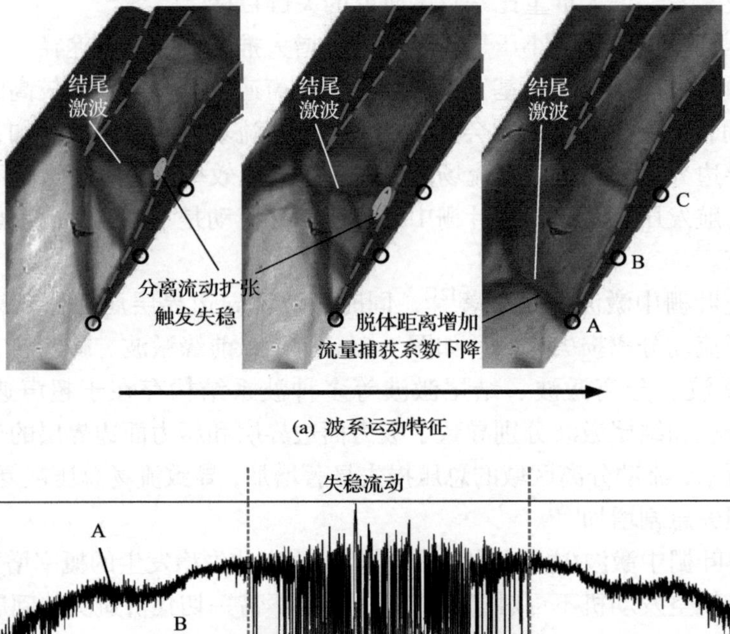

(a) 波系运动特征

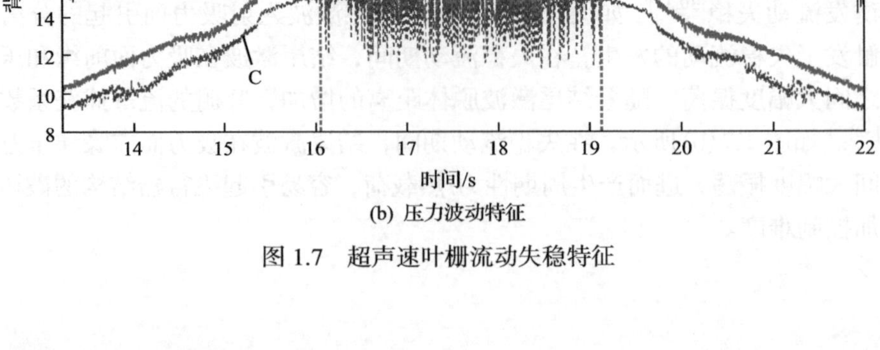

(b) 压力波动特征

图 1.7　超声速叶栅流动失稳特征

综上所述，高负荷航发压气机超声速叶栅流动过程复杂，存在多种激波/激波、激波/边界层相互作用模式，导致流场损失增加，易造成叶栅失稳。本书以高负荷航发压气机超声速叶栅流动为研究对象，设计了自由射流式超声速叶栅风洞实验平台，紧密结合数值模拟与理论分析，开展超声速叶栅中激波串流场的演化规律研究，为未来新型航发超声速压气机叶栅的安全高效运行提供关键技术支撑。

1.4 内转式进气道-隔离段中的激波串与流向涡耦合干扰流动

近年来，三维内转式进气道逐渐成为未来高超声速进气道的发展趋势[7]。然而，其流场中的流向涡是不可避免的重要流动现象，值得深入研究。内转式进气道前缘 V 字形唇口[33]以及弯曲型面[34]导致进气道内部出现多对不同大小的流向涡对。与典型的二维进气道相比，内转式进气道在隔离段的横截面上存在较大的低总压、低马赫数和高涡量的涡流区[35]。如图 1.8(a)所示，在前缘 V 字形唇口处，激波相交产生的剪切层逐渐收敛到展向对称面，激励并夹带附近流体形成一对反向旋转的唇罩侧流向涡[36]。如图 1.8(b)所示，流向涡在发展过程中逐渐接近展向对称面，其中心线向主流抬升。越靠近下游，流向涡涡核的直径越大，影响范围越广，进而导致更大面积的流场发生畸变。

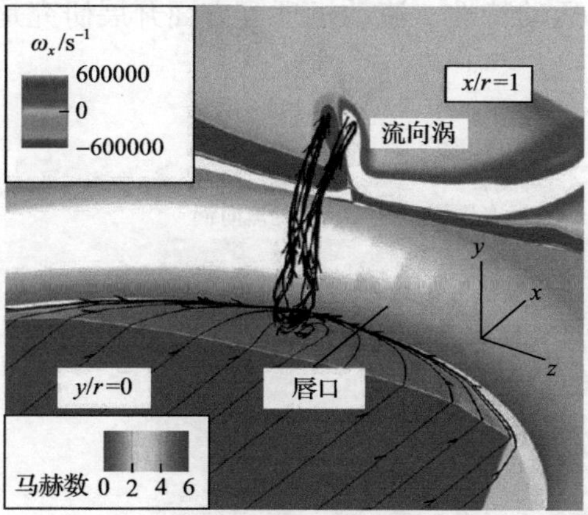

(a) 流向涡的产生过程

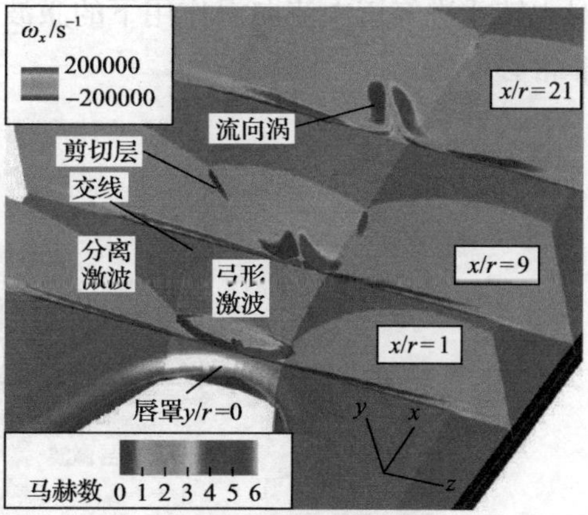

(b) 流向涡的发展过程

图 1.8 内转式进气道前缘 V 字形唇口处的流向涡产生与发展过程

r-前缘钝圆角半径；ω_x-流向涡量

在内转式进气道中，在压缩面侧弯曲型面产生的约束作用下，角区二次流与主流相互作用剪切诱导压缩面侧流向涡的形成[10]。唇罩侧流向涡和压缩面侧流向涡最终汇聚成一个流向涡，占据着进气道内流道横截面较大部分的面积。流向涡的低总压特征导致进气道的总压恢复性能降低、流场品质变差；流向涡的影响规模大导致流场复杂性增强，畸变指数增加；流向涡的低动能特征导致流道堵塞，下游背压扰动容易沿着涡流区向上游传播，进而导致激波串前传，降低进气道的安全裕度和抗反压性能。对于三维压缩高超声速进气道，在进气道侧向压缩的作用下，其内部的流向涡是不可避免的重要流动结构[37]。而内转式进气道作为目前极具发展潜力的三维压缩高超声速进气道，其内部流向涡与激波串耦合诱发出新的流动现象。因此，内转式进气道中流向涡与激波串耦合干扰的流动机理与控制方法是亟待解决的重要问题。

从定常视角，内转式进气道中反压易于沿着低动能的流向涡[38,39]流区向上游传播，进而导致激波串前传，降低进气道的安全裕度。如图 1.9(a)所示，二元进气道中唇口激波扫掠诱导的流向涡只局限于角区[40]；如图 1.9(b)所示，内转式进气道的内凹通道产生的周向约束导致更多低动能流体聚集，唇口激波入射带来的压力梯度驱动高、低速流体卷吸，从而导致流向涡规模显著增加[35]。内转式进气道中流向涡的存在强化了激波串上游气流的不均匀程度，还会增加激波串上游的边界层厚度，如图 1.10 所示，随着来流边界层厚度的增加，激波串上游气流的不均匀程度增加，近壁面低能流的抗反压能力下降，进而导致激波串向上游运动，进气道的安全裕度下降[41]。流向涡对进气道可靠工作、稳定控制等有重要影响，对内转式进气道中流向涡作用下的激波串运动特性、流动机理等方面开展研究是非常必要的。

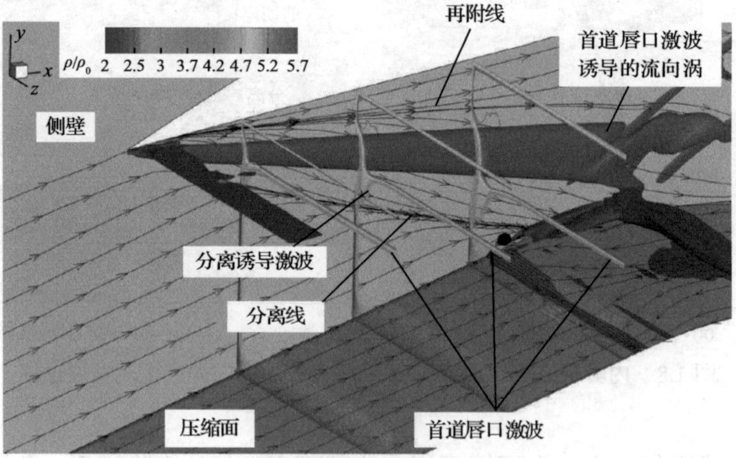

(a) 二元进气道中的流向涡

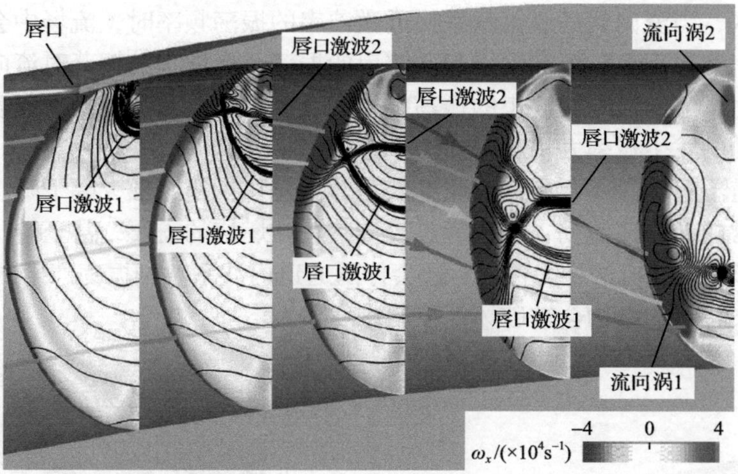

(b) 内转式进气道中的流向涡

图 1.9　二元进气道与内转式进气道中流向涡的对比

ρ-密度；ρ_0-来流密度

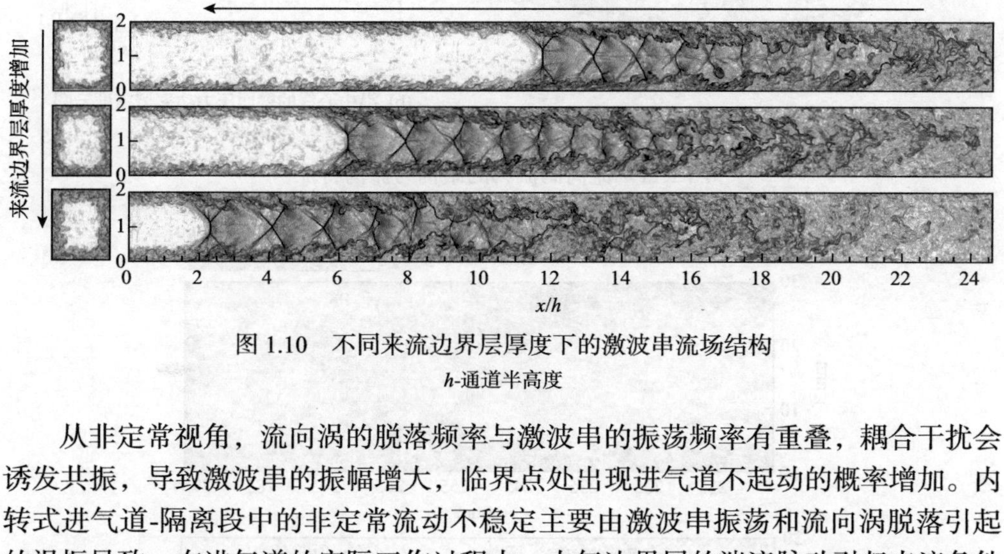

图 1.10　不同来流边界层厚度下的激波串流场结构

h-通道半高度

从非定常视角，流向涡的脱落频率与激波串的振荡频率有重叠，耦合干扰会诱发共振，导致激波串的振幅增大，临界点处出现进气道不起动的概率增加。内转式进气道-隔离段中的非定常流动不稳定主要由激波串振荡和流向涡脱落引起的涡振导致。在进气道的实际工作过程中，大气边界层的湍流脉动引起来流条件的波动，下游燃烧室内的燃烧脉动引起反压条件的波动，两者耦合作用导致进气道内流场的振荡。内转式进气道的唇口和压缩面尖端出现交替流向涡脱落的同时，也造成了流场中周期性交替变化的参数分布。如图 1.11 所示，由流向涡脱落导致的压力波动的施特鲁哈尔数(St_L)为 0.04～3。如图 1.12 所示，提取激波串流场中 5 个典型位置处的振荡特征发现，激波串振荡的含能频率在 St 为 0.01～0.1 的低频不稳定范围内[42,43]。流向涡的脱落频率范围与激波串振荡的含能频率范围存在重叠区，当流向涡的脱落频率接近激波串的振荡频率时，流场中会发生流向涡和激波串共振现象，流向涡引起激波串的振荡，激波串的振荡对流向涡又产生影响。此时，流向涡与激波串的振荡幅度相互叠加，导致流场波动显著增强，进气道不起动的发生概率大幅度增加。

进气道不起动[44]不仅会使流量捕获系数和总压恢复系数大幅下降，通道内无法形成正常的超声速流动，无法满足燃烧室正常燃烧的需要，甚至造成发动机熄火，严重影响发动机的推力性能；还会伴随通道内波系急剧振荡产生的周期性力/热载荷，飞行器的结构会被破坏，控制难度大大增加。

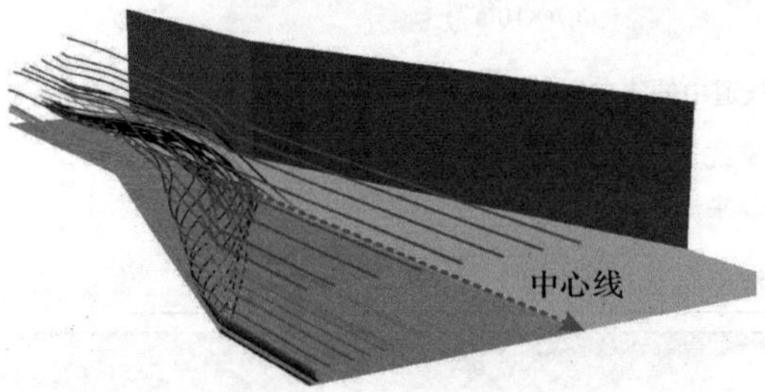

(a) 流向涡的三维流线图

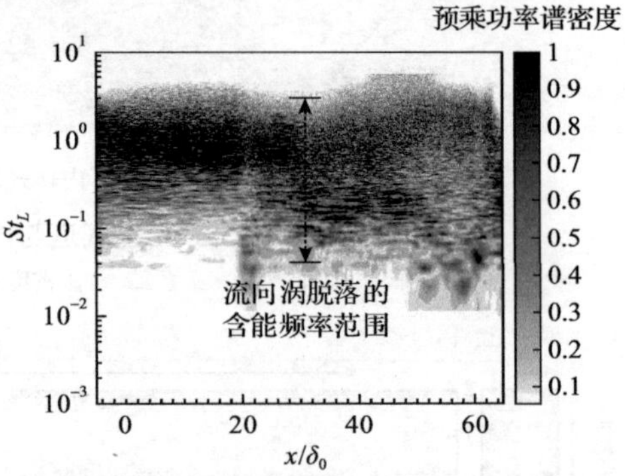

(b) 沿中心线的壁面压力功率谱密度云图

δ_0-边界层厚度

图 1.11　流向涡流场的结构与振荡特征

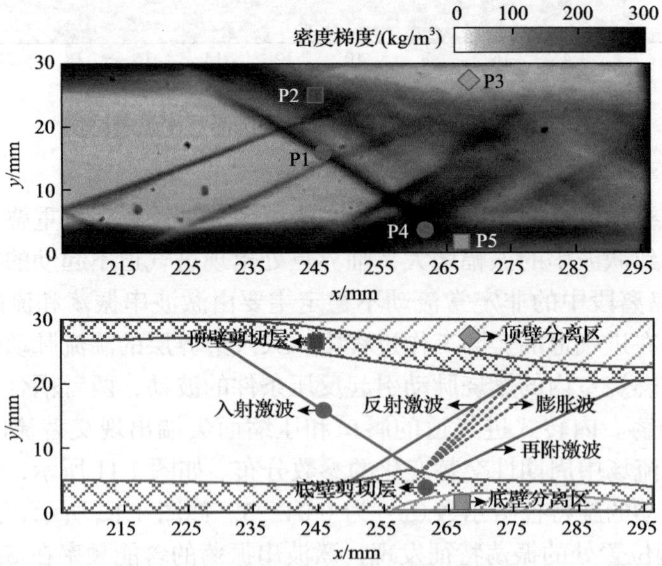

(a) 激波串流场的纹影图和示意图

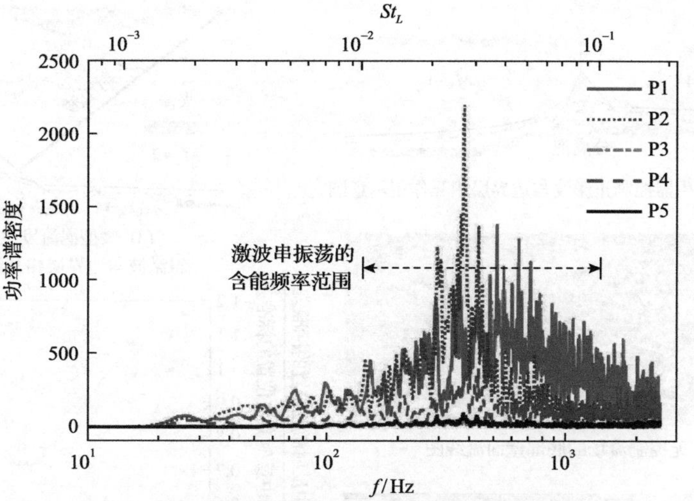

(b) 激波串流场不同位置处振荡的功率谱密度分布

图 1.12 激波串流场的结构与振荡特征

综上所述，内转式进气道-隔离段中激波串与流向涡耦合干扰诱发出新的流动现象。本书以高超声速三维内转式进气道-隔离段流动为代表的内凹通道中激波串与流向涡耦合干扰流动为研究对象，采用地面风洞实验、数值模拟和理论分析手段，揭示了激波串与流向涡耦合干扰下流向涡和激波串的形态结构与振荡特性，为保证内转式进气道高效安全工作奠定基础。

1.5 激波串流场的流动控制方法

激波串与边界层相互作用会导致边界层增厚、激波损失、流动分离甚至不起动的发生。为了降低总压损失，拓宽工作范围，在超声速流动中开展了大量的主动和被动流动控制方法研究。目前常用的主动流动控制方法包括边界层抽吸、边界层吹除和空气喷气涡流发生器等。常用的被动流动控制方法包括安装传统涡流发生器[45,46]、微型涡流发生器[47-49]和利用凹腔[50]、鼓包[51]等。边界层抽吸通过排除流场中的低动量流体，有效地抑制了由激波与边界层相互作用诱导的流动分离，在进气系统中被广泛使用[52-55]。虽然边界层抽吸可以通过稳定阻碍激波的激波足来提高进气系统的背压承受能力，但是抽吸造成的动量损失会产生显著阻力，从而影响进气性能。微型涡流发生器通过调整流场内的参数分布，可以在不造成流量损失的情况下改善流场的性能。在激波与边界层相互作用的上游安装微型涡流发生器可以减小激波入射带来的不利影响，包括减小逆压力梯度、缩小分离区域、改善激波不稳定性、减少激波损失等(图 1.13)[56]。

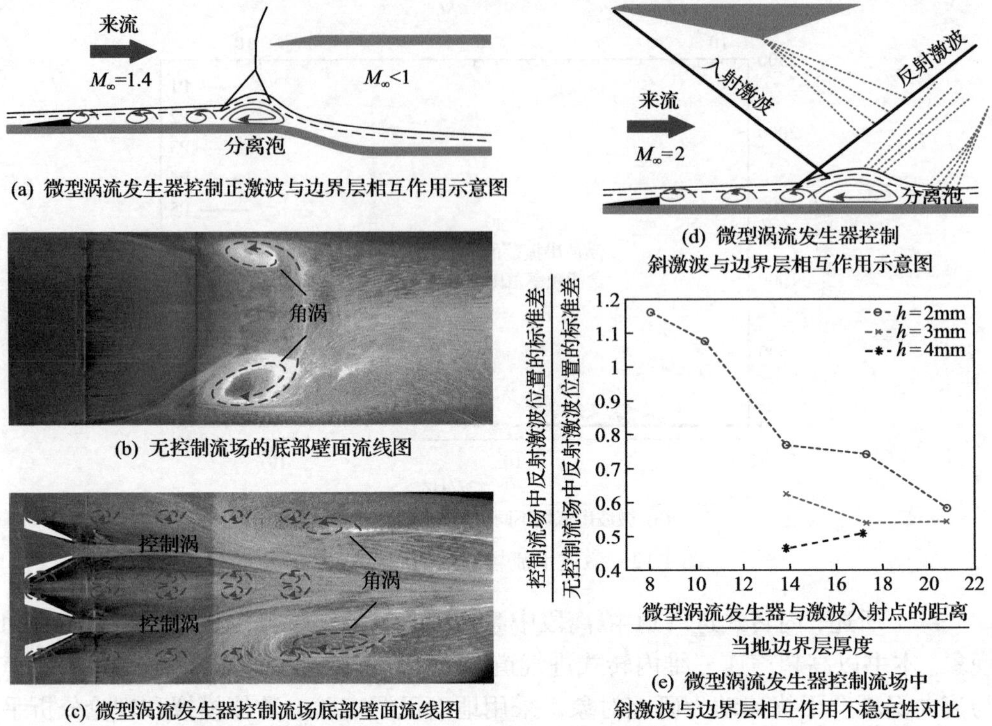

(a) 微型涡流发生器控制正激波与边界层相互作用示意图

(b) 无控制流场的底部壁面流线图

(c) 微型涡流发生器控制流场底部壁面流线图

(d) 微型涡流发生器控制斜激波与边界层相互作用示意图

(e) 微型涡流发生器控制流场中斜激波与边界层相互作用不稳定性对比

图 1.13　微型涡流发生器对激波/边界层相互作用的控制

目前，在激波串流场控制方面，广泛应用于激波与边界层相互作用的微型涡流发生器流动控制方法，从未使用于激波串流动研究中[57,58]。本书针对激波串流场开展了微型涡流发生器流动控制研究，设计了一系列微型涡流发生器流动控制实验件，开展了不同来流马赫数、均匀与背景波系作用下控制流场的风洞实验并紧密结合数值模拟，给出了激波串流场的微型涡流发生器流动控制方法，揭示了微型涡流发生器抑制激波串上游传播、降低激波损失以及削弱激波串振荡的内在机理。

1.6　本书章节结构

本书旨在研究超声速内流中广泛存在的激波串/边界层相互作用机理，同时探索发展提升流场品质的流动控制方法。本书的撰写思路如图 1.14 所示。

本书的章节安排如下。第 1 章简要介绍激波串流动及其控制方法。第 2 章以二元高超声速进气道-隔离段流动为代表的矩形超声速等直隔离段中激波串流动为研究对象，分析在带有弱和强背景波系的流场中上下游扰动对激波串的影响机制，揭示附着流动和分离流动中扰动的传播过程。第 3 章以高负荷航发压气机超声速叶栅流动为研究对象，厘清超声速叶栅通流与节流流场中漩涡的生成、发展与演化规律，揭示超声速叶栅稳定流动和振荡流动机理。第 4 章以高超声速三维内转式进气道-隔离段流动为代表的内凹通道中激波串流动为研究对象，分析内凹壁面曲率、来流马赫数与来流静压对内凹通道中激波串流场特性的影响规律，揭示内凹通道中激波串流场的典型结构、参数波动、波系运动等特征，阐明内凹通道中激波与流向涡相互作用机理。第 5 章开展激波串结构和振荡的微型斜坡流动控制研究，基于风洞实验和数值模拟厘清微型斜坡控制流场特征，阐明均匀来流与背景波系干扰下微型斜坡对激波串结构和振荡的影响，揭示微型斜坡提升激波串流场品质的内在物理机理。

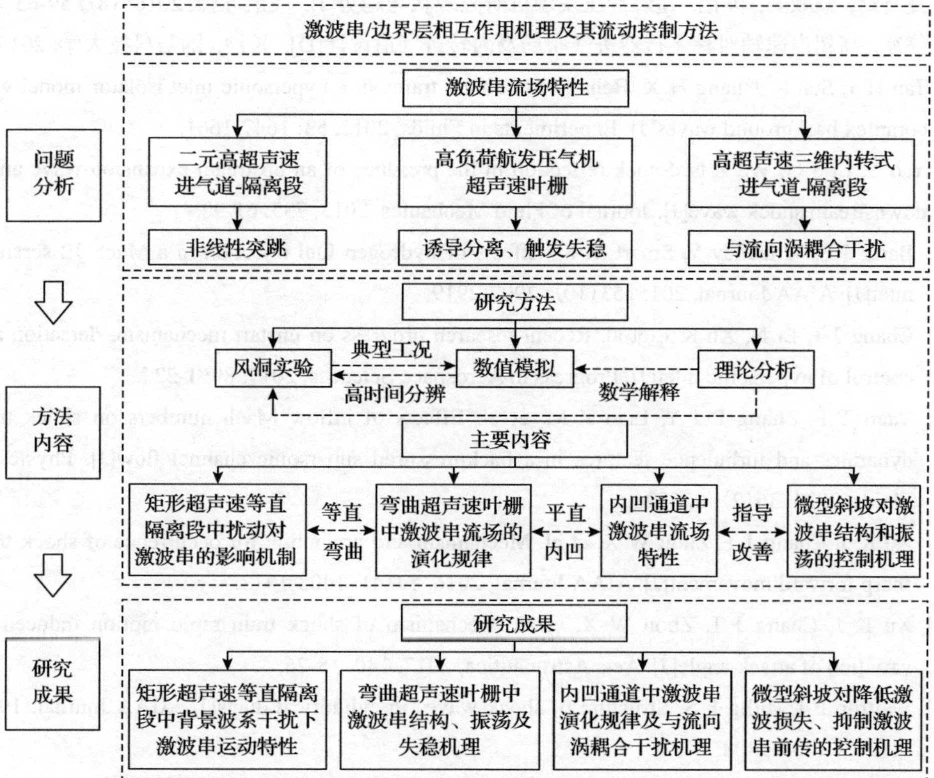

图 1.14 本书的撰写思路

参考文献

[1] Kelley M S. Hypersonic weapons: Background and issues for congress[R]. Washington: United States Congressional Research Service, 2023.

[2] Urzay J. Supersonic combustion in air-breathing propulsion systems for hypersonic flight[J].

Annual Review of Fluid Mechanics, 2018, 50: 593-627.

[3] Cockrell C E, Auslender A H, White J A, et al. Aeroheating predictions for the X-43 cowl-closed configuration at Mach 7 and 10[C]. The 40th AIAA Aerospace Sciences Meeting & Exhibit, Reno, 2002.

[4] Falempin F, Serre L. French flight testing program LEA status in 2009[C]. The 16th AIAA/DLR/DGLR International Space Planes and Hypersonic Systems and Technologies Conference, Bremen, 2009.

[5] 唐杰，鲁峰，周文祥，等. 进气道/发动机一体化多变量控制方法研究[J]. 推进技术，2023, 44(1): 248-257.

[6] 夏有财，戴顺安，苏艳. 超燃冲压发动机研究现状与趋势[J]. 飞航导弹, 2016, (8): 59-63.

[7] 熊冰. 高超声速轴对称飞行器进气布局及内转进气道设计[D]. 长沙：国防科技大学, 2019.

[8] Tan H J, Sun S, Huang H X. Behavior of shock trains in a hypersonic inlet/isolator model with complex background waves[J]. Experiments in Fluids, 2012, 53: 1647-1661.

[9] Yao Y, Li S G, Wu Z N. Shock reflection in the presence of an upstream expansion wave and a downstream shock wave[J]. Journal of Fluid Mechanics, 2013, 735: 61-90.

[10] Barth J E, Wheatley V, Smart M K. Effects of hydrogen fuel injection in a Mach 12 scramjet inlet[J]. AIAA Journal, 2015, 53(10): 2907-2919.

[11] Chang J T, Li N, Xu K J, et al. Recent research progress on unstart mechanism, detection and control of hypersonic inlet[J]. Progress in Aerospace Sciences, 2017, 89: 1-22.

[12] Yuan T F, Zhang P J Y, Liao Z M, et al. Effects of inflow Mach numbers on shock train dynamics and turbulence features in a backpressured supersonic channel flow[J]. Physics of Fluids, 2024, 36(2): 026126.

[13] Xu K J, Chang J T, Zhou W X, et al. Mechanism and prediction for occurrence of shock-train sharp forward movement[J]. AIAA Journal, 2016, 54(4): 1403-1412.

[14] Xu K J, Chang J T, Zhou W X, et al. Mechanism of shock train rapid motion induced by variation of attack angle[J]. Acta Astronautica, 2017, 140: 18-26.

[15] Waltrup P J, Billig F S. Structure of shock waves in cylindrical ducts[J]. AIAA Journal, 1973, 11(10): 1404-1408.

[16] 李楠. 超燃冲压发动机内激波串运动不稳定及控制方法研究[D]. 哈尔滨：哈尔滨工业大学, 2019.

[17] 徐珂靖. 背景波系下的隔离段激波串突跳特性及其流动控制[D]. 哈尔滨：哈尔滨工业大学, 2020.

[18] 刘永泉. 航空动力技术发展展望[J]. 航空科学技术, 2011, 4: 1-3.

[19] Kantrowitz A. The supersonic axial-flow compressor[R]. Hampton: NASA Langley Research Center, 1946.

[20] Schreiber H A, Starken H. An investigation of a strong shock-wave turbulent boundary layer interaction in a supersonic compressor cascade[J]. Journal of Turbomachinery, 1992, 114(3): 494-503.

[21] Wennerstrom A J, Puterbaugh S L. A three-dimensional model for the prediction of shock losses in compressor blade rows[J]. Journal of Engineering for Gas Turbines and Power, 1984, 106(2): 295-299.

[22] Klapproth J F. A review of supersonic compressor development[J]. Journal of Engineering for Gas Turbines and Power, 1961, 83(3): 258-268.

[23] Schobeiri M T. Shock-loss model for transonic and supersonic axial compressors with curved blades[J]. Journal of Propulsion and Power, 1998, 14(4): 470-478.

[24] Freeman C, Cumpsty N A. Method for the prediction of supersonic compressor blade performance[J]. Journal of Propulsion and Power, 1992, 8(1): 199-208.

[25] Chen S W, Meng Q H, Liu Y Q, et al. Unsteady numerical simulation in a supersonic compressor cascade with a strong shock wave[J]. International Journal of Turbo & Jet-Engines, 2021, 38(4): 421-431.

[26] Kuesters B, Schreiber H A. Compressor cascade flow with strong shock wave/boundary-layer interaction[J]. AIAA Journal, 1998, 36(11): 2072-2078.

[27] Prince Jr D C. Three-dimensional shock structures for transonic/supersonic compressor rotors[J]. Journal of Aircraft, 1980, 17(1): 28-37.

[28] Wang Z A, Chang J T, Zhang J L, et al. Investigations on flowfield behavior and resistance backpressure characteristics of supersonic cascade with boundary layer suction[J]. Acta Astronautica, 2018, 152: 588-601.

[29] Tweedt D L, Schreiber H A, Starken H. Experimental investigation of the performance of a supersonic compressor cascade[J]. Journal of Turbomachinery, 1988, 110(4): 456-466.

[30] Osborne D J, Ng W F, Tweedt D L. Studies of secondary flow at endwall of a supersonic compressor cascade[J]. AIAA Journal, 1998, 36(2): 128-133.

[31] Cao Z Y, Gao X, Zhang T, et al. Flow mechanism and aspiration strategies in an ultra-highly loaded supersonic compressor cascade[J]. Aerospace Science and Technology, 2020, 104: 105989.

[32] Wang Z A, Chang J T, Wu G W, et al. Mechanism and detection of oscillatory flow in a supersonic cascade[J]. Acta Astronautica, 2021, 182: 77-99.

[33] Zhang Z Y, Li Z F, Yang J M. Transitions of shock interactions on V-shaped blunt leading edges[J]. Journal of Fluid Mechanics, 2021, 912: A12.

[34] Zhou H, Jin Z G, Ge N. Design method for non-axisymmetric generalized internal conical flowfield based on double 3D curved shock waves[J]. Aerospace Science and Technology, 2020,

105: 105971.

[35] Li Y M, Li Z F, Yang J M. Tomography-like flow visualization of a hypersonic inward-turning inlet[J]. Chinese Journal of Aeronautics, 2021, 34(1): 44-49.

[36] Zhang E L, Li Z F, Li Y M, et al. Three-dimensional shock interactions and vortices on a V-shaped blunt leading edge[J]. Physics of Fluids, 2019, 31(8): 086102.

[37] 周永易. 高超声速进气道中流向涡的生成流场及演化特性研究[D]. 长沙: 国防科技大学, 2019.

[38] Huang R, Li Z F, Zhan D W, et al. Measurements of the streamwise vortices in a hypersonic inward turning inlet[C]. The 21st AIAA International Space Planes and Hypersonics Technologies Conference, Xiamen, 2017.

[39] 李一鸣, 李祝飞, 杨基明, 等. 典型高超声速内转式进气道激光散射流场显示[J]. 航空学报, 2017, 38(12): 121414.

[40] Huang H X, Tan H J, Sun S, et al. Evolution of supersonic corner vortex in a hypersonic inlet/isolator model[J]. Physics of Fluids, 2016, 28(12): 126101.

[41] Fiévet R, Koo H, Raman V, et al. Numerical investigation of shock-train response to inflow boundary-layer variations[J]. AIAA Journal, 2017, 55(9): 2888-2901.

[42] Wang Z A, Chang J T, Hou W X, et al. Low-frequency unsteadiness of shock-wave/boundary-layer interaction in an isolator with background waves[J]. Physics of Fluids, 2020, 32(5): 056105.

[43] Li N. Reciprocating and flapping motions of unstart shock in a scramjet isolator[J]. Physics of Fluids, 2022, 34(1): 016102.

[44] Devaraj M K K, Jutur P, Rao S M V, et al. Experimental investigation of unstart dynamics driven by subsonic spillage in a hypersonic scramjet intake at Mach 6[J]. Physics of Fluids, 2020, 32(2): 026103.

[45] Jirasek A. Vortex-generator model and its application to flow control[J]. Journal of Aircraft, 2005, 42(6): 1486-1491.

[46] Shur M L, Strelets M K, Travin A K, et al. Evaluation of vortex generators for separation control in a transcritical cylinder flow[J]. AIAA Journal, 2015, 53(10): 2967-2977.

[47] Lee S, Goettke M K, Loth E, et al. Microramps upstream of an oblique-shock/boundary-layer interaction[J]. AIAA Journal, 2010, 48(1): 104-118.

[48] Herges T, Kroeker E, Elliott G, et al. Microramp flow control of normal shock/boundary-layer interactions[J]. AIAA Journal, 2010, 48(11): 2529-2542.

[49] Babinsky H, Li Y, Ford C W P. Microramp control of supersonic oblique shock-wave/boundary layer interactions[J]. AIAA Journal, 2009, 47(3): 668-675.

[50] Gefroh D L, Hafenrichter E S, Mcllwain S T, et al. Simulation and experimental analysis of a

novel SBLI flow control system[C]. Fluids Conference and Exhibit, Denver, 2000.

[51] Ogawa H, Babinsky H, Päetzold M, et al. Shock-wave/boundary-layer interaction control using three-dimensional bumps for transonic wings[J]. AIAA Journal, 2008, 46(6): 1442-1452.

[52] 梁德旺，钱华俊. 抽吸孔板的气动实验及附面层抽吸数值模拟[J]. 航空学报，2002，23(6): 512-516.

[53] 袁化成，梁德旺. 抽吸对高超声速进气道起动能力的影响[J]. 推进技术，2006，27(6): 525-528.

[54] 曹学斌，张堃元，高亮杰. 一种带抽吸狭缝的新型短隔离段数值研究[J]. 推进技术，2011, 32(2): 159-164.

[55] 常军涛，鲍文，崔涛，等. 抽吸对高超声速进气道抗反压能力的影响[J]. 航空动力学报, 2008, 23(3): 505-509.

[56] Lu F K, Li Q, Liu C Q. Microvortex generators in high-speed flow[J]. Progress in Aerospace Sciences, 2012, 53: 30-45.

[57] Matsuo K, Miyazato Y, Kim H D. Shock train and pseudo-shock phenomena in internal gas flows[J]. Progress in Aerospace Sciences, 1999, 35(1): 33-100.

[58] Gnani F, Zare-Behtash H, Kontis K. Pseudo-shock waves and their interactions in high-speed intakes[J]. Progress in Aerospace Sciences, 2016, 82: 36-56.

第2章 矩形超声速等直隔离段中扰动对激波串的影响机制

2.1 引　言

真实工作中的超燃冲压发动机的进气道-隔离段流场中包含复杂的背景波系结构。Tan 等[1]在具有背景波系的高超声速进气道/隔离段模型中观察到激波串与背景波系之间存在密切耦合。Xu 等[2]通过二维数值模拟发现，背景波系与边界层的相互作用区域所能承受的逆压力梯度低于其他区域，当激波串到达背景波系入射点时，会因分离流动大面积扩张导致激波串的突跳运动。

在超声速隔离段内部流动的相互作用中，亚声速分离流动会被困在管道中，不同于开式相互作用，这种闭式相互作用中潜在的反馈回路起着主导作用，影响着超声速隔离段内流的反馈回路包括激波动力学、管道体积效应、声波传播等。存在背景波系的隔离段中存在复杂的流动结构组合，包括从自由来流发展而来的附着流动、由进气道前体反射而来的背景波系，以及由下游燃烧背压诱导的激波串。在此背景之下，本章首先介绍矩形超声速等直隔离段的风洞实验装置和流场测量方法，给出数值模拟的设置情况，简单描述将三维定常雷诺平均纳维-斯托克斯(Navier-Stokes)方程的数值求解方法、风洞实验高频壁面压力-时间序列和高时间分辨率纹影图像相结合的激波/边界层相互作用分析方法；然后，对于实验段与喷管连接处产生的弱背景波的入射将不稳定波引入到附着流动中，研究两种来流马赫数下带有弱背景波系的附着流动中不稳定性的起源和传播；接着，研究由上游斜劈产生的带两个强背景波的通道中不稳定性的起源和传播；讨论在带有强背景波的附着流动中扰动的传播以及由不同强度背景波引起扰动的区别；最后，针对由下游节流产生的高背压诱导呈现的激波串结构，分析在存在激波串的分离流动中扰动的传播路径，厘清了附着流动和分离流动中扰动传播之间的关系，分析了在具有不同强度背景波的分离流动中激波串振荡的扰动路径及其与附着流动中扰动传播的关系。

2.2 实验条件和数值计算设备

2.2.1 实验条件和壁面压力测量

地面风洞实验均在哈尔滨工业大学的直连式超声速风洞实验台（也称为

HITW1)进行。如图 2.1 所示，该实验台展示了用于瞬时压力测量的装置、实验段的光学测量区域和数值模拟的计算区域。地面风洞使用的空气由上游储气罐提供，其体积为 10m^3，压力大约为 13MPa。隔离段连接了直径为 400mm 的管道，通过管道将空气排放到隔离段测试段下游的大气中。隔离段测试段的上游装配设计了两种类型的喷管，空气在来流马赫数为 2 和 3 时离开喷管，在来流马赫数为 2.70 (1 ±0.5%) 和 1.85 (1 ± 0.5%) 时进入隔离段测试段。

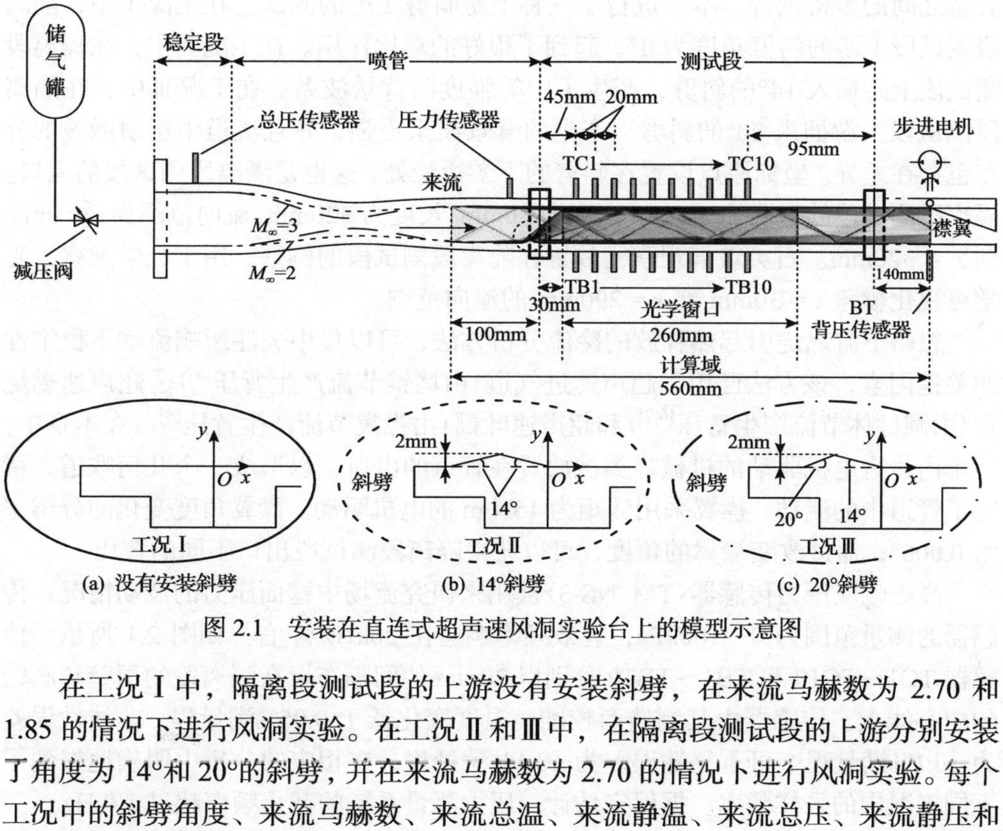

图 2.1　安装在直连式超声速风洞实验台上的模型示意图

在工况 I 中，隔离段测试段的上游没有安装斜劈，在来流马赫数为 2.70 和 1.85 的情况下进行风洞实验。在工况 II 和 III 中，在隔离段测试段的上游分别安装了角度为 14° 和 20° 的斜劈，并在来流马赫数为 2.70 的情况下进行风洞实验。每个工况中的斜劈角度、来流马赫数、来流总温、来流静温、来流总压、来流静压和来流边界层厚度如表 2.1 所示。

表 2.1　在 $x = -20$mm 平面处的来流参数

工况	斜劈角度/(°)	来流马赫数	来流总温/K	来流静温/K	来流总压/MPa	来流静压/Pa	来流边界层厚度/mm
工况 I	0	2.70	287.15	116.82	1.19	51111	2.17
工况 I	0	1.85	287.15	170.47	1.25	201490	2.12
工况 II	14	2.70	287.15	116.82	1.12	48104	2.18
工况 III	20	2.70	287.15	116.82	0.95	40803	2.28

超声速和高超声速进气道经常采用“激波封口”的条件，即前体产生的激波入射到唇罩前缘，在进气道和隔离段流场中反射，形成背景流场[3-5]。背景流场中包含复杂的压缩波和膨胀波，称为“背景波系”[1]。因此，如果要分析进气道/隔离段的实际流动情况，需要考虑背景波系。实验台采用隔离段测试段上游的斜劈产生一系列膨胀波和压缩波向下游反射，形成隔离段测试段中的背景波系结构，如图 2.1 所示。研究表明，采用上游斜劈的方法能够较好地反映出激波串与背景波系之间的紧密耦合。本章进行了三种上游斜劈工况的测试。在工况Ⅰ中，隔离段测试段上游的斜劈角度为 0°，起到了很好的对比作用。在工况Ⅱ中，在隔离段测试段上游插入 14°的斜劈，产生了中等强度的背景波系。在工况Ⅲ中，在隔离段测试段上游插入 20°的斜劈，产生的背景波系更强，并且流道中反射激波的分布也存在差异。坐标原点设置在斜劈的下游边缘处，这也是隔离段测试段的入口。隔离段测试段的宽度为 50mm、高度为 30mm、长度为 320mm，流向范围为 $x = 0$mm 到 $x = 320$mm。石英玻璃观察窗放置在隔离段测试段的侧壁，用于光学观察，光学可视化覆盖 $x = 30$mm 到 $x = 290$mm 的流向范围。

忽略下游燃烧引起热释放的冷流分析方法，可以集中关注影响流动不稳定性的关键因素，该方法已用于超声速进气道（由堵锥节流产生背压[5]）、超声速燃烧室（由圆柱体节流产生背压[6,7]）和超声速叶栅（由襟翼节流产生背压[8]）。在本章中，一个由步进电机驱动的机械襟翼被放置在管道的出口，以形成一个几何喉道，堵塞了管道中的流动。襟翼采用转矩为 15N·m 的电机驱动。襟翼角度变化的分辨率为 0.006°，通过改变襟翼的角度，可以获得隔离段测试段出口不同的背压。

高频响应压力传感器（TM NS-3）被用来研究流场中壁面压力的波动情况，传感器的测量范围为 0～100kPa，有效频率响应在 20kHz 左右。如图 2.1 所示，传感器 TC1～TC10 和 TB1～TB10 分别以 20mm 的间隔布置在隔离段的顶壁和底壁的中心线上。传感器由其制造商校准，温度变化低于 0.05%满量程，非线性误差为 ±0.1%满量程，可重复性误差为 ±0.1%满量程，在相应的分析中明确地提到了不同工况中的采样频率。据保守估计，压力测量系统的截止频率超过 17kHz。

隔离段测试段内激波的非定常行为会随时间发生变化，相应的壁面压力信号很可能本质上是非平稳的。时频分析方法在这种时变情况下的分析效果较好，因此采用以下方法对压力数据进行处理。在每个分析过程中，选取的数据集以 2Hz 的频率进行高通滤波，从原始压力信号中减去运行平均值，得到零均值信号。利用两点相关性的统计估计，分析两个传感器在不同位置测得的压力的相关性。采用的表达式如下：

$$R_{\alpha\beta}(x,y) = \frac{\overline{\alpha(x,y,t)\beta(x+\Delta x,y,t)}}{\sigma_\alpha \sigma_\beta} \tag{2.1}$$

式中，$R_{\alpha\beta}$ 为两个时间序列 $\alpha(t)$ 和 $\beta(t)$ 的互相关大小的估计值；σ_α 和 σ_β 分别为时间序列 $\alpha(t)$ 和 $\beta(t)$ 的均方根值。

每个选定数据集的功率谱密度的计算使用 Welch 50%重叠的 8 个窗口的加窗傅里叶变换方法。每个重叠窗口的长度对于确定频率分辨率的下限很重要，利用具有不同数量采样点的汉明(Hamming)窗口计算功率谱密度，使用重叠 50%的 8 个窗口的加窗傅里叶变换可以满足小于 0.1Hz 的频率分辨率，这足以用于本节的分析。

两点互相关分析可以提供在较宽频率范围内两个位置压力波动之间的相关性，进一步分析来确定哪些振荡频率表现出最强的相关性是必要的，相关谱分析可以提供这一方面的信息，因为它可以用来形成互相关的光谱模拟。两个时间序列 $\alpha(t)$ 和 $\beta(t)$ 的相关谱 $C_{\alpha\beta}(f)$ 可以定义为

$$C_{\alpha\beta}(f)=\frac{\left|P_{\alpha\beta}(f)\right|^2}{P_{\alpha\alpha}(f)P_{\beta\beta}(f)} \tag{2.2}$$

式中，$P_{\alpha\alpha}(f)$ 和 $P_{\beta\beta}(f)$ 分别表示两个时间序列 $\alpha(t)$ 和 $\beta(t)$ 的自功率谱密度；$P_{\alpha\beta}(f)$ 表示两个时间序列 $\alpha(t)$ 和 $\beta(t)$ 的交叉功率谱密度，

$$P_{\alpha\beta}(f)=G_{\alpha\beta}(f)-\mathrm{j}Q_{\alpha\beta}(f)=\left|P_{\alpha\beta}(f)\right|\mathrm{e}^{-\mathrm{j}Q_{\alpha\beta}(f)} \tag{2.3}$$

其中，$G_{\alpha\beta}(f)$ 和 $Q_{\alpha\beta}(f)$ 分别为 $P_{\alpha\beta}(f)$ 的实部和虚部。

在相关谱的基础上，通过进一步的相位分析，可以给出两个时间序列在相关频率下波动的超前滞后关系，并给出超前滞后的相应角度或弧度值，两个时间序列 $\alpha(t)$ 和 $\beta(t)$ 之间的相位 $\theta_{\alpha\beta}(f)$ 可以表示为

$$\theta_{\alpha\beta}(f)=\arctan\frac{Q_{\alpha\beta}(f)}{G_{\alpha\beta}(f)} \tag{2.4}$$

在特定频率 f 的振荡中，由时间迟滞 τ 引起的以角度形式表达的相位 θ 可以计算为

$$\theta=360f\tau \tag{2.5}$$

2.2.2　高速纹影可视化

本书采用了纹影可视化技术，通过光束的展向积分来捕捉流场的瞬态流动结构。利用纹影刀口遮挡未受扰动的光束，将偏转的光束与未偏转的光束进行比较，然后生成一个纹影图像，用以可视化流场中的膨胀和压缩区域。当使用竖直和水平刀口切割焦点处的图像时，纹影图像上光的强度分别与密度梯度的水平和竖直

分量成正比。此外，本书采用圆形刀口来可视化密度梯度的大小，其表达式如下：

$$f(\rho,x,y)=\sqrt{\left(\frac{\partial\rho}{\partial x}\right)^2+\left(\frac{\partial\rho}{\partial y}\right)^2} \tag{2.6}$$

图像上的暗点对应具有较高密度梯度的流体区域，亮点则对应具有较低密度梯度的流体区域，高速摄像机(Photron V12)放置在隔离段测试段的一侧，用以捕获高时间分辨率的流场结构，高速摄像机的曝光时间设置为 200μs，在每次的风洞实验过程中，高速摄像机以 5kHz 的帧率记录 30000～40000 个瞬态纹影图像(1280×300 像素)。为了保证纹影图像与壁面压力数据同步，在隔离段测试段的光学窗口上安装了一个 5V LED 灯，当下游的节流襟翼接收到指令开始转动时(襟翼的角度大于 0°)，IOtech 6220 电压测量模块的一个测量通道将同时接收到高电压信号，并导致 LED 灯亮起。LED 灯亮起的同时也被高速摄像机捕捉到。同理，当襟翼的角度减小到 0°并停止转动时，IOtech 6220 电压测量模块中与襟翼对应的测量通道的电压降至 0V，LED 灯熄灭并被高速摄像机捕捉到。

基于高速摄像机获得的 30000～40000 个瞬态纹影图像，进一步开展纹影图像上光强-时间序列的时频分析，以揭示流场中非定常空间结构的演化机制。纹影图像上光强-时间序列的时频分析方法如图 2.2 中的点划线框所示，通过将纹影图像上选取的某一固定点到原点的像素距离与实际距离进行比较，可以得到像素坐标(i,j)与实际坐标(x,y)之间的关系。基于本节所描述的纹影图像可视化与壁面压力测量之间所采用的同步方法，将纹影图像序列与实际的时间(t)相关联。在本书中，像素值 i 和 j 的变化范围分别为 1～1300 和 1～150，对应实际水平和垂直坐标 x 和 y 的变化范围分别为 30～290mm 和 1～30mm。对于给定时间、给定像素点处的光强值可以写成 $I(x,y,t)$，在给定位置(x,y)处描述光强随时间演化的时间序列可以写成 I_{xy} 的形式。光强-时间序列的功率谱密度计算、两点互相关分析、

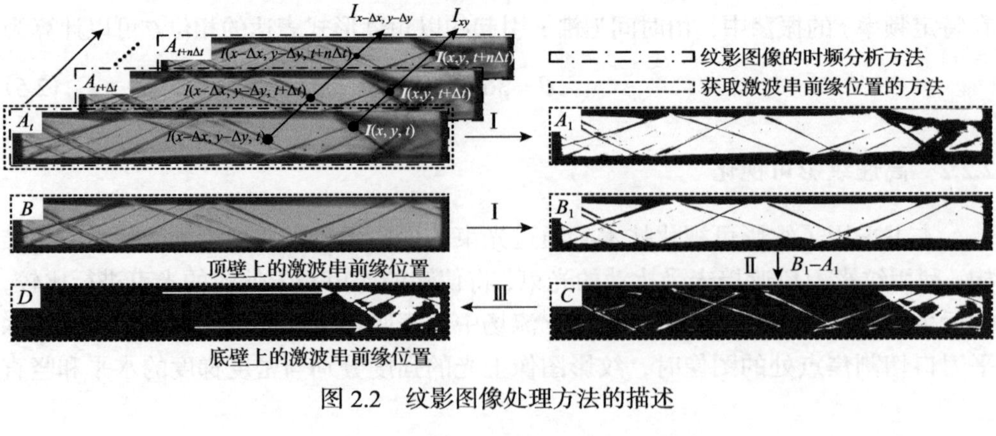

图 2.2　纹影图像处理方法的描述

相关谱分析以及相位谱分析均与压力数据的计算方法一致，纹影图像上所有位置处 I_{xy} 的计算结果，是所有频率下整个流场的功率谱密度、互相关系数以及相位值的等值云图。因此，可以提取给定频率下流场的功率谱密度、互相关系数以及相位值的等值云图，分析流场中的振荡结构，并揭示振荡结构与其他流场结构之间的空间演化关系。

提取激波串前缘位置对于分析激波串/边界层相互作用的非定常性是很重要的，提取激波串前缘位置的方法如图 2.2 中的虚线框所示。在步骤Ⅰ中，灰度图像 A_t 和 B 被转换为二值图像 A_1 和 B_1，即将纹影图像中像素点处光强值大于某一值的像素点处的光强值全部替换为 1(白色)，其余像素点处的光强值全部替换为 0(黑色)。在步骤Ⅱ中，将纹影图像 B_1 中的每个像素点处的光强值与纹影图像 A_1 中的对应像素点处的光强值相减，获得输出图像 C。在步骤Ⅲ中，对图像 C 进行打开操作，如果中心像素的邻域光强值之和大于某个阈值，则中心像素的光强值被替换为 1(白色)，否则，它被替换为 0(黑色)。基于图像 C 的打开操作可以获得图像 D，对于图像 D，在某一高度(y)，从上游向下游判断图像 D 上相同高度(y)、不同流向位置(x)的像素点处的光强值，光强值第一次从 0 变为 1 的流向位置(x)即为激波串前缘的位置，上述获取激波串前缘位置的方法在 Wang 等[9]的研究中均有应用。在 Agostini 等[10,11]关于激波/边界层相互作用的大涡模拟中，他们捕捉了壁面压力-时间序列与激波串前缘位置-时间序列，并进一步将压力和位置的时间序列进行了互相关分析，分析了前缘激波运动的主要时空特性及其与流场中其他区域的联系。在具有入射激波的隔离段中激波串/边界层相互作用的风洞实验研究中，激波串前缘的位置被用来验证 Li 等[12]的低阶动力学模型。将激波串前缘位置与壁面压力数据进行精确结合，还可以对不同激波串振荡模式的低频非定常性进行深入分析[13]。

2.2.3　研究工况的总体描述

由背压传感器(BT)测得的压力(称为背压 p_b)通过来流静压(p_∞)进行了归一化，得到了背压比(p_b/p_∞)。图 2.3(a)、图 2.3(c)、图 2.3(e)、图 2.3(g)给出了不同工况下背压比与时间和下游襟翼角度的关系。

当 $t < 0$s 时，一个线性增加的信号(-10s $< t < 0$s，见图 2.3(c))或两个线性增加的信号(-10s $< t < -1$s 和 -1s $< t < 0$s)叠加两个阶跃信号($t = -1$s 和 $t = 0$s，图 2.3(a)、图 2.3(e)和图 2.3(g))传递到步进电机，以指示步进电机旋转襟翼将激波串推入隔离段测试段的光学窗口内。本节中，$t = 0$s 对应 LED 灯首次熄灭的时刻，该时刻对应的纹影图像可以被高速摄像机捕捉到，同时，LED 灯的熄灭也被 IOtech 6220 电压测量模块的一个测量通道记录，从而实现了高速纹影可视化与壁面压力测量的同步。

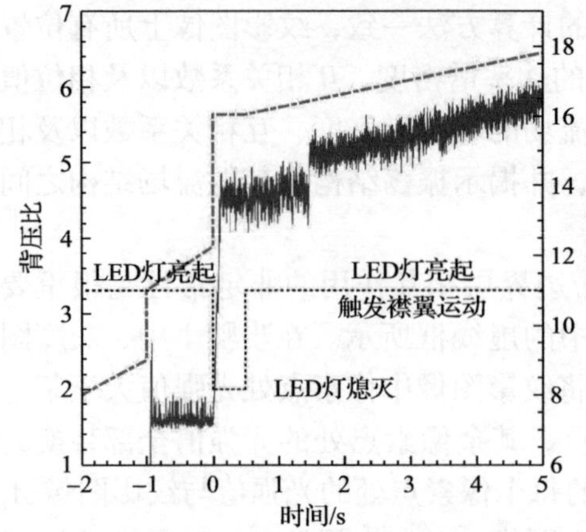

(a) 来流马赫数为2.70、无上游斜劈时背压比与下游襟翼角度的时间历程

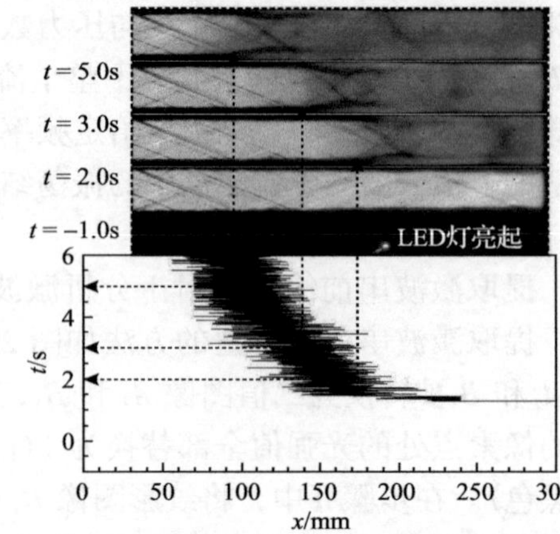

(b) 来流马赫数为2.70、无上游斜劈时背压比增加过程中激波结构的演化和底壁上激波串前缘位置的轨迹

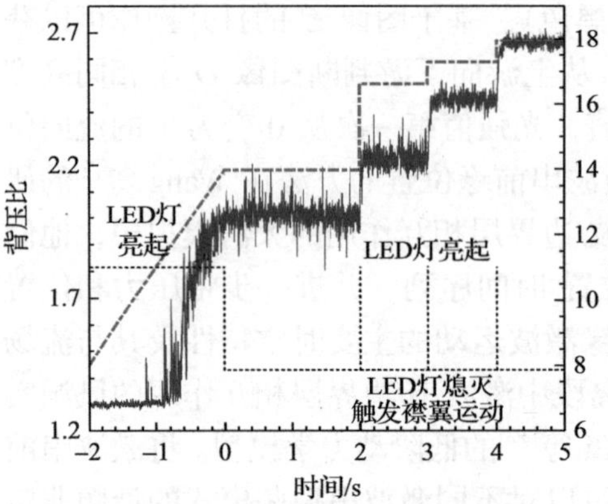

(c) 来流马赫数为1.85、无上游斜劈时背压比与下游襟翼角度的时间历程

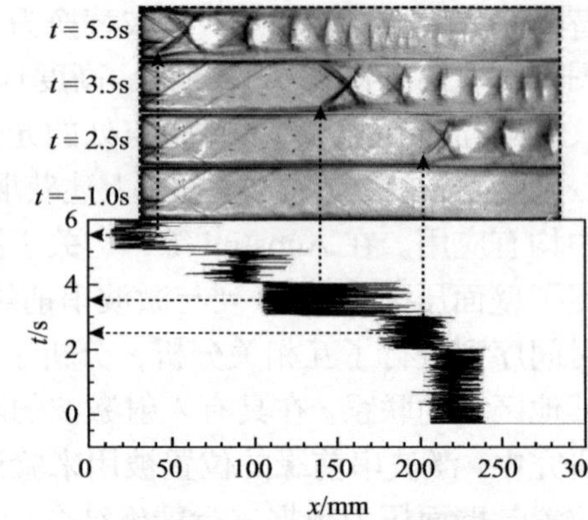

(d) 来流马赫数为1.85、无上游斜劈时背压比增加过程中激波结构的演化和底壁上激波串前缘位置的轨迹

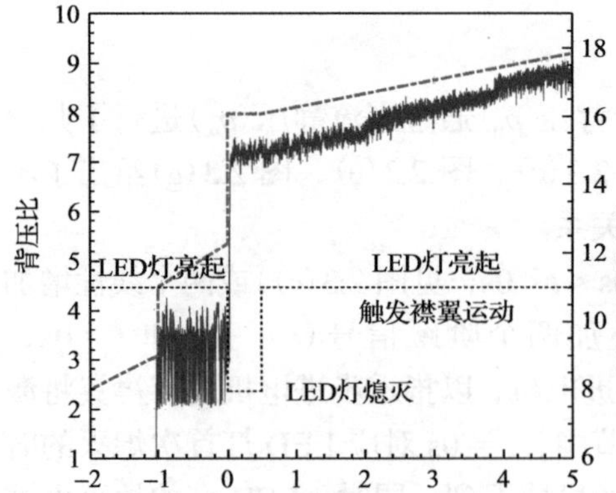

(e) 来流马赫数为2.70、上游斜劈14°时背压比与下游襟翼角度的时间历程

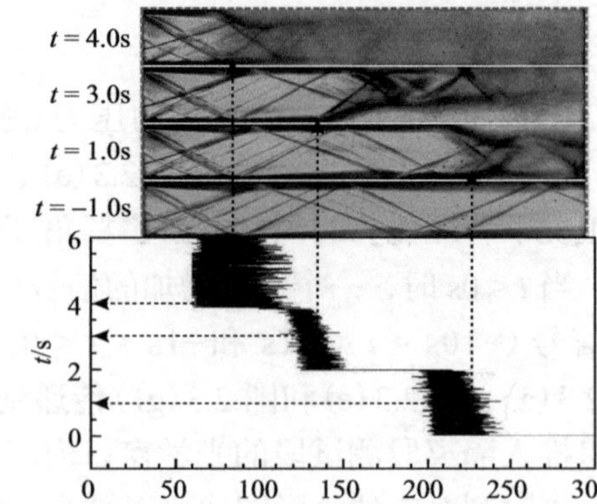

(f) 来流马赫数为2.70、上游斜劈14°时背压比增加过程中激波结构的演化和底壁上激波串前缘位置的轨迹

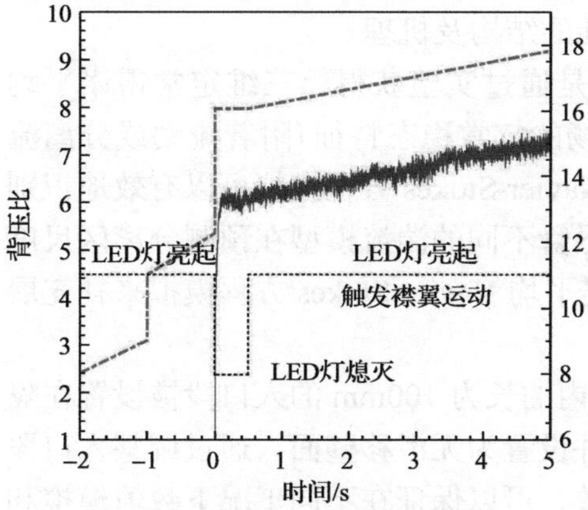

(g) 来流马赫数为2.70、上游斜劈20°时背压比与下游襟翼角度的时间历程

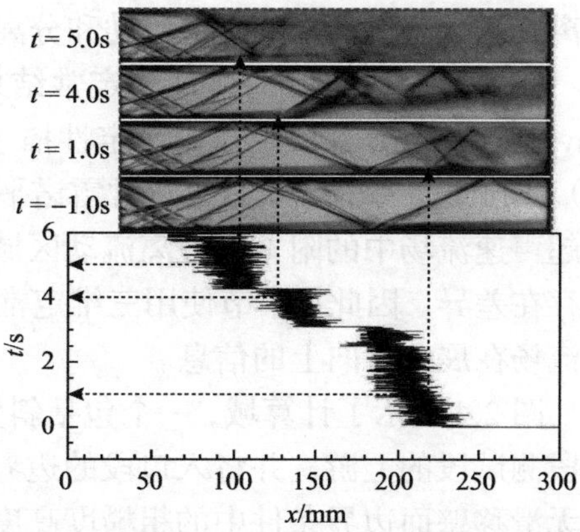

(h) 来流马赫数为2.70、上游斜劈20°时背压比增加过程中激波结构的演化和底壁上激波串前缘位置的轨迹

图 2.3　不同工况下背压比与下游襟翼角度的时间历程以及背压比增加过程中激波结构的演化和底壁上激波串前缘位置随时间变化轨迹

当 $t > 0s$ 时，设置多个阶跃信号(图 2.3(c))或一个线性增加的信号(图 2.3(a)、图 2.3(e)和图 2.3(g))，以连续推动激波串向上游运动。图 2.3(b)、图 2.3(d)、图 2.3(f)、图 2.3(h)均显示了激波串前缘位置与时间的关系及对应时刻的流场纹影图像。当隔离段测试段上游未安装斜劈时，弱背景波系存在于隔离段测试段中，激波串前缘位置与背压比的大小几乎呈线性关系，线性增加的背压比导致激波串线性地向上游移动(图 2.3(b))、阶跃增加的背压比导致激波串阶跃地向上游移动(图 2.3(d))。Li 等[12]的低阶动力学模型可以准确地预测具有弱背景波系的隔离段中激波串前缘位置，但是当隔离段中存在强背景波系时，其低阶动力学模型预测的准确性会降低。

当隔离段测试段上游安装斜劈时，流动受到斜劈的干扰而产生强背景波系，虽然背压比在线性增加(图 2.3(e)和图 2.3(g))，但激波串前缘却以非线性突跳的方式向隔离段上游移动(图 2.3(f)和图 2.3(h))。Xu 等[14]将这一现象称为“激波串突跳”，并用最小局部喉道理论解释了这一现象。

2.2.4　数值模拟的设置情况

研究表明，直接数值模拟[15,16]和大涡模拟[10]均能够准确地捕捉近壁面的流场特征以及激波/边界层相互作用的不稳定性。分离涡模拟[6]和非定常雷诺平均 Navier-Stokes 方程模拟[7]也能够预测非定常激波诱导的分离流动，但是可能会产生较大的误差。在风洞实验中，由于流场可视化方法(高速纹影)能够观测的信息有限，因此，本节选择计算量和内存占用均较小的三维定常雷诺平均 Navier-Stokes 方程模拟方法进行数值模拟，作为风洞实验数据的补充，更加详细深入地探究了隔离段测试段流场中的附着流动和分离流动的结构及机理。

在本节中，所有的激波非定常结果均是通过实验获得，三维定常雷诺平均 Navier-Stokes 方程模拟仅用于定性描述流场的定常稳态特征（附着流动或分离流动）。Bruce 等[17]指出，三维定常雷诺平均 Navier-Stokes 方程模拟可以有效地识别出超声速流场中的附着与分离流动区域，尽管不同的湍流模型在预测分离区尺度时存在差异。因此，本节使用三维定常雷诺平均 Navier-Stokes 方程模拟来补充展示流场在展向方向上的信息。

图 2.4 展示了计算域，一个包括斜劈在内的长为 100mm 的入口段被设置在隔离段测试段的上游，并将入口段的边界条件设置为无滑移壁面。通过调整入口段的无滑移壁面边界条件中的粗糙度高度参数，可以保证在不同工况下数值模拟和风洞实验中隔离段测试段入口处（$x = 0$mm）的边界层厚度一致，如表 2.1 所示。隔离段测试段的宽高比为 1.67，根据 Wang 等[18]的研究，当超声速流道的宽高比小于或等于 1 时，流场会高度三维化，因此，设置了侧壁以考虑三维效应。Wang 等[9]发现，半域和全域的数值模拟都可以准确预测流场中哪些区域是发生附着流动的，哪些区域是发生分离流动的。

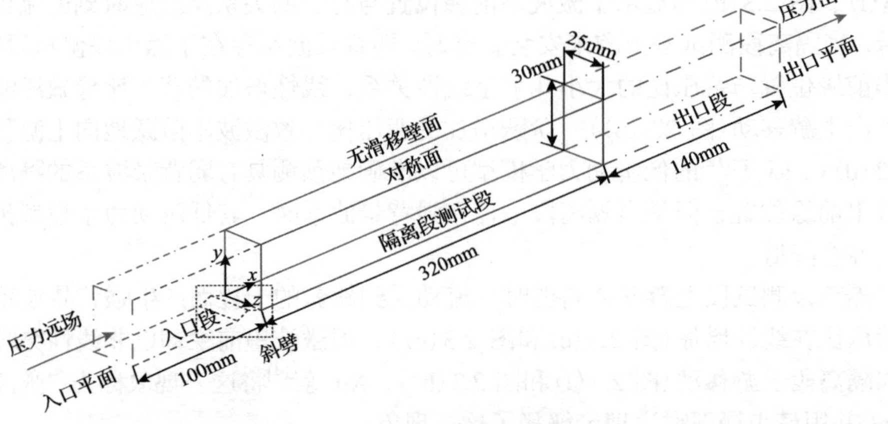

(a) 工况Ⅰ：无斜劈　(b) 工况Ⅱ：14°斜劈　(c) 工况Ⅲ：20°斜劈

图 2.4　上游三种斜劈工况的计算域和部分模型的网格示意图

利用商业软件 Fluent 进行了数值模拟，采用具有二阶逆风离散化的有限体积法，对热完全空气进行了基于密度基的三维隐式模拟，选择 k-ω 剪切应力输运湍流模型对湍流速度剖面进行建模，为了提供激波不连续性的精确分辨，采用对流分裂方法来近似计算通量分裂，在收敛过程中，当入口和出口之间的质量流量差值始终在 0.5%以下，并且残差在下降了三个数量级以上后达到最小值时，认为计算结果是收敛的。

由于离散化和舍入误差很大程度上取决于所使用网格的疏密，因此通过测试三种不同疏密程度的结构化网格来确定数值模拟计算结果对于网格的依赖性。本章针对隔离段测试段上游 14°斜劈的工况 Ⅱ 开展了数值模拟与风洞实验的对比分析，通过三维定常雷诺平均 Navier-Stokes 方程模拟了 $t=-0.5\text{s}$ 时工况 Ⅱ 中的流场结构。因为当 $t=-0.5\text{s}$ 时，背压传感器测得的隔离段测试段下游背压在一个恒定值附近发生微小的振荡，由高背压诱导的激波串没有影响隔离段测试段中的流场，此时隔离段测试段中的流场是稳态的，因此该工况可用于验证本章中进行的三维定常雷诺平均 Navier-Stokes 方程模拟。网格敏感性分析的网格参数如表 2.2 所示，其中 N_x 是 x 方向的网格节点数，N_y 和 N_z 同理。对于细网格和密网格，除了边界层区域外，流动域内的网格都进行了不同程度的细化，最小网格间距为 $5\times10^{-5}\text{m}$，增长因子为 1.08，所有壁面的 y^+ 最大值保持在 1 以下。

表 2.2　网格敏感性分析的网格参数

网格	入口段			隔离段测试段			出口段			总网格节点
	N_x	N_y	N_z	N_x	N_y	N_z	N_x	N_y	N_z	
粗网格	250	100	50	400	100	50	200	100	50	4.25×10^6
细网格	250	100	150	400	100	150	200	100	150	1.28×10^7
密网格	250	150	150	400	150	150	200	150	150	1.91×10^7

为了对三种实验工况(无斜劈、14°斜劈和 20°斜劈)均开展数值计算，绘制了三种类型的网格，由于斜劈的结构较小，因此采用工况 Ⅱ 中的细网格，并保证三种网格计算域各个部分的节点数不变。通过细网格获得的隔离段测试段中的流场结构如图 2.5 所示。由图可以看到，数值模拟结果与风洞实验结果几乎一致，通过细网格准确地捕捉到了背景波系在隔离段测试段顶壁和底壁的入射位置。图 2.5 还展示了由来流静压 p_∞归一化的时间平均壁面压力 p_w，通过使用最小二乘线性拟合方法和高精度压力计，每次运行前根据传感器的平均值对传感器进行校准，平均压力的最大偏差在 1%以内。为了验证风洞实验的重复性，在相同的流动条件下进行了三次风洞实验并测量了壁面压力，计算了其均方根误差，在沿程壁面压力分布(图 2.5)中添加了误差区间以指示(双侧的)95%置信区间。对比风洞实验和数值计算得到的中心线上的沿程压力分布发现，通过三种网格计算得到的压力变化总体趋势与实验数据吻合良好，为了确保计算的准确性和计算资源的最佳利用，后续的研究均选用细网格的疏密程度开展。

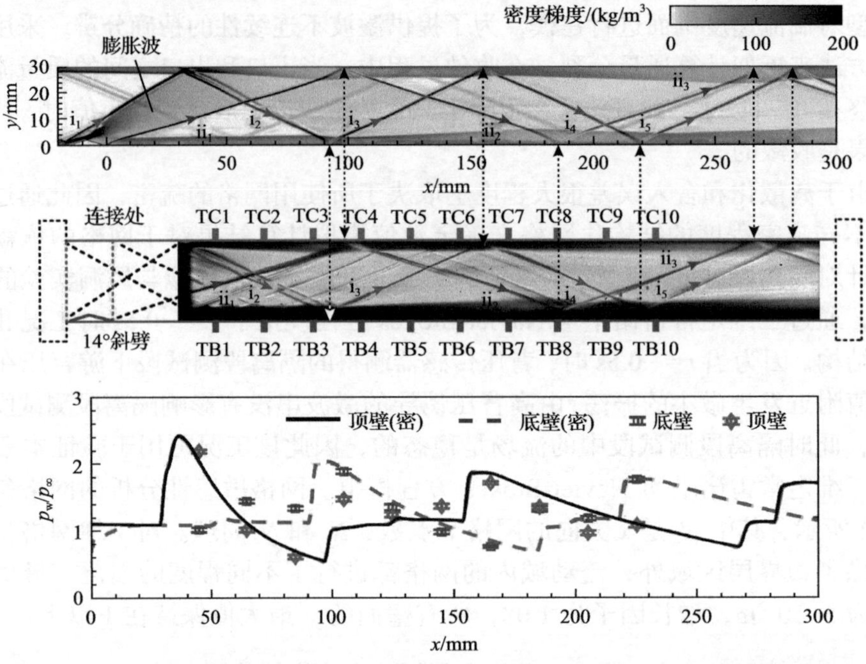

(a) 上游斜劈14°时流场的数值密度梯度云图、实验纹影图像以及沿程归一化壁面压力分布

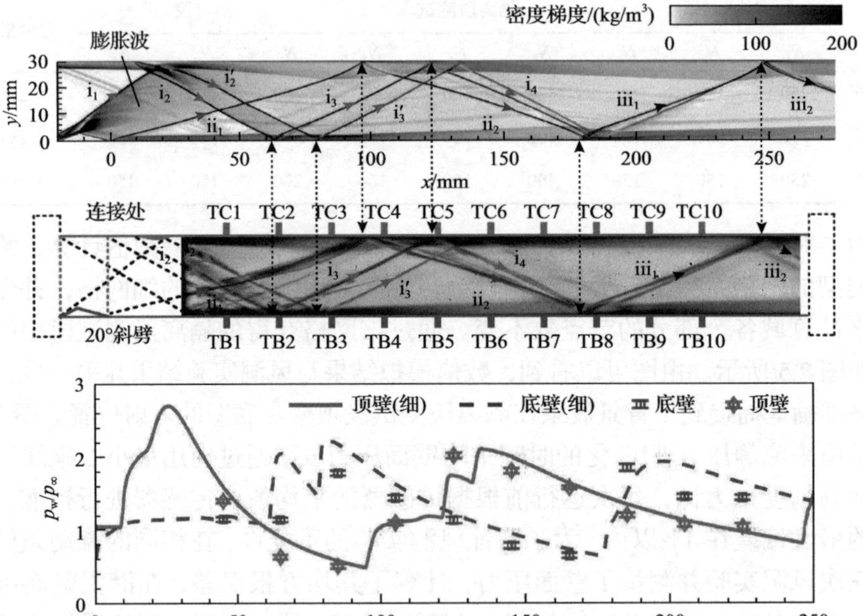

(b) 上游斜劈20°时流场的数值密度梯度云图、实验纹影图像以及沿程归一化壁面压力分布

图 2.5　带有背景波系的隔离段中实验与数值模拟结果的对比

2.2.5 激波/边界层相互作用的分析方法描述

对于激波/边界层相互作用现象，国内外研究学者已经开展了大量的实验与数值模拟研究，无论是高精度的直接数值模拟[16]还是精密的实验研究[13]，壁面压力的时频分析都是必不可少的传统分析方法。近年来，研究人员已经将时频分析的研究范围扩展到高分辨率的实验纹影图像和数值模拟的流场云图。Sartor 等[19]对风洞实验中拍摄获得的一系列纹影图像进行了傅里叶分析，以精确表征低频和中频扰动的结构。Deshpande 等[20]对后向台阶流动的分离涡模拟结果中的密度波动进行了两点互相关分析。Wang 等[9]对风洞实验拍摄得到的激波串流场纹影图像进行了功率谱、相关谱以及相位谱分析，以提供激波串/边界层相互作用不稳定的局部和全局描述。基于本章采用的风洞实验高频壁面压力测量、高时间分辨率纹影可视化和三维定常雷诺平均 Navier-Stokes 方程模拟，将本章的分析方法流程图绘制于图 2.6 中。

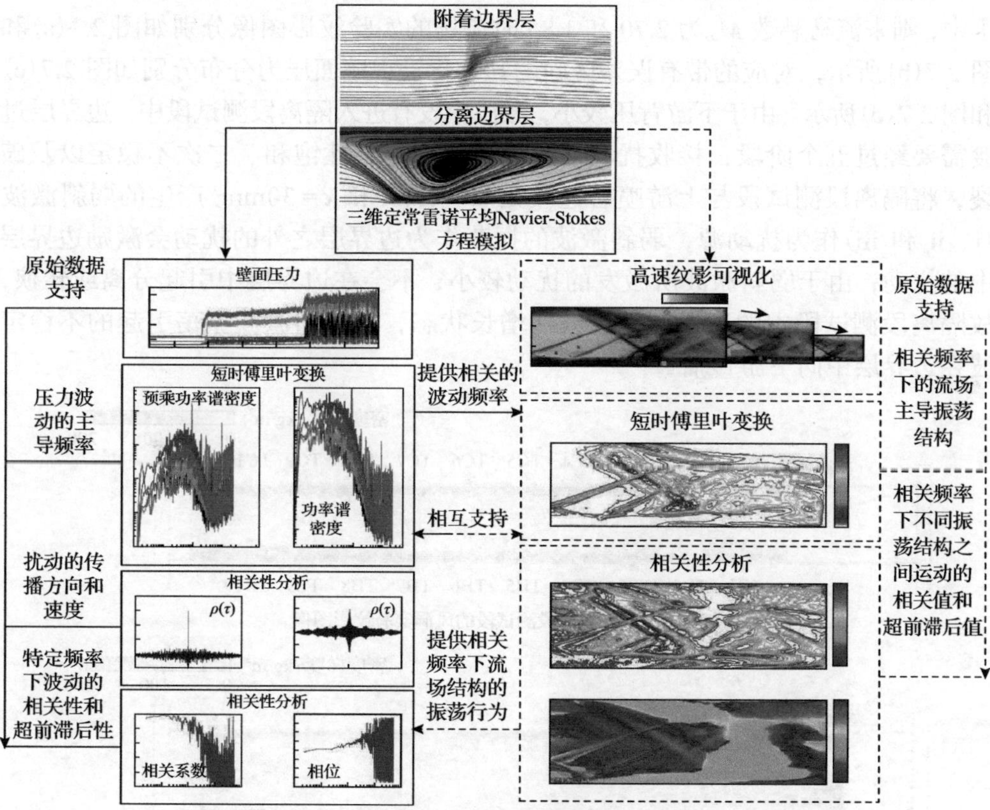

图 2.6 分析方法流程图

首先，确定应用三维定常雷诺平均 Navier-Stokes 方程模拟来研究附着流动和分离流动；接着，利用壁面压力-时间序列进行时频分析，利用短时傅里叶变换确定压力波动的主导频率；然后，通过两点互相关分析确定扰动的传播方向和传播速度，通过相关谱分析确定特定频率下扰动的相关值和超前滞后值。虽然纹影图像处理提供的信息远比壁面压力提供得多，但纹影图像处理结果的确切物理意义不能独立存在，必须与压力数据处理结果相结合。从压力数据中得到振荡的主导频率范围后，利用纹影图像的短时傅里叶变换确定相关频率处的主导振荡流场结构，进一步对纹影图像进行相关谱分析，从而得到相关频率下不同振荡结构之间运动的相关性和超前滞后性。

2.3 附着流动中扰动的传播机制

2.3.1 带有弱背景波系的附着流动中扰动的传播过程

若隔离段测试段上游没有斜劈，弱背景波系结构存在于隔离段测试段的工况Ⅰ中，则来流马赫数 M_∞为 2.70 和 1.85 时流场的实验纹影图像分别如图 2.7(a)和图 2.7(b)所示，对应的带有误差区间的归一化沿程壁面压力分布分别如图 2.7(c)和图 2.7(d)所示。由于下游背压较小，激波串没有进入隔离段测试段中。边界层过渡需要经过五个阶段：接收扰动、线性增长、非线性饱和、二次不稳定以及破裂，将隔离段测试段与上游喷管连接处($x = 0$mm 和 $x = 30$mm)产生的弱斜激波(i、ii 和 iii)作为扰动源，弱斜激波的振荡作为边界层之外的扰动会激励边界层中的扰动，由于弱斜激波所激发的扰动较小，不会在边界层中引起分离或转捩，故隔离段测试段中的边界层处于线性增长状态，由弱斜激波振荡引起的不稳定波在边界层中向下游传播。

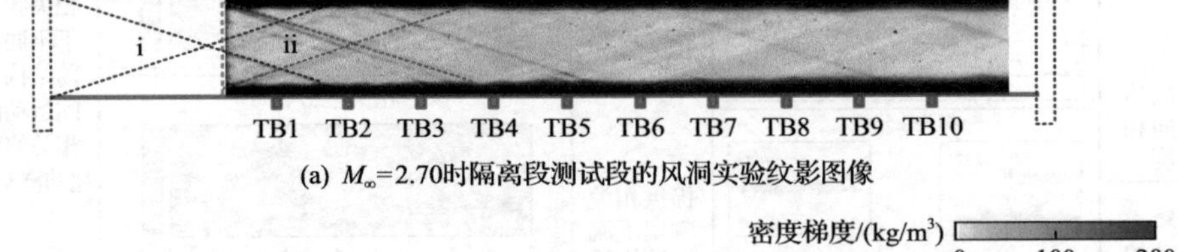

(a) M_∞=2.70时隔离段测试段的风洞实验纹影图像

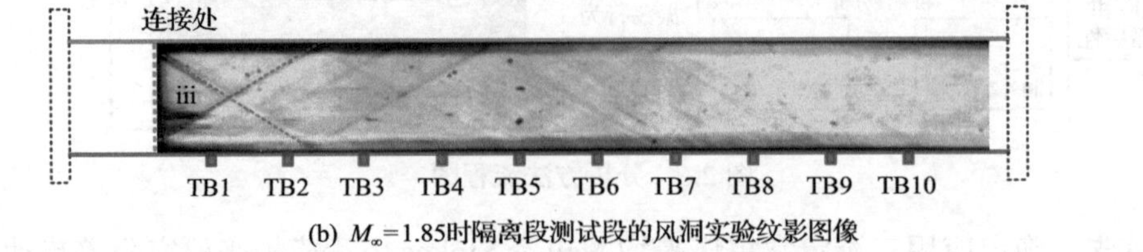

(b) M_∞=1.85时隔离段测试段的风洞实验纹影图像

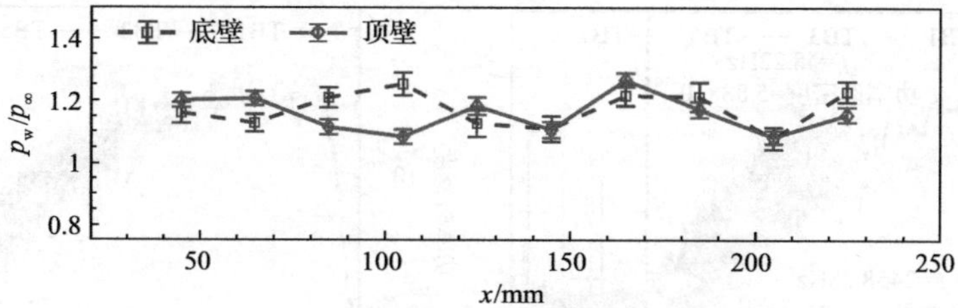

(c) M_∞=2.70时带有误差区间的归一化沿程壁面压力分布

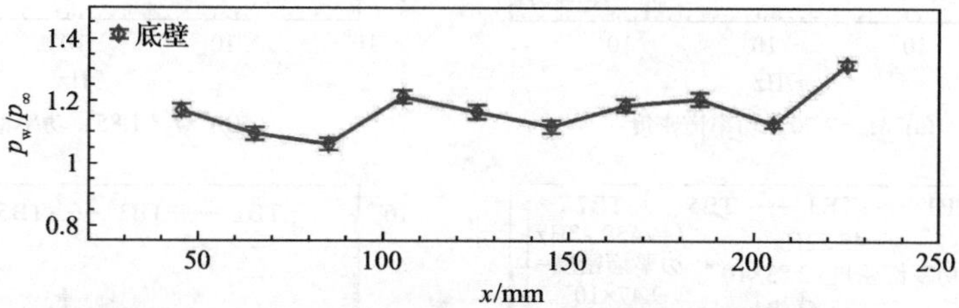

(d) M_∞=1.85时带有误差区间的归一化沿程壁面压力分布

图 2.7　弱背景波系作用下隔离段流场实验纹影图像与沿程壁面压力分布

研究由弱斜激波(i、ii 和 iii)振荡引入到边界层中的不稳定波的下游传播过程，壁面压力波动的功率谱密度(power spectral density, PSD)、预乘功率谱密度(*f*PSD)和压力累积频率百分比($P(f_{ac})$)如图 2.8 所示。累积频率百分比 $P(f_{ac})$ 定义为

$$P(f_{ac})=\frac{\sum_{0}^{f_{ac}} f\,\mathrm{PSD}(f)}{\sum_{0}^{\infty} f\,\mathrm{PSD}(f)} \tag{2.7}$$

其中，$f\,\mathrm{PSD}(f)$ 是对应频率下压力的预乘功率谱密度。

Sartor 等[19]和 Wang 等[9]都认同功率谱密度和预乘功率谱密度的物理意义，由预乘功率谱密度可以获得能量波动的频率内容，预乘功率谱密度曲线下方的面积对应于采样时间内的总波动能量，功率谱密度曲线下方的面积代表相应频率下单次波动周期的能量。图 2.8(c)和图 2.8(d)展示了在 10～5000Hz 频率范围内附着边界层中压力波动的能量分布，可以看到，对应于弱背景波系振荡引起的不稳定波是宽频带的，没有一个主导峰值，所有传感器在低频范围(10～600Hz)均显示出较高的功率谱密度和预乘功率谱密度值。

在大约 600Hz 处，预乘功率谱密度的分布出现了波谷，随后预乘功率谱密度急剧增大，频率达到最大可测量频率，这与经典湍流边界层的谱分布一致。此时，由隔离段测试段与上游喷管连接处诱导的弱斜激波较弱，以至于其导致的压力波动与高频湍流脉动达到了同一个数量级。

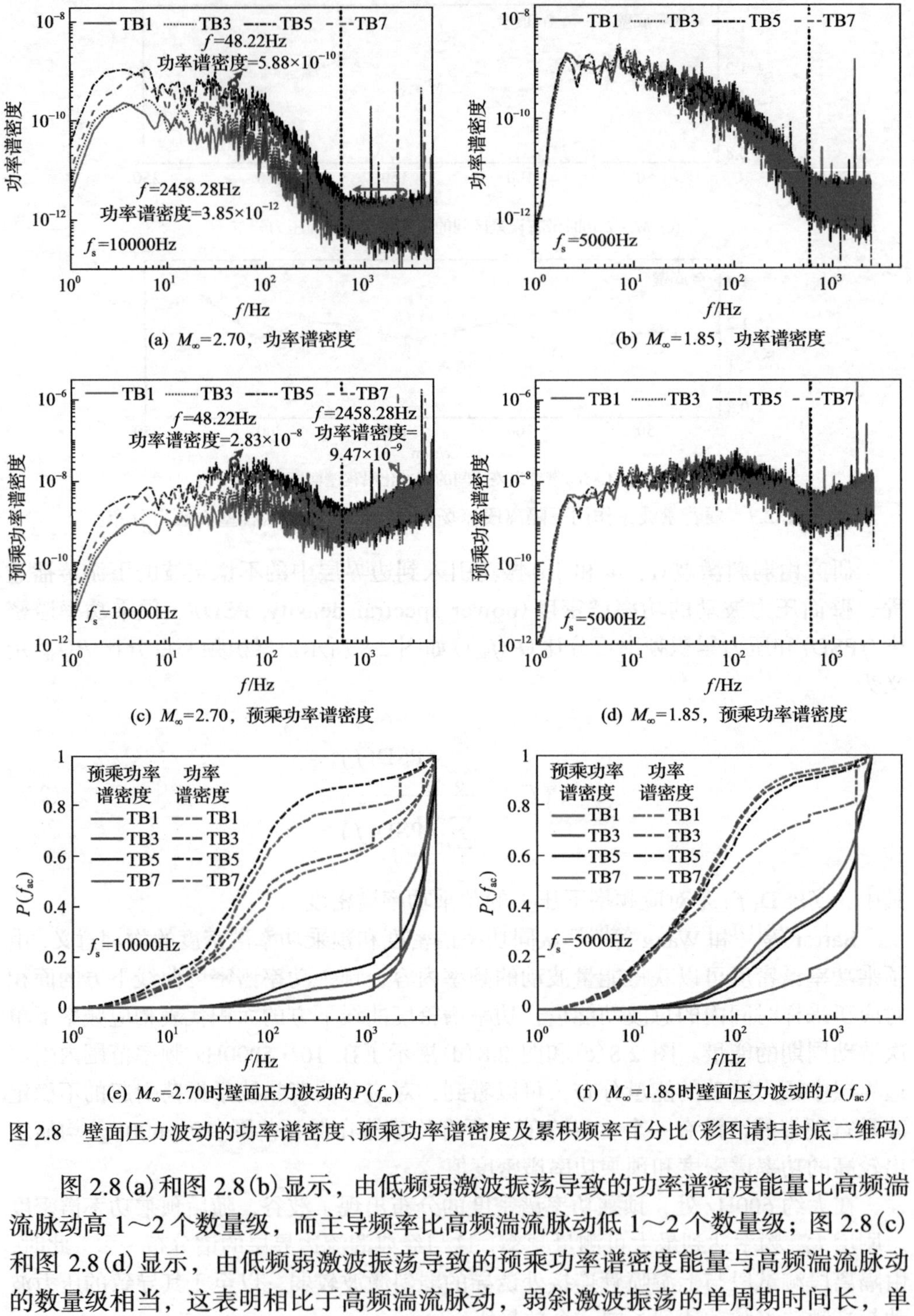

(a) $M_\infty=2.70$，功率谱密度　(b) $M_\infty=1.85$，功率谱密度

(c) $M_\infty=2.70$，预乘功率谱密度　(d) $M_\infty=1.85$，预乘功率谱密度

(e) $M_\infty=2.70$时壁面压力波动的$P(f_{ac})$　(f) $M_\infty=1.85$时壁面压力波动的$P(f_{ac})$

图 2.8　壁面压力波动的功率谱密度、预乘功率谱密度及累积频率百分比(彩图请扫封底二维码)

图 2.8(a)和图 2.8(b)显示，由低频弱激波振荡导致的功率谱密度能量比高频湍流脉动高 1～2 个数量级，而主导频率比高频湍流脉动低 1～2 个数量级；图 2.8(c)和图 2.8(d)显示，由低频弱激波振荡导致的预乘功率谱密度能量与高频湍流脉动的数量级相当，这表明相比于高频湍流脉动，弱斜激波振荡的单周期时间长，单

周期的振荡幅度大，但是出现的频率低。

由不同来流马赫数引起的壁面压力频谱演化的差异同样值得研究。首先讨论频率范围为 10Hz < f < 600Hz 的低频弱激波振荡，当来流马赫数为 2.70 时，随着流动向下游发展(从 TB1 到 TB7)，综合而言，低频激波振荡的功率谱密度和预乘功率谱密度逐渐增大(图 2.8(a)和图 2.8(c))，这也可以从压力特定频率波动能量占总能量百分比的分布中清晰地观察到(图 2.8(e))。低频振荡的主导频率始终保持在 100Hz 左右，因此可以认为功率谱密度和预乘功率谱密度的增大是由激波低频振荡的单周期能量增强导致的。当激波振荡引起的扰动在来流马赫数为 1.85 的边界层中向下游发展时，低频振荡相关的功率谱密度和预乘功率谱密度均逐渐减小(图 2.8(b)和图 2.8(d))，这也可以从压力特定频率波动能量占总能量百分比的分布中清晰地观察到(图 2.8(f))。压力波动的主导频率始终保持在 100Hz 左右，这表明功率谱密度和预乘功率谱密度的减小是由激波低频振荡的单周期能量减弱引起的。对于频率范围 f>600Hz 的高频湍流脉动，无论来流马赫数为 2.70 还是 1.85，在向下游发展过程中，其频谱几乎重叠。

由来流马赫数差异引起的壁面压力频谱演化的差异需要通过纹影图像处理的结果来进一步解释。两种来流马赫数下流场纹影图像(图 2.9(a)和图 2.9(b))的预乘功率谱密度云图如图 2.9(c)和图 2.9(d)所示，展示了流场在 100Hz 主导频率下的主导振荡结构。当来流马赫数为 2.70 时，隔离段测试段中与上游喷管连接处产生的弱斜激波在测试段内被多次反射，由反射斜激波振荡导致的预乘功率谱密度的高值区延伸至 x = 215mm 附近的顶壁(图 2.9(c)中椭圆框标记)。当来流马赫数为 1.85 时，隔离段测试段中与上游喷管连接处产生的弱斜激波只在顶壁和底壁上反射了一次，反射激波在顶壁和底壁的最后一个入射点位于 x = 115mm 附近(图 2.9(d)中矩形框标记)。因此，可以解释在不同来流马赫数下壁面压力谱演化的差异：在来流马赫数为 2.70 的流动中，弱斜激波在通道内不断反射，向边界层引入低频不稳定波，进而导致不稳定波在向下游发展过程中，边界层中的低频激波振荡能量持续增加；在来流马赫数为 1.85 的流动中，反射激波在 x = 115mm 附

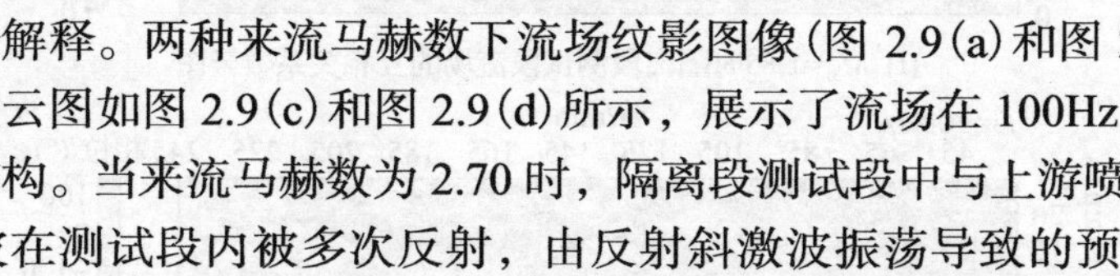

(a) M_∞=2.70时隔离段测试段流场的实验纹影图像

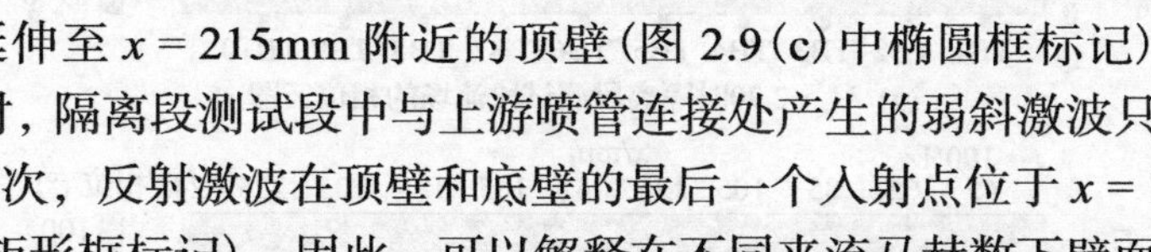

(b) M_∞=1.85时隔离段测试段流场的实验纹影图像

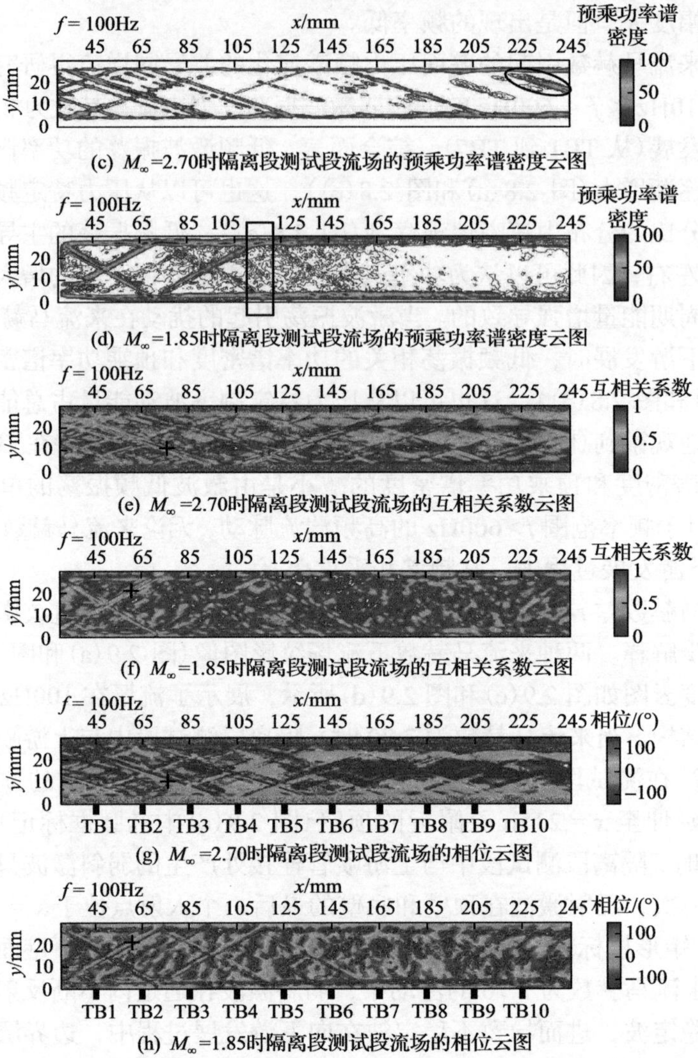

(c) M_∞=2.70时隔离段测试段流场的预乘功率谱密度云图

(d) M_∞=1.85时隔离段测试段流场的预乘功率谱密度云图

(e) M_∞=2.70时隔离段测试段流场的互相关系数云图

(f) M_∞=1.85时隔离段测试段流场的互相关系数云图

(g) M_∞=2.70时隔离段测试段流场的相位云图

(h) M_∞=1.85时隔离段测试段流场的相位云图

图 2.9　隔离段测试段流场的实验纹影图像及其预乘功率谱密度云图、互相关系数云图和相位云图

开展相关性和相位分析时的参考点用+号标记

近消失，由于没有反射激波入射将低频不稳定波传递到边界层中，因此，不稳定波在向下游发展过程中，边界层中的低频激波振荡能量逐渐耗散减弱。

图 2.9(e)～(h)为隔离段测试段与上游喷管连接处产生的弱斜激波与整个测试段流场的互相关系数云图和相位云图。从互相关系数云图(图 2.9(e)和图 2.9(f))可以看出，与弱斜激波振荡具有较大互相关系数的区域大多数集中在反射激波结构处。观察相位云图(图 2.9(g)和图 2.9(h))可以看出，弱斜激波的振荡与其下游反射激波的振荡之间的相位差较小。由于工况 I 中产生于隔离段测试段与

上游喷管连接处的斜激波强度较低，因此在纹影图像上显示的该激波的空间振荡幅度较小，该激波与下游流场结构之间的相关性及相位结果也不是很明显。

在工况 I 中来流马赫数为 2.70 时，可以清晰地看到，弱斜激波的反射激波一直延伸到隔离段测试段的下游边界处(x = 245mm)；在工况 I 中来流马赫数为 1.85 时，弱斜激波的反射激波在大约 x = 115mm 处消失。进一步利用两点互相关分析来描述弱斜激波振荡引入边界层中的低频不稳定波的传播方向和速度。图 2.10 展示了上游 TB3 处压力波动与下游 TB5、TB7、TB9 处压力波动的两点互相关性，互相关系数和时间迟滞的正负值均是相对于 TB3 处压力波动而言的。一个正互相

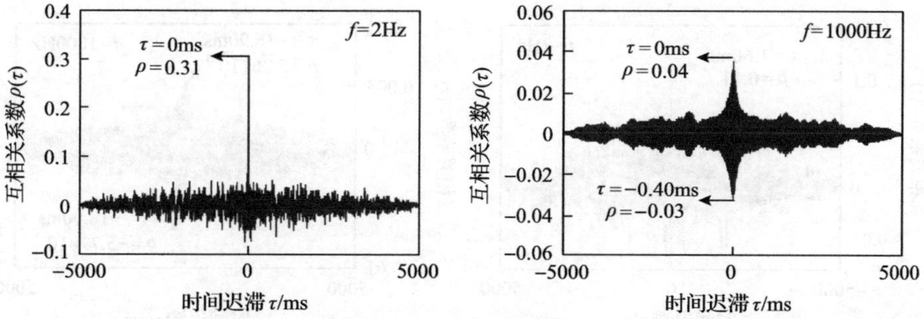

(a) M_∞=2.70 时，TB5与TB3

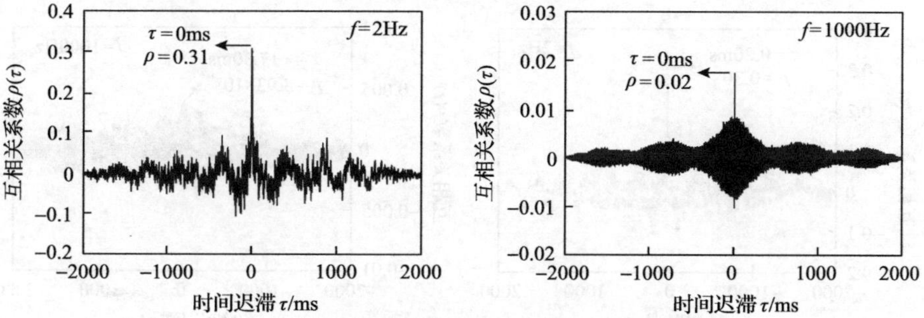

(b) M_∞=1.85 时，TB5与TB3

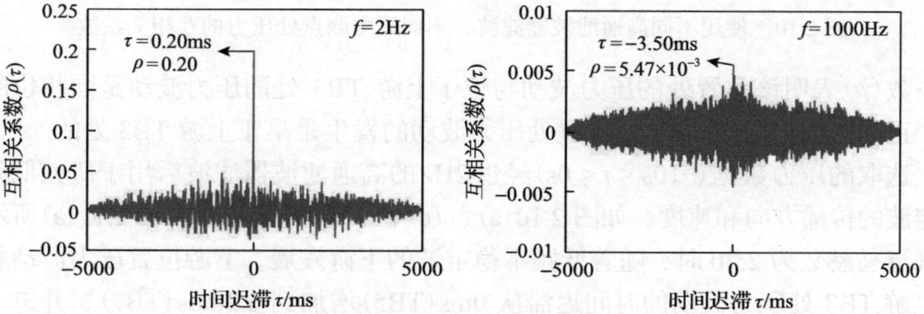

(c) M_∞=2.70 时，TB7与TB3

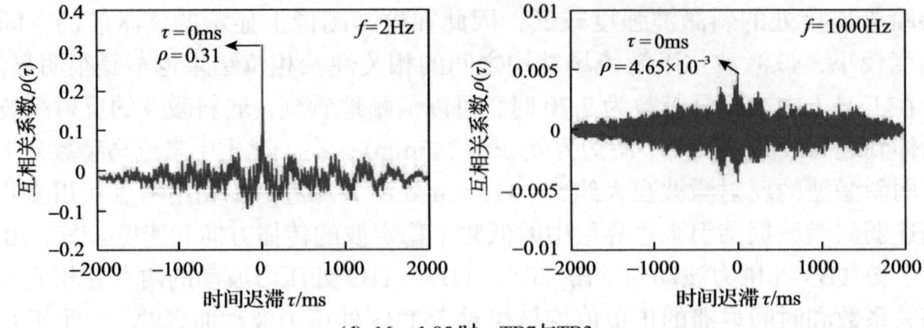

(d) $M_\infty=1.85$ 时，TB7与TB3

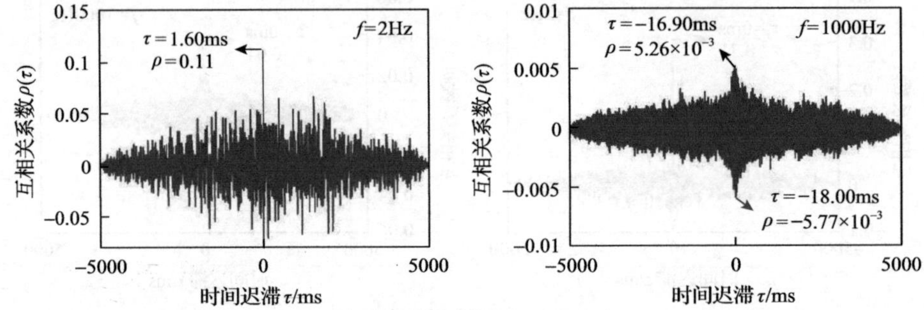

(e) $M_\infty=2.70$ 时，TB9与TB3

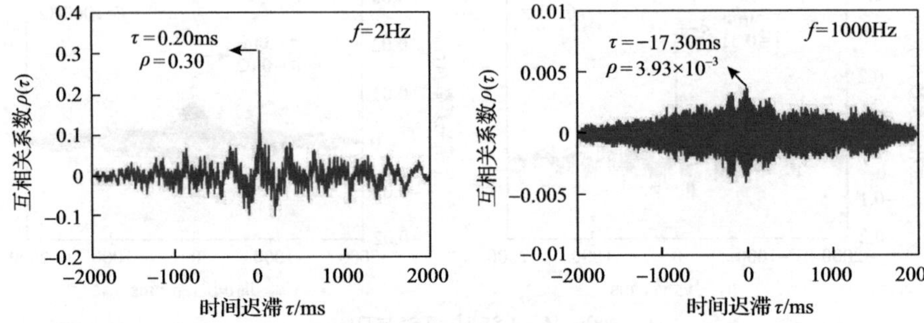

(f) $M_\infty=1.85$ 时，TB9与TB3

图 2.10　使用不同高通滤波器滤波、不同压力测点处压力的互相关系数

关系数(ρ)表明该位置处的压力波动与位于上游 TB3 处的压力波动是同相位的，一个正的时间迟滞(τ)表示该位置处压力波动的发生是早于上游 TB3 处的。

选取的压力数据($-10\text{s} < t < 0\text{s}$)经过2Hz的高通滤波器滤波后用于研究低频不稳定波的传播方向和速度。如图 2.10(a)、(c)和(e)的左半图以及图 2.11(a)所示，当来流马赫数为 2.70 时，随着低频不稳定波的下游发展，下游位置压力波动相对于上游 TB3 处压力波动的时间迟滞从 0ms(TB5)增加到 0.20ms(TB7)，并进一步增加到 1.60ms(TB9)。互相关系数从 0.31(TB5)降至 0.20(TB7)，并进一步降至

0.11(TB9)。由此可以得出结论，通过反射激波的入射，引入到边界层中的低频不稳定波会减小上游和下游之间压力波动的相关性，同时增加下游压力波动相对于上游压力波动的时间迟滞，基于时间迟滞 τ 的平均速度 U 可表示为

$$U=\frac{\Delta x}{\tau} \tag{2.8}$$

受连续引入的低频不稳定波的影响，原始低频不稳定波在 TB3($x=85$mm)和 TB7($x=165$mm)之间的传播速度约为 400m/s，而从 TB3($x=85$mm)到 TB9($x=205$mm)的传播速度约为 75m/s，这表明原始低频不稳定波在向下游传播的过程中减速。

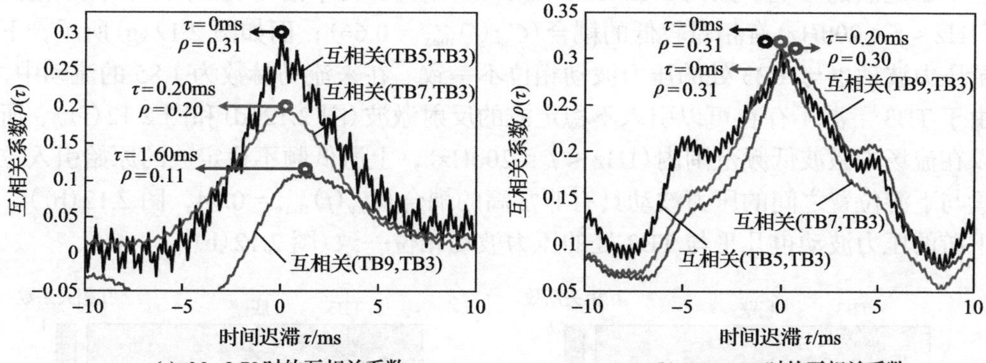

(a) M_∞=2.70 时的互相关系数　(b) M_∞=1.85 时的互相关系数

图 2.11　TB5 与 TB3、TB7 与 TB3 以及 TB9 与 TB3 的互相关系数

如图 2.10(b)、(d)和(f)的左半图以及图 2.11(b)所示，当来流马赫数为 1.85 时，在低频不稳定波向下游发展过程中，上游原始低频不稳定波与传播到下游的低频不稳定波始终保持着大约 0.30 的高互相关系数值，下游低频不稳定波导致压力波动的时间迟滞也显著减小，TB9 处 0.20ms 的时间迟滞对应于低频不稳定波 600m/s 的传播速度。在来流马赫数为 1.85 的流动中观察到的现象有力地支持了在来流马赫数为 2.70 的流动中得出的结论：在来流马赫数为 1.85 的流动中，由于没有反射激波入射将激波振荡导致的不稳定波引入边界层中，原始低频不稳定波在向下游发展过程中始终保持高保真度。

如图 2.10(a)、(c)和(e)的右半图以及图 2.10(b)、(d)和(f)的右半图所示，与激波振荡引起的低频不稳定波相比，上游 TB3 与下游 TB5、TB7、TB9 之间的高频湍流脉动引起的压力波动的互相关系数减小了一个数量级，而时间迟滞增大了一个数量级，反映了高频湍流脉动的随机性。

两点互相关分析不能确定两种压力波动在特定频率下的关系，相关谱分析可以提供这一信息，因为它形成了互相关的光谱模拟，对于所有频率，相关性满足：

$$0 \leqslant C_{xy}(f) \leqslant 1 \tag{2.9}$$

如果 $C_{xy}(f)=1$，则时间序列 $x(t)$和 $y(t)$相对于卷积滤波器在频率 f 处呈线性相关；如果 $C_{xy}(f)=0$，则时间序列 $x(t)$和 $y(t)$是不相关的。由实验得到 TB3 处压力-时间序列和底壁上其他压力测点处压力-时间序列 TBi(来自其他流向位置)的互相关系数云图和相位云图。传感器之间的云图部分用线性插值计算，相位值为正值的位置表示扰动首次发生的位置。

相关分析的结果进一步支持了两点互相关分析的结论。当来流马赫数为 2.70 和 1.85 时，沿程壁面压力的互相关系数云图形成了鲜明的对比，如图 2.12(a)和图 2.12(b)所示。在来流马赫数为 2.70 的流动中，由于受沿程反射激波入射引入的不稳定波的影响，如图 2.12(c)和图 2.12(e)所示功率谱密度云图，在低频范围($1\text{Hz} < f < 200\text{Hz}$)有相对较低的耦合($C_{xy}(f)_{\max}=0.66$)；而如图 2.12(g)所示，下游压力波动也与 TB3 处的压力波动相位不一致。在来流马赫数为 1.85 的流动中，由于 TB3 下游不存在可以引入不稳定波的反射激波(图 2.12(d)和图 2.12(f))，所以在流场中激波低频范围内($1\text{Hz} < f < 200\text{Hz}$)，上游低频不稳定波的原始引入位置与下游位置之间的压力波动具有非常高的耦合($C_{xy}(f)_{\max}=0.94$，图 2.12(b))，下游的压力波动也几乎与 TB3 处的压力波动相位一致(图 2.12(h))。

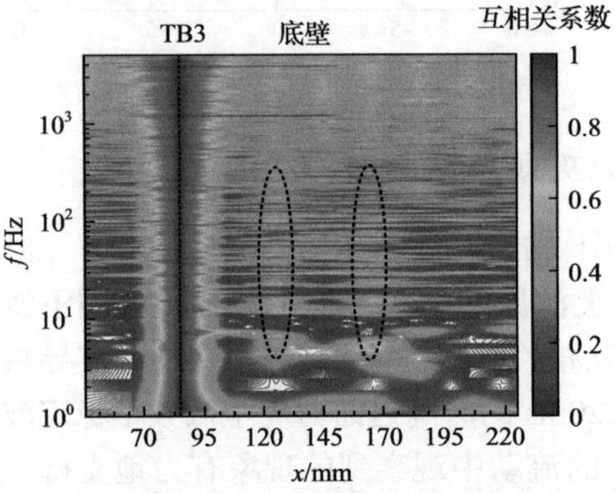

(a) M_∞=2.70时的互相关系数云图

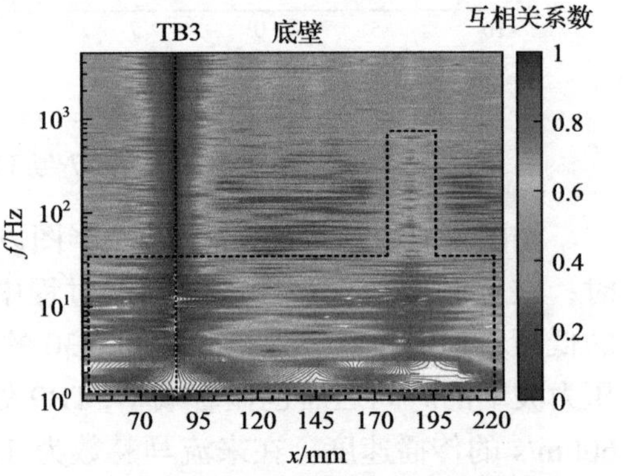

(b) M_∞=1.85时的互相关系数云图

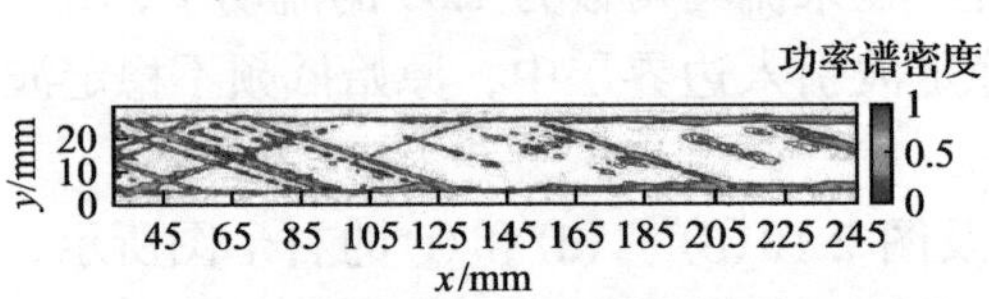

(c) M_∞=2.70时的流场功率谱密度云图(100Hz)

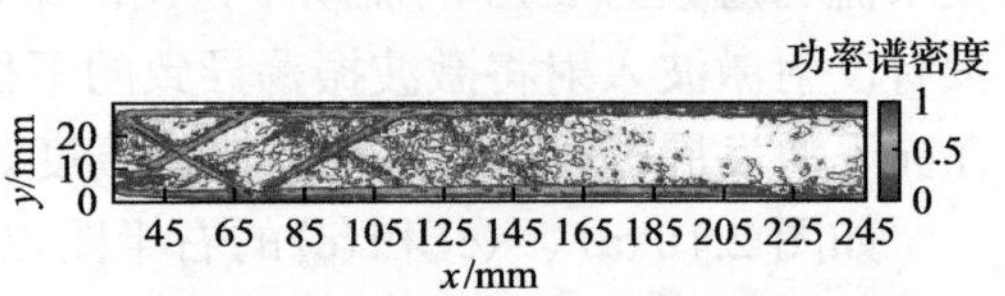

(d) M_∞=1.85时的流场功率谱密度云图(100Hz)

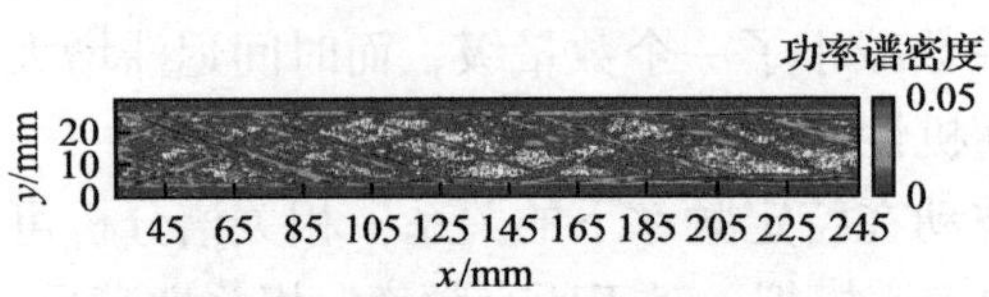

(e) M_∞=2.70时的流场功率谱密度云图(1000Hz)

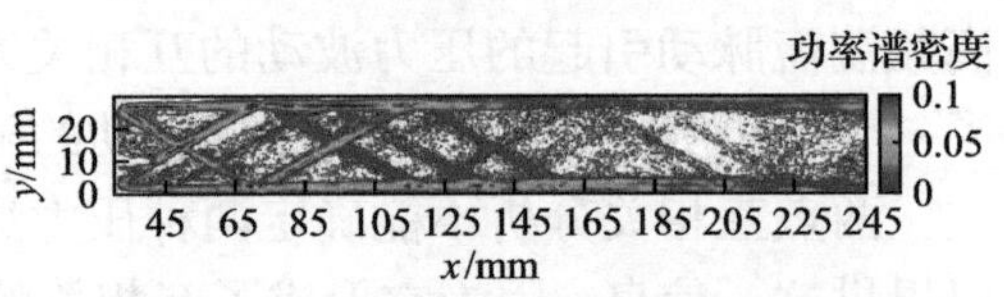

(f) M_∞=1.85时的流场功率谱密度云图(1000Hz)

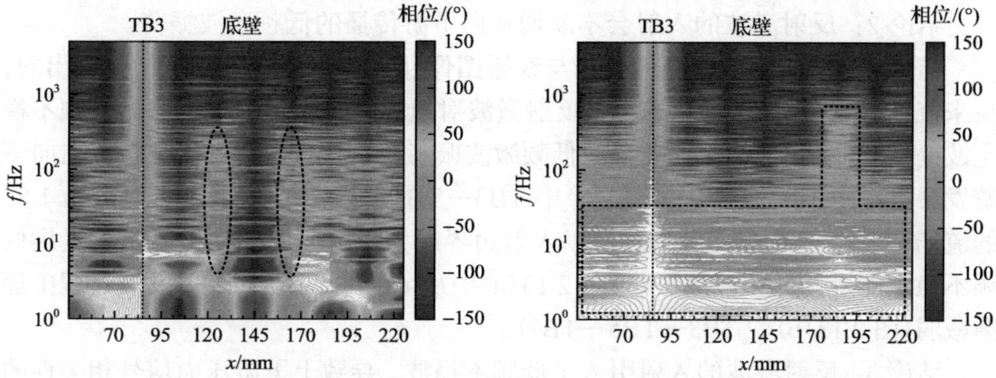

(g) M_∞=2.70时的相位云图　　(h) M_∞=1.85时的相位云图

图 2.12　TB3 处测量的压力与底壁不同流向位置压力的互相关系数云图和相位云图以及特定频率下的流场功率谱密度云图

由于描述压力的原始数据是进行时频分析的基础，因此在本节后续内容中进一步分析原始压力数据，以确认下述结论的准确性。

结论 1：低频激波振荡的单周期能量较大而出现频率较小，高频湍流脉动的情况正好相反。

结论 1 是通过对比壁面压力的功率谱密度和预乘功率谱密度得到的(图 2.8)。如图 2.13 所示，很明显，低频激波振荡($10\text{Hz} < f < 600\text{Hz}$)具有较大的单周期能量，但出现频率较低，而高频湍流脉动($f > 600\text{Hz}$)则相反；低频激波振荡对应的压力-时间序列区域为从 t_{a11} 到 t_{a2} ($\Delta t = 0.0097\text{s}$, $\Delta(p_w/p_\infty) = 0.014$，图 2.13(a)中①)和 t_{b11} 到 t_{b2} ($\Delta t = 0.0088\text{s}$, $\Delta(p_w/p_\infty) = 0.014$，图 2.13(b)中①)。高频湍流脉动对应的压力-时间序列区域为从 t_{a3} 到 t_{a4} ($\Delta t = 0.0003\text{s}$, $\Delta(p_w/p_\infty) = 0.0017$，图 2.13(a)中②)和 t_{b3} 到 t_{b4} ($\Delta t = 0.0004\text{s}$, $\Delta(p_w/p_\infty) = 0.0017$，图 2.13(b)中②)。与功率谱分析相一致，低频激波振荡的单周期时间和波动幅度都比高频湍流脉动大 1～2 个数量级，且高频湍流脉动发生得更频繁，有时是低频激波振荡的一部分。

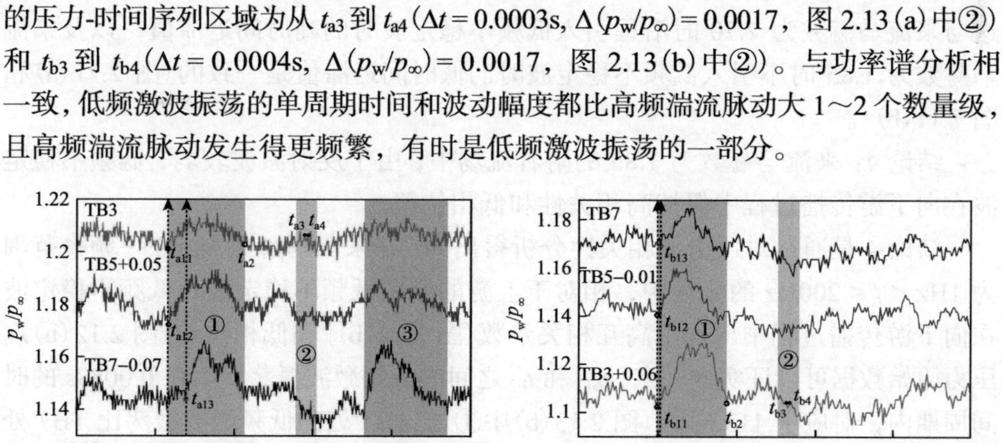

(a) M_∞=2.70时的压力-时间序列　　(b) M_∞=1.85时的压力-时间序列

图 2.13　TB3、TB5 和 TB7 处的压力-时间序列

结论 2：反射激波的入射会不断增强向下游传播的低频激波振荡。

结论 2 是将压力的功率谱分析与纹影图像(图 2.8 和图 2.9)相互结合得出的，在来流马赫数为 2.70 的流场中，反射激波对边界层的入射为上游原始低频不稳定波提供了低频不稳定能量，导致低频激波振荡(图 2.13(a)中从 t_{a11} 到 t_{a2})在向下游发展过程中不断加强(图 2.13(a)中 TB3—TB5—TB7)。在来流马赫数为 1.85 的流场中，由于没有反射激波可以入射边界层为上游原始低频不稳定波提供低频不稳定能量，低频激波振荡(图 2.13(a)中从 t_{b11} 到 t_{b2})在向下游发展过程中逐渐减弱(图 2.13(b)中 TB3—TB5—TB7)。

结论 3：反射激波的入射引入了低频不稳波，导致上下游压力信号相关性的减弱。

结论 3 是通过压力的两点互相关分析得到的。在来流马赫数为 2.70 的流场中，如图 2.13(a)中③所示，除了位于上游的 TB3 处的压力信号，下游反射激波入射引入的低频不稳定波可以在下游 TB7 处的压力信号中观察到，这导致流动在向下游发展的过程中，相对于上游原始低频不稳定波的互相关系数迅速减小(图 2.11(a))。在来流马赫数为 1.85 的流场中，在没有沿程反射激波入射引入不稳定波的情况下，只有一个不稳定波，即上游的原始低频不稳定波向下游传播(图 2.13(b))，这导致上游原始低频不稳定波在向下游传播过程中具有高保真度，表现为相关值的缓慢减小(图 2.11(b))。在原始低频不稳定波向下游传播的过程中，如图 2.13(a)所示，当流马赫数为 2.70 时，时间迟滞分别为 $t_{a12} - t_{a11} = 0.0001\text{s}$(TB5—TB3)和 $t_{a13} - t_{a11} = 0.0023\text{s}$(TB7—TB3)；如图 2.13(b)所示，当来流马赫数为 1.85 时，时间迟滞分别为 $t_{b12} - t_{b11} = 0\text{s}$(TB5—TB3)和 $t_{b13} - t_{b11} = 0.0004\text{s}$(TB7—TB3)。这与来流马赫数为 2.70 时沿程引入低频不稳定波时的高时间迟滞值，以及来流马赫数为 1.85 时不引入低频不稳定波时的低时间迟滞值是一致的(图 2.11(a)和图 2.11(b))。

结论 4：来流马赫数为 1.85 的附着流场中，由于反射激波较弱，低频不稳定波在向下游传播过程中保持高相关性和低相位差。

结论 4 是通过对压力的相关性分析得出的。在来流马赫数为 1.85、频率范围为 $1\text{Hz} < f < 200\text{Hz}$ 的流场中，相对于上游的原始低频不稳定波，低频不稳定波在向下游传播过程中出现了高互相关系数(图 2.12(b))和低相位差(图 2.12(h))。压力原始数据可以证实这一点，t_{b11} 和 t_{b2} 之间的低频激波振荡发生在 0.0088s 的时间周期内，对应于 113.64Hz(图 2.13(b)中①)。TB3 处的低频激波振荡比 TB7 处的快 0.0004s($t_{b13} - t_{b11}$)，利用式(2.8)，在 113.64Hz 的对应频率 f 上，由时间迟滞 τ =0.0004s 引起的相位差 θ 为 16.36°，这与相位结果相互一致(图 2.12(h))。

2.3.2　带有强背景波系的附着流动中扰动的传播过程

本节对有强背景波系的通道中扰动的传播进行研究。当上游斜劈角度为 14°时(图 2.5(a))，在斜劈上、下游边缘产生的斜激波 i_1 和 ii_1 分别向下游反射，形成背景波系 i_1 - i_2 - i_3 - i_4 和 ii_1 - ii_2 - ii_3，两个背景波系并不共享合并的入射点，因此，在隔离段中存在两个独立的背景波系。当上游斜劈角度为 20°时(图 2.5(b))，在斜劈上、下游边缘产生的斜激波 i_1 和 ii_1 分别被反射到下游形成背景波系 i_1 - i_2i_2' - i_3i_3' - i_4 和 ii_1 - ii_2，两个背景波系的反射激波 i_4 和 ii_2 的入射点发生合并，两个背景波系在合并的入射点下游合成为一个背景波系 iii_1 - iii_2，因此，在隔离段测试段内存在两个相互作用的背景波系，i_4 和 ii_2 合并入射点的运动以较强的斜激波为主导。流体在通过 i_4 和 ii_2 时发生的压升分别为 $p(\text{TC5}) - p(\text{TC4}) = 0.9154$ 和 $p(\text{TC4}) - p(\text{TC3}) = 0.5923$，因此，$i_4$ 和 ii_2 合并入射点的运动由较强的 i_4 主导。最后，一束膨胀波系产生于上游斜劈的顶部，当膨胀波遇到 i_1、i_2 和 ii_1 时，其强度明显减弱。

在分析具有强背景波系的隔离段测试段中的附着流动特征之前，需要确定流场中缺乏分离的证据，大量的进气道风洞实验和数值模拟研究表明[1,3,5]，背景波系最上游激波的波前马赫数最大，强度最高，最容易引起流动分离。因此，如图 2.14 所示，分析最上游激波 i_2 与底壁边界层的相互作用。由于来流边界层的厚度由激波 i_2 上游的速度分布决定(图 2.14(c)和图 2.14(g))，提取边界层上方的压力(图 2.14(d)和图 2.14(h))和马赫数(图 2.14(e)和图 2.14(i))分布；提取沿着底壁的表面摩擦系数 C_f(图 2.14(f)和图 2.14(j))。基于估计方程分析激波 i_2 入射底壁边界层所引起的压力增大，估计方程表达如下：

$$\frac{p_2}{p_1} = 1 + 0.3M_1^2, \quad M_1 \leqslant 4.5 \tag{2.10}$$

其中，下标 1 和 2 分别表示激波上游和下游的参数。在二维情况下，导致初始分离的压升以及两个经验相关性可以进行粗略估计，其中不考虑雷诺数和壁面温度变化的影响，因为这些影响并不显著。当上游斜劈角为 14°时，激波的波前马赫数 M_{a11} 为 2.6499(图 2.14(e))，根据式(2.10)，当流体通过激波 i_2 的理论压升比达到 3.11 时，流动分离发生，而实际的压升比 p_{a12}/p_{a11} 为 1.41(图 2.14(d))。因此，当上游斜劈角度为 14°且下游节流比为 0 时，隔离段测试段底壁的边界层是附着的状态。在激波 i_2 的入射点，底壁的流线只是发生了偏转(图 2.14(a))，表面摩擦系数 C_f 的最小值仍然保持大于 0(图 2.14(f))。

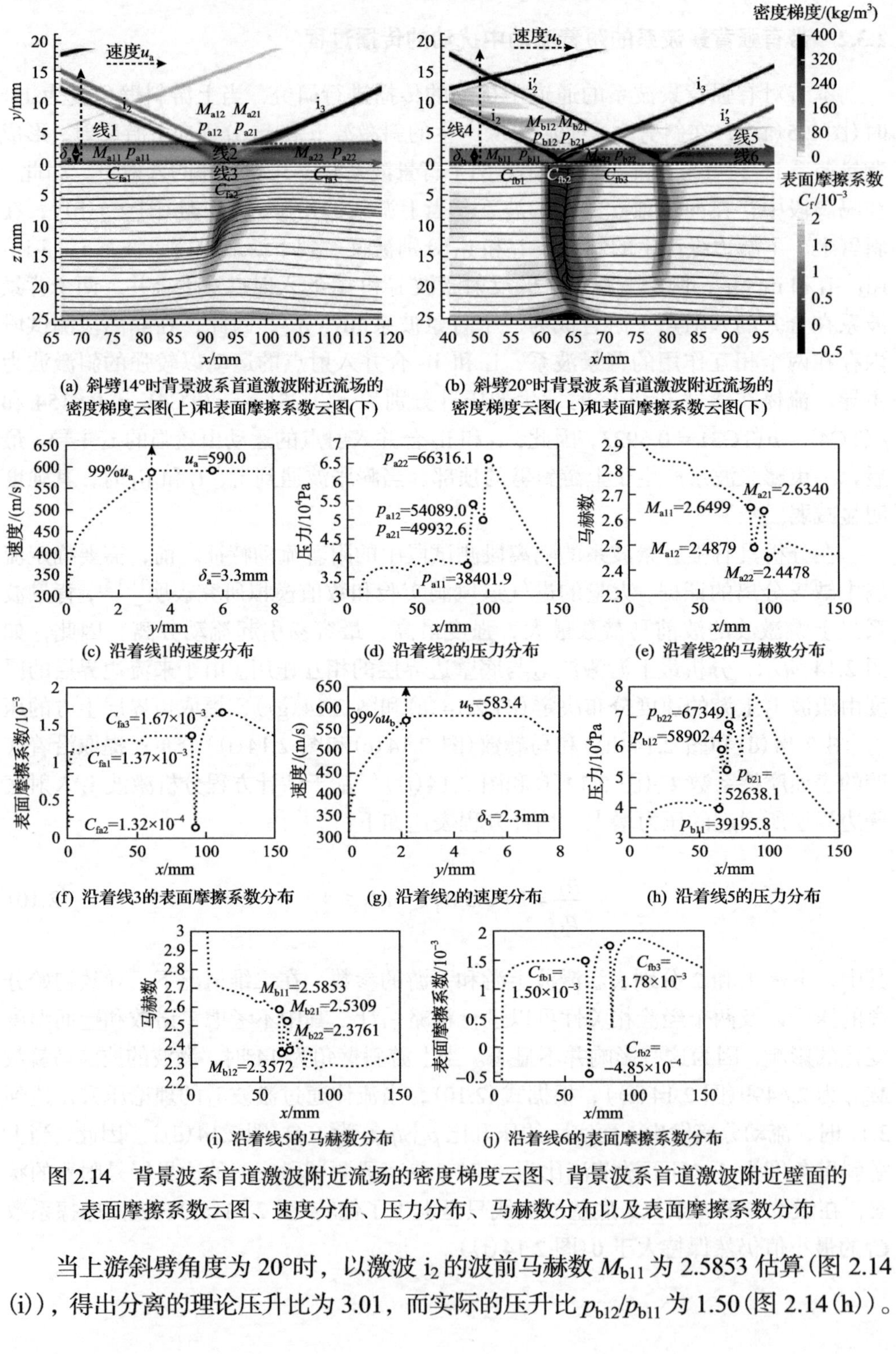

(a) 斜劈14°时背景波系首道激波附近流场的密度梯度云图(上)和表面摩擦系数云图(下)

(b) 斜劈20°时背景波系首道激波附近流场的密度梯度云图(上)和表面摩擦系数云图(下)

(c) 沿着线1的速度分布　(d) 沿着线2的压力分布　(e) 沿着线2的马赫数分布

(f) 沿着线3的表面摩擦系数分布　(g) 沿着线2的速度分布　(h) 沿着线5的压力分布

(i) 沿着线5的马赫数分布　(j) 沿着线6的表面摩擦系数分布

图 2.14　背景波系首道激波附近流场的密度梯度云图、背景波系首道激波附近壁面的表面摩擦系数云图、速度分布、压力分布、马赫数分布以及表面摩擦系数分布

当上游斜劈角度为20°时，以激波 i_2 的波前马赫数 M_{b11} 为 2.5853 估算(图 2.14(i))，得出分离的理论压升比为 3.01，而实际的压升比 p_{b12}/p_{b11} 为 1.50(图 2.14(h))。

然而，在激波 i_2 的入射点，底壁的流线发生了反转(图 2.14(b))，表面摩擦系数 C_f 的最小值也下降至小于 0(图 2.14(j))，这证明了小分离泡的存在。实际值与理论值的偏差表明，当考虑三维侧壁效应时，流动分离更容易发生。因此，当上游斜劈角度为 20°且下游节流比为 0 时，在激波 i_2 的入射点处，底壁边界层经历了分离和再附着，在附着点的下游边界层保持附着流动状态。本节接下来就开展完全附着流动和具有分离-再附着结构的附着流动流场特性的分析。

为了研究附着流动中压力波动的频谱能量分布，计算了壁面压力的预乘功率谱密度，如图 2.15 所示。当上游斜劈角度为 14°时(图 2.15(a)和图 2.15(c))，TB1 和 TB2 位于激波入射点上游的来流边界层中，没有受到激波入射的影响；TB1 和 TB2 中存在频率大于 3000Hz 的高频湍流波动能量。两个独立的背景波系结构(i_2 -

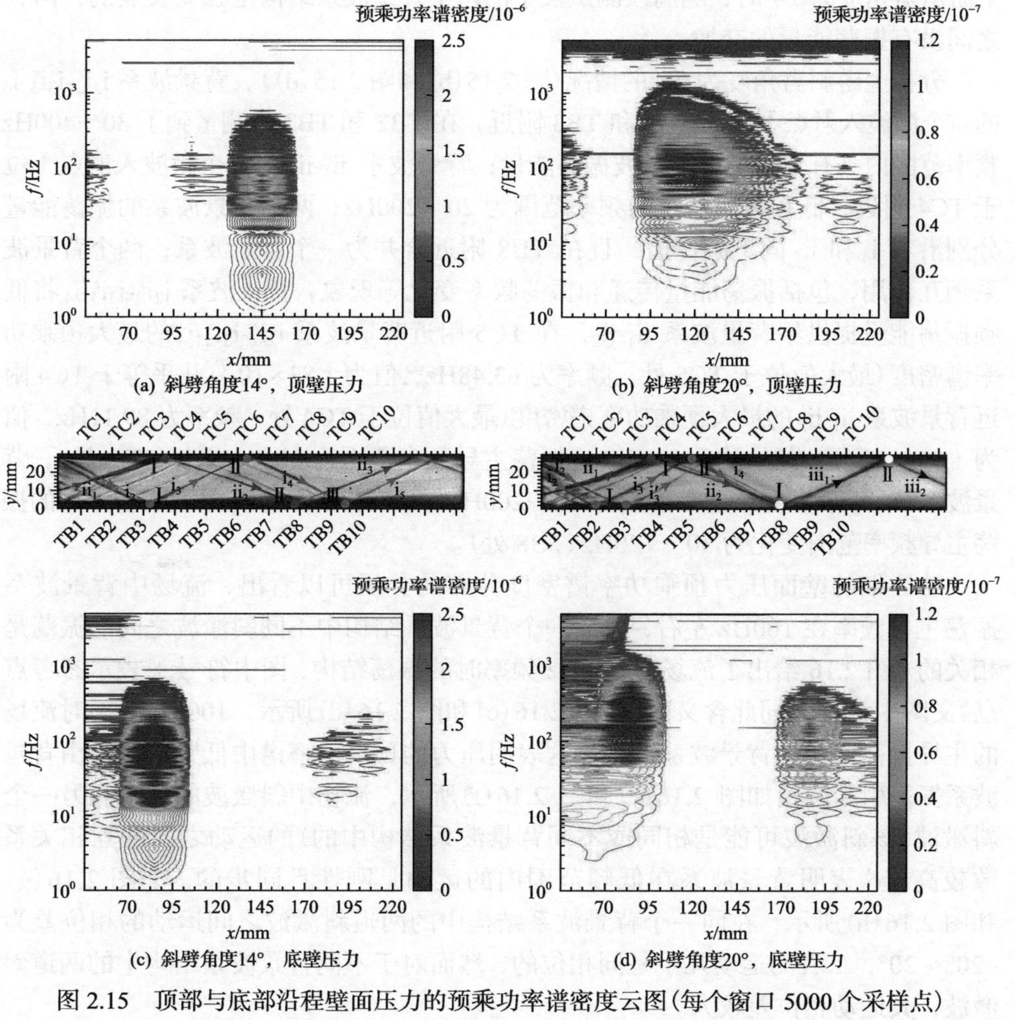

(a) 斜劈角度14°，顶壁压力　(b) 斜劈角度20°，顶壁压力

(c) 斜劈角度14°，底壁压力　(d) 斜劈角度20°，底壁压力

图 2.15　顶部与底部沿程壁面压力的预乘功率谱密度云图(每个窗口 5000 个采样点)

i_3-i_4-i_5 和 ii_1-ii_2-ii_3)具有不同的振荡能量，由于首道入射激波 i_1 强于 ii_1，背景波系 i_2-i_3-i_4-i_5 具有更大的振荡能量。背景波系 i_2-i_3-i_4-i_5 的首个激波入射点Ⅰ位于 TB3 附近，激波振荡导致 TB3 处在 10～300Hz 频率范围内具有较大的低频激波振荡能量，低频激波振荡沿着背景波系 i_3 向下游传播至 TC6 附近的第二个激波入射点Ⅱ，进一步沿着背景波系 i_4 向下游传播至 TB10 附近的第三个激波入射点Ⅲ，振荡能量在向下游传播过程中逐渐减弱。背景波系 ii_1-ii_2-ii_3 的第一个激波入射点Ⅰ(TC4 附近)和第二个激波入射点Ⅱ(TB8 附近)处的压力波动同样具有显著的低频激波振荡能量。背景波系 i_2-i_3-i_4-i_5 的最大预乘功率谱密度(最大值位于 TB3 处，频率为 45.17Hz，值为 1.27×10^{-5})是背景波系 ii_1-ii_2-ii_3 的最大预乘功率谱密度(最大值位于 TC4 处，频率为 76.92Hz，值为 1.07×10^{-7})的 118.69 倍。以上分析充分说明了当上游斜劈角度为 14°时，隔离段测试段中的两个背景波系结构是独立发展的，两者之间没有振荡能量的交换。

分析上游斜劈角度为 20°的情况(图 2.15(b)和图 2.15(d))，背景波系 i_2i_2'-i_3i_3'-i_4 的首个激波入射点Ⅰ位于 TB2 和 TB3 附近，在 TB2 和 TB3 处测量到了 30～400Hz 频率范围内具有较大的低频激波振荡能量；背景波系 ii_1-ii_2 的首个激波入射点Ⅰ位于 TC4 附近，低频激波振荡的频率范围为 20～200Hz；两个背景波系的振荡能量分别沿着 i_4 和 ii_2 向下游传播，且在 TB8 附近合并为一个背景波系；两个背景波系相互作用，包括振荡能量传递和振荡频率变化等现象，背景波系 i_2i_2'-i_3i_3'-i_4 将低频振荡能量提供给背景波系 ii_1-ii_2，在 TC5 附近背景波系 i_2i_2'-i_3i_3'-i_4 的最大预乘功率谱密度(最大值位于 TC5 处，频率为 63.48Hz，值为 1.83×10^{-7})几乎等于 TC4 附近背景波系 ii_1-ii_2 的最大预乘功率谱密度(最大值位于 TC4 处，频率为 89.11Hz，值为 1.96×10^{-7})；背景波系 i_2i_2'-i_3i_3'-i_4 振荡主导频率范围为 30～400Hz(TB3 处)，背景波系 ii_1-ii_2 振荡主导频率范围为 10～200Hz(TC4 处)，两个背景波系合并后的振荡主导频率范围变化为 30～120Hz(TB8 处)。

从详细的壁面压力预乘功率谱密度分布的分析可以看出，流场中背景波系振荡主导频率在 100Hz 左右，且同一个背景波系结构中不同斜激波之间的振荡是相关的。图 2.16 给出了流场在 100Hz 频率时的振荡结构，图中符号 + 表示参考点(后文图中符号 + 同此含义)。如图 2.16(c)和图 2.16(d)所示，100Hz 频率时流场的主导振荡结构为背景波系结构，这表明压力的预乘功率谱中低频成分是由背景波系振荡引起的。如图 2.16(e)和图 2.16(f)所示，流场中斜激波的运动与另一个斜激波(该斜激波可能是相同或不同背景波系结构中的)的运动之间的互相关系数较高，这表明背景波系在低频范围内的运动是刚性且同步的。如图 2.16(g)和图 2.16(h)所示，在同一个背景波系结构中的两道斜激波之间运动的相位差为 −20°～20°，二者的运动几乎是同相位的，然而对于不同背景波系结构中的两道斜激波，其运动相位差较大。

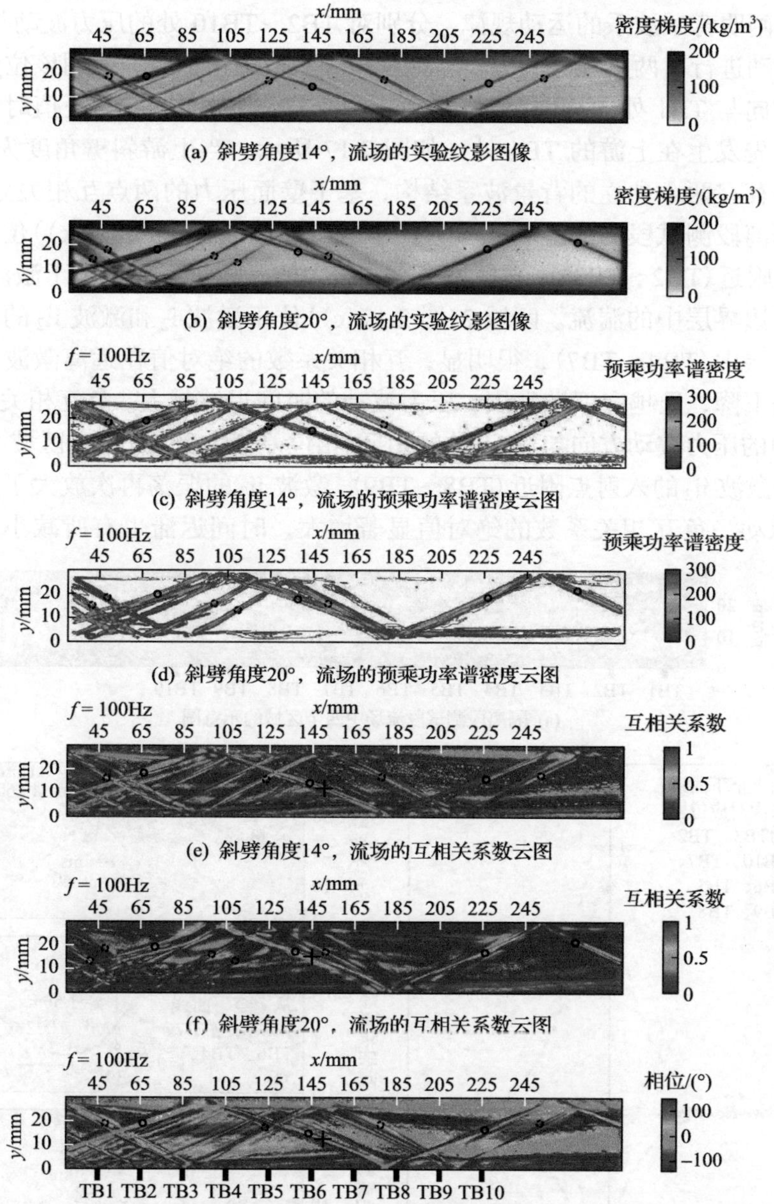

(a) 斜劈角度14°，流场的实验纹影图像

(b) 斜劈角度20°，流场的实验纹影图像

(c) 斜劈角度14°，流场的预乘功率谱密度云图

(d) 斜劈角度20°，流场的预乘功率谱密度云图

(e) 斜劈角度14°，流场的互相关系数云图

(f) 斜劈角度20°，流场的互相关系数云图

(g) 斜劈角度14°，流场的相位云图

(h) 斜劈角度20°，流场的相位云图

图 2.16　流场的实验纹影图像、预乘功率谱密度云图、互相关系数云图以及相位云图

为了阐明背景波系的运动规律，分别对 TB2～TB10 处的压力波动与 TB1 处的压力波动进行了两点互相关分析，当互相关系数为正值时，表明该位置处压力波动的方向与 TB1 处的相同(相位差小于 180°)，当时间迟滞为正值时，表明压力波动首先发生在上游的 TB1 处。如图 2.17 所示，当上游斜劈角度为 14°时，隔离段中存在两个独立的背景波系结构，基于壁面压力的两点互相关分析结果，可以将隔离段测试段内的流场划分为四个区域。区域 1(图 2.17(c))位于激波 i_2 的入射点附近(TB2～TB3)，该区域中存在较大的互相关系数是由于激波 i_2 的振荡放大了边界层中的湍流。区域 2(图 2.17(c))位于激波 i_2 和激波 ii_2 的入射点之间的边界层中(TB4～TB7)，很明显，互相关系数的绝对值在远离激波 i_2 的入射点后显著下降，且越向下游发展，压力波动的时间迟滞越大。负互相关系数表明区域 2 中的压力波动方向与 TB1 处的相反(相位差值大于 180°)。区域 3(图 2.17(c))位于激波 ii_2 的入射点附近(TB8～TB9)，激波 ii_2 的振荡再次放大了边界层中的湍流脉动，负互相关系数的绝对值显著增大，时间迟滞也有所减小，表明激

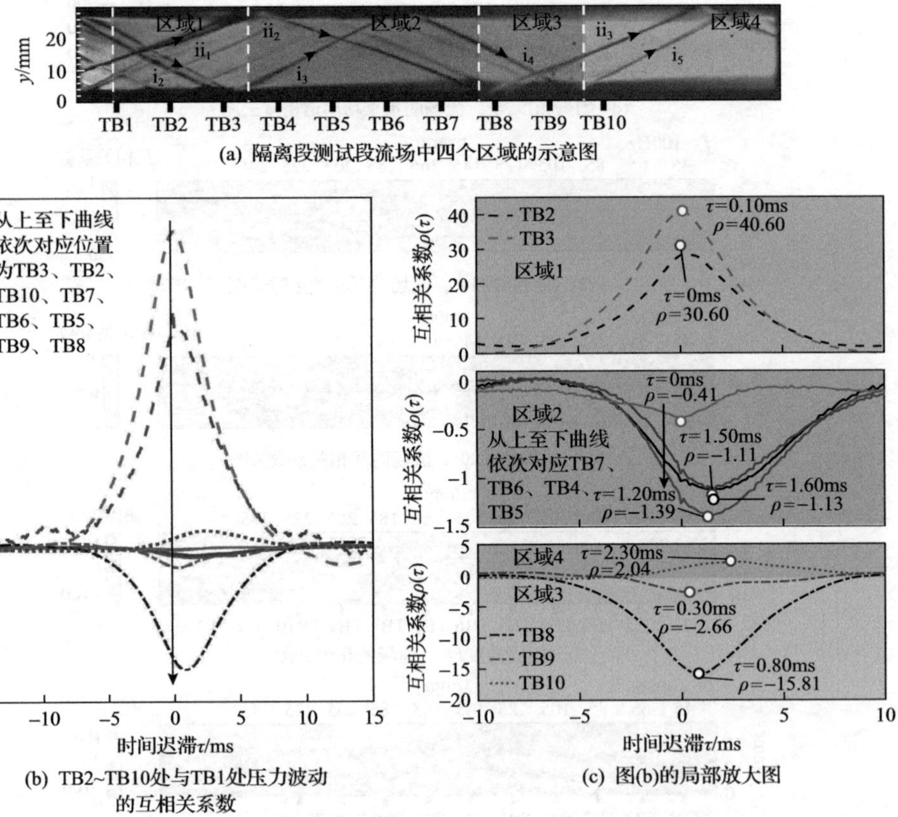

(a) 隔离段测试段流场中四个区域的示意图

(b) TB2~TB10处与TB1处压力波动的互相关系数

(c) 图(b)的局部放大图

图 2.17　上游斜劈角度为 14°时隔离段测试段流场中四个区域的示意图及压力波动的互相关系数

波振荡可以沿着激波结构向下游传播，其传播速度比边界层结构的对流传播速度更大。区域 4(图 2.17(c))位于激波 i_5 的入射点下游，该区域中压力波动具有正相关性，绝对值较小，时间迟滞较大。

如图 2.18 所示，当上游斜劈角度为 20°时，隔离段中两个背景波系结构合并，隔离段中存在四个具有不同互相关系数和时间迟滞的区域。区域 1(图 2.18(c))位于激波 i_2 和激波 i_2' 的入射点附近(TB2～TB3)，激波的振荡放大了边界层中的湍流脉动，进而表现出较大的互相关系数和较小的时间迟滞。区域 2(图 2.18(c))位于激波 i_2' 和激波 ii_2 的入射点之间的边界层中(TB4～TB6)，其特征是随着向下游发展，互相关系数显著下降，时间迟滞逐渐增大。区域 3(图 2.18(c))位于激波 i_4 和激波 ii_2 的合并激波的入射点附近(TB7～TB8)，该区域的特点是激波振荡再次放大了边界层中的压力波动，导致互相关系数增大，时间迟滞减小。这再次证明了低频激波振荡在激波结构中的传播速度比在边界层结构中的对流传播速度要快。区域 4(图 2.18(c))位于激波 i_4 和激波 ii_2 的合并激波的入射点的下游边界

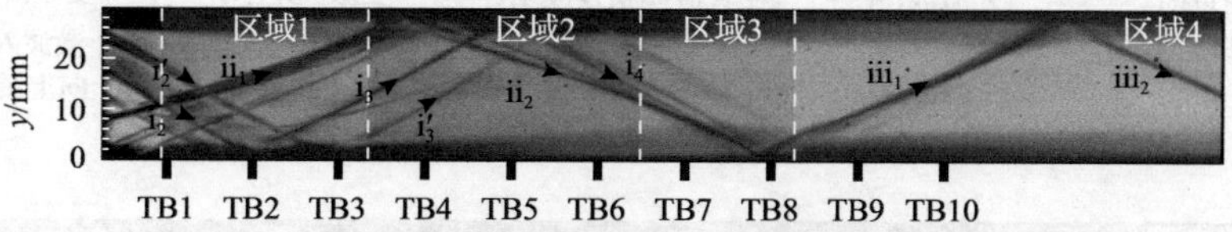

(a) 隔离段测试段流场中四个区域的示意图

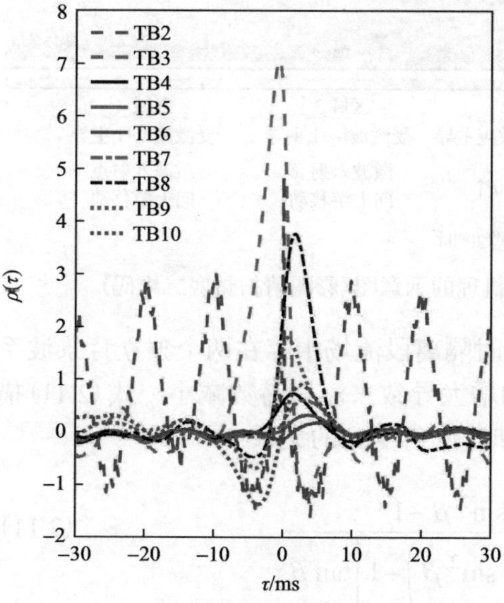

(b) TB2～TB10处与TB1处压力波动的互相关系数

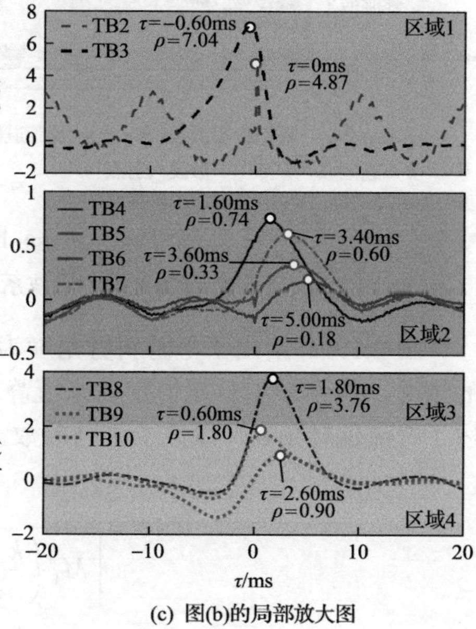

(c) 图(b)的局部放大图

图 2.18　上游斜劈角度为 20°时隔离段测试段流场中四个区域的示意图及压力波动的互相关系数(彩图请扫封底二维码)

层中(TB9～TB10)，随着流动向下游的发展，该区域的互相关系数减小，时间迟滞增大。

由上述分析可以得出，相对于上游激波入射点处的压力波动，随着流动向下游发展，当遇到反射激波的入射点时，压力波动的互相关系数显著增大，时间迟滞减小，而当低频激波振荡沿着边界层发展时，互相关系数逐渐减小，时间迟滞持续增大。图 2.17 中 TB4～TB9 的互相关系数为负值，图 2.18 中 TB4～TB9 的互相关系数为正值，这是背景波系结构的不同造成的。因此，参照图 2.19 进一步分析背景波系的振荡过程。

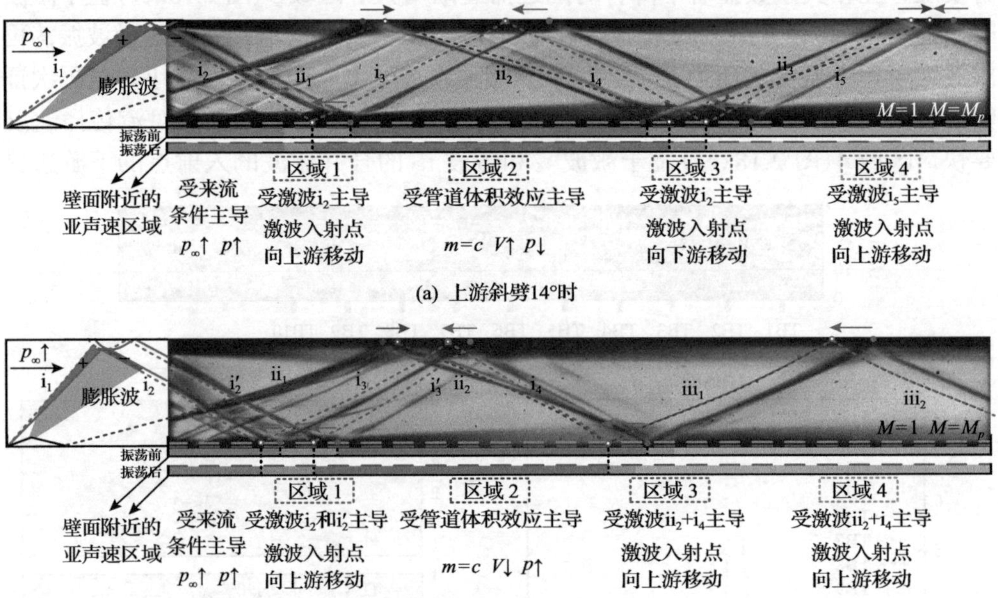

(a) 上游斜劈14°时

(b) 上游斜劈20°时

图 2.19 不同斜劈角度时背景波系振荡机理的示意图(彩图请扫封底二维码)

图 2.19(a)给出了上游斜劈角度为 14°时隔离段流场中存在两个独立背景波系的情况。假设来流总压恒定，来流静压的增大导致来流马赫数减小，式(2.11)描述了气流偏转角 δ 、激波上游马赫数 M_1 和激波角度 β 的关系：

$$\tan\delta = \frac{M_1^2 \sin^2\beta - 1}{\left[M_1^2\left(\dfrac{k+1}{2} - \sin^2\beta\right) + 1\right]\tan\beta} \tag{2.11}$$

对于激波 i_1，气流经过激波 i_1 后的气流偏转角 δ 是固定的。在弱解区，波前马赫数 M_1 的减小导致激波角度 β 增大，因此背景波系 i_1 - i_2 - i_3 - i_4 - i_5 的入射点均向上游移动。随着激波 i_1 的激波角度 β 增大，激波 ii_1 上游的膨胀波区域扩大，导致激波 ii_1 的波前马赫数增大，激波 ii_1 的激波角度减小，因此，背景波系 ii_1 - ii_2 - ii_3 的所有激波入射点均向下游移动。下面进一步分析由背景波系位移引起的壁面压力的变化情况，如图 2.17(a)和图 2.19(a)所示，TB1 处的压力主要由来流条件决定，来流静压的增大导致其位置处压力的增大。在区域 1，由于激波 i_2 的入射点向上游移动，激波 i_2 的波前马赫数增大，激波 i_2 下游的压力增大，因此，TB2 和 TB3 处的压力增大。同样，在区域 3，激波 ii_2 入射点向下游的移动导致 TB8 和 TB9 处的压力减小。在区域 4，激波 i_4 入射点向上游的移动导致 TB10 处的压力增大。在区域 2，TB4～TB7 的压力波动主要是由靠近壁面的亚声速区域的管道体积效应主导的。由于激波 i_3 的入射点向上游移动，激波 ii_2 的入射点向下游移动，对于两道激波入射点之间的壁面附近的亚声速流体区域，其质量几乎不变而体积增加，导致 TB4～TB7 区域内的流体压力下降。图 2.19(a)所描述的现象与图 2.17 的相关性分析结果相一致。

图 2.19(b)给出了上游斜劈角度为 20°时隔离段流场中两个背景波系相互合并的情况。同样，假设来流总压恒定，来流静压的增大会导致来流马赫数的减小，为了保证流体经过激波 i_1 时的气流偏转角不变，当激波 i_1 的激波角度增加时，背景波系 i_1 - i_2i_2' - i_3i_3' - i_4 的所有激波入射点均向上游移动。随着激波 ii_1 的上游膨胀波区域增加，激波 ii_1 的来流马赫数增大，激波 ii_1 的入射点向下游移动。由图 2.5 的分析可知，激波 i_4 和激波 ii_2 的合并激波的入射点的运动以较强的激波 i_4 为主，这就表明合并激波的入射点向上游移动，且位移距离大于上游激波 i_2' 入射点，这是由几何关系和背景波系的实验研究[1]可知的。接下来分析背景波系入射点发生位移引起的壁面压力变化。如图 2.18(a)和图 2.19(b)所示，TB1 处的压力随着来流静压的增大而增大，该处压力主要受到来流条件的影响。在区域 1，由于激波 i_2 和激波 i_2' 的入射点向上游移动，TB2 和 TB3 处的压力增大。在区域 3 和 4，由于激波 i_4 和激波 ii_2 的合并激波的入射点向上游移动，TB7 和 TB10 之间区域内的压力增大。区域 2 位于激波 i'_2 的入射点与激波 i_4 和激波 ii_2 的合并激波的入射点之间的边界层中，该区域中的压力变化主要受壁面附近亚声速流体的管道体积效应主导，由于下游合并激波的入射点向上游的移动距离大于激波 i_2' 的入射点向上游的移动距离，两个激波入射点之间的亚声速流体质量几乎不变而体积减小，导致 TB4 和 TB6 之间区域内流体压力的增大。图 2.19(b)所描述的现象与图 2.18 的相关性分析结果相一致。

图 2.20 所示的相关谱分析进一步给出了图 2.17 和图 2.18 中两点互相关性分析的频率信息。如图 2.20(a)所示，当上游斜劈角度为 14°时，隔离段测试段中的边界层始终保持附着流动状态，TB8 上游流场的压力波动与 TB8 处的压力波动具

有较高的互相关系数($C_{xy}(f)=0.60\sim0.85$)，高耦合性发生在频率小于 400Hz 的低频激波振荡范围内，因此，在全附着流动中，激波振荡引起的低频压力波动在向下游传播过程中具有较高的保真度。如图 2.20(b)所示，当上游斜劈角度为 20°时，隔离段测试段中的边界层存在分离-再附着结构的情况下，激波入射点(TB3)附近的压力波动与 TB3 下游流场的压力波动之间的耦合显著降低。如图 2.20(c)所示，当上游斜劈角度为 14°时，隔离段测试段中存在两个独立的背景波系结构，从 TB1 到 TB3 的压力波动比 TB4 和 TB6 之间的下游边界层、TB8 附近的下游边界层的压力波动提前 160°～180°，这与图 2.17 所示的两点互相关性结果一致，压力波动的相位相反是由两个背景波系的入射点的运动方向相反导致的。如图 2.20(d)所

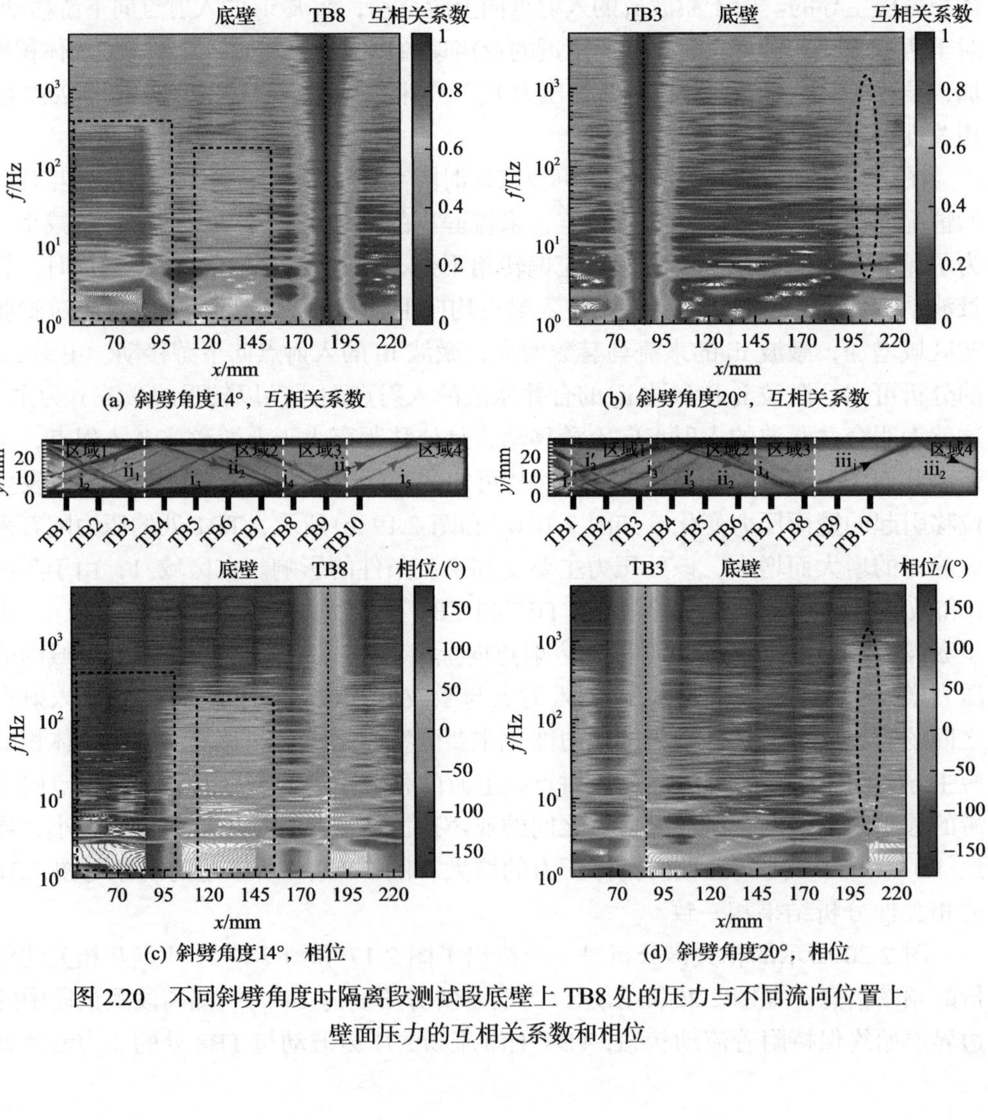

(a) 斜劈角度14°，互相关系数 (b) 斜劈角度20°，互相关系数

(c) 斜劈角度14°，相位 (d) 斜劈角度20°，相位

图 2.20 不同斜劈角度时隔离段测试段底壁上 TB8 处的压力与不同流向位置上壁面压力的互相关系数和相位

示，当上游斜劈角度为 20°时，隔离段测试段中的两个背景波系发生了合并，靠近上游入射点的 TB3 和靠近下游入射点的 TB9 处的压力波动之间的相位在−20°～20°范围内，该同相位结果与图 2.19 所示的两点互相关性结果一致，压力波动的相位相同是由图 2.19(b)所示的合并背景波系的入射点的运动方向相同导致的。

下面分析原始压力数据，以验证本节的上述结论。图 2.21(a)展示了上游斜劈角度 14°时隔离段测试段中存在两个独立的背景波系情况下，TB3、TB5 和 TB8 处的壁面压力-时间序列及其示意图。与上述结果一致，背景波系 i_1 - i_2 - i_3 -i_4 - i_5 中激波 i_2 的入射点附近(TB3 处)的压力波动与背景波系 ii_1 - ii_2 - ii_3 中激波 ii_2 的入射点附近(TB8 处)的压力波动相反。在 TB3 处测量到了大量的低频激波振荡能量，在流动向下游发展过程中，低频激波振荡能量不断减弱，并与高频湍流脉动能量相互叠加，最终发展成为 TB8 处观测到的压力波动。处于边界层中的 TB5 处的压力分布只能反映出较强激波振荡引起的压力波动，较小激波振荡所引起的压力波动被边界层中的高频湍流脉动所覆盖，导致 TB5 处与激波振荡的相关性减弱。

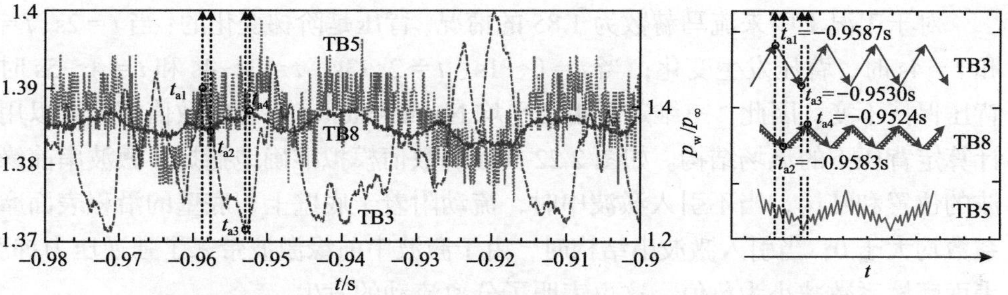

(a) 斜劈角度为14°时TB3、TB5 和 TB8 处的壁面压力-时间序列及其示意图

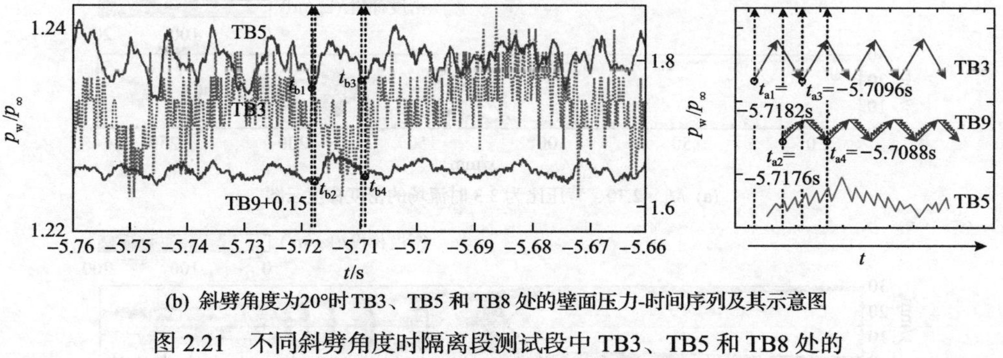

(b) 斜劈角度为20°时TB3、TB5 和 TB8 处的壁面压力-时间序列及其示意图

图 2.21　不同斜劈角度时隔离段测试段中 TB3、TB5 和 TB8 处的壁面压力-时间序列及其示意图

图 2.21(b)展示了上游斜劈角度为 20°时隔离段测试段中两个背景波系结构发生合并情况下，TB3、TB5 和 TB8 处的壁面压力-时间序列及其示意图。与上述

结果一致，激波 i_2 的入射点附近(TB3 处)的压力波动与激波 i_4 和激波 ii_2 的合并激波的入射点附近(TB9)的压力波动方向相同，当 TB3 处激波振荡引起的较大低频压力波动发展到 TB9 时，低频压力波动的幅度减小并与边界层中的高频湍流波动相互叠加。处于边界层中的 TB5 处的压力波动以高频湍流为主，它与 TB3 和 TB9 处的明显不同，TB5 处的压力波动与激波振荡的相关性减弱。

2.4　激波串流场中扰动的传播机制

2.4.1　带有弱背景波系的激波串流场中扰动的传播过程

2.3 节研究了附着流动中扰动的传播机制，即在隔离段测试段与上游喷管的连接处产生的弱斜激波对边界层的入射使得低频不稳定波被引入边界层中，且不稳定波会继续向下游传播。在本节中，基于下游的机械襟翼堵塞流道，产生高背压条件，诱导流场中产生激波串结构，通过研究分离流动中扰动的传播路径，发现附着流动和分离流动中扰动传播的差异和关系。

对于工况 I 中来流马赫数为 1.85 的情况，背压是阶梯变化的：当 $t = 2s$、$t = 3s$ 和 $t = 4s$ 时，背压发生变化；当 $t = 0\sim1s$、$t = 2\sim3s$、$t = 3\sim4s$ 和 $t = 4\sim5s$ 时，背压保持不变。因此，三维定常雷诺平均 Navier-Stokes 方程的数值模拟可以用来计算定背压下的流场结构。如图 2.22 所示，数值模拟准确地捕捉了激波串前缘激波的位置和结构，当不引入激波串时，流动附着于底壁上，底壁的沿程表面摩擦系数均大于 0；当引入激波串结构时，由于激波串前缘激波带来了强逆压力梯度，表面摩擦系数减小为负值，这也表明了分离流动的发生。

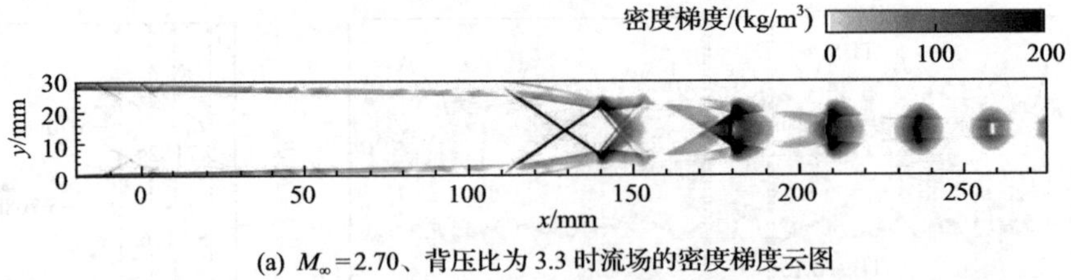

(a) $M_\infty = 2.70$、背压比为 3.3 时流场的密度梯度云图

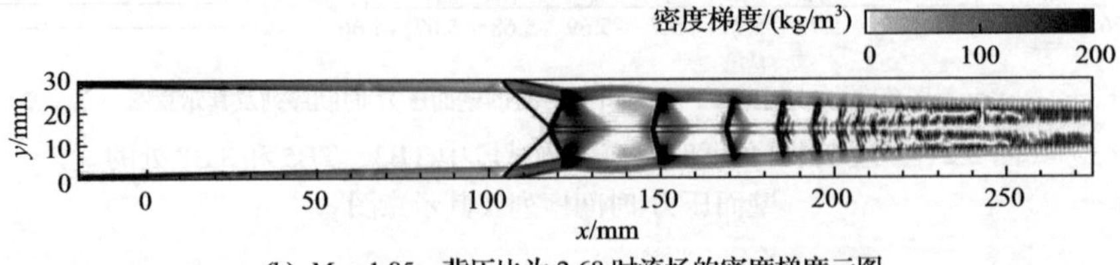

(b) $M_\infty = 1.85$、背压比为 2.68 时流场的密度梯度云图

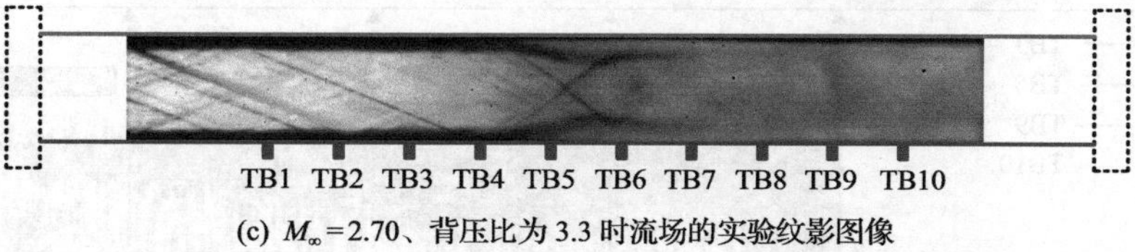

(c) $M_\infty=2.70$、背压比为 3.3 时流场的实验纹影图像

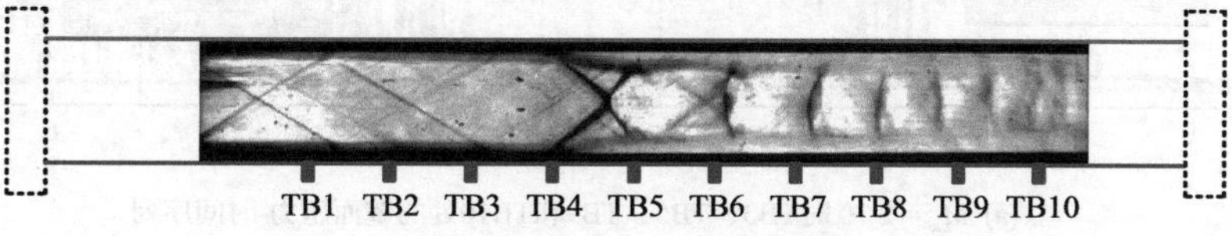

(d) $M_\infty=1.85$、背压比为 2.68 时流场的实验纹影图像

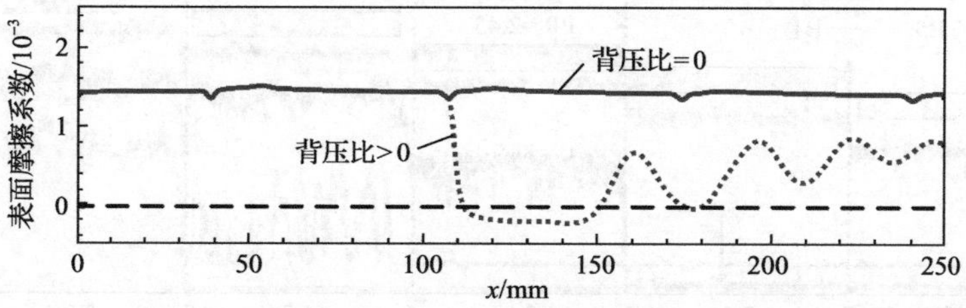

(e) $M_\infty=2.70$、背压比为 3.3 时底壁中心线的沿程表面摩擦系数分布

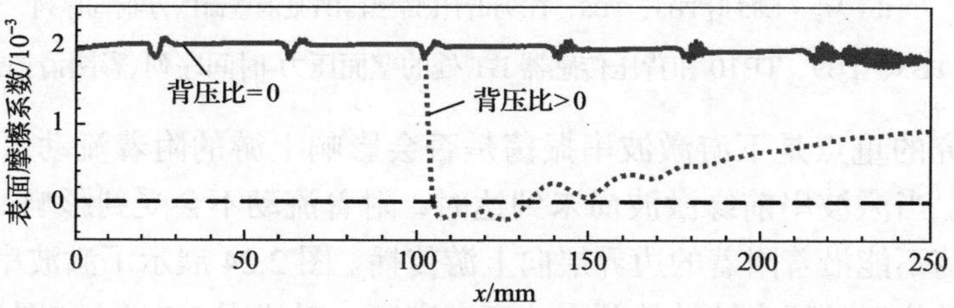

(f) $M_\infty=1.85$、背压比为2.68时底壁中心线的沿程表面摩擦系数分布

图 2.22　数值模拟得到的流场密度梯度云图、流场实验纹影图像以及底壁中心线的沿程表面摩擦系数分布

图 2.23(a)和图 2.23(b)分别给出了背压线性增加(来流马赫数为 2.70)和阶跃增加(来流马赫数为 1.85)时壁面压力-时间序列。当激波串前缘激波部分和完全越过压力传感器时，可以观察到压力波动的差异：当激波串前缘激波部分越过某一个位置时(图 2.23(a)中 TB5 的 2～4s 以及图 2.23(b)中 TB5 的 4～5s)，该位置处的压力随着激波串前缘激波向上游移动而增加，然后由于激波串前缘激波向下游移动而恢复到附着流动的状态；当激波串前缘激波完全越过某一个位置时(图 2.23(a)中 TB5 的 5～6s 以及图 2.23(b)中 TB5 的 5.5～6.5s)，处于分离流动中的该位置处的压力在其平均值附近上下波动，这是由激波串前缘激波的前后振荡导致的。上述信息对于激波串前缘位置的监测和早期预警非常有帮助。

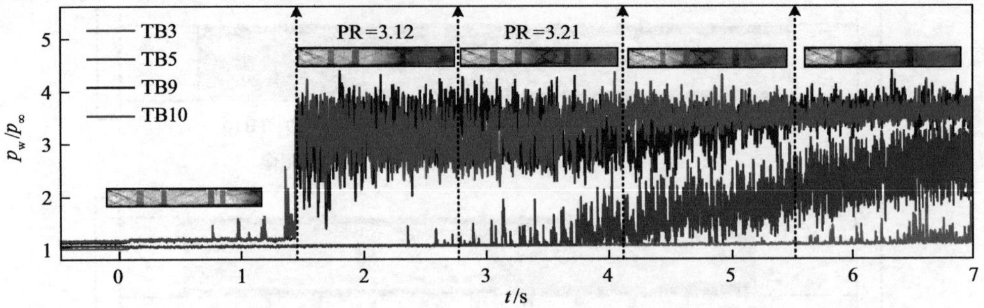

(a) $M_\infty = 2.70$ 时TB3、TB5、TB9和TB10处的壁面压力-时间序列

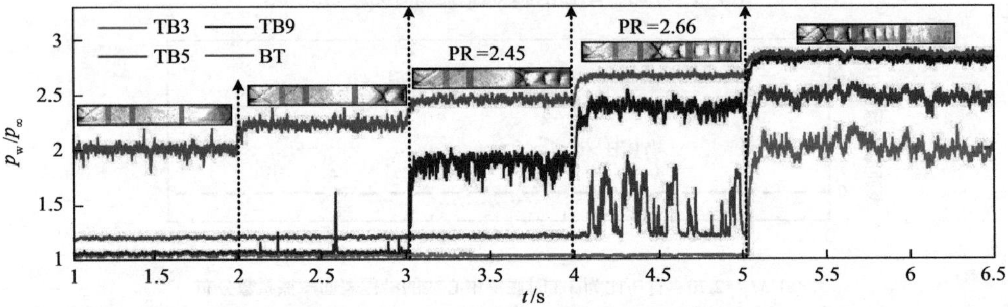

(b) $M_\infty = 1.85$ 时TB3、TB5、TB9和背压传感器BT处的壁面压力-时间序列

图 2.23　TB3、TB5、TB9、TB10 和背压传感器 BT 处的壁面压力-时间序列(彩图请扫封底二维码)

本节研究的重点是下游激波串振荡是否会影响上游的附着流动。从原始压力数据来看，当激波串前缘激波尚未到达时，附着流动不会受到影响，这意味着激波串的振荡不能沿着附着的边界层向上游传播。图 2.24 展示了激波串前缘激波的上游和下游位置处压力波动的预乘功率谱密度。对比图 2.24(a)和图 2.24(d)可以看到，来流马赫数的不同对于激波串前缘激波上游的压力波动影响不大，当来流马赫数为 2.70 和 1.85 时，激波串前缘激波上游压力波动中的低频能量(当来流马赫数为 2.70 时，压力波动主频为 88.50Hz，预乘功率谱密度为 7.82×10^{-8}；当来流马赫数为 1.85 时，压力波动主频为 48.98Hz，预乘功率谱密度为 6.57×10^{-8})和高频能量在同一个数量级内。对比图 2.24(f)和图 2.24(h)可以明显看出，来流马赫数的不同导致了激波串前缘激波下游压力波动的显著差异。当来流马赫数为 2.70 时，激波串前缘激波下游压力波动产生的能量(图 2.24(f)，压力波动主频为 64.70Hz，预乘功率谱密度为 1.66×10^{-4})大约为来流马赫数为 1.85 时的 81.37 倍(图 2.24(h)，压力波动主频为 146.48Hz，预乘功率谱密度为 2.04×10^{-6})。这是因为来流马赫数的不同导致激波串前缘激波的强度不同，来流马赫数越大，激波串前缘激波越强，其振荡引起的压力波动越大。

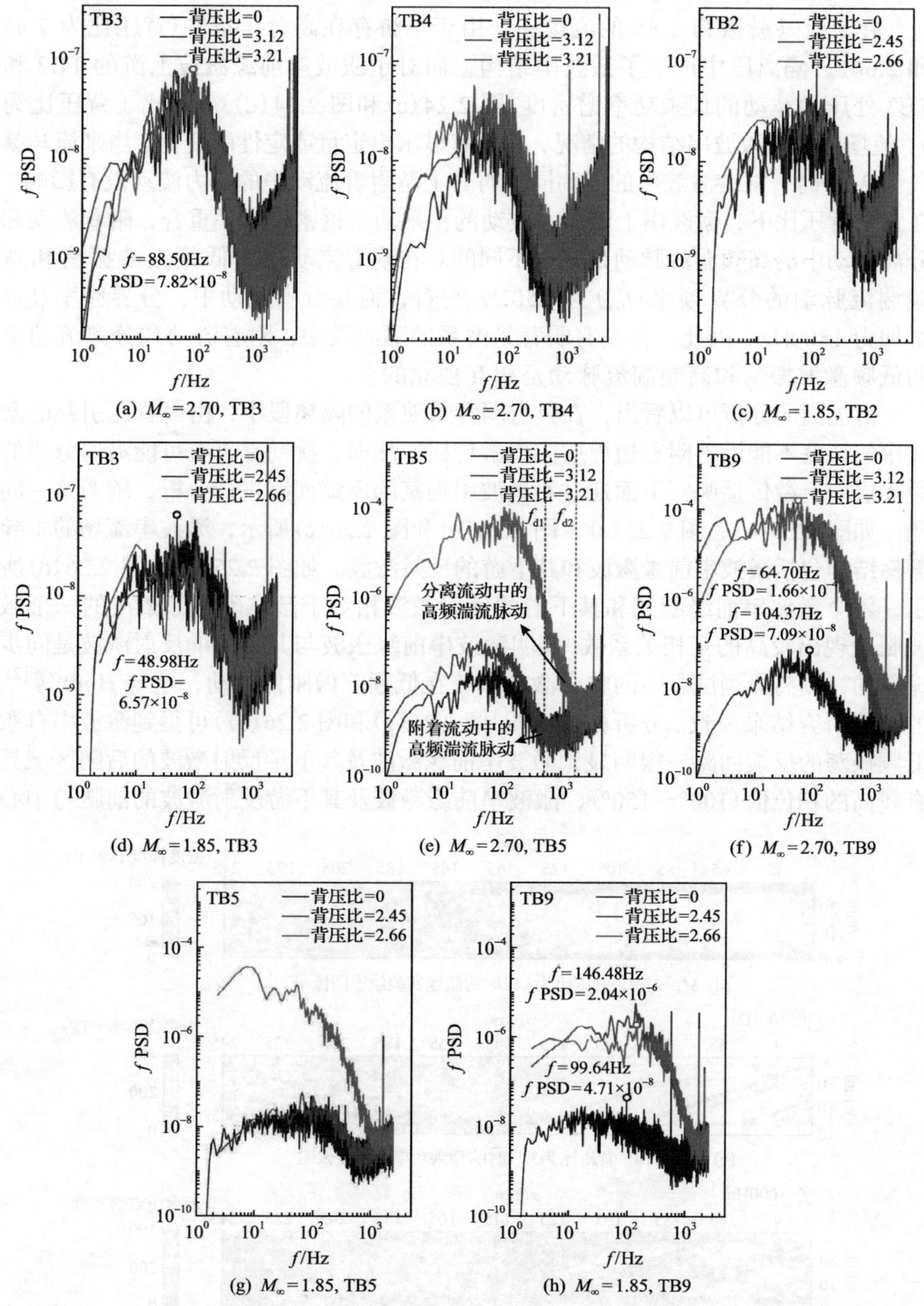

(a) $M_\infty=2.70$, TB3 (b) $M_\infty=2.70$, TB4 (c) $M_\infty=1.85$, TB2

(d) $M_\infty=1.85$, TB3 (e) $M_\infty=2.70$, TB5 (f) $M_\infty=2.70$, TB9

(g) $M_\infty=1.85$, TB5 (h) $M_\infty=1.85$, TB9

图 2.24 不同背压比下激波串前缘激波的上游与下游的壁面压力波动的预乘功率谱密度分布

(彩图请扫封底二维码)

在来流马赫数为 1.85 的流场中，由于下游存在高背压条件(背压比为 2.45 和 2.66)，隔离段中产生了激波串结构，而对于激波串前缘激波上游的 TB2 和 TB3 处压力波动的预乘功率谱密度(图 2.24(c)和图 2.24(d))，相比于背压比为 0、流场中没有激波串结构的情况，并没有显示出定量或定性的变化。当来流马赫数为 2.70 时，下游激波串的振荡同样对其上游附着流动中的压力波动没有影响。在三个背压比下，激波串上游压力波动的预乘功率谱密度几乎重合，附着流动和分离流动中的高频湍流脉动是完全不同的。在附着流动中，低频激波振荡和高频湍流脉动的分界频率(f_{d1})为 550Hz 左右，而在分离流动中，分界频率(f_{d2})增加为 1800Hz。因此，在具有弱背景波系的隔离段中，附着流动和分离流动中的低频激波振荡和高频湍流脉动是相互独立的。

由上面的分析可以看出，在具有弱背景波系的隔离段中，由高背压引起的激波串的振荡不能沿着附着边界层向上游传播，然而，扰动是否有可能沿着分离的边界层向上游传播呢？下面通过对激波串振荡的反馈回路进行分析，阐明这一问题。如图 2.25(b)、图 2.25(c)、图 2.26(b)和图 2.26(c)所示，激波串流场的主导振荡结构包括激波串前缘激波和其下游的反射激波。如图 2.25(d)和图 2.26(d)所示，整个激波串前缘激波和其下游的反射激波相对于激波串前缘激波的一个激波腿表现出较高的互相关系数，表明激波串前缘激波与其下游的反射激波是同步振荡的，隔离段测试段中的整个激波系统在低频下做刚体运动，这与 Hunt 等[21]的实验研究结果一致。分析相位云图(图 2.25(g)和图 2.26(g))可得到激波串自激低频振荡的反馈回路，很明显，激波串前缘激波及其下游反射激波的后腿区域具有较高的相位值(100°～150°)，激波串前缘激波及其下游反射激波的前腿与中心

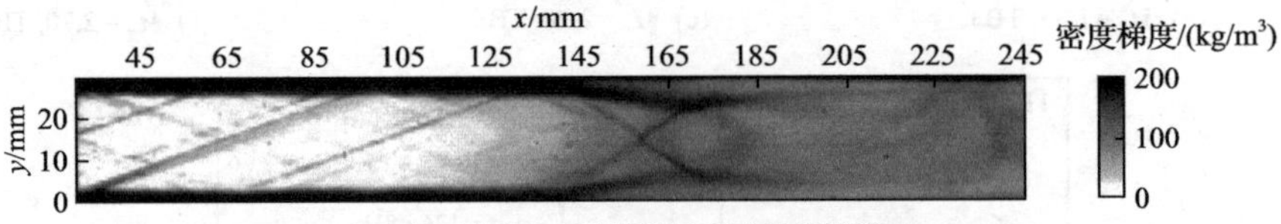

(a) M_∞=2.70、背压比为3.12时的流场实验纹影图像

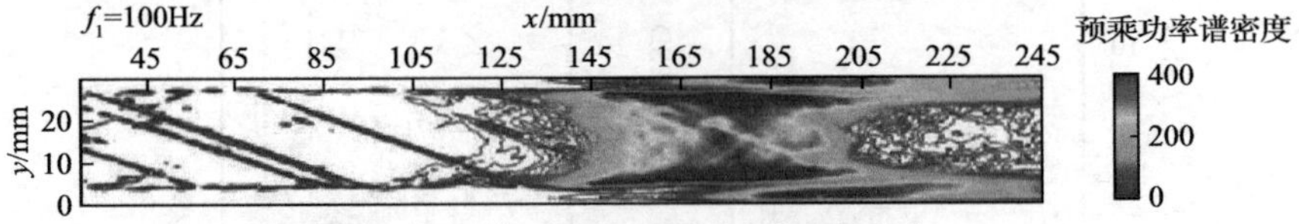

(b) M_∞=2.70、背压比为3.12时的预乘功率谱密度云图

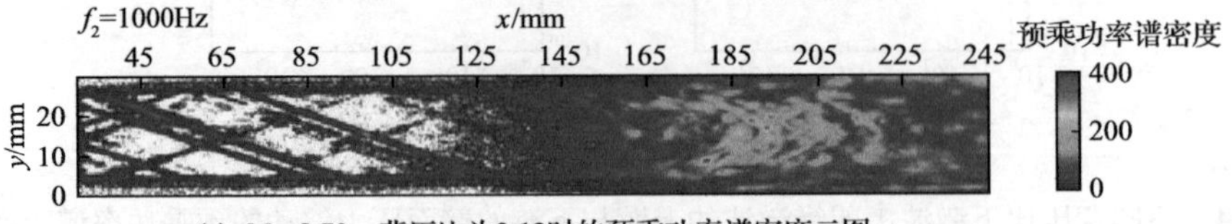

(c) M_∞=2.70、背压比为3.12时的预乘功率谱密度云图

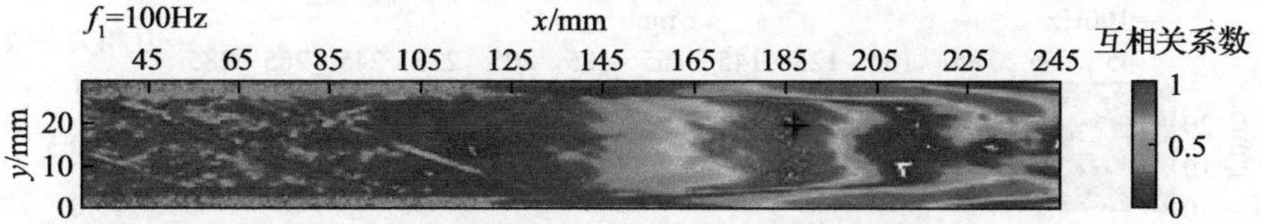

(d) M_∞=2.70、背压比为3.12时的互相关系数云图

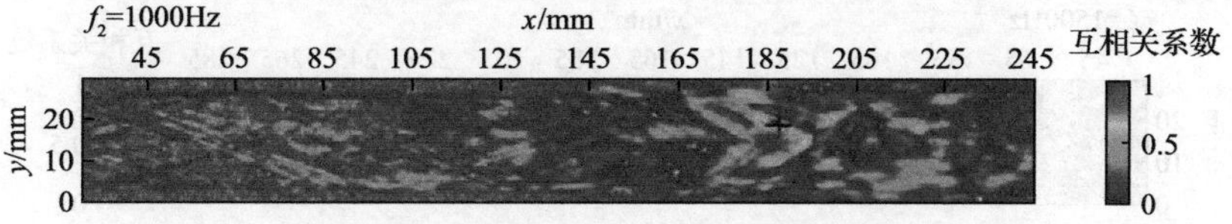

(e) M_∞=2.70、背压比为3.12时的互相关系数云图

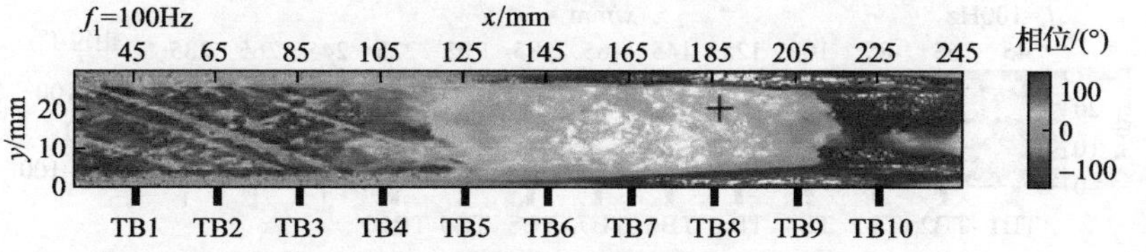

(f) M_∞=2.70、背压比为3.12时的相位云图

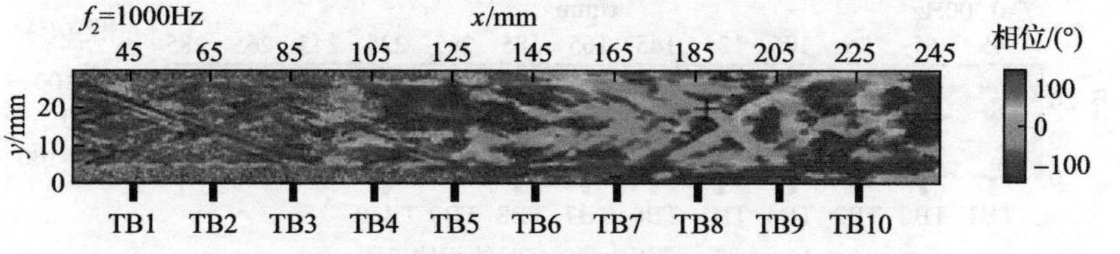

(g) M_∞=2.70、背压比为3.12时的相位云图

图 2.25　来流马赫数为 2.70、背压比为 3.12 时的实验纹影图像以及不同相关频率下的预乘功率谱密度云图、互相关系数云图和相位云图

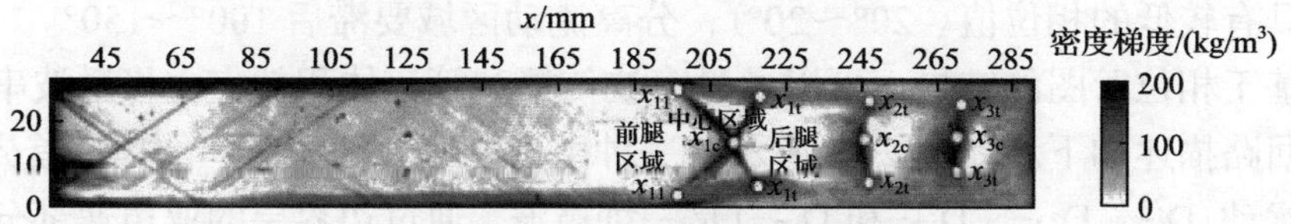

(a) M_∞=1.85、背压比为2.45时的流场实验纹影图像

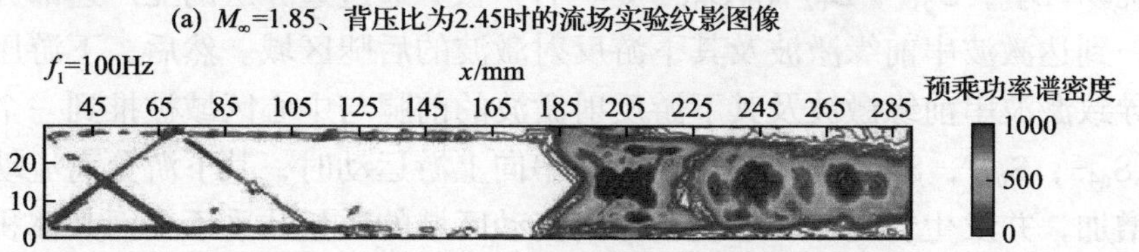

(b) M_∞=1.85、背压比为2.45时的预乘功率谱密度云图

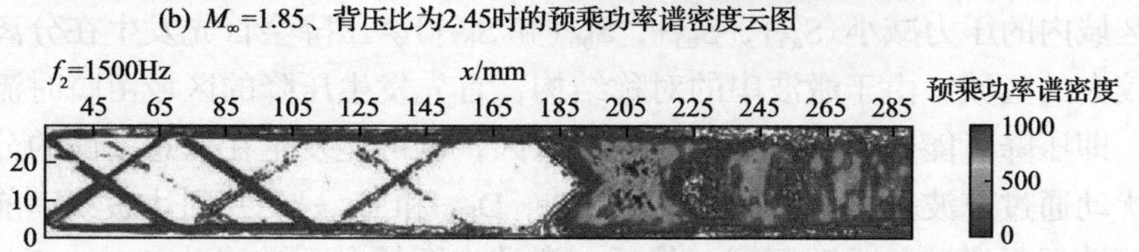

(c) M_∞=1.85、背压比为2.45时的预乘功率谱密度云图

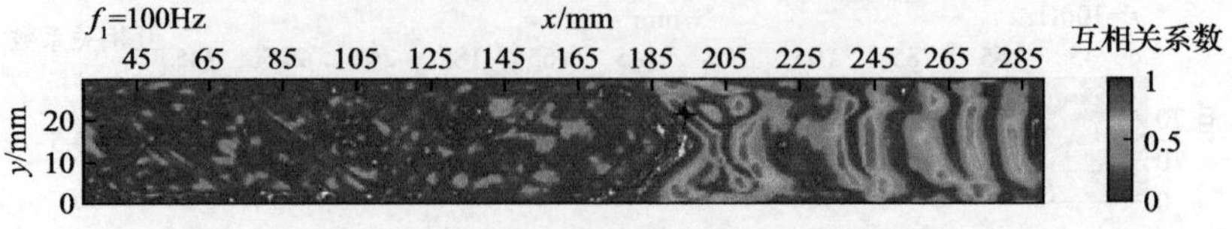

(d) M_∞=1.85、背压比为2.45时的互相关系数云图

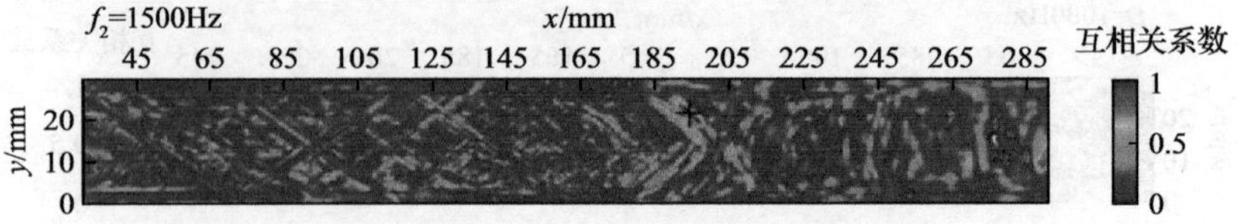

(e) M_∞=1.85、背压比为2.45时的互相关系数云图

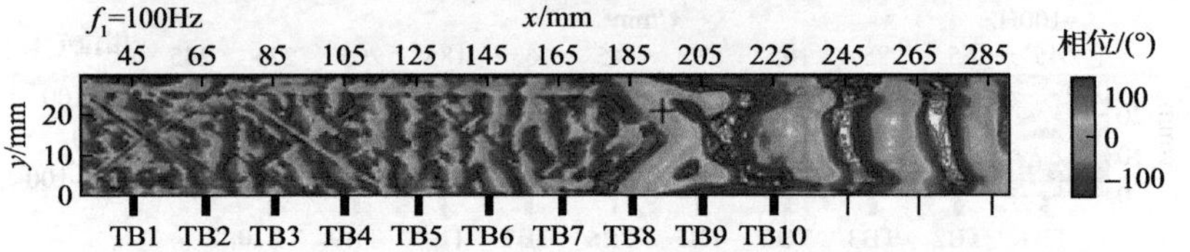

(f) M_∞=1.85、背压比为2.45时的相位云图

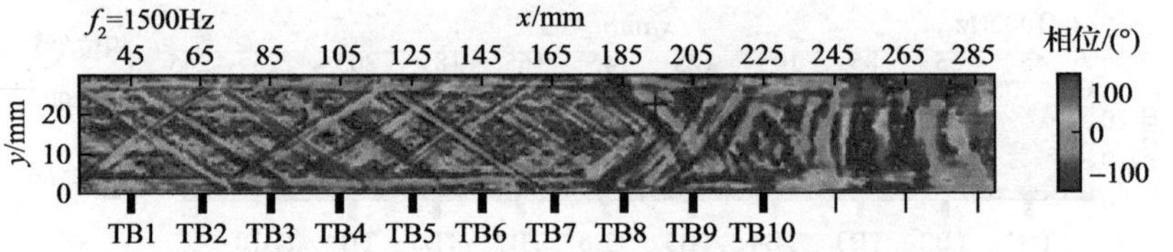

(g) M_∞=1.85、背压比为2.45时的相位云图

图 2.26　来流马赫数为 1.85、背压比为 2.45 时的实验纹影图像以及不同相关频率下的预乘功率谱密度云图、互相关系数云图和相位云图

区域具有较低的相位值(–20°～20°)，分离流动区域要滞后 100°～150°。

基于相位云图的结果，可以通过声波传播和管道体积效应，将激波串振荡的反馈回路描述如下。如图 2.27 所示，一种由下游压力增大引起的扰动首先出现，这种扰动(D_a–，D_{b1}–，D_{b2}–和 D_{b3}–)是一种声波，通过边界层的亚声速部分向上游传播，到达激波串前缘激波及其下游反射激波的后腿区域。然后，下游压力的增大，导致激波串前缘激波及其下游反射激波的前腿与中心区域被推到一个上游的位置(S_{a4}–，S_{b2}–，S_{b3}–和 S_{b4}–)。当激波串向上游运动时，其下游分离流动区域的体积增加，并发生管道体积效应，分离流动区域的质量几乎不变而其体积增加，导致区域内的压力减小(S_{a5}+，S_{b5}+，S_{b6}+和 S_{b7}+)。压降会首先发生在分离流动中体积较大的区域，由于激波串的对称结构，首先发生压降的区域由瞬时流场结构决定，即压降可能同时发生在两侧的分离区，也可能发生在任意一侧的分离区。压降扰动通过声波向上游传播(D_a–，D_{b1}–，D_{b2}–和 D_{b3}–)，并到达激波串前缘激波及其下游反射激波的后腿区域。然后，激波串开始向下游移动(S_{a4}+，S_{b2}+，S_{b3}+

和 S_{b4}+)，直到它到达其尽可能靠近下游的位置。此时，激波串的下游运动导致质量几乎不变的分离流动区域的体积增加(S_{a5}+，S_{b5}+，S_{b6}+和 S_{b7}+)，进而产生了激波串下游分离流动区域中的压升扰动，这也是下一个振荡周期的触发因素。观察高频下流场的互相关系数云图和相位云图(图 2.25(e)和图 2.25(g)，图 2.26(e)和图 2.26(g))发现，激波串流场的高频振荡是一个各部分结构独立运动的过程，其反馈机制由激波串中激波结构的平移运动主导，这与文献[9]一致。

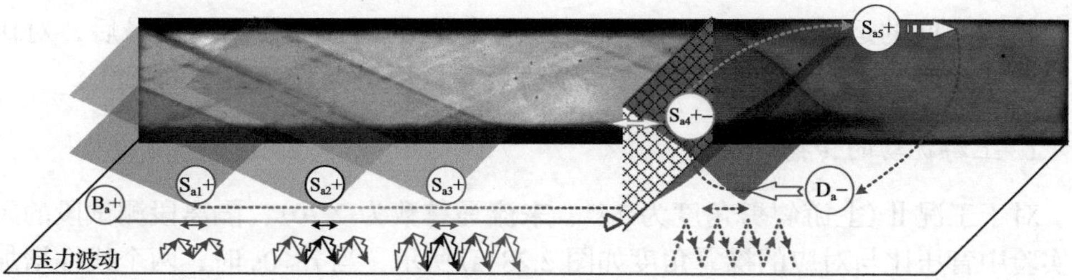

(a) M_∞ = 2.70

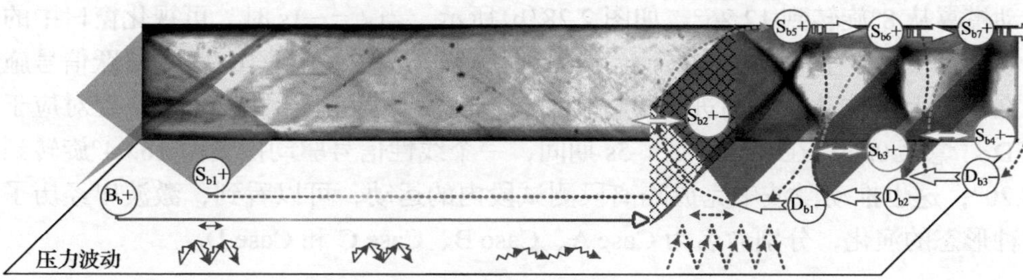

(b) M_∞ = 1.85

图 2.27　具有弱背景波系的隔离段测试段中扰动的传播路径示意图

如图 2.27 所示给出的隔离段测试段的整个激波串流场中低频不稳定的传播路径，扰动 D−起源于下游并向上游传播，扰动 S (S±)起源于激波并向上游(下游)传播，扰动 B+起源于来流边界层中的高频湍流脉动。因此，在整个隔离段测试段内发生的扰动传播路径可以描述如下：在隔离段测试段与上游喷管的连接处产生的弱斜激波，入射边界层并将低频不稳定波引入到附着的边界层中，低频不稳定波(S_{a1}+，S_{a2}+，S_{a3}+和 S_{b1}+)和高频湍流脉动(B_a+和 B_b+)沿着附着的边界层向下游发展，当遇到分离流动时，附着流动中的高频湍流脉动无法传播到分离流动中，由弱斜激波入射引入的低频不稳定波完全被激波串的低频高能振荡所取代，进而无法向下游传播，与此同时，激波串的低频振荡也不能沿着附着的边界层向上游传播。

2.4.2　带有强背景波系的激波串流场中扰动的传播过程

2.3.2 节分析了具有强背景波系的附着流动中扰动的传播机制，本节将进一步分析具有强背景波系的分离流动中扰动的传播机制，首先以上游斜劈角度 14°的工况为例，基于三维定常数值模拟明确背景波系干扰下的激波串流场结构；然后分析风洞实验数据、壁面压力数据，给出激波串/边界层相互作用的局部不稳定描述；通过纹影图像的功率谱、相关性及相位分析给出流场的空间振荡结构及不同振荡结构之间的运动关系，用以明确激波串振荡的闭环反馈回路；最后，对比上游斜劈角度为 14°和 20°下具有两种强度背景波系的激波串流场的特性。

1. 上游扰动的传播过程

对于工况Ⅱ(上游斜劈角度为 14°、来流马赫数为 2.70)，隔离段测试段的风洞实验中背压比与对应的襟翼角度如图 2.28(a)所示，当 $t<0$s 时，两个线性增加信号(-2s $<t<-1$s 和-1s $<t<0$s)和一个阶梯信号($t=-1$s)被施加于步进电机上，驱动襟翼从 8°旋转到 12.26°。如图 2.28(b)所示，当 $t=-1$s 时，可视化窗口中的流场为由楔形产生的背景波系；当 $t=0$s 时，一个从 12.26°到 16.04°的阶跃信号施加在襟翼上以推动激波串进入可视化窗口，随后襟翼角度保持 0.5s 不变对应于 LED 灯熄灭 0.5s；在 0.5s $<t<$ 5s 期间，一个线性信号驱动襟翼由 16.04°旋转到 18.20°，这也推动激波串完成隔离段测试段内的运动，可以看到，激波串经历了四种形态的演化，分别命名为 Case A、Case B、Case C 和 Case D。

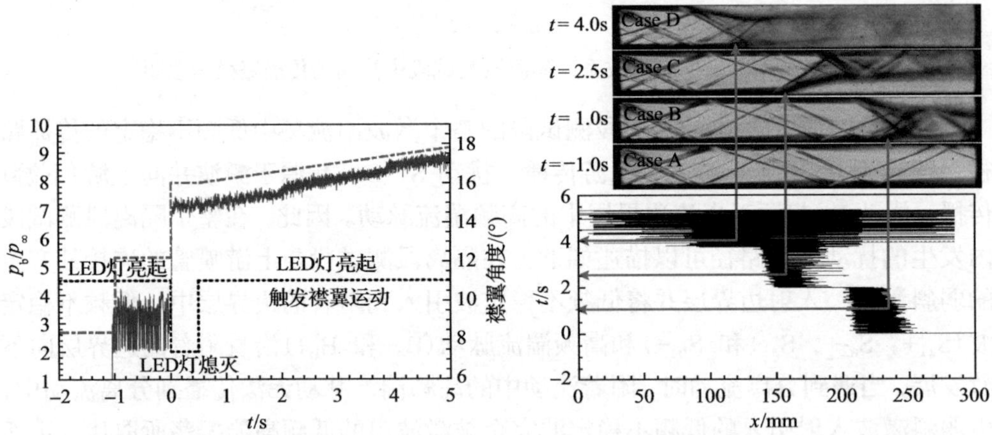

(a) 归一化背压比和襟翼角度的时间历程　　(b) 激波串前缘激波在底壁上的运动轨迹

图 2.28　背压比和襟翼角度的时间历程以及激波串前缘激波在底壁上的运动轨迹

为了分析非定常运动特性，图 2.29 和图 2.30 给出了壁面压力波动的预乘功率谱密度。功率谱密度与频率的乘积得到预乘功率谱密度，传统功率谱密度曲线下的面积代表在给定频率下单次振荡的能量，预乘功率谱密度曲线下的面积代表了整个采样时间段内给定频率的累积振荡能量。如图 2.29 所示 Case A 和 Case B 中压力波动的预乘功率谱密度云图，激波 v 和 vi 在底壁上的入射点 IPIB 处合并，反射激波的激波角为 30.26°；激波 iii 在顶壁的入射点为 IPIC。相比于激波 iii，激波 v 和 vi 的强度更高，因此，在下游反射点 IPIB、IPIIC 和 IPIIIB 处产生较强的压力波动，波动能量沿着激波结构传播，并随着向下游发展而逐渐衰减(IPIB > IPIIC > IPIIIB)。

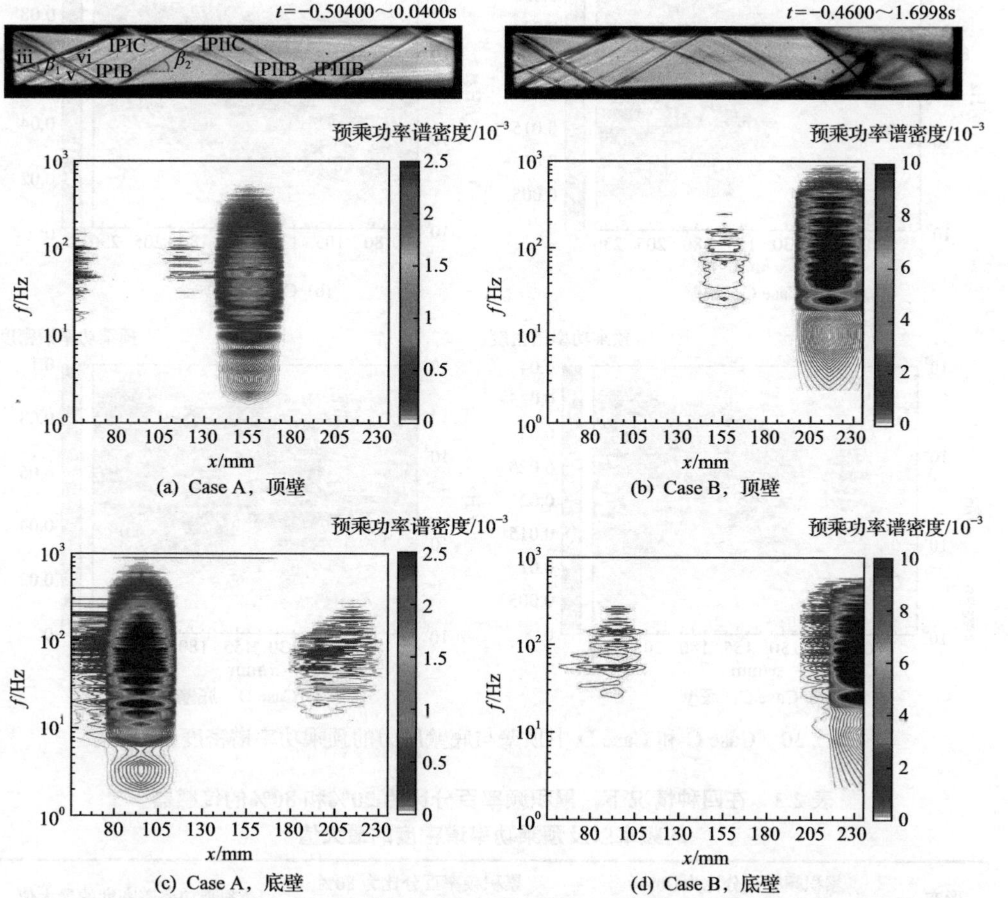

图 2.29　Case A 和 Case B 中顶壁与底壁压力的预乘功率谱密度云图

为了定量比较压力波动的主要频率分布范围，表 2.3 计算了累积频率百分比为 20%和 80%的传感器频率范围以及预乘功率谱密度的最大值。随着背压的增加，激波串逐渐向上游移动，在激波串扫过的区域内，压力波动的能量显著增加，在 Case D 中预乘功率谱密度最大值达到了 0.3175，是 Case A 中预乘功率谱密度最大值的 35.67 倍。随着激波串向上游传播，压力波动中低频成分的比例增加，在

Case D 中，累积频率百分比在 131.84Hz 达到 80%，这意味着 80%的压力波动能量分布在 131.84Hz 以下的频段内。

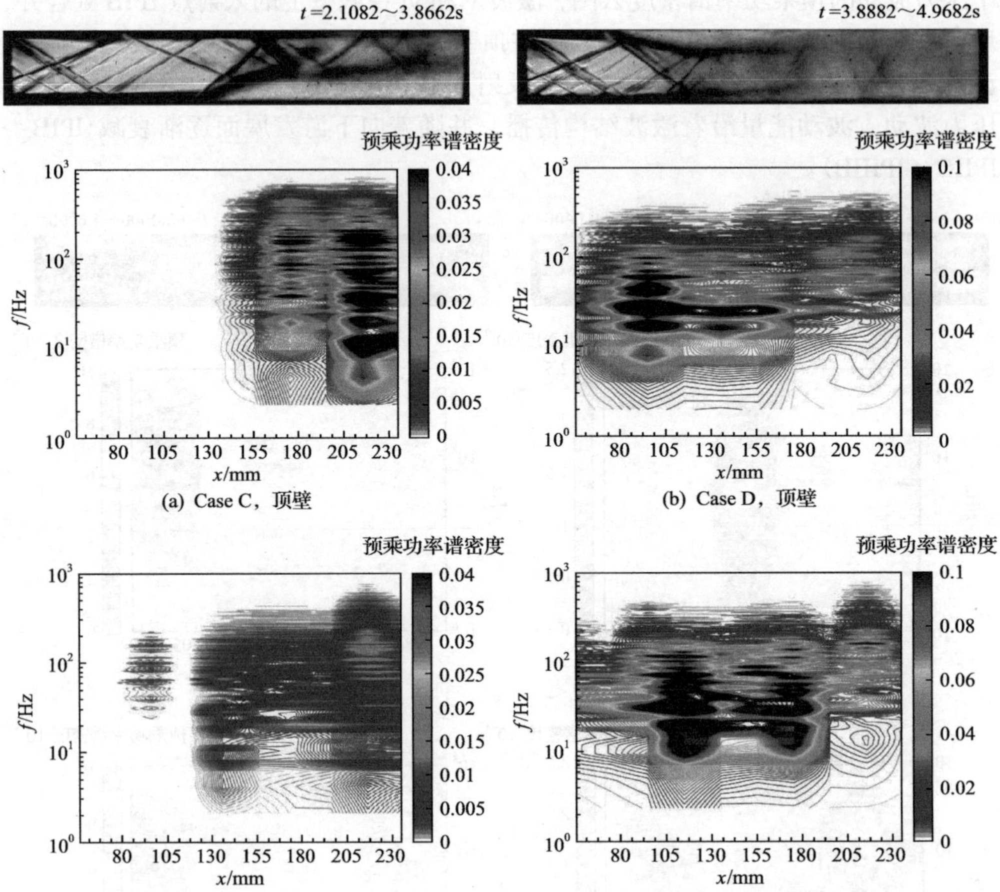

(a) Case C，顶壁　(b) Case D，顶壁

(c) Case C，底壁　(d) Case D，底壁

图 2.30　Case C 和 Case D 中顶壁与底壁压力的预乘功率谱密度云图

表 2.3　在四种情况下，累积频率百分比为 20%和 80%的传感器的频率以及预乘功率谱密度的最大值

形态	累积频率百分比为 20%的传感器频率	累积频率百分比为 80%的传感器频率	预乘功率谱密度的最大值
Case A	48.22Hz（TC6） 153.81Hz（TC4）	270.39Hz（TC6） 4179.08Hz（TC4）	0.0089
Case B	90.33Hz（TC9）	363.77Hz（TC9）	0.0278
Case C	73.24Hz（TC9）	305.18Hz（TC9）	0.1142
Case D	31.74Hz（TB4）	131.84Hz（TB4）	0.3175

普遍认为，对于激波/边界层相互作用的不稳定性，上游机制和下游机制都起到作用，然而上游边界层波动的影响程度随着分离尺度的增大而减小。Clemens 等[22]进行了定量估算，表明当分离流动长度为 $2\delta_\infty$ 及以下时，上游机制的影响最大；当分离流动长度增加到 $4\delta_\infty$ 及更高时，下游机制占据主导。因此，本章选择激波/边界层相互作用相对较弱的 Case A 来研究上游机制。

利用相关性和相位统计量研究不同流动区域内压力信号波动的联系，图 2.31(a)和图 2.31(b)显示了不同流向位置的底壁压力信号 TB*i* 和上游压力信号 TB3（靠近 IPIB）的相位和互相关系数，计算了互相关系数大于 0.65 的频率范围，在下游入射点 IPIIB 附近的 TB8 处，高互相关系数的频率范围为 2.23Hz < f < 361.33Hz，该频率范围内 TB8 处相位的平均值显示出 127.90°的滞后；两个入射点 IPIB 和 IPIIB 之间边界层(TB4～TB7)内高互相关系数的频率范围为 34.18Hz < f < 92.77Hz，该频率范围内 TB5 处相位的平均值表现出 109.96°的滞后。

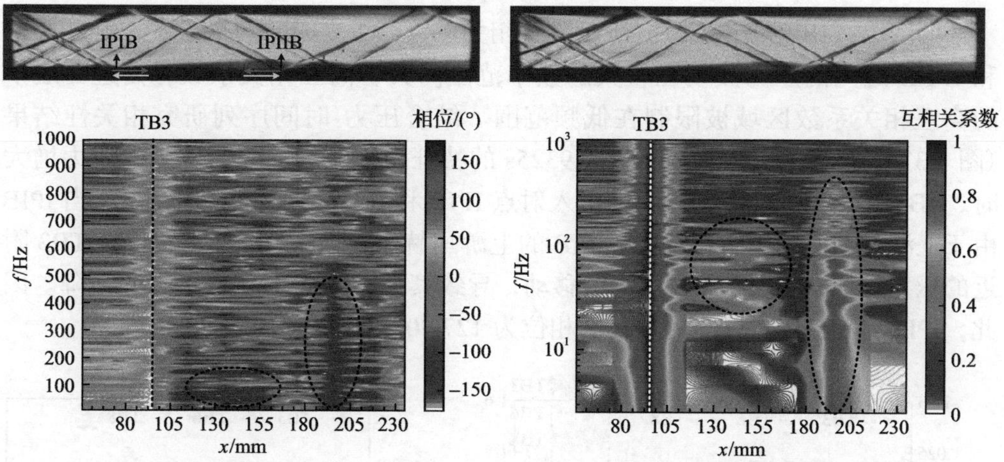

(a) 相位云图　　(b) 互相关系数云图

图 2.31　Case A 中 TB3 处的压力与不同流向位置的底壁压力的相位云图和互相关系数云图

为了验证结果的重复性，图 2.32(a)和图 2.32(b)给出了不同流向位置的底壁压力信号 TB*i* 和下游压力信号 TB8(IPIIB 附近)的相位和互相关系数，互相关系数大于 0.65 再次被用作频率范围的指示器，在上游入射点 IPIB 附近的 TB3 处，高互相关系数的频率范围为 2.23Hz < f < 361.33Hz，该频率范围内 TB3 处相位的平均值表现出 125.73°的超前；两个入射点 IPIB 和 IPIIB 之间边界层(TB4～TB7)内高相关性的频率范围为 26.86Hz < f < 90.33Hz，该频率范围内 TB5 处相位的平均值表现出近似同相位的 4.63°。因此，相位和互相关系数结果具有可重复性，是准确的。

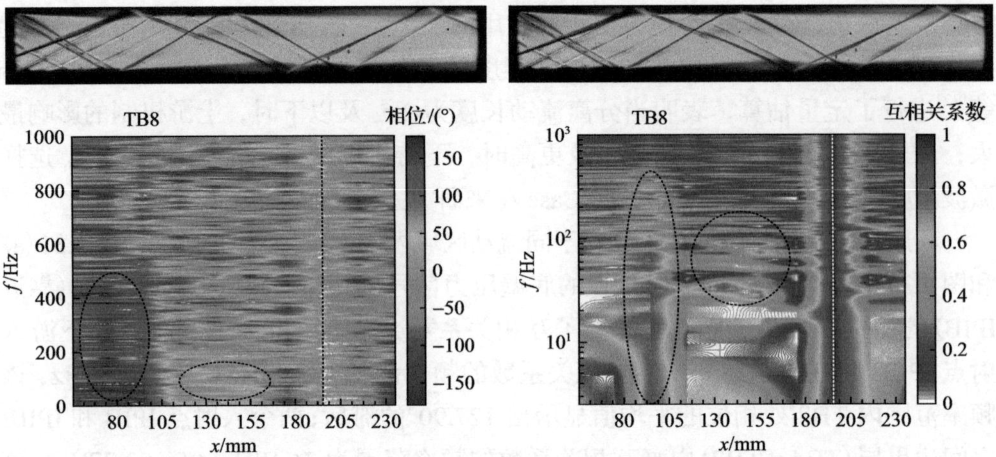

(a) 相位云图

(b) 互相关系数云图

图 2.32 Case A 中 TB8 处的压力与不同流向位置的底壁压力的相位云图和互相关系数云图

如图 2.31(b) 和图 2.32(b) 所示，互相关系数分析表明，两个激波入射点 IPIB 和 IPIIB 之间的压力波动在较大的频率范围内具有高互相关系数，而边界层中的高互相关系数区域被限制在低频范围。结合压力-时间序列研究相关性结果(图 2.33)，观察 t 从−0.9525s 到−0.9325s 的特征压力波动：当 TB3 处的压力增大时，TB8 处的压力减小，表明两个入射点 IPIB 和 IPIIB 的运动方向相反。当 IPIB 由于上游扰动而向上游移动时，IPIB 的上游马赫数增加，导致其下游位置 TB3 附近的压力增加，同时 IPIIB 向下游移动，导致其下游位置 TB8 处的压力下降。因此，IPIB 和 IPIIB 附近压力波动的相位为 127.90°或 125.73°。

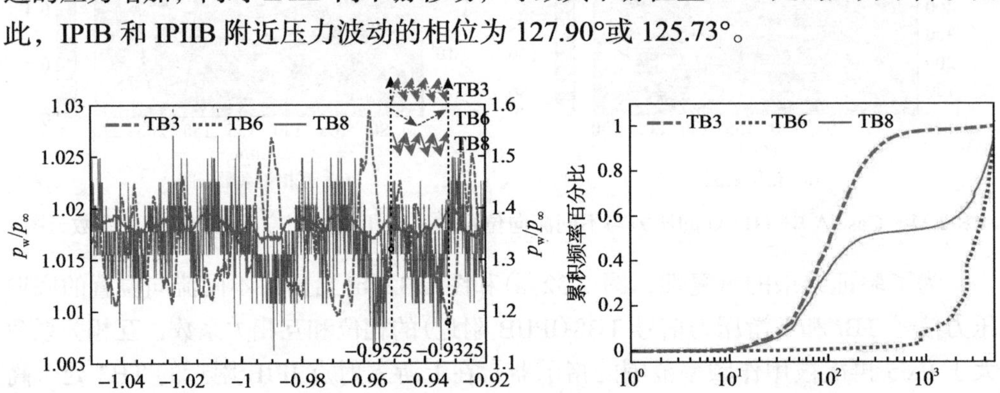

(a) 压力-时间序列

(b) 压力-时间序列的累积频率百分比

图 2.33 Case A 中 TB3、TB6 和 TB8 处的压力-时间序列及其累积频率百分比(彩图请扫封底二维码)

在 t 为−0.9525s～−0.9325s 的四个压力波动周期中，IPIB 附近 TB3 处每次压力的上升(下降)都导致了 IPIIB 附近 TB8 处相应压力的下降(上升)，而边界层 TB6

处的压力只发生了一次下降与上升，伴随着边界层内固有的高频振荡。边界层中可以表现出由激波运动导致的大幅度低频压力波动，而边界层内的高频湍流会涂抹掉由小幅度高频激波振荡导致的压力波动。因此，TB3 处的高频激波振荡是通过激波结构传播到 TB8 处的。

2. 下游扰动对激波串振荡的影响

在 Case B 中，t 在 0s 到 1.9836s 期间，底壁的激波串前缘激波在 $x = 200$mm 到 $x = 250$mm 之间振荡，出现了非对称激波串结构，如图 2.28(a)所示。如图 2.34(a)和图 2.34(b)所示，顶壁和底壁的壁面流线形态分别为分离漩涡和分离泡。TC8、TC9 和 TC10 分别位于分离漩涡的上游、上游边界和涡核附近；TB8 和 TB10 分别位于分离泡的上游和内部；TC9 和 TB9 位于经常被激波串前缘激波扫掠的间歇区域。如图 2.34(c)所示，中心线($z = 25$mm)处的 x 方向剪切应力分布曲线上存在两个局部极小值，这是由分离漩涡导致的，两个局部极小值分别对应于漩涡的上游边界和下游边界。Funderburk 等[23]的实验结果表明利用漩涡长度尺度可以计算施特鲁哈尔数。施特鲁哈尔数定义如下：

$$St_{\mathrm{L}} = \frac{fL_{\mathrm{int}}}{U_{\infty}} \tag{2.12}$$

其中，U_{∞} 为来流速度；L_{int} 为相互作用长度尺度；St_{L} 是频率的无量纲表达形式。因此，利用分离漩涡的流向长度($L_{\mathrm{c}} = 38.4$mm)来确定顶壁的相互作用长度尺度，如图 2.34(d)所示，分离点的位置为 $x = 221.5$mm，再附着点的位置为 $x = 255.8$mm，底壁的相互作用长度尺度采用分离泡的流向长度($L_{\mathrm{b}} = 34.3$mm)。

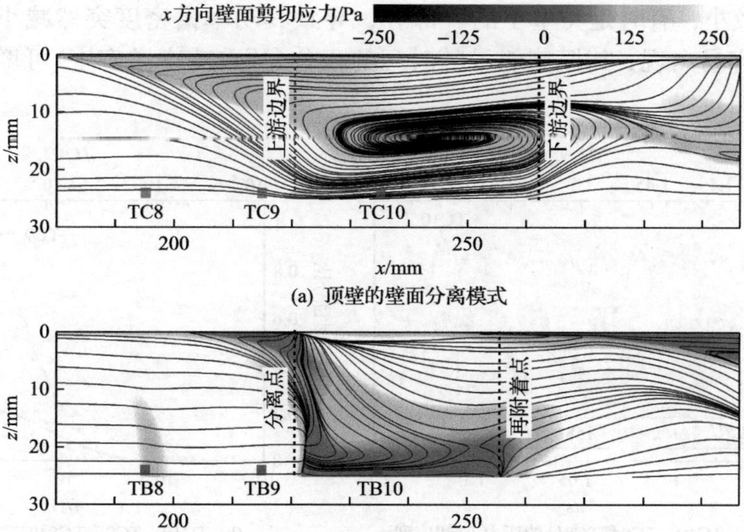

(a) 顶壁的壁面分离模式

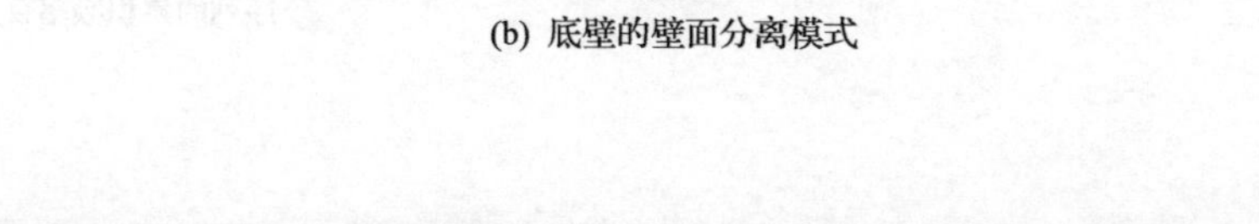

(b) 底壁的壁面分离模式

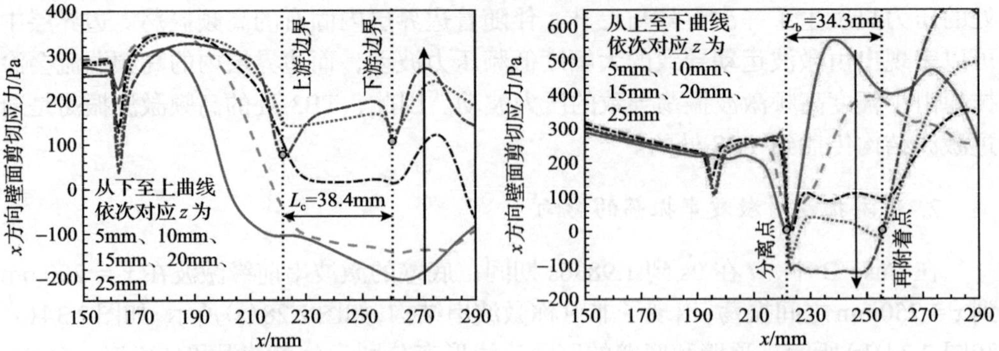

(c) 顶壁不同展向位置的x方向壁面剪切应力分布　　(d) 底壁不同展向位置的x方向壁面剪切应力分布

图 2.34　Case B 中顶壁和底壁的壁面分离模式及不同展向位置的 x 方向壁面剪切应力分布

图 2.35 给出了 Case B 中 TC7～TC10 处的压力-时间序列及其累积频率百分比、功率谱密度和预乘功率谱密度。如图 2.35(b)所示，激波串前缘激波下游的 TC9 和 TC10 处是低频激波运动($0.001 < St_L < 0.03$)主导的，而在激波串前缘激波上游的 TC7 和 TC8 处是高频湍流波动($0.1 < St_L < 0.4$)主导的。高频湍流波动的频率大约比低频激波运动高两个数量级，这与 Dupont 等[24]的斜激波研究结果类似。本章中的低频不稳定性可分为两种类型：类型Ⅰ($0.001 < St_L < 0.01$)，其单次振荡周期(图 2.35(a)中Δt_2)的幅度较大使得其功率谱密度达到峰值，但是振荡出现的频率较低，导致其振荡能量随时间的积分(预乘功率谱密度)值几乎与类型Ⅱ中的相等；类型Ⅱ($0.01 < St_L < 0.03$)，其单次振荡周期(图 2.35(a)中Δt_1)的幅度较小，有时是类型Ⅰ的一部分，导致其功率谱密度突然减小。然而，类型Ⅱ更容易出现，其振荡能量随时间的积分(预乘功率谱密度)可增大到与类型Ⅰ相同的量级。

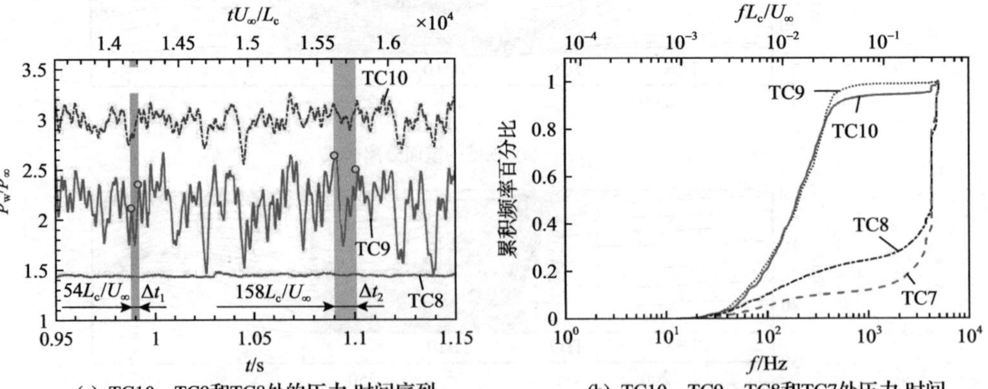

(a) TC10、TC9和TC8处的压力-时间序列　　(b) TC10、TC9、TC8和TC7处压力-时间序列的累积频率百分比

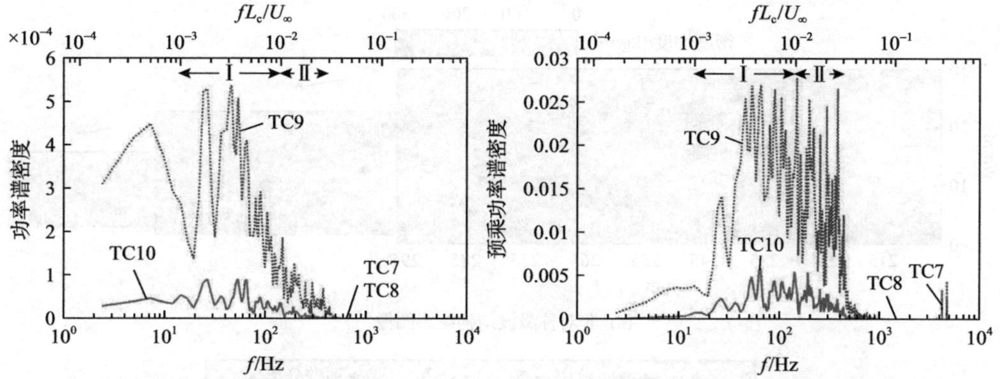

(c) TC10、TC9、TC8和TC7处压力-时间序列的功率谱密度

(d) TC10、TC9、TC8和TC7处压力-时间序列的预乘功率谱密度

图 2.35　Case B 中 TC7、TC8、TC9 和 TC10 处的压力-时间序列及其累积频率百分比、功率谱密度和预乘功率谱密度

进一步基于纹影图像的功率谱密度分析，深入理解不同振荡类型的振荡行为和振荡反馈机制。本节的纹影系统使用的是圆形刀口，其可视化的密度梯度表达式为

$$f(\rho,x,y)=\sqrt{\left(\frac{\mathrm{d}\rho}{\mathrm{d}x}\right)^2+\left(\frac{\mathrm{d}\rho}{\mathrm{d}y}\right)^2} \tag{2.13}$$

Case B 中典型的非对称激波结构如图 2.36(a)和图 2.36(b)所示，从流场中提取出五个具有明显结构特征的位置，P1、P2、P3、P4 和 P5 分别位于入射激波、顶壁边界层、顶壁分离区、底壁边界层和底壁分离区中，在这五个位置的 $f(\rho,x,y)$ 的功率谱密度和预乘功率谱密度分布分别如图 2.36(c)和图 2.36(d)所示，相互作用长度尺度(L)取 36.4mm，近似等于分离泡长度尺度(L_b)和分离漩涡长度尺度(L_c)的平均。顶壁边界层和底壁边界层中功率谱密度的能量含量集中在范围 $0.001 < St_L < 0.03$ 中，对应于类型Ⅰ和Ⅱ的低频不稳定运动，入射激波处功率谱密度的能量还覆盖了范围 $0.03 < St_L < 0.06$。需要注意的是，在 $0.03 < St_L < 0.06$ 范围内，边界层(图 2.36)和壁面压力(图 2.35)的谱能量均出现急剧下降，只有在入射激波处保持一个高谱能量，因此将其归为振荡类型Ⅲ。

与上述三种振荡类型相关的频率分别为 $f_1 = 70\text{Hz}$，$f_2 = 376\text{Hz}$ 和 $f_3 = 742\text{Hz}$，如图 2.37(a)所示，Ⅰ型振荡的振荡能量主要分布在顶壁边界层，整个入射激波和分离激波在底壁边界层的入射点，这对应的流场运动为入射激波以其在底壁边界层的入射点为中心的扇形摆动和分离激波的上、下游平移运动。如图 2.37(b)所示，与Ⅰ型振荡相比，Ⅱ型振荡的能量相对较弱，入射激波处的振荡能量主要分布在激波足附近，这对应于入射激波的扇形摆动和分离激波的平移运动的幅值的减小。

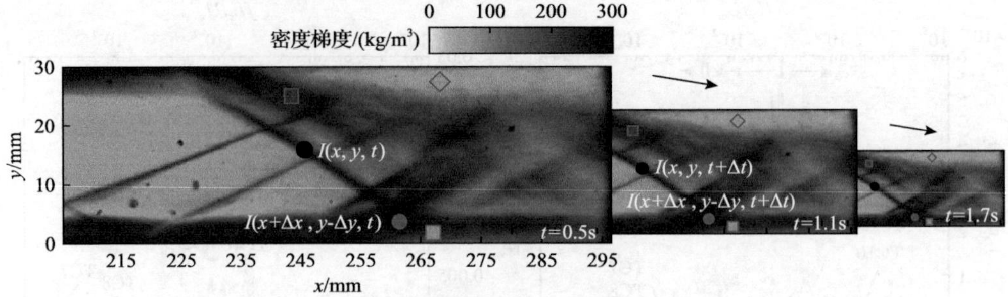

(a) 非对称激波结构纹影图像

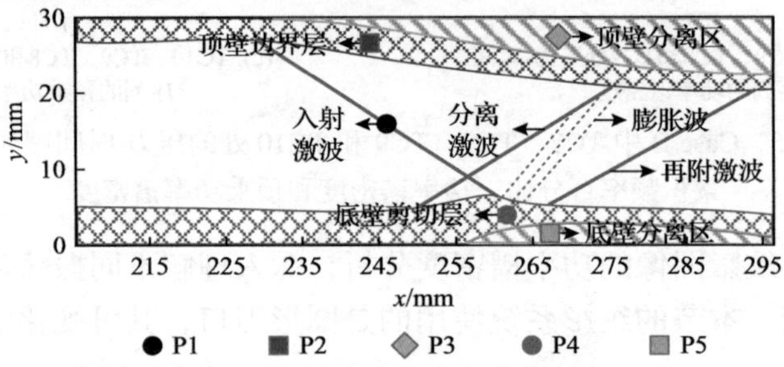

(b) 非对称激波结构示意图

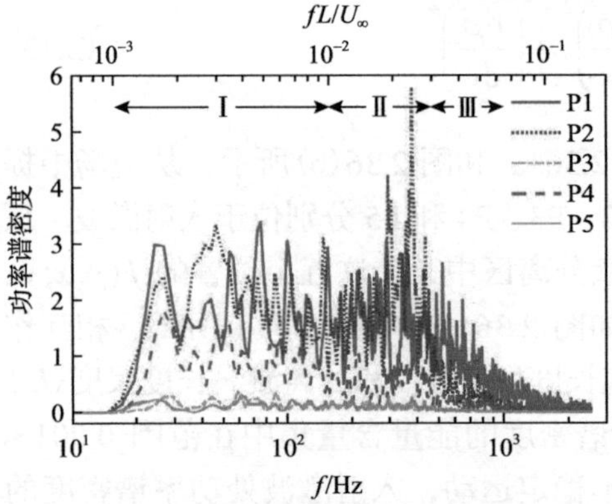

(c) 流场中不同位置处的功率谱密度

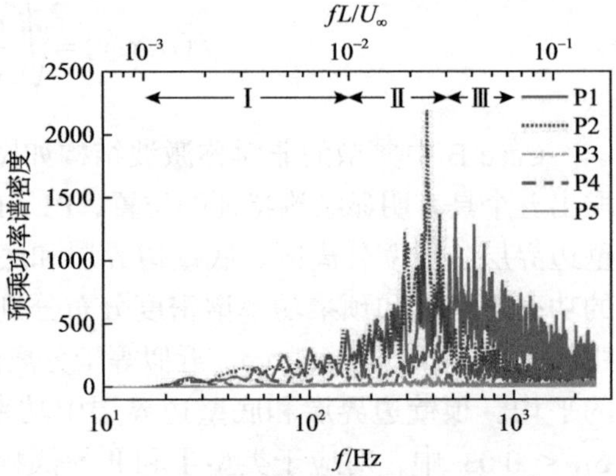

(d) 流场中不同位置处的预乘功率谱密度

图 2.36　Case B 中非对称激波结构及其不同位置的振荡特性(彩图请扫封底二维码)

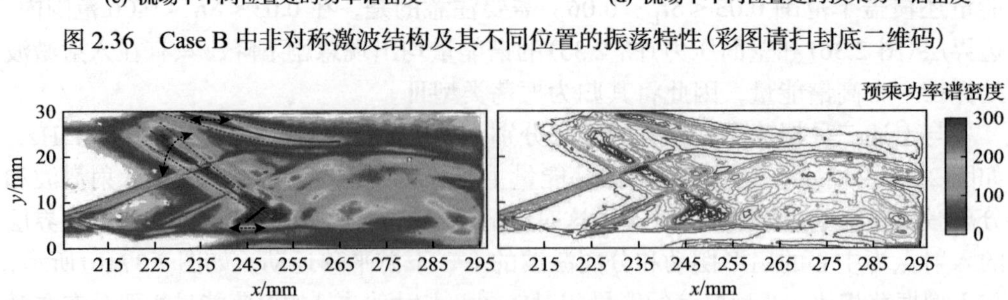

(a) f_1=70Hz

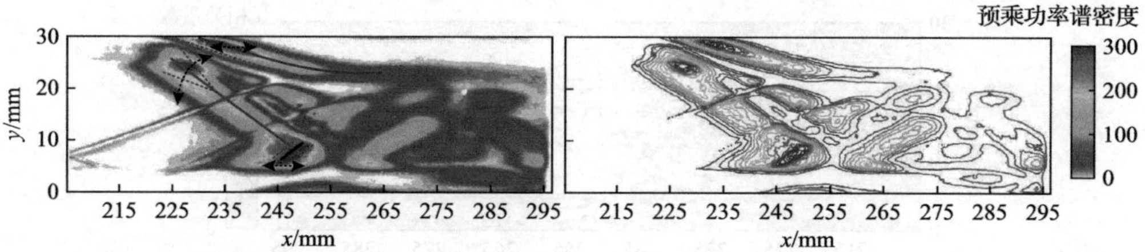

(b) f_2=376Hz

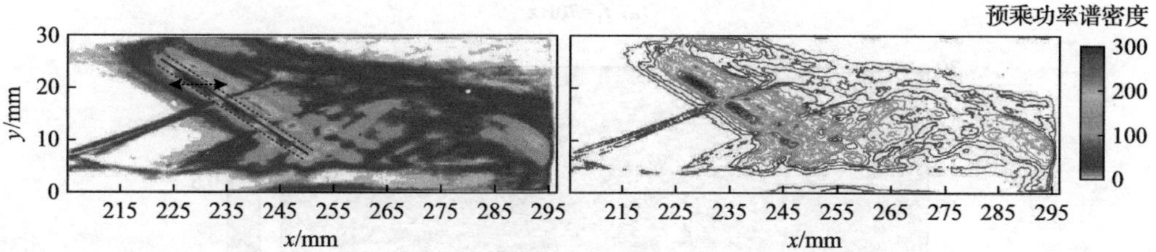

(c) f_3=742Hz

图 2.37　Case B 中在三个相关频率下密度梯度的预乘功率谱密度云图

如图 2.37(c)所示，Ⅲ型振荡的能量主要集中在入射激波的激波杆上，其对应于入射激波的上、下游平移运动，在Ⅲ型振荡的相关频率下，流场的演化以入射激波在剪切层上的平移运动为主，剪切层的振荡和壁面压力的波动较小。

下面基于三种类型振荡的入射激波与整个流场的互相关系数云图(图 2.38，参考点为 + 标记处)，分析入射激波的非定常空间运动与整个流场之间的关系。对于Ⅰ型振荡如图 2.38(a)所示，顶壁边界层、顶壁分离区、底壁边界层、底壁分离区、入射激波本身、入射激波下游的超声速流场与入射激波的互相关系数均大于 0.5。对于Ⅱ型振荡如图 2.38(b)所示，上述区域与入射激波之间的互相关系数显著提升至大于 0.8，然而，入射激波的运动与上游流场的变化之间的相关性较低，这种低相关性也在具有分离的入射激波的大涡模拟研究中[10]被发现。在 Case B 中，顶壁分离漩涡和底壁分离泡的长度尺度分别为 38.4mm($9.8\delta_\infty$)和 34.3mm($8.8\delta_\infty$)，远远大于上游扰动主导的长度尺度($2\delta_\infty$)[10]，因此，Case B 中的Ⅰ型振荡和Ⅱ型振荡均是下游扰动主导的。对于Ⅲ型振荡如图 2.38(c)所示，仅在入射激波的激波杆处观察到大于 0.8 的高互相关系数，在Ⅲ型振荡的相关频率下，入射激波的运动与上游、下游流场没有相关性。

在理清了三种振荡类型的流场中各个部分运动的相关性后，需要研究流场各部分之间的空间演化关系。本节关注的是一个振荡周期内的流场演化过程，即流场从一个周期的初始状态演化到下一个周期的初始状态，在 Case B 中激波串前缘激波下游区域中的壁面压力-时间序列如图 2.39 所示。由图可以观察到三种振荡类型：A_1-A_2-A_3 为Ⅰ型振荡，其波动幅度较大，但发生频率较低；B_1-B_2-B_3 为Ⅱ型

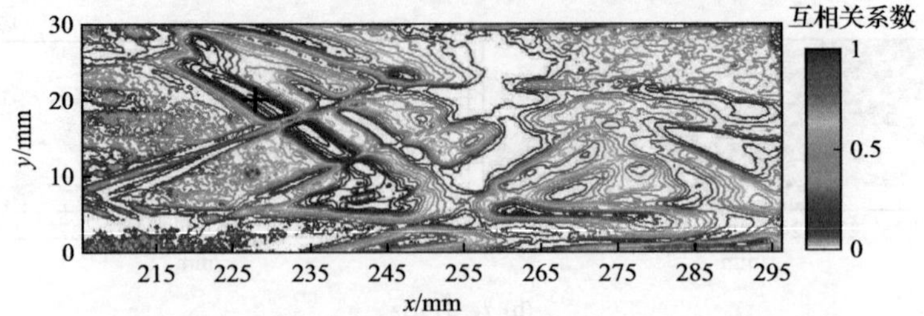

(a) f_1=70Hz

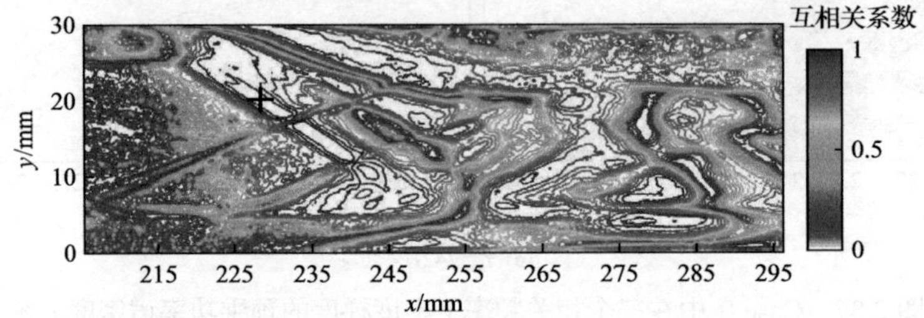

(b) f_2=376Hz

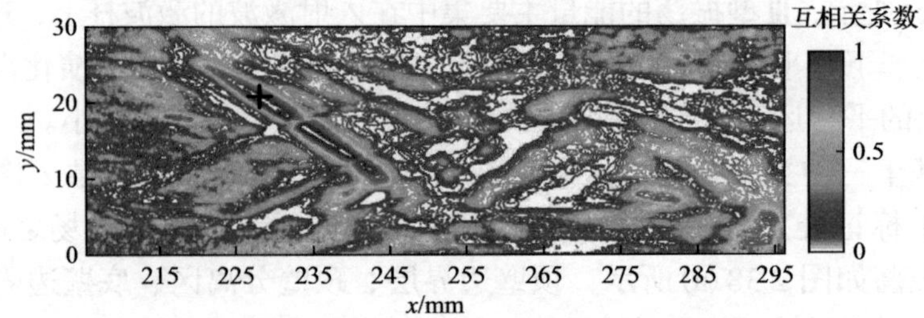

(c) f_3=742Hz

图 2.38　Case B 中在三个相关频率下参考点位于入射激波时密度梯度的互相关系数云图

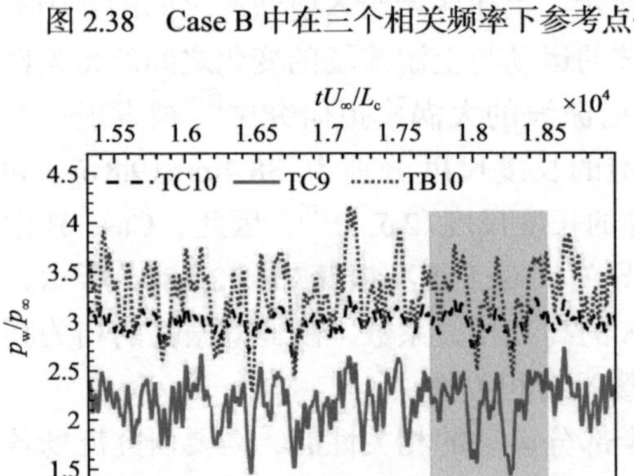

(a) 230ms采样时间

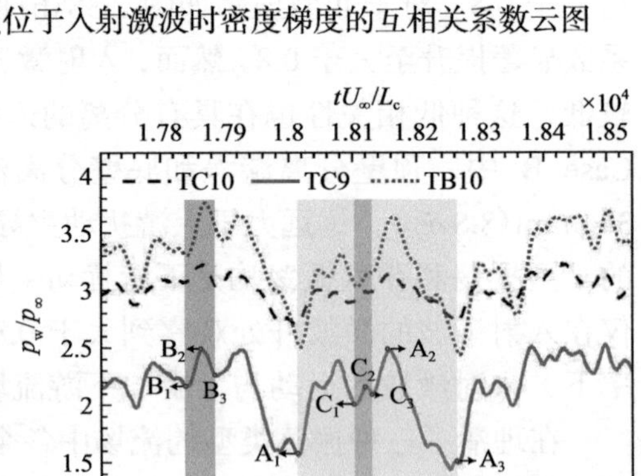

(b) 52ms采样时间

图 2.39　Case B 中不同采样时间段内的壁面压力-时间序列

振荡，其波动幅度较小，但发生频率较高；C_1-C_2-C_3 为Ⅲ型振荡，其波动幅度最小，但发生频率最高。

首先，分析Ⅰ型振荡的一个振荡周期内流场中不同结构的空间演化关系，Case B 中在Ⅰ型振荡的相关频率 $f_1 = 70\text{Hz}$ 下的相位云图如图 2.40 所示，图中参考点为 + 标记处。为了保证结果的重复性，选取了三个参考点，其位置分别位于底壁边界层、入射激波和顶壁分离区。可以看出，在Ⅰ型振荡的相关频率下，流场中存在两部分区域：第一部分是背压影响区域和由入射激波和分离激波组成的激波串前缘；第二部分是顶壁边界层、底壁边界层以及由膨胀波和再附激波组成的激波串尾缘。第一部分总是领先于第二部分 150°～170°，在得到相位关系后，利用纹影图像分析Ⅰ型振荡的反馈机制，图 2.39(b) 中 A_1 到 A_3 的压力信号对应图 2.41 中 A_1 到 A_3 的纹影图像。

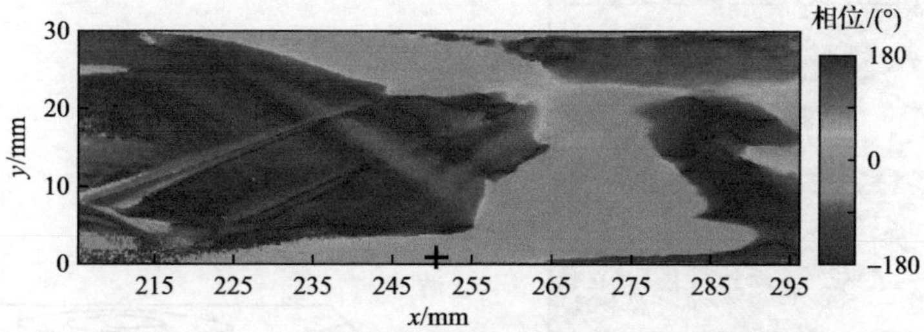

(a) 参考点位于底壁边界层

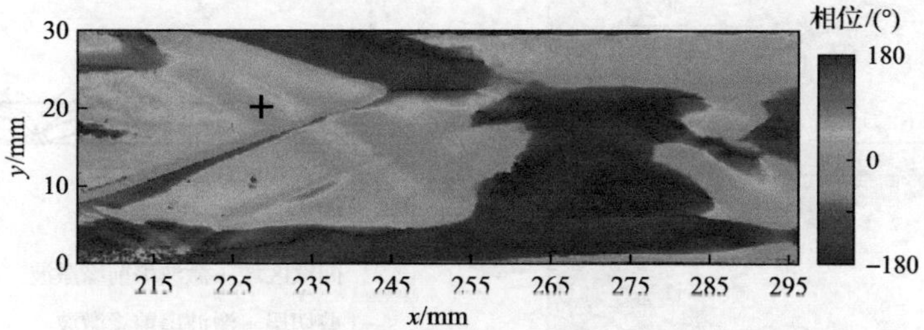

(b) 参考点位于入射激波

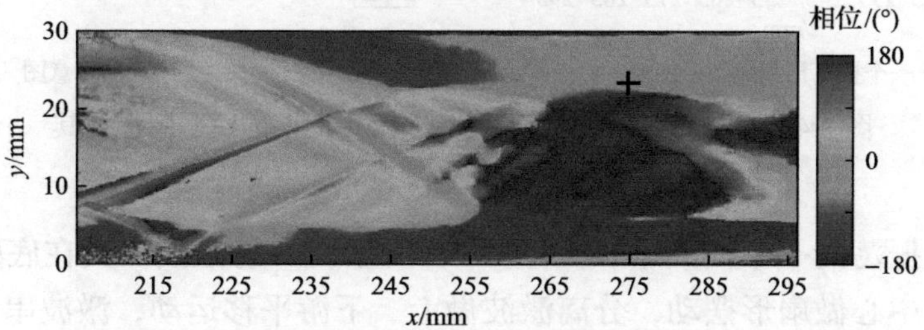

(c) 参考点位于顶壁分离区

图 2.40　Case B 中参考点位于不同区时Ⅰ型振荡的相位云图(相关频率 $f_1 = 70\text{Hz}$)

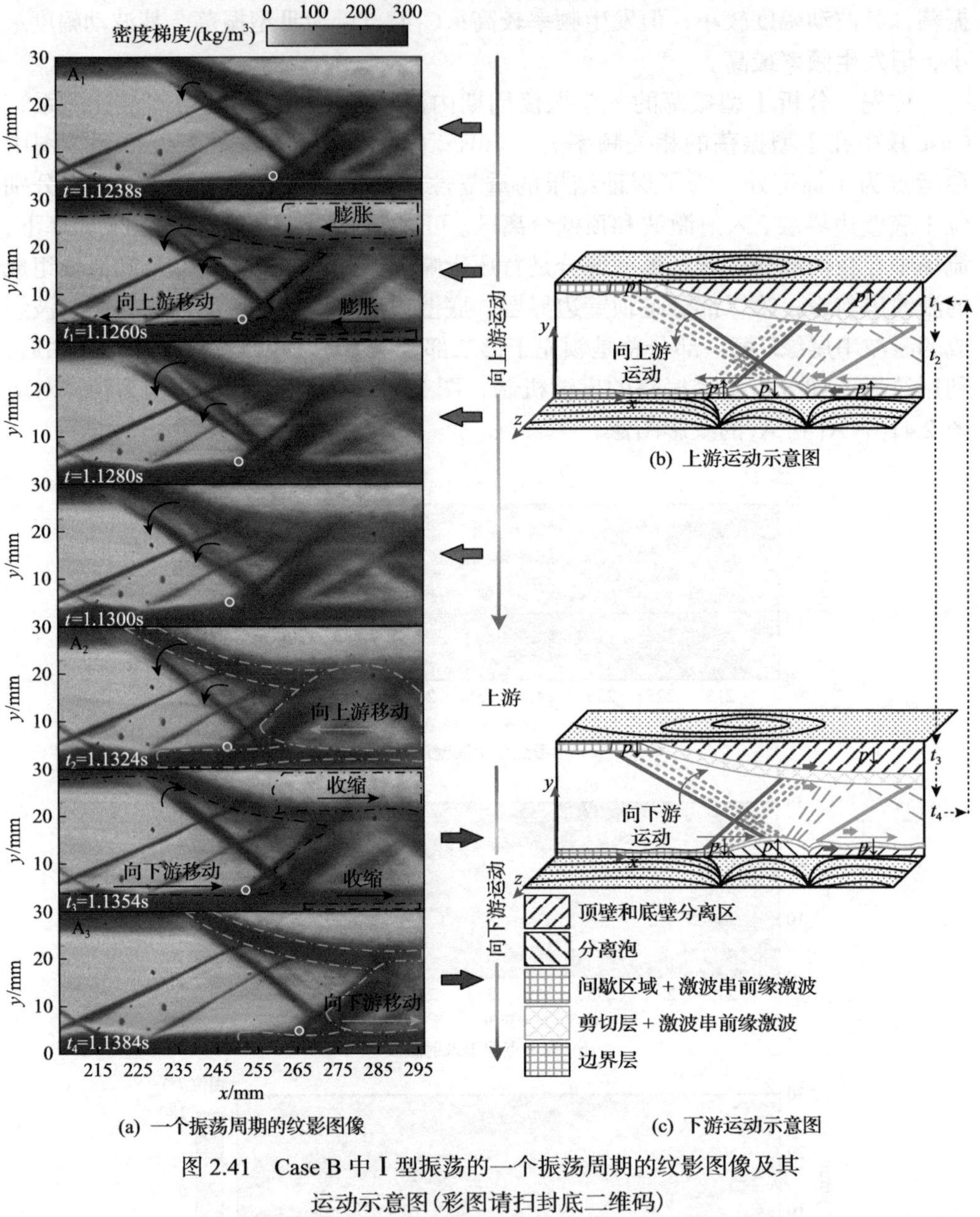

(a) 一个振荡周期的纹影图像　　(b) 上游运动示意图　　(c) 下游运动示意图

图 2.41　Case B 中Ⅰ型振荡的一个振荡周期的纹影图像及其运动示意图(彩图请扫封底二维码)

在Ⅰ型振荡的一个周期中，如图 2.41 所示，入射激波以其在底壁边界层上的入射点为中心做扇形摆动，分离激波做上、下游平移运动，激波串的振荡行为与图 2.37(a)所示的预乘功率谱密度结果一致。在振荡周期的初始时刻 t=1.1238s 时，激波串位于下游，根据相位关系，给出了如图 2.42 所示的Ⅰ型振荡中激波串运动的反馈机制，顶壁和底壁分离区中的压升首先通过声波向上游传播，这两个背压影响区域是 I 型振荡的能量来源。下游压力扰动通过声波向上游传播的时间依赖于激波串的长度、声速和亚声速流动的速度，扰动传播发生在分离流动中，此时认为顶壁和底壁分离流动速度为 0，扰动的上游传播时间 τ 可以表示为

$$\tau = \int_{x_2}^{x_b} \frac{1}{a(x)} \mathrm{d}x \tag{2.14}$$

其中，$x_2 = 260\mathrm{mm}$ 是激波串前缘激波在边界层上的下游入射位置；$x_b = 460\mathrm{mm}$ 是下游产生压力扰动的位置；$a(x)$ 是局部声速，假设是分离流动中的滞止声速 (343.7m/s)。

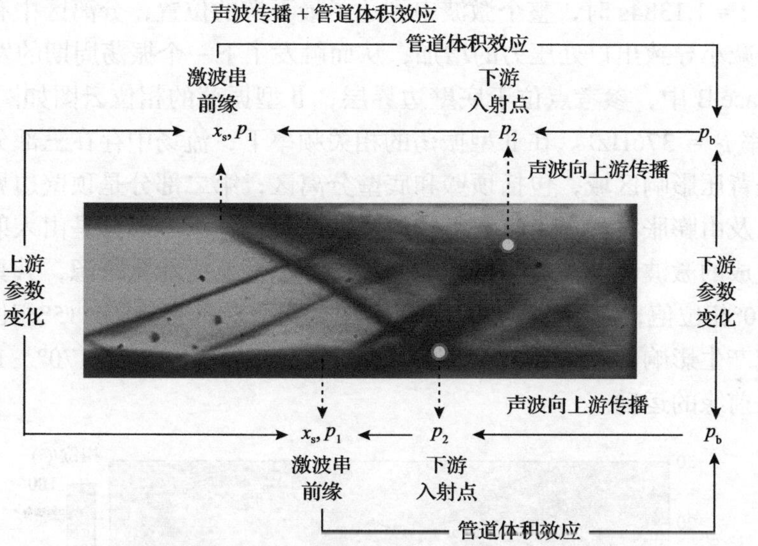

图 2.42　I 型振荡中激波串运动的反馈机制

因此，压力扰动的上游传播时间估算为 5.82×10^{-4}s，在具有固定频率 f 的振荡中，由时间迟滞 τ 引起的相位 θ 的计算为

$$\theta = 360 f \tau \tag{2.15}$$

I 型振荡的相关频率为 $f_1 = 70\mathrm{Hz}$，时间迟滞 5.82×10^{-4}s 只能导致 14.67°的相位差，因此，在 I 型振荡中下游压力扰动通过声波的上游传播几乎不会引起相位差。当 $t = 1.1260$s 时，压升传播到了入射激波和分离激波的下游入射点，并将激波串前缘激波推向上游，如图 2.40 所示，压升的上游传播几乎与激波串前缘

激波的上游运动是同相位的。当 t 在 1.1280～1.1300s 期间，顶壁、底壁边界层和激波串尾缘无法跟随激波串前缘的上游运动，当激波串前缘到达最上游位置后 $t = 1.1324$s，边界层和激波串尾缘才追上激波串前缘。随着激波串向上游运动，其下游分离区域的体积增加，此时管道体积效应发生，下游压力的变化可由连续方程给出：

$$\Delta m = V\frac{\mathrm{d}\rho_\mathrm{b}V}{\mathrm{d}t} = V\frac{\mathrm{d}\rho_\mathrm{b}}{\mathrm{d}t} + \rho_\mathrm{b}\frac{\mathrm{d}V}{\mathrm{d}t} = \frac{V\rho_\mathrm{b}}{\gamma p_\mathrm{b}}\frac{\mathrm{d}\rho_\mathrm{b}}{\mathrm{d}t} + \rho_\mathrm{b}\frac{\mathrm{d}V}{\mathrm{d}t} \tag{2.16}$$

其中，$\Delta m \approx 0$ 是分离区质量的变化；ρ_b 和 V 分别是分离区的密度和体积。分离区中有限质量流体体积的增加导致下游压力减小，压降首先发生在出口处，然后通过声波向上游传播。当 $t = 1.1354$s 时，激波串前缘开始向下游移动，如图 2.41 所示，当 $t = 1.1384$s 时，整个激波串到达了最下游的位置，分离区中有限质量流体体积的减小导致出口处压力的增加，从而触发了下一个振荡周期的发生。

在 Case B 中，参考点位于底壁边界层，Ⅱ型振荡的相位云图如图 2.43 所示（相关频率 $f_2 = 376$Hz）。在Ⅱ型振荡的相关频率下，流场中存在三部分区域：第一部分是背压影响区域，包括顶壁和底壁分离区；第二部分是顶壁边界层、底壁边界层以及由膨胀波和再附激波组成的激波串尾缘；第三部分是由入射激波和分离激波组成的激波串前缘。背压影响区域是Ⅱ型振荡的能量来源，其具有领先的150°～170°相位值，背压影响区域内压力的变化会对具有−15°～15°相位值的第二部分区域产生影响，第二部分区域结构的变化最终导致有滞后−170°～150°相位值的激波串前缘的运动。

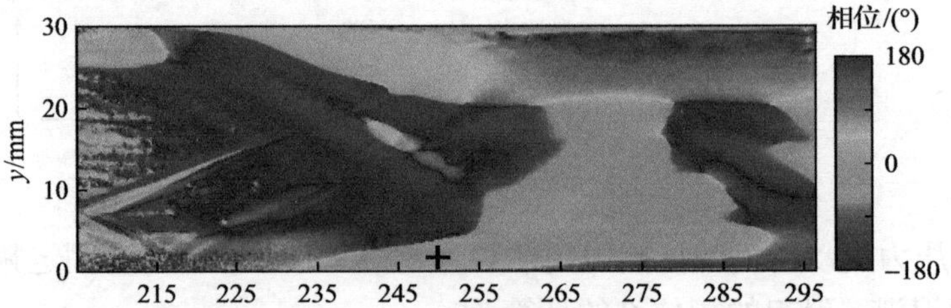

图 2.43　Case B 中Ⅱ型振荡的相位云图

通过分析纹影图像，研究Ⅱ型振荡的反馈机制，图 2.39(b) 中 B_1 到 B_3 的压力信号对应图 2.44 中 B_1 到 B_3 的纹影图像。与图 2.37(b) 的功率谱分析一致，相比于Ⅰ型振荡，Ⅱ型振荡中入射激波的扇形摆动减弱，激波振荡能量主要集中在边界层上的入射点附近。

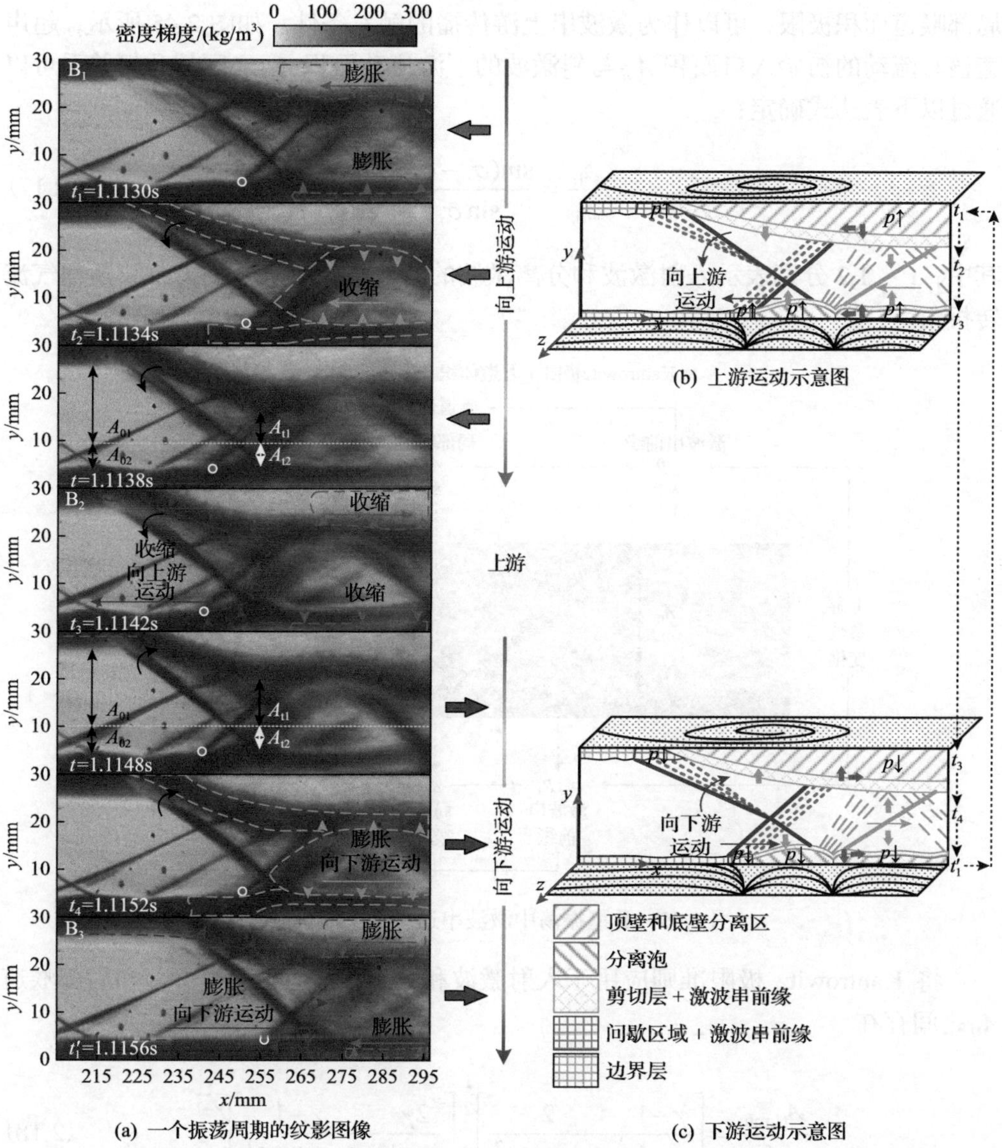

图 2.44　Case B 中Ⅱ型振荡的一个振荡周期的纹影图像及其运动示意图(彩图请扫封底二维码)

Ⅱ型振荡的反馈机制包括 Kantrowitz 极限准则和管道体积效应，根据图 2.43 的相位关系，当 $t = 1.1130\text{s}$ 时，顶壁和底壁分离区中的压力首先增大；当 $t = 1.1134\text{s}$ 时，超声速核心流动区域被压缩，入射激波和分离激波的激波角减小，局部喉道形成；当 $t = 1.1138\text{s}$ 时，局部喉道面积降至极限以下，此时喉道面积成为主导激波串运动的因素。入射激波和分离激波能否稳定在分离区域前缘，可以看成这两个斜激波能否稳定在变面积通道的入口的问题。根据 Kantrowitz 极限准则，存在局部喉道面积极限，可以作为激波串上游传播的触发条件。如图 2.45 所示，超声速核心流动的初始入口面积 A_{0i} 与斜激波的下游流动面积 A_{1i} 之间的几何关系可以通过以下表达式确定：

$$\frac{A_{1i}}{A_{0i}}=\frac{\sin(\sigma_i-\varphi_i)}{\sin\sigma_i} \tag{2.17}$$

其中，$i=1,2$ 分别表示入射激波和分离激波的参数；σ 和 φ 分别为激波角和气流转折角。

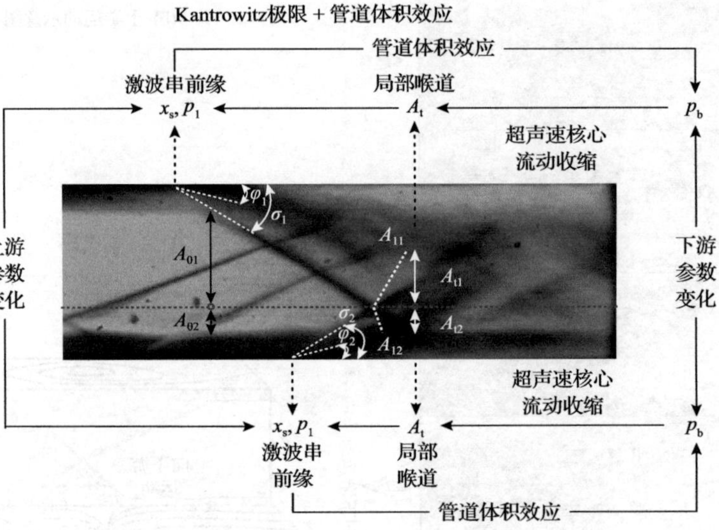

图 2.45　Ⅱ型振荡中激波串运动的反馈机制

将 Kantrowitz 极限准则应用于入射激波和分离激波下游，即 A_{1i} 和局部喉道 A_{ti} 之间存在

$$\frac{A_{ti,\min}}{A_{1i}}=\left[\frac{\gamma-1}{\gamma+1}+\frac{2}{(\gamma+1)M_{1i}^2}\right]^{\frac{1}{2}}\left[\frac{2\gamma}{\gamma+1}-\frac{\gamma-1}{(\gamma+1)M_{1i}^2}\right]^{\frac{1}{\gamma-1}} \tag{2.18}$$

已知来流马赫数 M_∞，斜激波下游马赫数(M_{1i})的表达式如下：

$$M_{1i}^2=\frac{1}{\sin^2(\sigma_i-\varphi_i)}\times\frac{1+\frac{\gamma-1}{2}M_\infty^2\sin^2\sigma_i}{\gamma M_\infty^2\sin^2\sigma_i-\frac{\gamma-1}{2}} \tag{2.19}$$

然后，推导出最小局部喉道面积（$A_{ti,\min}$）与核心流动入口面积（$A_{\sigma i}$）的比值为

$$\frac{A_{ti,\min}}{A_{\sigma i}}=\frac{\sin(\sigma_i-\varphi_i)}{\sin\sigma_i}\left[\frac{\gamma-1}{\gamma+1}+\frac{2}{(\gamma+1)M_{1i}^2}\right]^{\frac{1}{2}}\left[\frac{2\gamma}{\gamma+1}-\frac{\gamma-1}{(\gamma+1)M_{1i}^2}\right]^{\frac{1}{\gamma-1}} \tag{2.20}$$

当 $t = 1.1138\text{s}$ 时，由 Kantrowitz 极限准则确定的最小局部喉道面积与核心流入口面积$(A_{01}+A_{02})$之比为 0.47，然而，从纹影图像中测量的实际比值为 0.44，这导致了入射激波和分离激波的上游运动。当 $t = 1.1142\text{s}$ 时，激波串到达最上游位置，此时由于存在管道体积效应，出口附近的压力减小，超声速核心流动开始扩张。当 $t = 1.1148\text{s}$ 时，从纹影图像中测量的局部喉道面积$(A_{t1}+A_{t2})$与核心流入口面积$(A_{01}+A_{02})$的实际比值增加到 0.52，大于最小极限比值 0.48。因此，激波串在 $t = 1.1152\text{s}$ 时开始向下游运动，在 $t = 1.1156\text{s}$ 时到达最下游位置。同时，由于管道体积效应，分离区域中有限质量流体的体积减小，导致出口附近压力增加，从而触发下一个振荡周期的开始。

如图 2.43 所示，不同于 I 型振荡，在Ⅱ型振荡中，参考点处的流场要超前于激波串前缘大约 100°相位值。如图 2.44 所示，在激波串前缘向上游运动之前，超声速核心流动的收缩大约需要 $8\times10^{-4}\text{s}$ ($t = 1.1130$～1.1138s)。对于相关频率 $f_2 = 376\text{Hz}$ 的Ⅱ型振荡，$8\times10^{-4}\text{s}$ 的时间迟滞会导致 108.30°的相位差。因此，在激波串前缘运动之前，超声速核心流动的膨胀与收缩导致了相位差的产生。

在Ⅲ型振荡中，与入射激波上参考点具有高互相关系数的区域仅限于入射激波自身的激波杆上(图 2.38)。图 2.46 为参考点(+处)设在入射激波上计算的相位云图(相关频率 $f_3 = 742\text{Hz}$)。入射激波附近出现了与入射激波结构相似的条形反相位(180°左右)和同相位(0°左右)区域，这表明入射激波呈现近似平移运动。

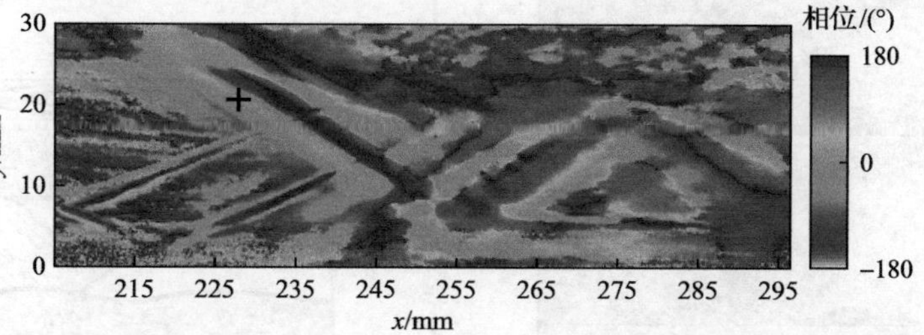

图 2.46　Case B 中Ⅲ型振荡的相位云图

Ⅲ型振荡的一个振荡周期内的纹影图像及振荡过程示意图如图 2.47 所示，图 2.39(b)中 C_1 到 C_3 的压力信号对应图 2.47 中 C_1 到 C_3 的纹影图像。在Ⅲ型振荡的一个周期内，入射激波和分离激波在边界层上发生平移运动，而顶壁和底壁边界层的位置几乎不发生变化，由膨胀波和再附激波组成的激波串尾缘的位置和结构也保持不变。因此，Ⅲ型振荡是一个独立的振荡行为，其反馈机制只是激波运动。由于Ⅲ型振荡的反馈机制简单，其相关频率最高，因此壁面压力波动最小。

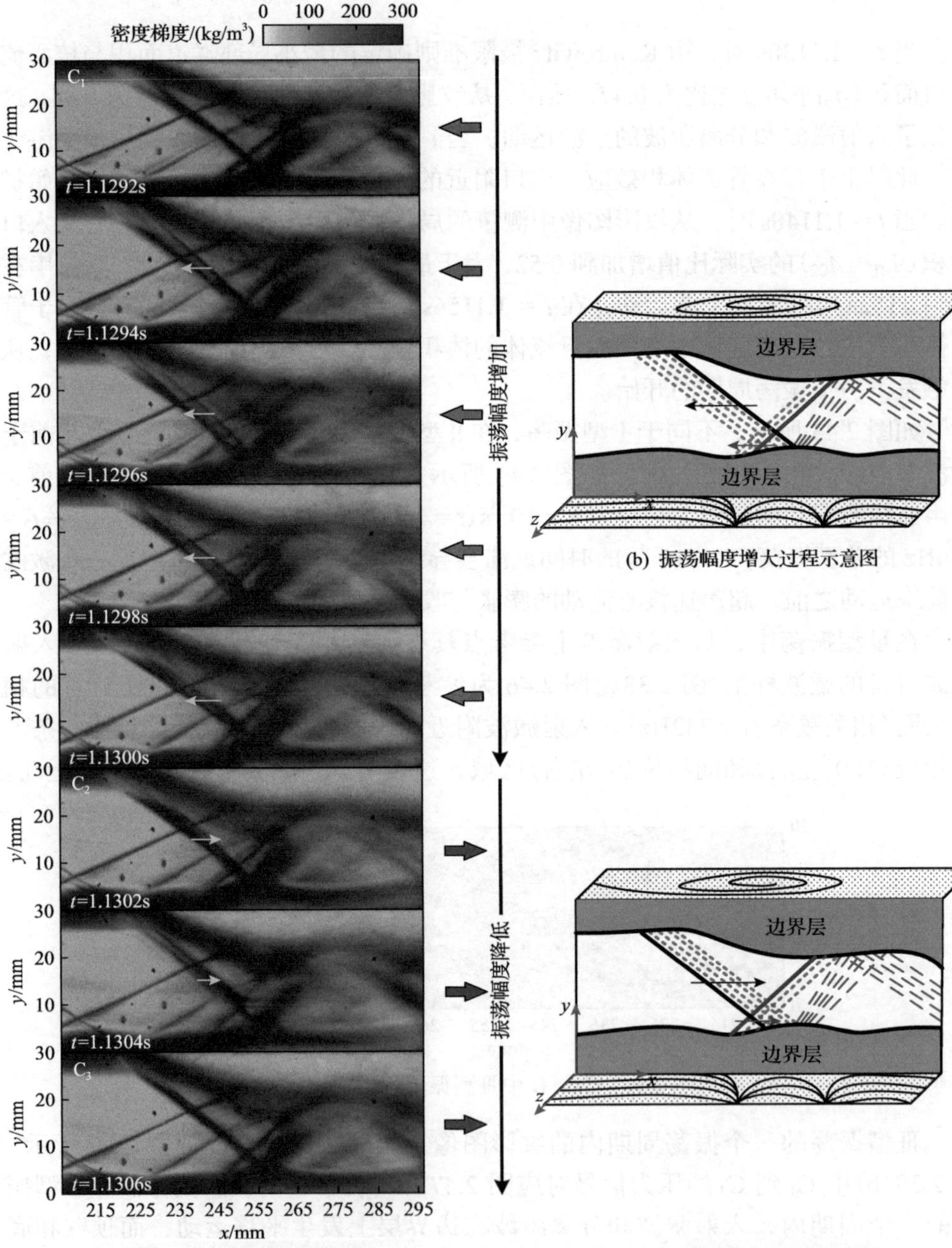

(a) 一个振荡周期的纹影图像

(b) 振荡幅度增大过程示意图

(c) 振荡幅度减小过程示意图

图 2.47 Case B 中Ⅲ型振荡的一个振荡周期的纹影图像及振荡过程示意图

3. 两种强度背景波系下的激波串流场特性对比

本节对比上游斜劈角度为 14°和 20°的情况下，隔离段测试段中存在两种强度背景波系下的激波串流场特性。如图 2.48 所示，当背压比为 3 时，激波串前缘激波入射隔离段测试段的顶壁，形成大面积的分离流动区域，顶壁的表面摩擦系数 C_f 减小到小于 0，同时，激波串前缘激波对于底壁的入射导致底壁上形成局部分离泡结构，底壁的表面摩擦系数首先在分离泡区域减小到小于 0，然后在下游的再

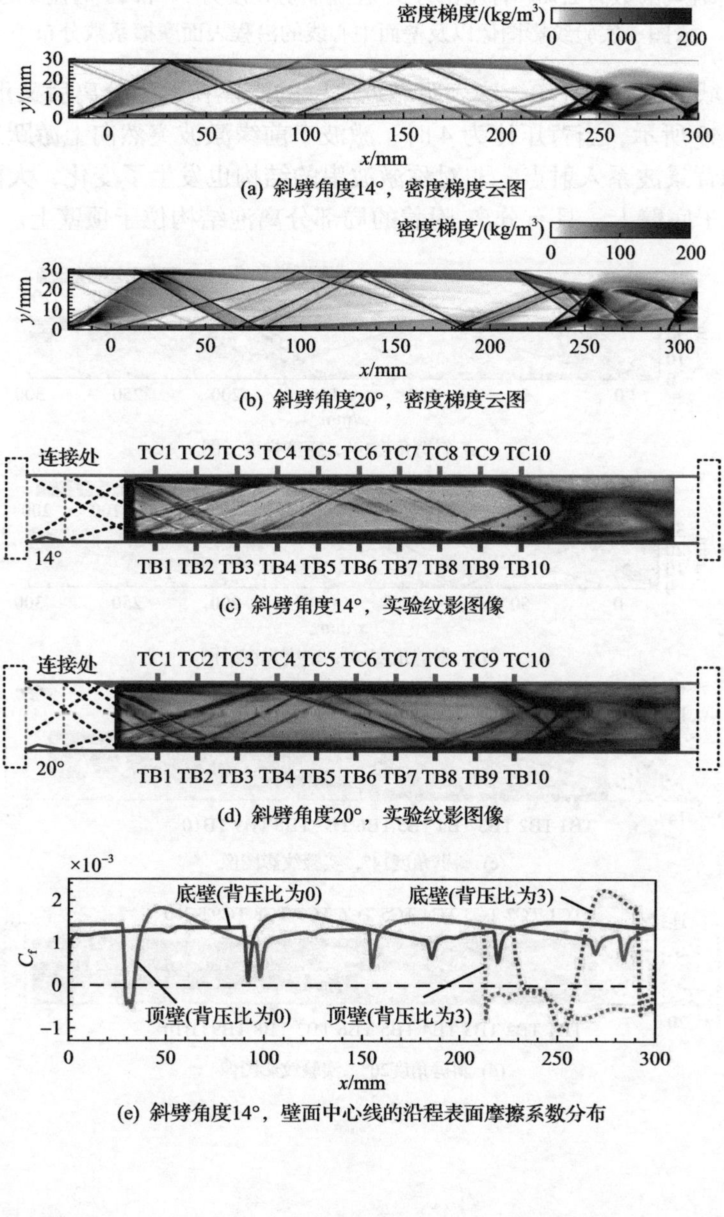

(a) 斜劈角度14°，密度梯度云图

(b) 斜劈角度20°，密度梯度云图

(c) 斜劈角度14°，实验纹影图像

(d) 斜劈角度20°，实验纹影图像

(e) 斜劈角度14°，壁面中心线的沿程表面摩擦系数分布

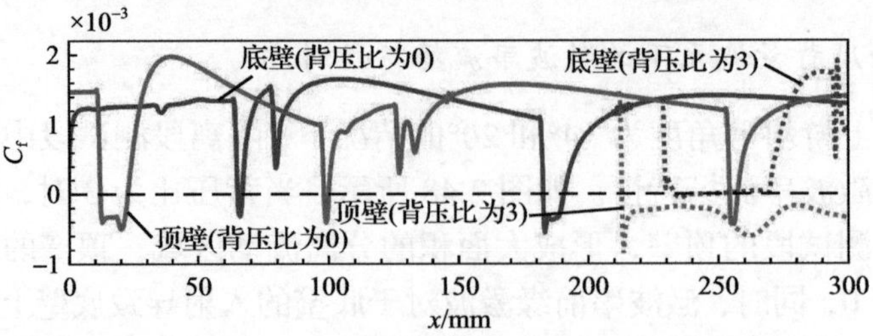

(f) 斜劈角度20°，壁面中心线的沿程表面摩擦系数分布

图 2.48 来流马赫数为 2.70、背压比为 3、上游斜劈角度为 14°和 20°时流场的密度梯度云图、实验纹影图像以及壁面中心线的沿程表面摩擦系数分布

附着流动区域增大到大于 0，这表明靠近底壁的流体在发生分离后又重新附着。

如图 2.49 所示，当背压比为 4 时，激波串前缘激波突然向上游跃迁，越过了 TB8 附近的背景波系入射点，非对称激波串的结构也发生了变化，大面积的流动分离区域位于底壁上，具有分离-附着的局部分离泡结构位于顶壁上。

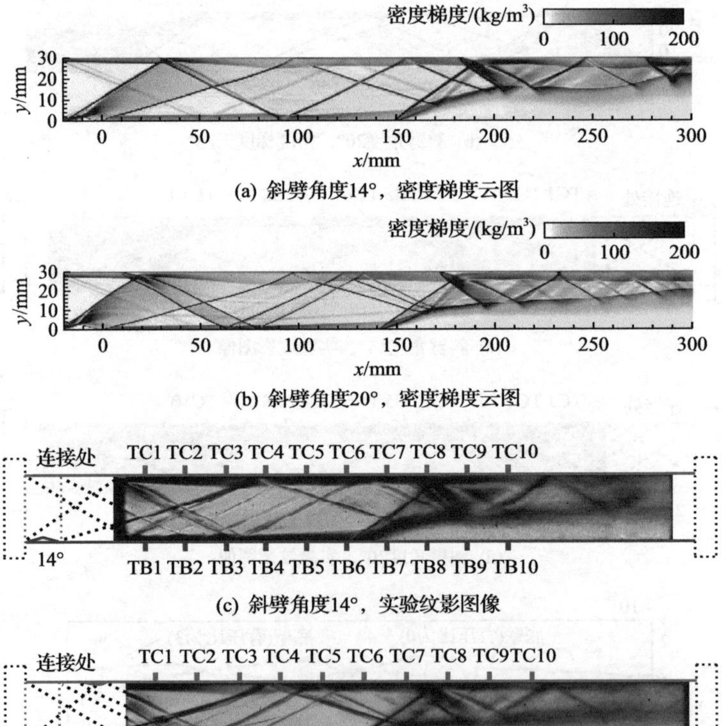

(a) 斜劈角度14°，密度梯度云图

(b) 斜劈角度20°，密度梯度云图

(c) 斜劈角度14°，实验纹影图像

(d) 斜劈角度20°，实验纹影图像

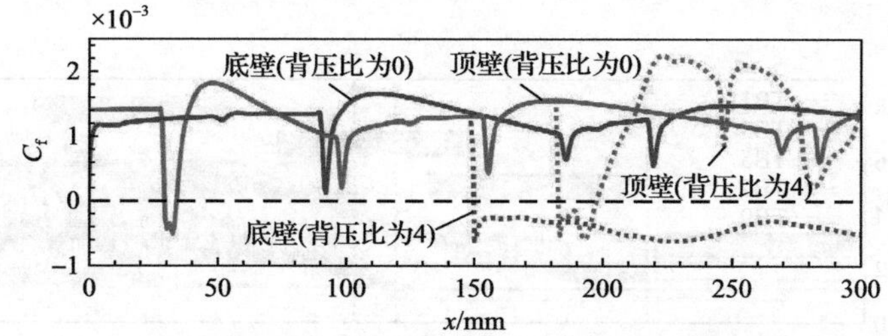

(e) 斜劈角度14°，壁面中心线的沿程表面摩擦系数

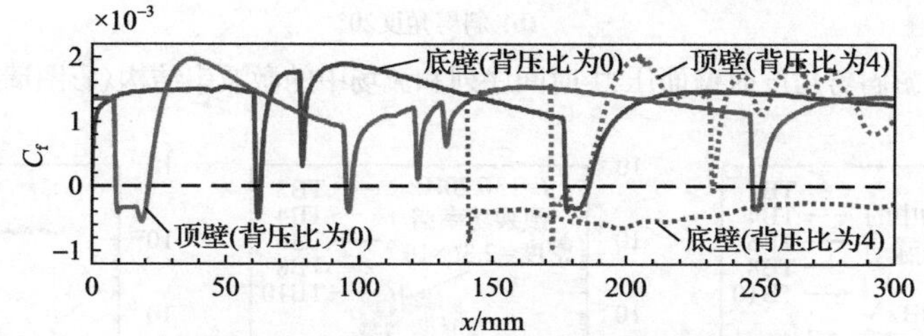

(f) 斜劈角度20°，壁面中心线的沿程表面摩擦系数

图 2.49　来流马赫数为 2.70、背压比为 4、上游斜劈角度为 14°和 20°时流场的密度梯度云图、实验纹影图像以及壁面中心线的沿程表面摩擦系数分布

回顾 2.3.2 节，由背景波系振荡引起的上游低频压力波动可以沿着附着边界层和背景波系结构向下游传播，而由下游激波串振荡引起的下游低频压力波动无法沿着附着边界层和背景波系结构向上游传播。在两种背景波系强度下，背压比增加过程中，激波串演化的流场原始壁面压力数据以及相应的流场激波结构如图 2.50 所示，随着背压比的线性增加，下游背压引起的激波串不断向上游移动，激波串扫过区域的压力波动幅度明显增强，而激波串未到达位置的压力波动仍保持附着流动状态。

如图 2.51 所示，不同流向位置的壁面压力的预乘功率谱密度分布进一步验证了原始压力数据中的发现，在激波串没有到达位置的压力波动的预乘功率谱密度保持附着流动的水平(图 2.51(a)中振荡主频为 47.30Hz，预乘功率谱密度最大值为 5.49×10^{-8}；图 2.51(e)中振荡主频为 103.80Hz，预乘功率谱密度最大值为

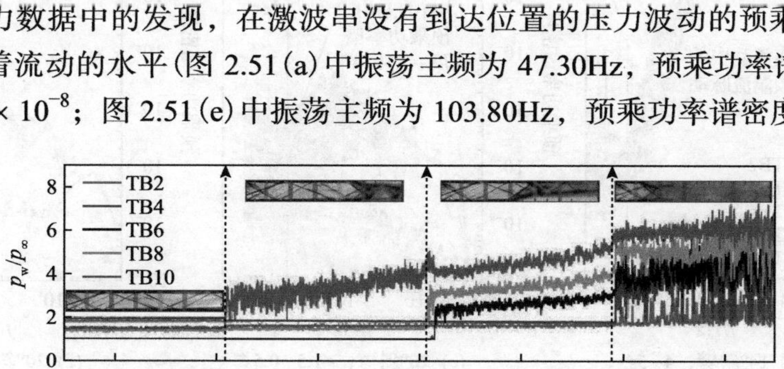

(a) 斜劈角度14°

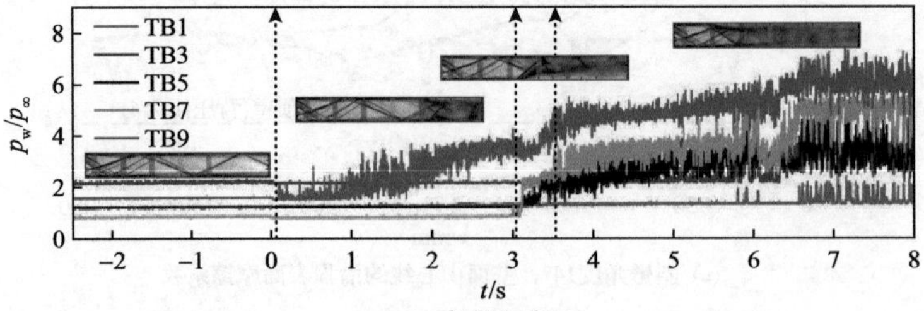

(b) 斜劈角度20°

图 2.50　不同上游斜劈角度时壁面压力-时间序列和流场中的激波串结构(彩图请扫封底二维码)

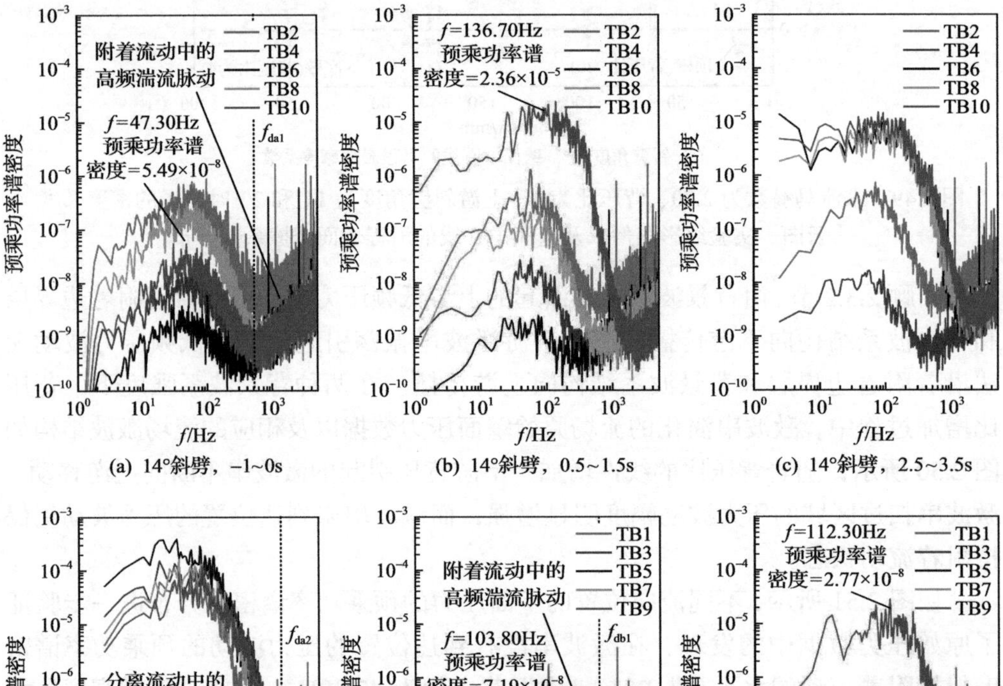

(a) 14°斜劈，−1~0s　(b) 14°斜劈，0.5~1.5s　(c) 14°斜劈，2.5~3.5s

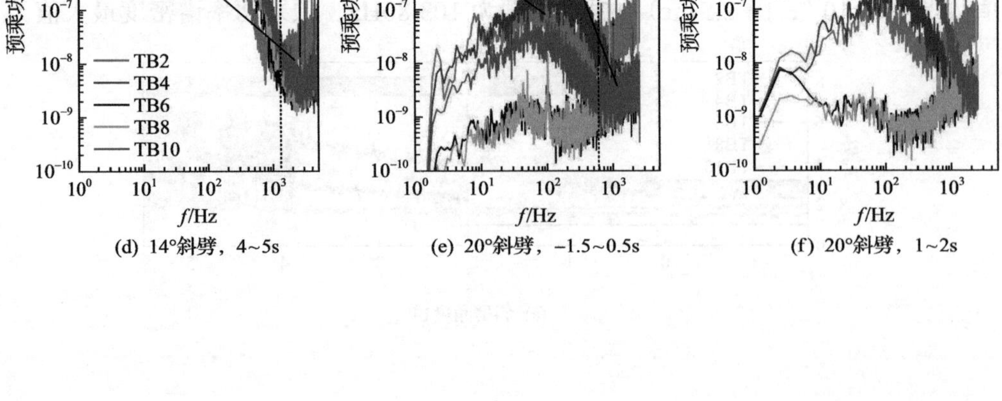

(d) 14°斜劈，4~5s　(e) 20°斜劈，−1.5~0.5s　(f) 20°斜劈，1~2s

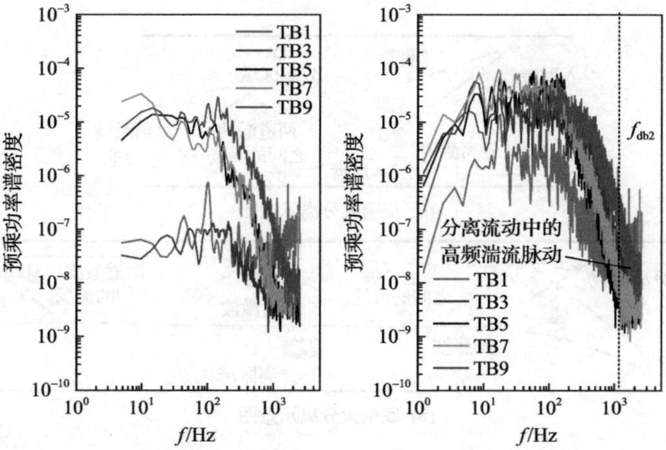

(g) 20°斜劈，3.1~3.4s (h) 20°斜劈，5~6s

图 2.51 在上游斜劈角度为 14°和 20°的情况下，不同位置壁面压力-时间序列在不同时间段期间的预乘功率谱密度分布(彩图请扫封底二维码)

7.19×10^{-8})，而在激波串越过位置的压力波动的预乘功率谱密度达到了附着流动中的 320～390 倍(图 2.51(b)中振荡主频为 136.70Hz，预乘功率谱密度最大值为 2.36×10^{-5}；图 2.51(f)中振荡主频为 112.30Hz，预乘功率谱密度最大值为 2.77×10^{-5})，这表明下游激波串的振荡不能通过附着的边界层或背景波系结构向上游传播，上游背景波系振荡产生的低频压力波动在向分离流动中传播时，会被大尺度的激波串振荡所覆盖，从而无法向下游继续传播。附着流动中高频湍流脉动与低频激波振荡的分界频率($f_{da1}=580$Hz 和 $f_{db1}=630$Hz)小于分离流动中的($f_{da2}=1400$Hz 和 $f_{db2}=1200$Hz)，这表明附着流动和分离流动中的高频湍流脉动是完全不同的两种信号。

上述分析表明，在具有强背景波系的隔离段测试段中，附着流动中的低频压力波动和高频湍流脉动在到达激波串前缘激波后不能继续向下游传播；分离流动中的激波串振荡和高频湍流脉动也无法传播到上游的附着流动中，如图 2.52 所示，进一步研究激波串流场自激振荡的反馈机制，阐明整个隔离段中扰动传播的路径。

分离流动中压力脉动的主导频率在 70～200Hz 的频率范围内(图 2.51)，因此，选取频率为 70Hz 的纹影图像时频变换结果开展分析。根据预乘功率谱密度云图(图 2.52(e)、图 2.52(f)、图 2.52(m)和图 2.52(n))，流场中的主导振荡结构位于分离流动中。互相关系数云图(图 2.52(g)、图 2.52(h)、图 2.52(o)和图 2.52(p))表明，不同分离流场结构振荡的相关性较高。通过相位云图分析(图 2.52(i)、图 2.52(j)、图 2.52(q)和图 2.52(r))，分离流场可以分为三个部分。区域 I 是激

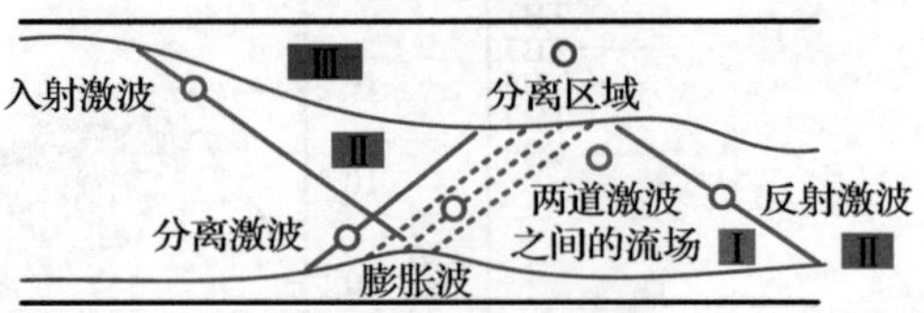

(a) 顶壁大分离示意图

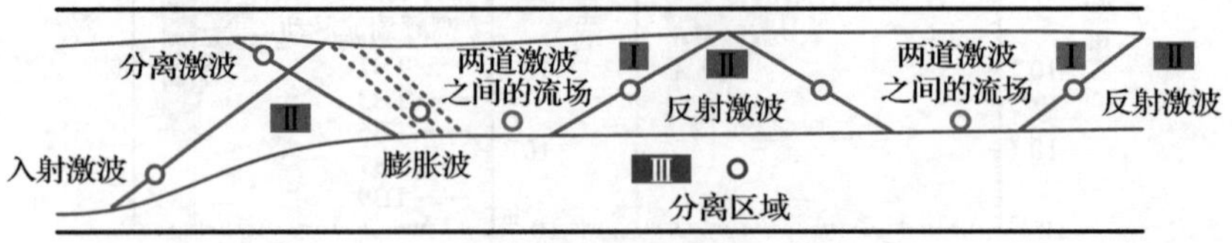

(b) 底壁大分离示意图

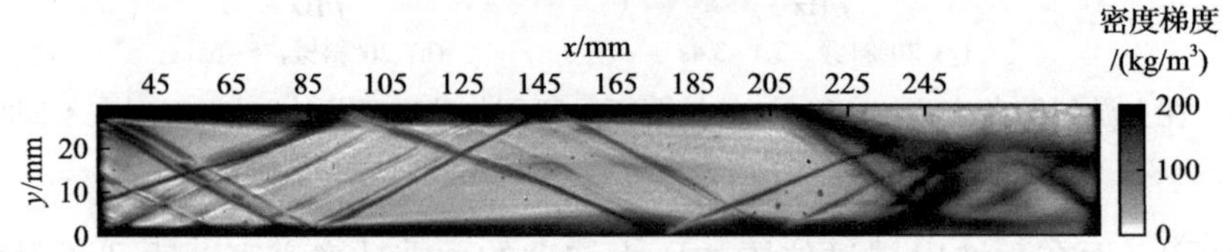

(c) 14°斜劈时，0.5~1.5s拍摄的实验纹影图像

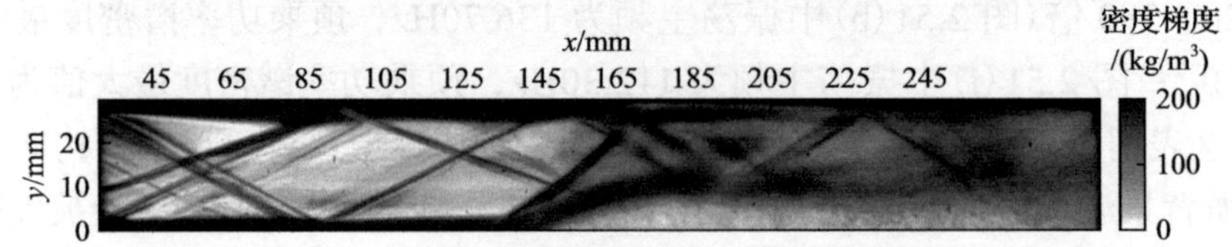

(d) 14°斜劈时，2.5~3.5s拍摄的实验纹影图像

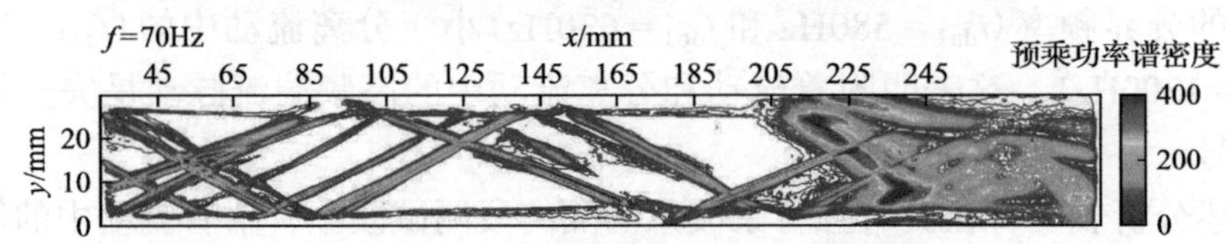

(e) 14°斜劈时，0.5~1.5s纹影图像的预乘功率谱密度

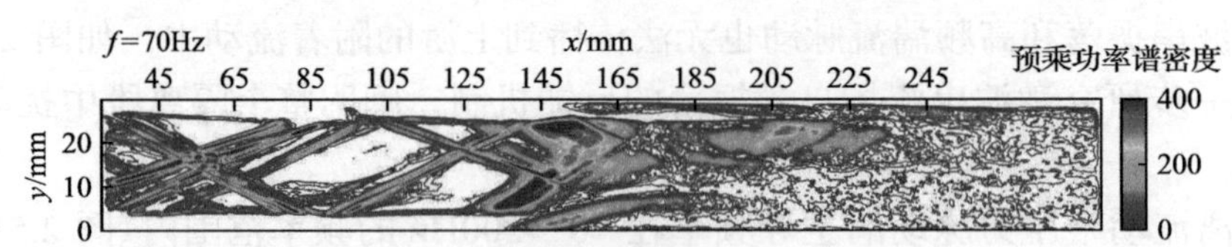

(f) 14°斜劈时，2.5~3.5s纹影图像的预乘功率谱密度

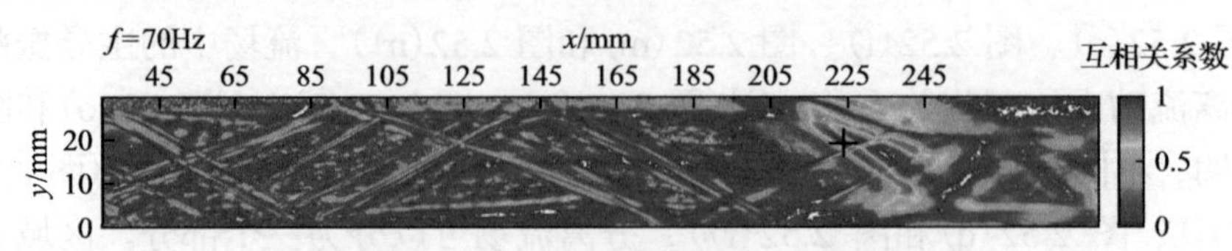

(g) 14°斜劈时，0.5~1.5s纹影图像的互相关系数云图

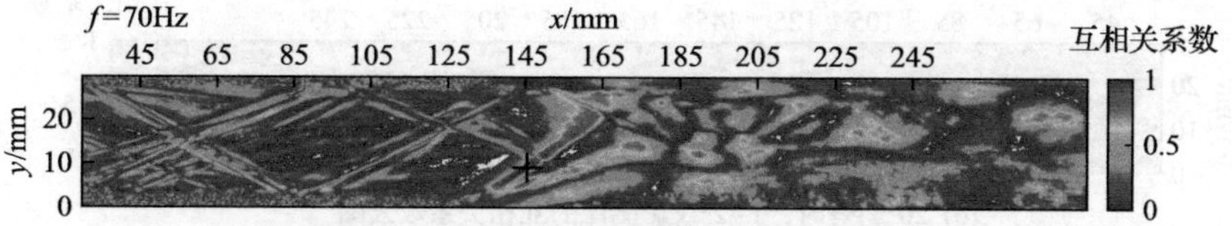

(h) 14°斜劈时，2.5~3.5s纹影图像的互相关系数云图

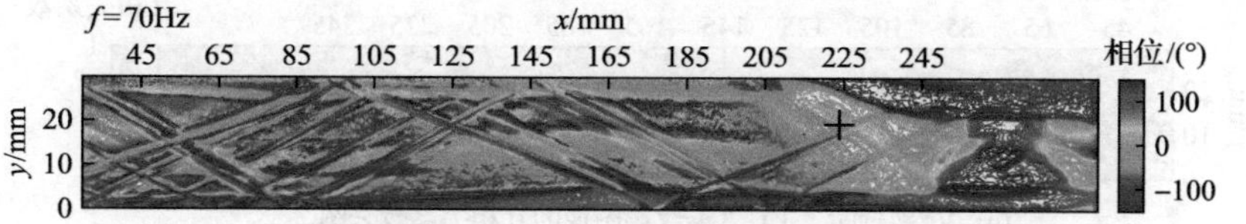

(i) 14°斜劈时，0.5~1.5s纹影图像的相位云图

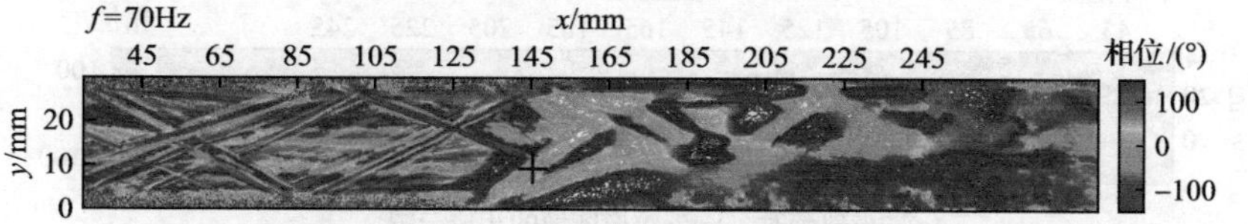

(j) 14°斜劈时，2.5~3.5s纹影图像的相位云图

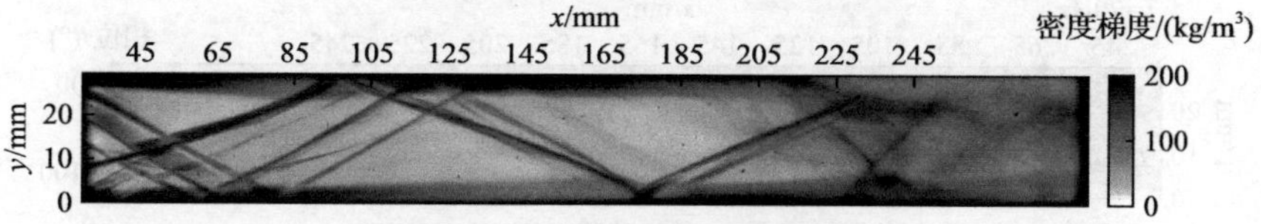

(k) 20°斜劈时，1~2s拍摄的实验纹影图像

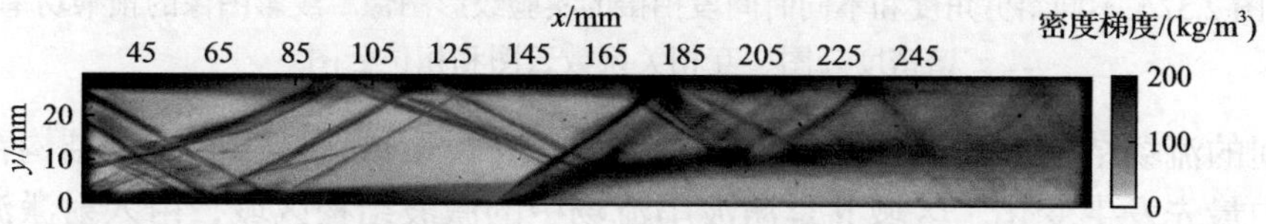

(l) 20°斜劈时，3.1~3.4s拍摄的实验纹影图像

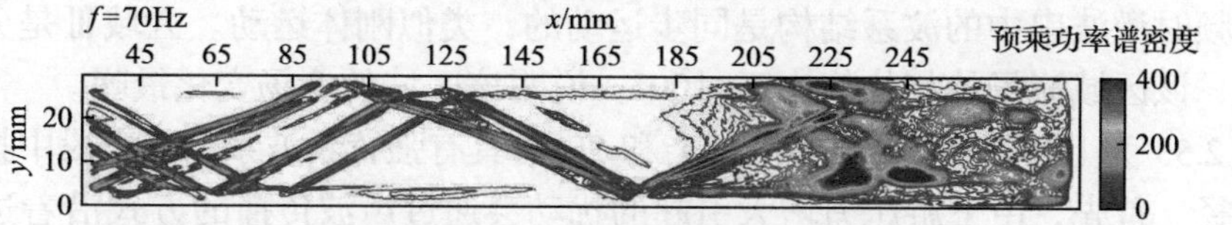

(m) 20°斜劈时，1~2s纹影图像的预乘功率谱密度

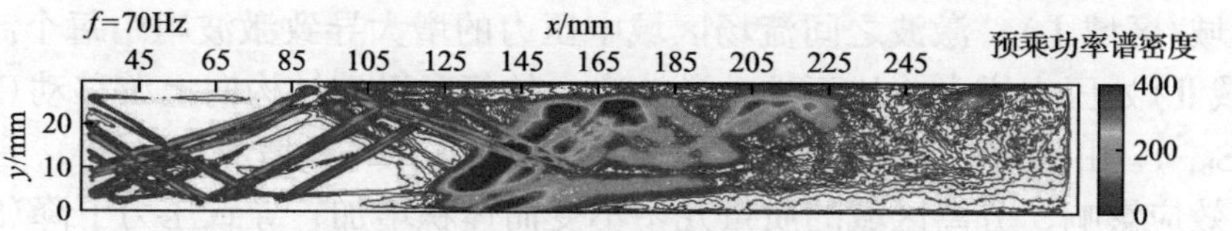

(n) 20°斜劈时，3.1~3.4s纹影图像的预乘功率谱密度

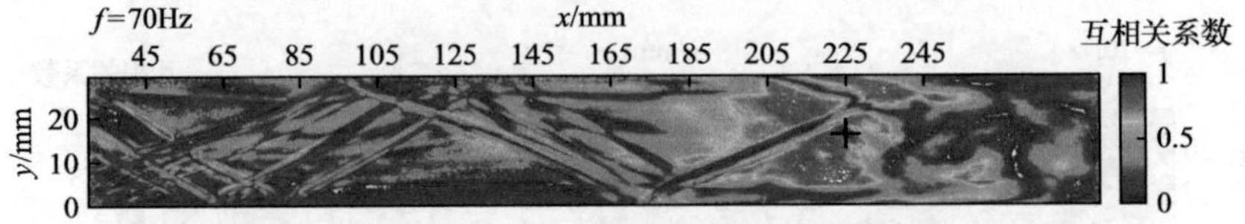

(o) 20°斜劈时，1～2s纹影图像的互相关系数云图

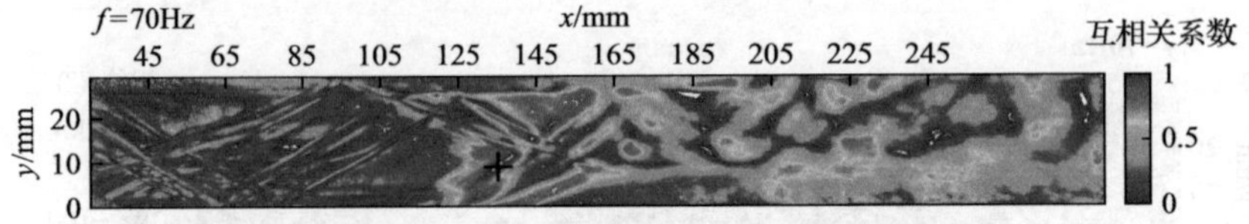

(p) 20°斜劈时，3.1～3.4s纹影图像的互相关系数云图

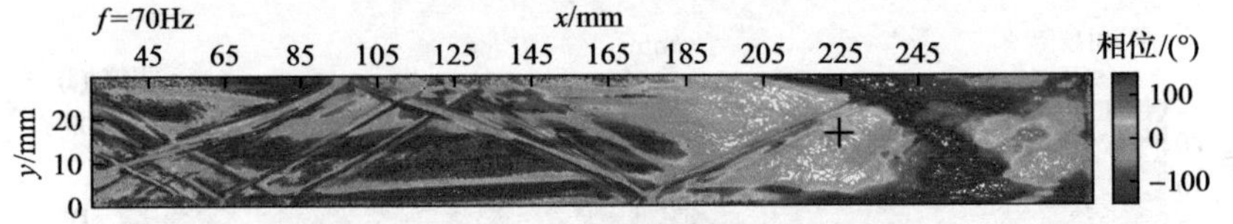

(q) 20°斜劈时，1～2s纹影图像的相位云图

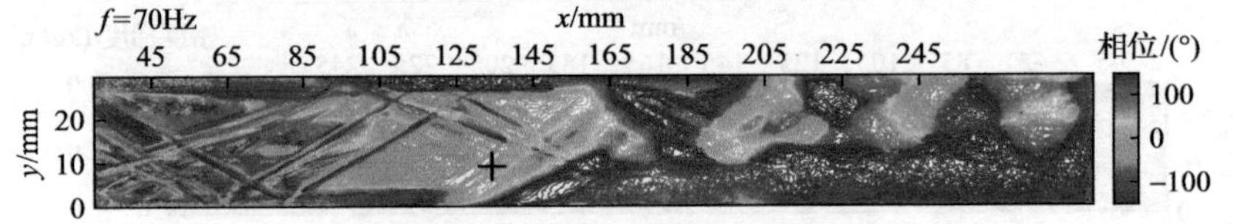

(r) 20°斜劈时，3.1～3.4s纹影图像的相位云图

图 2.52　不同斜劈角度和不同时间段拍摄的实验纹影图像、纹影图像的预乘功率谱密度云图、互相关系数云图和相位云图

波之间的流场结构，该区域的相位值大于 100°，说明该区域中的流场结构在反馈回路中最先发生变化。区域Ⅱ是激波串流场中的激波结构区域，由入射激波、分离激波、膨胀波以及下游一系列反射激波组成，该区域的相位值在−20°～20°，说明在低频时激波串中的波系结构是同步运动的，类似刚体运动。区域Ⅲ是分离流动区域，该区域流场的相位值小于−100°，说明该区域的流场变化最晚。

图 2.53 为上游斜劈角度分别为 14°和 20°时具有强背景波系的隔离段中扰动的传播路径。首先，由下游压力增大引起的扰动会通过声波传播的方式沿着边界层中的亚声速区域向上游传播($D_{a1}-$，$D_{a2}-$和 D_b-)，一直传播到激波串中激波之间流场区域(区域Ⅰ)。激波之间流场区域中压力的增大导致激波串中每个激波后腿(区域Ⅱ)处压力增大，从而推动激波串中的每个激波结构向上游移动($S_{a3}-$，$S_{a4}-$和 $S_{b4}-$)。由于激波串向上游运动，分离流动区域的体积增加(区域Ⅲ)，受到管道体积效应影响，分离区域的质量几乎不变而体积增加，导致压力下降($S_{a5}+$，$S_{a6}+$和 $S_{b5}+$)。当分离区域中的压力下降通过声波($D_{a1}-$，$D_{a2}-$和 D_b-)传播到激波

之间的流场区域(区域 I)时，下一个激波串的下游运动行程开始($S_{a3}+$，$S_{a4}+$和 $S_{b4}+$)。图 2.53 中还表明，附着流动中的低频激波振荡($S_{a1}+$，$S_{a2}+$，$S_{b1}+$，$S_{b2}+$ 和 $S_{b3}+$)可以沿着背景波系和附着边界层向下游传播，同时也强调了附着流动和分离流动中的扰动不会相互影响。

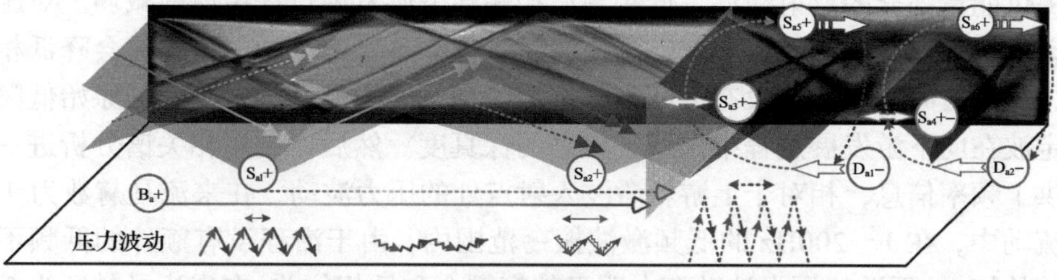

(a) 14°斜劈

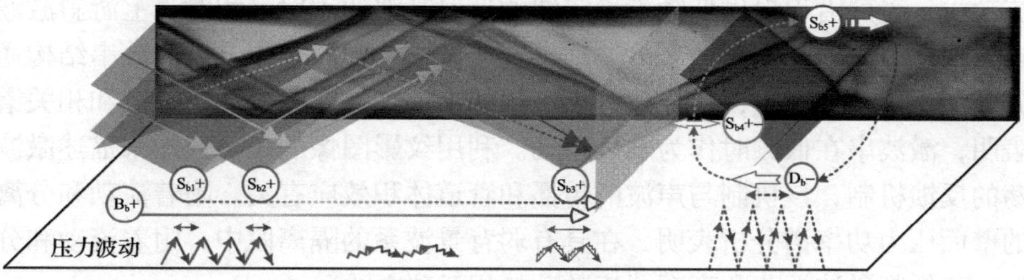

(b) 20°斜劈

图 2.53　上游斜劈角度为 14°和 20°时具有强背景波系的隔离段中扰动的传播路径(彩图请扫封底二维码)

2.5　本 章 小 结

即使在横截面积恒定不变的矩形隔离段中，也会发生流动结构的复杂组合，包括从自由来流发展的附着流动、从进气道前体和唇罩反射的背景波系以及由下游燃烧背压诱导产生的激波串结构，但是关于不稳定在整个流场结构中的起源和传播尚未得到充分的探讨。本章研究了在具有弱背景波系和强背景波系的通道中，附着流动和分离流动中扰动的传播途径和联系；在来流马赫数为 1.85 和 2.70 的隔离段测试段中进行风洞实验，利用 0°、14°和 20°三种上游楔形分别在隔离段测试段通道中产生弱和强背景波系结构，气流在下游襟翼的帮助下以线性或阶跃的方式堵塞流道，采用稳态三维数值模拟研究了流场中的附着与分离流动，采集高速纹影图像并观测壁面高频压力数据来量化流场结构。

在具有弱背景波系的附着流动中，隔离段测试段与上游喷管连接处产生的弱斜激波的入射将激波振荡产生的低频不稳定波引入到边界层中。与高频湍流脉动相比，低频激波振荡的主导频率要小 1～2 个数量级，波动幅度大 1～2 个数量级。在来流马赫数为 2.70 的流动中，斜激波下游反射激波对边界层的入射为上游原始的低频不稳定波提供了能量补充，在下游发展过程中，低频激波振荡不断加强。在来流马赫数为 1.85 的流动中，不存在能够入射边界层向上游原始的低频不稳定波提供能量补充的反射激波，低频激波振荡在下游发展过程中逐渐减弱。对压力波动的两点互相关性分析表明，沿流向对于低频不稳定波的能量补充会降低相关性，增加时间迟滞。在没有低频不稳定波能量补充的流动中，上游的原始低频不稳定波在向下游发展过程中保持了较高的保真度。然后，利用相关谱分析进一步提供了频率信息，相对于上游斜激波入射点处的压力波动，在来流马赫数为 1.85 的流动中，在 1～200Hz 的低频激波振荡范围内，由于沿程没有额外的低频不稳定波的加入，下游的压力波动存在明显的高耦合和低相位差。在来流马赫数为 2.70 的流动中，受到沿程提供低频不稳定波的反射激波的入射，相对于上游斜激波入射点处的压力波动，下游的压力波动出现了低耦合和高相位差。激波串结构通过下游节流作用诱导产生，并导致分离流动的出现，纹影图像的功率谱和相关谱分析表明，激波串在低频时作为刚体运动。利用纹影图像的相位云图来描述激波串振荡的反馈机制，该机制与声波的传播和管道体积效应有关。附着流动和分离流动的壁面压力功率谱分析表明，在具有弱背景波系的隔离段中，附着流动和分离流动中的低频激波振荡和高频湍流脉动是相互独立的。

上游 14°的斜劈在向下游反射过程中产生了两个独立的背景波系，二者互不影响。上游 20°的斜劈产生了两个合并的背景波系，二者互相交换振荡能量，合并时振荡频率也发生了变化。基于壁面压力的两点互相关性分析，将具有强背景波系的流场划分为上游激波入射点附近的间歇区域、下游激波入射点附近的间歇区域、两个激波入射点之间的边界层和背景波系下游共四个部分。随着流场从上游激波入射点向下游发展，当壁面压力波动遇到反射激波入射点时，互相关系数显著增大，时间迟滞减小，说明低频激波振荡可以沿着激波结构传播，激波振荡放大了边界层内的湍流脉动。当沿着边界层发展时，互相关系数逐渐减小，时间迟滞逐渐增大。具有不同背景波系结构的流场相关结果的差异表明背景波系运动的不同，两个独立背景波系的入射点沿相反方向运动，而两个合并背景波系的入射点沿相同方向运动。进一步的相关谱分析验证了两点互相关结果，揭示了小于 400Hz 的频率范围与低频激波振荡高度相关。与背景波系相互作用的激波串流场呈现不对称结构，基于纹影图像的相位分析，给出了激波串振荡的反馈机制：下游背压的变化是激波串振荡的原始来源，这种变化产生的扰动通过声波传播到激波串前缘激波处，引起激波串运动，随后，由于分离区域中管道体积效应而产生的扰动会返回下游。通过对激波串上游附着流动和下游分离流动的壁面压力功率谱的分析，发现在具有强背景波系的隔离段中，附着流动和分离流动的低频激波振荡和高频湍流脉动并不相互影响。

参 考 文 献

[1] Tan H J, Sun S, Huang H X. Behavior of shock trains in a hypersonic inlet/isolator model with complex background waves[J]. Experiments in Fluids, 2012, 53: 1647-1661.

[2] Xu K J, Chang J T, Zhou W X, et al. Mechanism and prediction for occurrence of shock-train sharp forward movement[J]. AIAA Journal, 2016, 54(4): 1403-1412.

[3] Tao Y, Liu W D, Fan X Q, et al. Structural characteristics of the shock-induced boundary layer separation extended to the leading edge[J]. Physics of Fluids, 2017, 29(7): 071701.

[4] Chen H, Tan H J, Zhang Q F, et al. Buzz flows in an external-compression inlet with partially isentropic compression[J]. AIAA Journal, 2017, 55(12): 4286-4295.

[5] Chen H, Tan H J, Zhang Q F, et al. Throttling process and buzz mechanism of a supersonic inlet at overspeed mode[J]. AIAA Journal, 2018, 56(5): 1953-1964.

[6] Gao T Y, Liang J H, Sun M B. Symmetric/asymmetric separation transition in a supersonic combustor with single-side expansion[J]. Physics of Fluids, 2017, 29(12): 126102.

[7] Chen C P, Gao T Y, Liang J H. Separation induced low-frequency unsteadiness in a supersonic combustor with single-side expansion[J]. Physics of Fluids, 2019, 31(5): 056103.

[8] Wang Z A, Chang J T, Li N, et al. Experimental investigation of the throttling process and oscillation mechanism in a supersonic cascade[J]. AIP Advances, 2019, 9(5): 055103.

[9] Wang Z A, Chang J T, Hou W X, et al. Low-frequency unsteadiness of shock-wave/boundary-layer interaction in an isolator with background waves[J]. Physics of Fluids, 2020, 32(5): 056105.

[10] Agostini L, Larchevêque L, Dupont P. Mechanism of shock unsteadiness in separated shock/boundary-layer interactions[J]. Physics of Fluids, 2015, 27(12): 126103.

[11] Agostini L, Larchevêque L, Dupont P, et al. Zones of influence and shock motion in a shock/boundary-layer interaction[J]. AIAA Journal, 2012, 50(6): 1377-1387.

[12] Li N, Chang J T, Xu K J, et al. Prediction dynamic model of shock train with complex background waves[J]. Physics of Fluids, 2017, 29(11): 116103.

[13] Li N, Chang J T, Xu K J, et al. Oscillation of the shock train in an isolator with incident shocks[J]. Physics of Fluids, 2018, 30(11): 116102.

[14] Xu K J, Chang J T, Li N, et al. Experimental investigation of mechanism and limits for shock train rapid forward movement[J]. Experimental Thermal and Fluid Science, 2018, 98: 336-345.

[15] Wu M W, Martín M P. Analysis of shock motion in shockwave and turbulent boundary layer interaction using direct numerical simulation data[J]. Journal of Fluid Mechanics, 2008, 594: 71-83.

[16] Priebe S, Martín M P. Low-frequency unsteadiness in shock wave-turbulent boundary layer interaction[J]. Journal of Fluid Mechanics, 2012, 699: 1-49.

[17] Bruce P J K, Babinsky H, Tartinville B, et al. Corner effect and asymmetry in transonic channel flows[J]. AIAA Journal, 49(11): 2382-2392.

[18] Wang B, Sandham N D, Hu Z W, et al. Numerical study of oblique shock-wave/boundary-layer interaction considering sidewall effects[J]. Journal of Fluid Mechanics, 2015, 767: 526-561.

[19] Sartor F, Mettot C, Bur R, et al. Unsteadiness in transonic shock-wave/boundary-layer interactions: Experimental investigation and global stability analysis[J]. Journal of Fluid Mechanics, 2015, 781: 550-577.

[20] Deshpande A S, Poggie J. Unsteady characteristics of compressible reattaching shear layers[J]. Physics of Fluids, 2020, 32(6): 066103.

[21] Hunt R L, Gamba M. On the origin and propagation of perturbations that cause shock train inherent unsteadiness[J]. Journal of Fluid Mechanics, 2018, 861: 815-859.

[22] Clemens N T, Narayanaswamy V. Low-frequency unsteadiness of shock wave/turbulent boundary layer interactions[J]. Annual Review of Fluid Mechanics, 2014, 46: 469-492.

[23] Funderburk M, Narayanaswamy V. Experimental investigation of primary and corner shock boundary layer interactions at mild back pressure ratios[J]. Physics of Fluids, 2016, 28(8): 086102.

[24] Dupont P, Haddad C, Debiève J F. Space and time organization in a shock-induced separated boundary layer[J]. Journal of Fluid Mechanics, 2006, 559: 255-277.

第 3 章 弯曲超声速叶栅中激波串流场的演化规律

3.1 引　言

第 2 章对等直超声速隔离段中的激波串流场展开了分析，在实际的进气系统中，在结构或者一些其他特殊需求的考虑下，需要气流进行连续的偏转，例如，在使用埋入式发动机的飞行器情况中，飞行器的发动机并不直接与自由来流相连，由于发动机位置和机身结构等几何约束，进入进气道的气流需要偏转后才能进入发动机中。因此，进气道的几何形状通常为 S 形，称为 S 型进气道[1-3]。对于亚声速弯曲流场中的内流特性已经开展了大量的研究，目前，对于超声速弯曲流道中的流场结构及激波串演化规律的研究开展得较少。

为了解决现代航空发动机面临的高稳定性、高推重比和高失速裕度的挑战，压气机的单级负荷不断提升，通过合理地组织弯曲叶栅通道中的激波进行增压，超声速叶栅可以获得高单级增压比。由于超声速叶栅弯曲的构型[4,5]，在吸力面和压力面上产生了一系列的压缩波和膨胀波，从而产生复杂的激波/膨胀波混合背景波系。因此，明确超声速叶栅弯曲通道中复杂背景波系干扰下的激波串流场结构和振荡特性具有重要意义[6-8]。在此背景下，本章结合地面风洞实验、数值模拟和理论分析，针对典型的 SAV21 超声速叶栅开展研究。首先，基于数值模拟，分析理想 SAV21 超声速叶栅模型的三维流场结构；然后，设计 SAV21 超声速叶栅实验模型，基于数值模拟，初步分析流场演化规律；接着，针对超声速叶栅实验构型开展风洞实验研究，讨论超声速叶栅稳定流动和振荡流动中激波串流场的结构和振荡特性；最后，讨论超声速叶栅振荡流动发生的内在机制(包括触发机制、主导机理和反馈回路)。

3.2　超声速叶栅理想模型的三维流场特性分析

3.2.1　超声速叶栅理想模型的数值模拟方法

本章选取的研究对象是 SAV21 超声速叶栅，是用于研究超声速压气机静叶的一种叶栅，叶栅通道为收-扩型。计算采用商业软件 Fluent，叶栅流道采用 ICEM CFD 软件生成 H 型结构化网格，整个计算域为 1.5 倍弦长，在叶栅上游延伸弦长的 20%，在叶栅下游延伸弦长的 30%。图 3.1 为超声速叶栅理想模型网格示意图。

理想模型计算网格总数为 520 万，为了提高计算精度，对叶栅压力面、吸力面和端壁附近的网格进行了局部加密，第一层网格高度设置为 0.01mm，加密比例为 1.05，确保了壁面处的 y+值小于 1，y+值理论上小于 5 可以采用 SST k-ω 湍流模型开展数值计算，足够的边界层网格对于捕捉激波/边界层相互作用具有很大的帮助。

边界条件的设定为：计算域的上下采用周期性边界条件，入口处的侧面为壁面边界条件，以更符合实验以及实际工作条件，叶片压力面与吸力面设置为绝热无滑移壁面条件，出口边界条件设置为压力出口边界条件，计算采用商业软件 Fluent 密度基计算方法，空间离散采用二阶隐式方法，通量分裂格式采用 Roe 格式，计算基于定常计算，采用 SST k-ω 湍流模型，对流项采用二阶迎风格式。计算稳定的判断采用监测进出口流量值和监测三大方程残差值的方式。当方程残差稳定或者小幅度振荡，进出口流量差值小于 10^{-5} 量级时确定流场计算稳定。计算设置方面，压力远场给定来流静压为 12112Pa，来流马赫数设置为 2.4，来流总温设置为 300K。

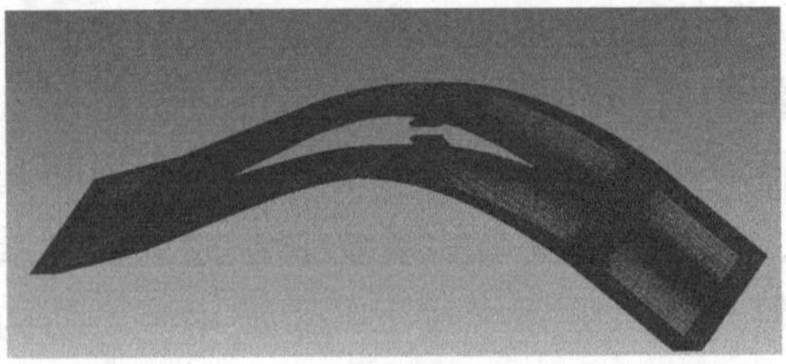

(a) 整体网格图

(b) 局部网格图

图 3.1　超声速叶栅理想模型网格示意图

3.2.2　超声速叶栅理想模型的壁面流谱分析

在叶栅吸力面附近有两个位置存在流线发生偏转的情况：第一处流线发生了中断现象，发生在压力面前缘激波与吸力面边界层相互作用位置；第二处流线发生了回流与偏折现象，发生在叶栅尾缘位置。下面分别解释这两处流线发生偏折现象的原因与其下游发展过程。

如图 3.2 所示，压力面前缘激波与吸力面边界层相互作用，导致吸力面边界层局部分离，并形成了一个分离泡结构。图 3.3 为分离泡的局部放大图(Q 准则等值面图)，可以看出[9]，压力面一侧的边界层随着流动向下游发展，并没有发生分离；但是对于吸力面，随着流动向下游不断进行，吸力面上堆积了大量的边界层低动能流体，低动能流体一部分与压力面前缘激波相互作用形成了分离泡，另一部分继续向下游运动形成了吸力面脱落涡。对于压力面前缘激波/吸力面边界层相互作用诱导产生的吸力面局部分离泡，在压力面与吸力面前缘位置，叶栅表面的边界层并未来得及堆积一定厚度，尽管存在激波但不会导致分离泡的产生；在压力面前缘激波与吸力面的入射点处，吸力面上的边界层已经堆积了一定厚度，足以产生分离泡。压力面前缘激波会引起激波后压力的突升，压升会通过层流边界层中较厚的亚声速层向上游传播，进而引起边界层膨胀，并在膨胀区域的前根部产生一束压缩波系，压缩波系逐渐汇合成一道反射激波，反射激波的起点落在压力面前缘激波的入射点上游，此反射激波也形成了逆压力梯度。此逆压力梯度足够强，导致吸力面边界层分离，进而形成分离泡。分离泡内流体的运动速度相对于主流流体是很小的，分离泡区域可以看成是等压区域，分离泡外的流体经过了较强的压缩波后，其压力要高于分离泡内流体的压力，因此在压力面前缘激波的入射点下游形成了一束膨胀波系，经过膨胀波系后的气流向内转折并平行于壁面，使得边界层再附着，由膨胀波系引起的气流转折角度较大，与壁面形成了一定的角度，会在膨胀波系后再次产生压缩波系，压缩波系汇合成为第二道反射激波，在此道反射激波下游的边界层会立即转变为湍流，层流与湍流边界层的重要差别在于湍流运动引起了显著的动量交换，湍流边界层能够承受更大的逆压力梯度。因此，在分离泡的下游并没有再次出现分离泡结构。

图 3.2　吸力面入射激波和吸力面边界层相互作用示意图

图 3.3　分离泡的局部放大图

如图 3.4 所示，取平行于吸力面的截面，沿着节距向压力面方向平移，分别向压力面方向平移 0.1mm、0.15mm、0.2mm、0.3mm、0.35mm、0.4mm、0.45mm、0.55mm、1mm、2mm、2.5mm。图 3.5 为不同节距截面上的表面流线图，压力面前缘激波与吸力面边界层相互作用产生的分离泡导致在 0～0.2mm 节距截面处的流线发生了中断现象。

随着节距从 0mm 逐渐增大到 0.25mm，压力面前缘激波/吸力面边界层相互作用导致的分离泡在弦长方向与叶高方向的范围均减小。如图 3.6 所示，当节距达到 0.25mm 时，分离泡导致的流线中断现象消失，流体经过分离泡区域时，流线只是在叶高方向上微微发生了偏折，即在节距为 0.25mm 的截面位置，只是存在沿着流线与沿着叶高方向的速度，不存在垂直于吸力面方向的速度分量。如图 3.3 所示的分离泡，节距为 0.3mm 的截面仍然处于分离泡区域的内部，但是从该截面的表面流线已经完全看不出流动在分离泡位置发生了转折现象。

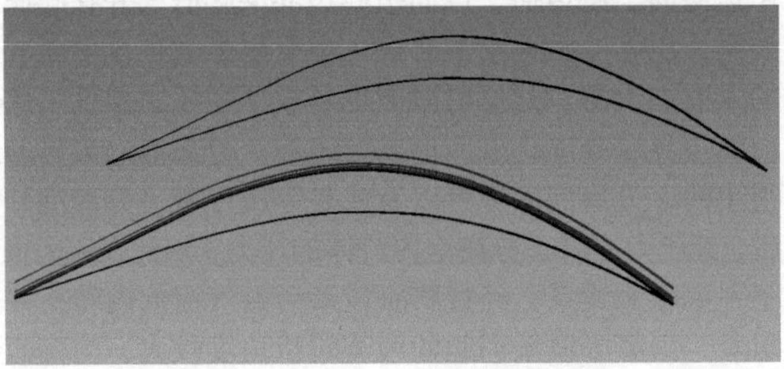

图 3.4 平行于吸力面的截面示意图

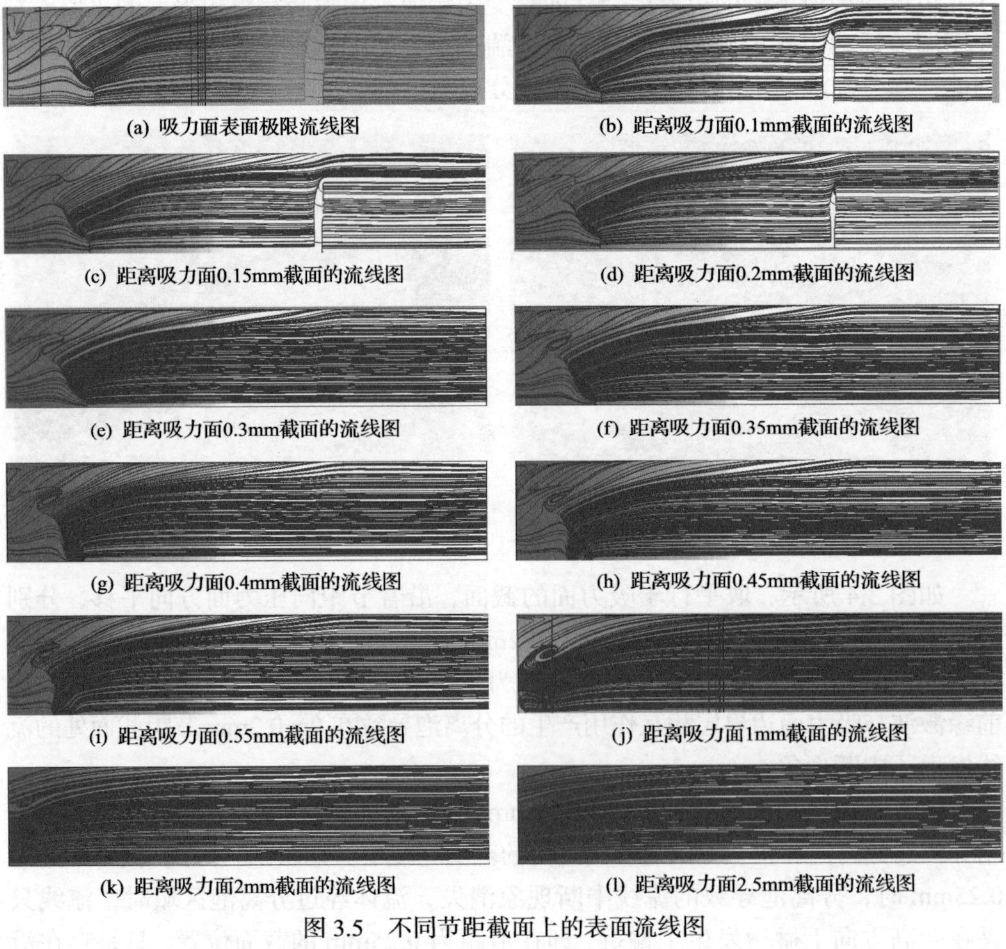

(a) 吸力面表面极限流线图 (b) 距离吸力面0.1mm截面的流线图

(c) 距离吸力面0.15mm截面的流线图 (d) 距离吸力面0.2mm截面的流线图

(e) 距离吸力面0.3mm截面的流线图 (f) 距离吸力面0.35mm截面的流线图

(g) 距离吸力面0.4mm截面的流线图 (h) 距离吸力面0.45mm截面的流线图

(i) 距离吸力面0.55mm截面的流线图 (j) 距离吸力面1mm截面的流线图

(k) 距离吸力面2mm截面的流线图 (l) 距离吸力面2.5mm截面的流线图

图 3.5 不同节距截面上的表面流线图

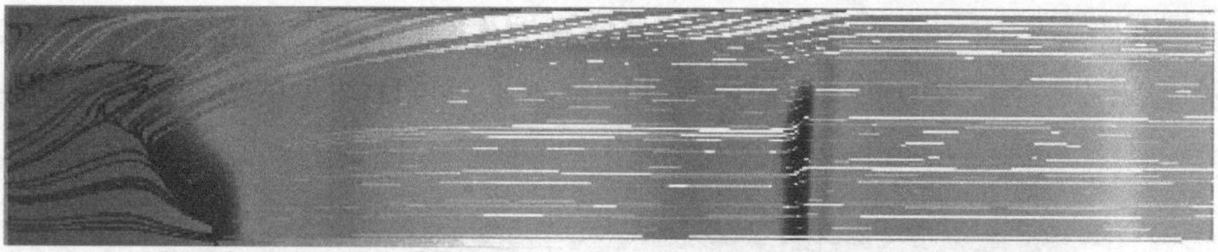

图 3.6　节距为 0.25mm 截面位置的表面流线图(由速度云图着色)

如图 3.5 所示，当流动经过分离泡区域时，由于激波的增压作用，流体必须牺牲动能以抵消压力的增加。0～0.2mm 节距范围内的边界层流体的动能较低，沿着流线的速度分量不足以抵消压力的突然增加，因此，会产生垂直于吸力面的速度与沿着叶高方向的速度，一旦产生垂直于吸力面的速度分量，平行于吸力面截面的流线就会表现为中断现象。随着节距的增加，流线上的流体逐渐从边界层流体过渡到主流流体，截面上流体所具有的动能会大幅度增加，使得流体具有足够的动能以抵抗激波增压带来的逆压力梯度。如图 3.6 所示，在 0.25mm 节距位置的表面流线并没有发生中断，只是在叶高方向发生了偏折，可见该位置处流体沿流向方向速度与沿叶高方向速度可以抵消压力的增大，不需要垂直于吸力面方向速度的改变。如图 3.5(g)所示，在 0.4mm 节距位置，流体沿着流线方向速度就足以抵消压力的增大，不需要产生叶高方向与垂直于吸力面方向的速度。随着节距的增加，压力面前缘激波带来的压力突升持续增大，但是流线图中的流线却逐渐趋于平直。可见，随着节距的增加，流体动能的增加速度要大于激波带来的压力的增大速度。

叶栅尾缘处流线的回流与偏折现象如图 3.7 所示，在吸力面尾缘处的流线畸形区域可以分为尾缘 A 区域和 B 区域，尾缘处 A、B 两个区域的存在是由不同的原因所导致的；随着节距的增加，尾缘处 A、B 两个区域也遵循着不同的规律发展变化。为了分析尾缘处 A、B 区域的产生原因，沿叶高方向截取了平行于对称面的截面，图 3.8 为沿叶高方向的截面示意图，0mm 截面对应于壁面位置；3mm 截面表示距离壁面 3mm 位置的平行于对称面的截面，其他以此类推。

如图 3.9 所示，从平行于对称面的截面流线中可以看出，在叶高中部(距离壁面 20mm 位置)的尾缘附近，存在一个回流区域，由于此回流区域正好位于尾缘 A 区域，因此可以判断吸力面尾缘处的回流区域导致尾缘 A 区域的产生。

进一步分析尾缘回流区域沿叶高方向的发展规律，吸力面上的滞止点(回流区域逆流与主流区域顺流的交点)位于尾缘回流区域与吸力面的交点，也是回流区域最上游位置。如图 3.9 所示的不同叶高截面位置处的回流区域结构，尾缘位置的回流区域在距离壁面 10～20mm 的叶高范围内是最大的，且强度最大。随着回流区域逐渐向壁面发展，分离区域范围逐渐缩小，在吸力面的交点逐渐向下游移动。在距离壁面 5mm 的截面处，回流区域消失，这与图 3.7 所示的吸力面表面极限流线图吻合，吸力面表面极限流线图显示了 A、B 两个区域的界线大约距离

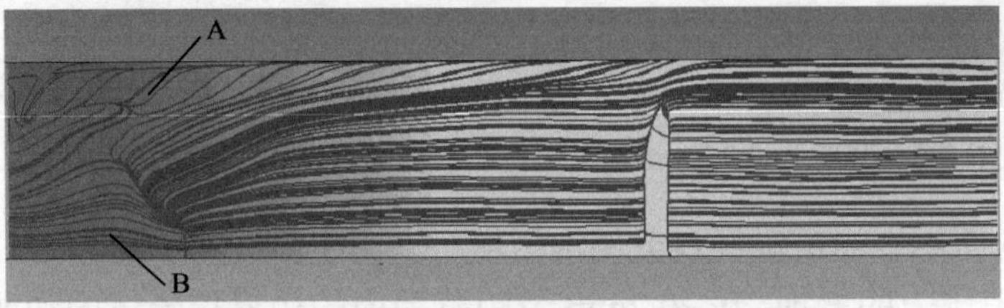

图 3.7　叶栅吸力面尾缘流线畸形区域

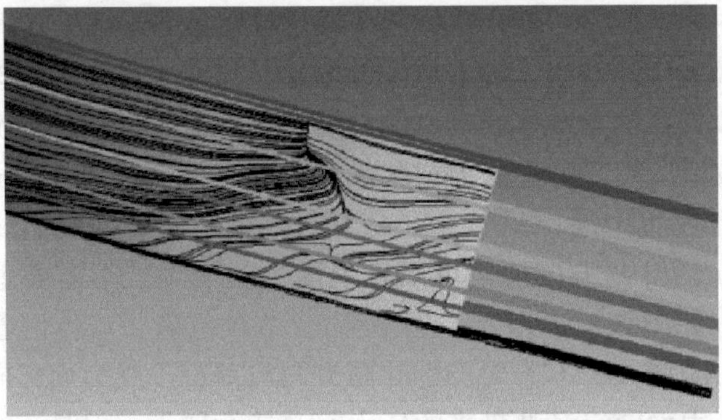

图 3.8　沿叶高方向的截面示意图

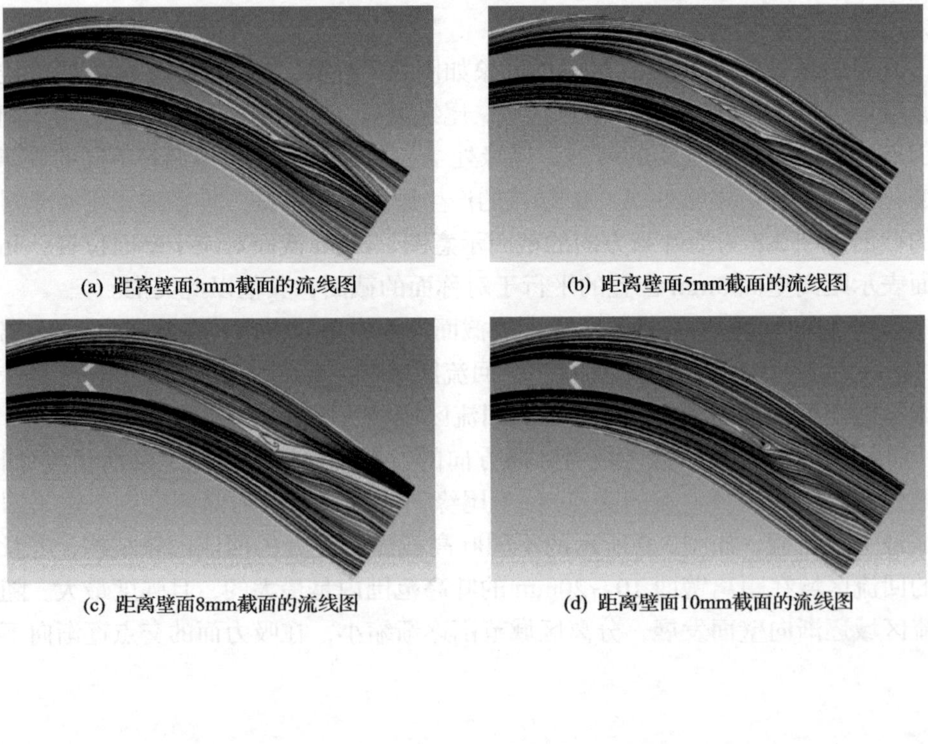

(a) 距离壁面3mm截面的流线图　(b) 距离壁面5mm截面的流线图

(c) 距离壁面8mm截面的流线图　(d) 距离壁面10mm截面的流线图

(e) 距离壁面15mm截面的流线图　　　　(f) 距离壁面20mm截面的流线图

图 3.9　沿叶高方向、平行于对称面截面的表面流线示意图

壁面 5mm。因此，可以得出结论，吸力面上的 A 回流区域是由尾缘处的回流区域导致的，回流区域与吸力面的交点即为吸力面上回流与顺流的滞止点。

下面分析沿节距方向尾缘 A 回流区域的发展规律。图 3.10 为沿节距布置的平行于吸力面的截面示意图。叶栅尾缘 A 区域和 B 区域由于产生机理不同，因此相互独立发展，并不会相互干扰。当距离吸力面 0.3mm 截面向 1mm 截面移动过程中，截面逐渐移动到回流的中心区域，A 回流区域范围逐渐变小。距离吸力面 1mm 的截面处于回流的中心区域，此位置处的 A 区域已经相对较小。在距离吸力面 1～2mm 的位置，吸力面的 A 分离区域不会又重新经历由小变大的过程，既然回流区域的下半支是逆流向的，那么可以确定回流方向为从端壁看到对称面的顺时针方向，回流区域的上半支为顺流向的，因此，在叶栅尾缘回流区域对叶栅吸力面 A 回流区域的影响高度只是在 0～1mm 的半回流高度范围，在距离吸力面 1mm 以上的区域，尽管处于回流区域内，但是回流区域是顺流向的，不会产生吸力面 A 区域的回流区域。

图 3.10　叶栅尾缘处回流区的空间流线图

图 3.11 为尾缘 B 回流区域的壁面极限流线图。分析吸力面尾缘 B 回流区的产生原因，由于压力面的压力大于吸力面，流体在压差作用下，从压力面流向吸

力面形成了端壁二次流，在叶栅前半部分，二次流会附着在吸力面上；在叶栅后半部分，二次流并没有附着在吸力面上，压力面到吸力面的二次流与吸力面流向压力面的流体和由压力面绕过尾缘到吸力面的流体汇聚在距离吸力面一定高度的位置上。从压力面流到吸力面的流体成为吸力面与端壁角区附面层低速流体的一部分。因此，可以将吸力面近端壁附近的角区低速流体分为三个部分：第一部分流体汇聚到主流中；第二部分流体独自向下游流动，由于其动能较低，极易受到压力梯度变化的干扰，而端壁处的压力大于叶高中部的压力，因此，此部分流线就没有主流流线平滑、顺畅，而是在叶高方向具有一定的速度，流线比较弯折；第三部分流体沿着端壁向压力面流动，与压力面流向吸力面的二次流汇聚。吸力面附近靠近端壁的第二部分流体，会与叶栅尾缘的 A 部分流体中无法形成闭式回流区域的流体汇集在距离端壁 5mm 叶高的位置，由于在 5mm 叶高位置处的回流区域强度较弱，此部分回流区域内流体的逆流向动能小于近端壁 B 区域流体的顺流向动能，两者汇聚的结果是汇聚流具有沿流向的速度和垂直于吸力面方向的速度，且汇聚流以一定角度离开吸力面并向下游流动。

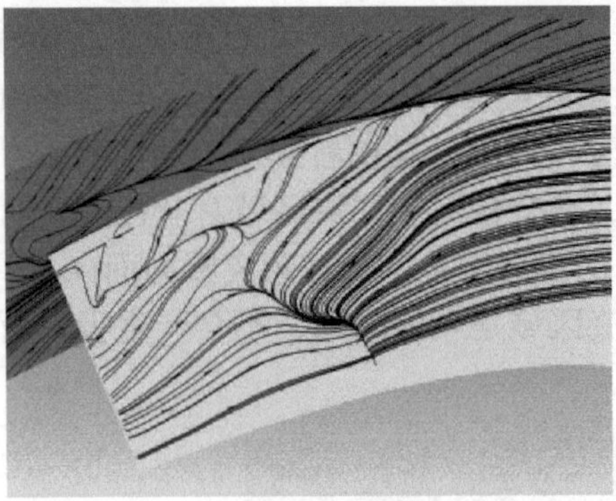

(a) 流线图的三维视图

(b) 流线图的俯视图

图 3.11 叶栅尾缘 B 区域的表面流线图

随着叶栅节距的增加，由平行于吸力面的流线图可以看出(图 3.5)，截面流体逐渐由边界层过渡到主流区域中，截面上流体的动能增大，沿着流向的速度分量增加，尾缘 B 区域流线变得顺畅，但是在 0.2～1mm 节距范围内，尾缘 B 区域出现了一个漩涡结构，漩涡的涡轴垂直于吸力面。因此，根据不同节距截面的表面流线图可以判断出，在距离吸力面尾缘高度为 0.2～2mm 的范围内存在一个漩涡结构，漩涡的旋向从压力面向吸力面观察是顺时针的。

总结上述观察，在理想超声速叶栅模型的流场中，根据平行于吸力面截面的表面流线图，可以将流场中发生畸形的区域分为分离泡区域、尾缘 A 回流区域和尾缘 B 回流区域。

(1)分离泡区域导致流线发生中断现象，这是由压力面前缘激波带来的压力突增导致的，流体需要牺牲动能以抵消压力能增大；然而，距离吸力面较近的截面处于边界层的低动能流体中，沿流向方向的动能不足以抵消激波带来的压力能，因此，流体在垂直于吸力面方向上的速度发生了改变，从而导致流线发生中断现象。随着流体与吸力面距离的增加，流体动能不断增大，其在流向方向上的动能足以抵消激波带来的压力能，因此，流线在距离吸力面 0.3mm 的截面以上就变得平直了。

(2)尾缘 A 回流区域是由吸力面尾缘回流区域导致的，回流区域在叶高中部范围大、强度高，在距离端壁 5mm 的位置，回流区域逐渐消失。

(3)尾缘 B 回流区域是由压力面流向吸力面的二次流导致的，由于二次流动能较低，极易受到压力梯度的驱使，而端壁处的压力高于叶高中部的压力，在压力梯度作用下，在吸力面表面着陆的二次流的叶高方向速度分量较大，使得其流线相对于主流较为弯折，B 回流区域流线与尾缘 A 回流区域中无法形成闭式回流区域的部分流体掺混，掺混流以一定角度离开吸力面并向下游流动。

3.2.3　超声速叶栅理想模型流场中的旋涡结构分析

1. 超声速叶栅流场中的马蹄涡

如图 3.12 所示，对比了本节中 SAV21 超声速叶栅流场中的马蹄涡和典型亚声速叶栅流场中的马蹄涡结构。对于亚声速叶栅，由于来流为亚声速气流，叶栅前缘不存在吸力面与压力面的前缘激波，来流边界层受到叶栅前缘的滞止作用卷起形成马蹄涡，在吸力面与压力面卷起的马蹄涡由于没有遇到激波产生逆压力梯度，可以顺利地向下游发展。在马蹄涡向下游发展的过程中，吸力面马蹄涡由于旋向与横向二次流相反且在流动中还会受到逆压力梯度的影响，其在向下游发展过程中会不断被削弱，并在前缘 30%弦长位置消失。压力面马蹄涡由于向下游流动中受到横向二次流的加强作用，会持续向下游发展且涡核呈现出发散的现象。

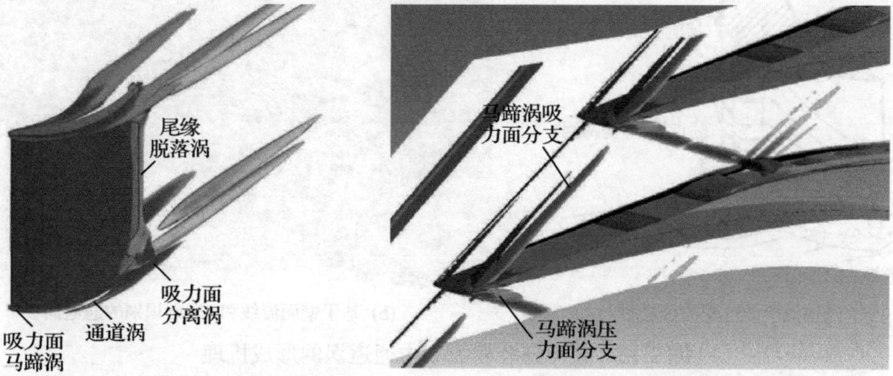

(a) 典型亚声速叶栅流场中的漩涡结构[5]　　(b) SAV21超声速叶栅流场中的马蹄涡

图 3.12　超声速叶栅和亚声速叶栅流场中的马蹄涡结构

对于超声速叶栅，叶栅前缘存在吸力面前缘激波与压力面前缘激波，由于激波会产生较大的逆压力梯度，来流边界层在受到强逆压力梯度作用下，无法向下游发展，由于其动能无法克服激波带来的逆压力梯度，来流边界层只能堆积平铺在激波面前方。吸力面马蹄涡由于受到前缘激波的强逆压力梯度作用，并且吸力面马蹄涡旋向与横向二次流相反，因此吸力面马蹄涡无法向下游发展，只能平铺在激波面上；压力面马蹄涡尽管受到了前缘激波逆压力梯度的削弱，但是受到横向二次流的加强作用，会向下游发展一定距离之后消失。

因此可以得出结论，对于超声速叶栅，来流边界层的吸力面分支不会在叶栅前缘的滞止作用下卷起形成马蹄涡，在前缘激波逆压力梯度与横向二次流的相反旋向作用下，吸力面马蹄涡无法向下游发展而平铺于激波面上；压力面马蹄涡尽管受到横向二次流加强作用可以向下游发展一定距离，但是受到前缘激波强逆压力梯度削弱作用，超声速叶栅中压力面马蹄涡向下游发展距离明显小于亚声速叶栅压力面马蹄涡的发展距离。

2. *超声速叶栅流场中的通道涡*

图 3.13 描述了超声速叶栅流场中通道涡的形成机理，即端壁边界层在横向压力梯度的作用下由压力面向吸力面迁移，若横向二次流具有足够的动量，则运动至吸力面的边界层将沿着吸力面展向继续迁移，并在主流的搓动下产生通道涡。既然叶栅通道涡是由压力面流向吸力面的二次流卷起形成的，那么可以推理出，通道涡的起始点应当为端壁横向二次流到达吸力面并开始展向迁移的位置。端壁上的横向二次流在 A 点开始附着在吸力面上，同时观察叶栅通道中的漩涡结构可以发现，叶栅通道中通道涡的起始位置也位于 A 点，由此可以确认，此涡即为通道涡。

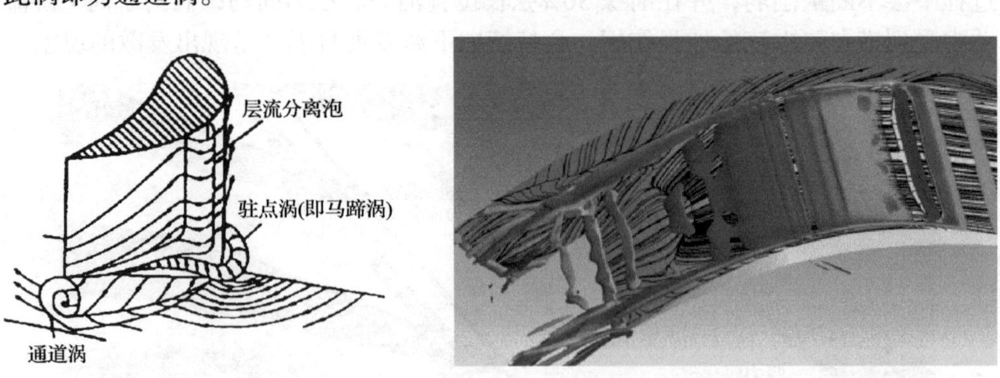

(a) 通道涡形成过程的示意图　　(b) 基于壁面流线和Q准则识别的通道涡

图 3.13　超声速叶栅流场中通道涡的形成机理

对于超声速叶栅，其叶栅通道中的通道涡形成和发展与亚声速叶栅通道涡遵循着相同的规律。对于亚声速叶栅通道涡的形成与发展，前人已经开展了较为深入的研究，端壁边界层在压力梯度作用下，由压力面流向吸力面形成了二次流，端壁二次流流到吸力面后，由于端壁二次流大部分由端壁边界层组成，其动能较低，极易受到压力梯度作用而改变形态。叶高中部速度高，压力低，端壁位置速度低、压力高。因此，端壁二次流会沿着叶高方向迁移，即横向迁移，从而促进了通道涡的形成，通道涡会沿着流向以准柱状涡的形态发展。

相比于亚声速叶栅，超声速叶栅的负荷提升了一个等级，如图 3.14 所示，主流区超声速流体与端壁处边界层之间形成了较强的逆压力梯度，因此超声速叶栅通道涡的起始位置较为靠前，吸力面前缘激波在压力面的反射激波与压力面前缘激波汇聚形成的强激波会在吸力面产生一个分离泡，而通道涡的起始位置即在此分离泡的上游位置，通道涡沿着流向发展，在中部位置紧贴吸力面，在叶栅尾缘位置离开吸力面稍稍卷起，随着通道涡逐渐向下游发展，通道涡沿着叶高方向的范围越来越大，这是因为在向下游发展过程中，流道中的压力不断减小，使得对于通道涡的压缩效应逐渐降低，通道涡涡核会呈现一个发散的发展状态。

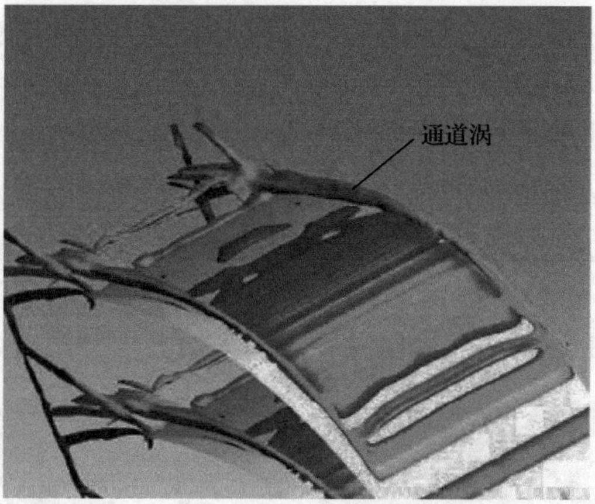

图 3.14　超声速叶栅流场中的通道涡

3. 超声速叶栅流场中的尾缘脱落涡

与亚声速叶栅相似，超声速叶栅通道中也存在尾缘脱落涡结构，如图 3.15 和图 3.16 所示。吸力面要比压力面长，当气流以相同的流速流过吸力面和压力面时，会导致压力面一侧气流到达叶栅后缘点后，吸力面一侧气流还没有到达叶栅后缘点，此时后驻点位于叶栅上方某点，压力面一侧气流就必定要绕过后缘与吸力面气流汇合。由于流体黏性，压力面一侧气流绕过后缘时会形成一个低压漩涡，导致后缘产生很大的逆压力梯度，之后根据亥姆霍兹漩涡守恒定律，对于理想不可压缩流体在有势力的作用下叶栅也会存在一个与起动涡强度相等、方向相反的涡，即为尾缘脱落涡。因此，超声速叶栅吸力面与压力面之间的动量差会导致尾缘附近存在一个速度环量，为了满足尾缘的库塔条件，即在真实且可产生升力的叶栅中，气流总是在后缘处交汇，否则将会在叶栅后缘产生一个气流速度很大的点，为了满足库塔条件形成了尾缘脱落。

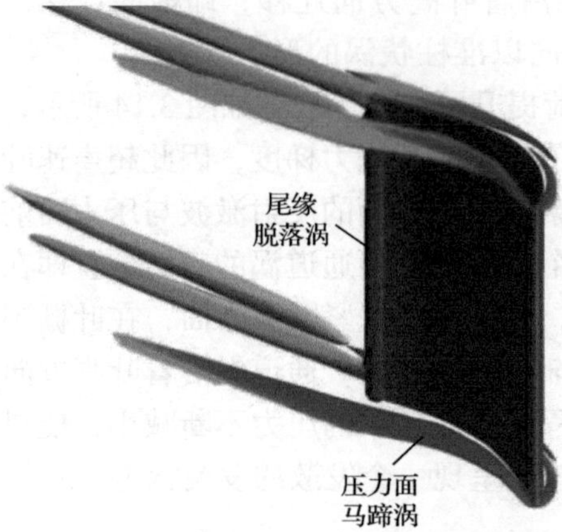

图 3.15　亚声速叶栅流场中的尾缘脱落涡[5]

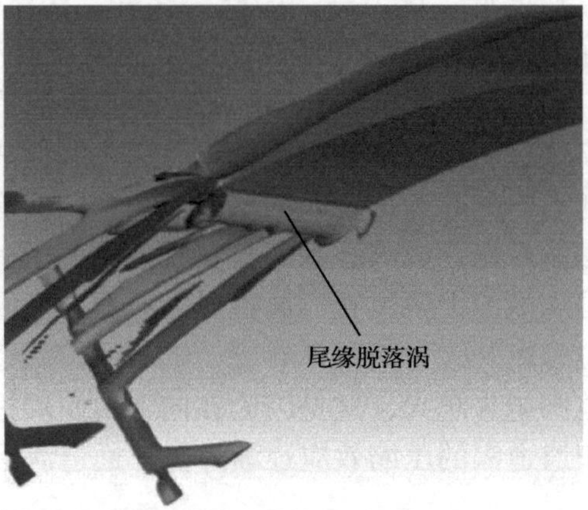

图 3.16　超声速叶栅流场中的尾缘脱落涡

4. 超声速叶栅流场中的吸力面脱落涡

由于 SAV21 超声速叶栅的气流偏转角较大，在气流内部流动过程中，吸力面上会堆积一定量的边界层低动能流体，极易受到压力梯度驱使而使得旋转运动占据主导地位，因此，如图 3.17 所示，通过 Q 准则等值面图可以有效地识别出吸力面脱落涡。在 SAV21 超声速叶栅尾缘处出现了边界层分离现象，吸力面边界层分

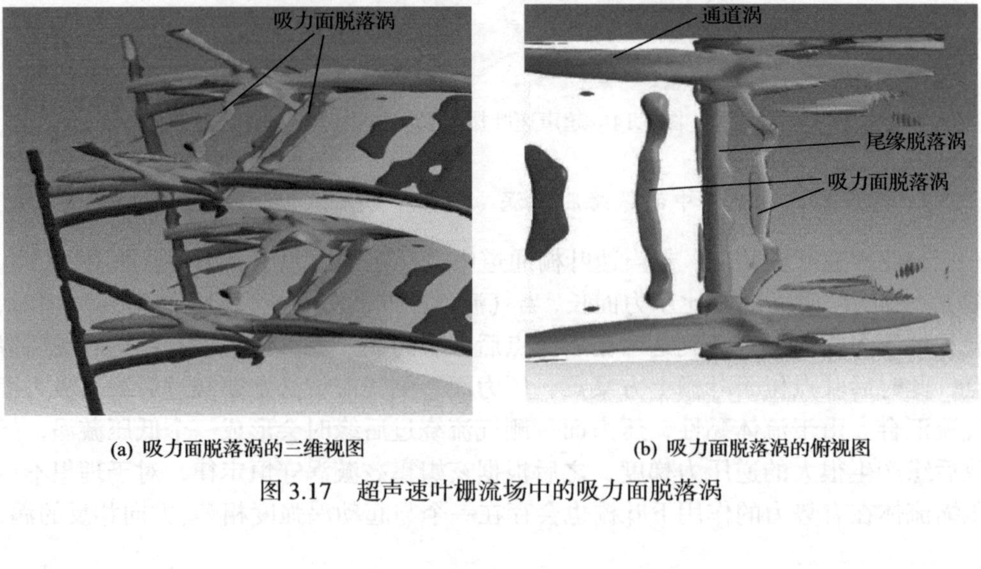

(a) 吸力面脱落涡的三维视图　　(b) 吸力面脱落涡的俯视图

图 3.17　超声速叶栅流场中的吸力面脱落涡

离导致的自由涡层也组成吸力面脱落涡。吸力面脱落涡以层状涡的形态分布，由湍动能着色可判断出，附着在吸力面上的脱落涡湍动能很小，位于尾缘和已经脱落的吸力面上的脱落涡具有较大的湍动能，这是因为其与主流流体发生了动量交换，获得了一部分动能。

5. 超声速叶栅与亚声速叶栅流场中漩涡结构的对比

超声速叶栅流场中的漩涡结构与亚声速叶栅流场中的存在相同的部分，但是因为激波的逆压力梯度与气流转折的存在，又有自己的独特之处，如图 3.18 和图 3.12(a)所示。

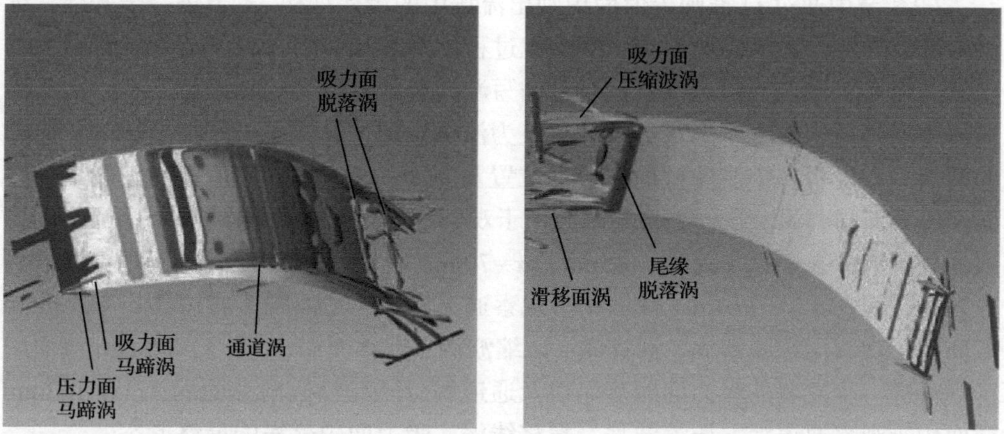

(a) 漩涡结构的视角1　(b) 漩涡结构的视角2

图 3.18　超声速叶栅流场中的漩涡结构

两种叶栅流场中的漩涡结构的相同之处在于：①由于叶栅通道中压力面一侧的压力大于吸力面一侧，端壁处从压力面到吸力面的二次流是不可避免的，流到吸力面的二次流卷起形成的通道涡是超声速与亚声速叶栅通道中共同具备的漩涡结构；②对于超声速叶栅和高负荷亚声速叶栅，较高的负荷会导致叶栅吸力面边界层在尾缘附近卷起，进而形成吸力面脱落涡；③由于叶栅叶型的限制，吸力面必然长于压力面，叶栅吸力面与压力面之间的动量差必然会产生一个速度环量，为了满足库塔条件，尾缘脱落涡是必然存在的。

本节基于 Q 准则等值面对流场中的漩涡结构进行识别，对于流体微团旋转运动的判定是根据其自转是否占据主导，即流体微团绕穿越自身的某一个轴旋转运动是否占据主导。

两种叶栅流场中的漩涡结构的不同之处在于：①超声速叶栅流场中激波产生的位置均伴随着漩涡结构的产生，这是因为激波带来的气流在较短距离内快速转折，使得激波面中气流转折带来的旋转运动占据了主导，所以超声速叶栅流场中的激波区域是漩涡高发区域。②在亚声速叶栅中来流边界层经过前缘驻点后会在吸力面与压力面形成两个马蹄涡分支，但是在超声速叶栅中，来流边界层在吸力面分支由于受到了前缘激波的强逆压力梯度作用并且向下游发展，从而受到横向二次流的削弱作用，吸力面马蹄涡无法向下游发展，而是平铺在前缘激波面上；压力面马蹄涡受到了横向二次流的加强作用，能够向下游发展，但是由于前缘激波的强逆压力梯度作用，超声速叶栅压力面马蹄涡向下游发展的距离明显短于亚声速叶栅压力面马蹄涡。

6. *超声速叶栅理想模型流场中的漩涡演化过程*

3.2.3 节中通过 Q 准则等值面识别出流场中的漩涡结构，本节进一步开展二维流向截面分析，揭示流场中漩涡的演化过程。图 3.19～图 3.21 为二维流向截面的 Q 准则等值面图与涡量云图。涡量是描写漩涡运动最重要的物理量之一，定义为流体速度矢量的旋度，涡量的物理意义为流体微团绕其中心做刚性旋转的角速度的两倍。先说明各个流向截面设置的位置及原因：① x=3mm 截面用于观察吸力面及压力面马蹄涡；② x=28mm 截面用于观察压力面前缘激波/边界层相互作用导致的分离泡；③ x=33mm、x=45mm、x=70mm 和 x=90mm 截面用于观察通道涡的发展过程；④ x=96.4mm 截面用于观察通道涡与吸力面脱落涡；⑤ x=101.5mm 截面用于观察尾缘脱落涡、通道涡、压缩波涡、滑移面涡；⑥ x=108.5mm 截面用于观察进一步发展的吸力面脱落涡以及通道涡、压缩波涡、滑移面涡；⑦ x=117mm 截面用于观察通道涡、压缩波涡、滑移线涡、吸力面脱落涡的最终形态。

1) 各个截面的 Q 准则等值面图分析

图 3.19 为 x=3mm、x=28mm 和 x=33mm 截面的 Q 准则等值面图。从 x=3mm 截面的 Q 准则等值面图中捕捉到了压力面和吸力面处的马蹄涡，此时吸力面与压力面的边界层较薄。从 x=28mm 截面的 Q 准则等值面图中也捕捉到了压力面和

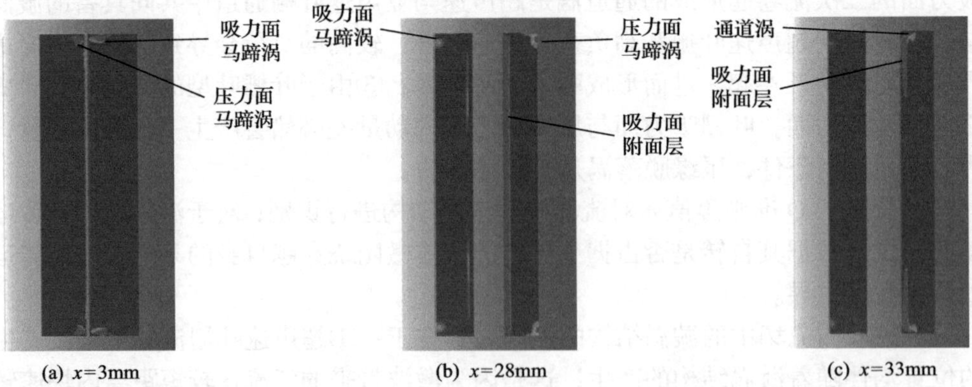

图 3.19　超声速叶栅 x=3mm、x=28mm 和 x=33mm 截面的 Q 准则等值面图

吸力面处的马蹄涡，吸力面马蹄涡的强度明显比压力面马蹄涡小，这是因为吸力面马蹄涡旋向与横向二次流相反，同时受到流向逆压力梯度和横向压力梯度作用而被削弱，而压力面马蹄涡旋向与横向二次流相同，在沿流向发展过程中不断得到增强。在 x=33mm 截面处，压力面前缘激波与边界层相互作用，使得吸力面边界层厚度明显增加、角区边界层厚度增加，但是叶高中部边界层厚度明显减薄，这是因为相互作用使得叶高中部的边界层在压力梯度作用下迁移到了角区，加厚了角区边界层厚度，叶高中部边界层变薄，从而在叶栅通道中形成通道涡，并且逐渐向下游发展。

图 3.20 为 x=45mm、x=70mm 和 x=90mm 截面的 Q 准则等值面图。在 x=45mm 截面处，叶栅吸力面角区与叶高中部边界层均已经发展到了一定厚度，明显厚于 x=33mm 截面处的边界层厚度，并且通道涡显著增大。在 x=70mm 截面处，吸力面边界层已经堆积了一定的厚度，有一定厚度的边界层即将脱离吸力面成为吸力面脱落涡，通道涡也明显增大，且有脱离吸力面的趋势。在 x=90mm 截面处，吸力面边界层正处于脱落的阶段，一部分吸力面边界层附着于吸力面上，另一部分已经脱落成为吸力面脱落涡，叶栅通道涡已经发展得相当大，也从吸力面上脱离，可见漩涡区域发展壮大之后的变化趋势是从表面脱落。

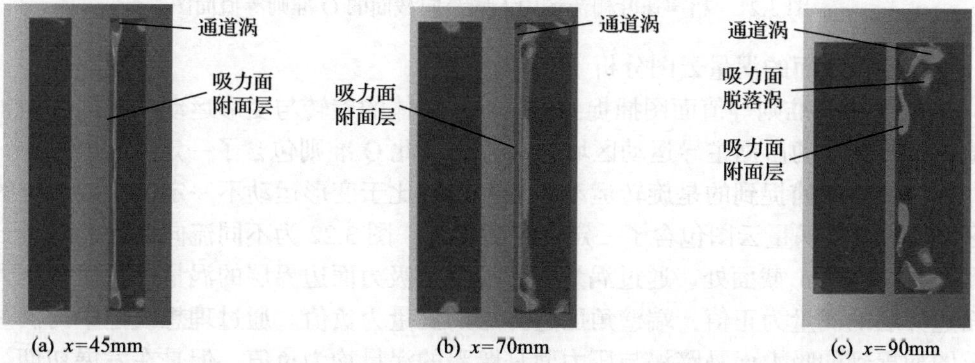

图 3.20　超声速叶栅 x=45mm、x=70mm 和 x=90mm 截面的 Q 准则等值面图

图 3.21 为 x=96.4mm、x=101.5mm、x=108.5mm 和 x=117mm 截面的 Q 准则等值面图。在 x=96.4mm 截面处，吸力面边界层已经彻底从吸力面脱落形成吸力面脱落涡，通道涡也彻底从吸力面脱落。x=101.5mm 截面处于叶栅的尾缘位置，此处截面上的尾缘脱落涡正在处于发展的初始阶段，尾缘脱落涡的范围与强度均较弱；通道涡已经处于耗散阶段，其核心强度区域逐渐变小，强度耗散导致其范围变大，就像一滴在水中不断流动的墨滴，核心区域颜色不断变浅但是其所影响的范围不断变大；压缩波涡也处于正在发展的初始阶段。x=108.5mm 截面处于尾缘后方，此处的漩涡种类复杂，通道涡已经耗散成为分散的小漩涡，核心区域已

经明显变小；压缩波涡也已经发展得比 x=101.5mm 截面处的大；尾缘脱落涡已经快速发展到一定规模；滑移面涡处于正在发展的初始阶段。在 x=117mm 截面处各个漩涡的种类与 x=108.5mm 截面处的相同，但是不同种类涡的强度均发生了增大或减小：通道涡的核心区域又开始削弱分裂成小的漩涡；尾缘脱落涡处在了耗散的阶段，其核心强度范围区域明显减小，耗散导致其影响范围变大；压缩波涡与滑移面涡均处于发展壮大状态。由上述漩涡的发展过程可以看出，漩涡的发展均会经历一个先壮大后耗散的过程。

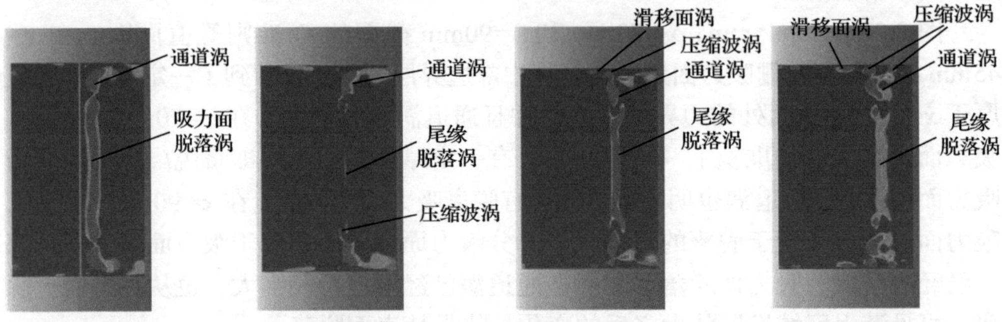

(a) x=96.4mm　(b) x=101.5mm　(c) x=108.5mm　(d) x=117mm

图 3.21　超声速叶栅流场中不同流向截面的 Q 准则等值面图

2)各个截面的涡量云图分析

在通过 Q 准则等值面图捕捉到的区域，流体的旋转与变形运动相减之后为正值，即旋转运动占据主导运动区域的部分，因此 Q 准则包含了一定的相对概念。利用涡量云图捕捉到的是旋转运动较强但是相比于变形运动不一定占主导地位的区域，因此，涡量云图包含了一定的绝对概念。图 3.22 为不同流向截面的涡量云图。在 x=3mm 截面处，通过涡量云图捕捉到吸力面边界层的涡量为负值，压力面边界层的涡量为正值，端壁角区边界层的涡量为负值。通过理想模型中的涡量云图捕捉到的吸力面马蹄涡与压力面马蹄涡的涡量均为负值，但是在发展初期，吸力面马蹄涡强度要远大于压力面马蹄涡强度，分析原因可知，由于前缘激波和反向横向二次流的抵抗作用，吸力面马蹄涡无法向下游发展，全部堆积在前缘附近；压力面马蹄涡由于受到横向二次流的加强作用，能够向下游发展一定距离，在前缘不会堆积过多。因此，从涡量云图中可以看到，在叶栅前缘附近，压力面马蹄涡的涡量值要小于吸力面马蹄涡。

在 x=33mm 截面处，压力面前缘激波/吸力面边界层相互作用导致边界层迅速增厚，从涡量云图中也可以看到，吸力面边界层发生了凸起，由相互作用导致的边界层迅速增厚形成的分离泡与吸力面边界层的涡量均为负值。

在 x=33mm 至 x=90mm 截面变化过程中，通过涡量云图与 Q 准则等值面图

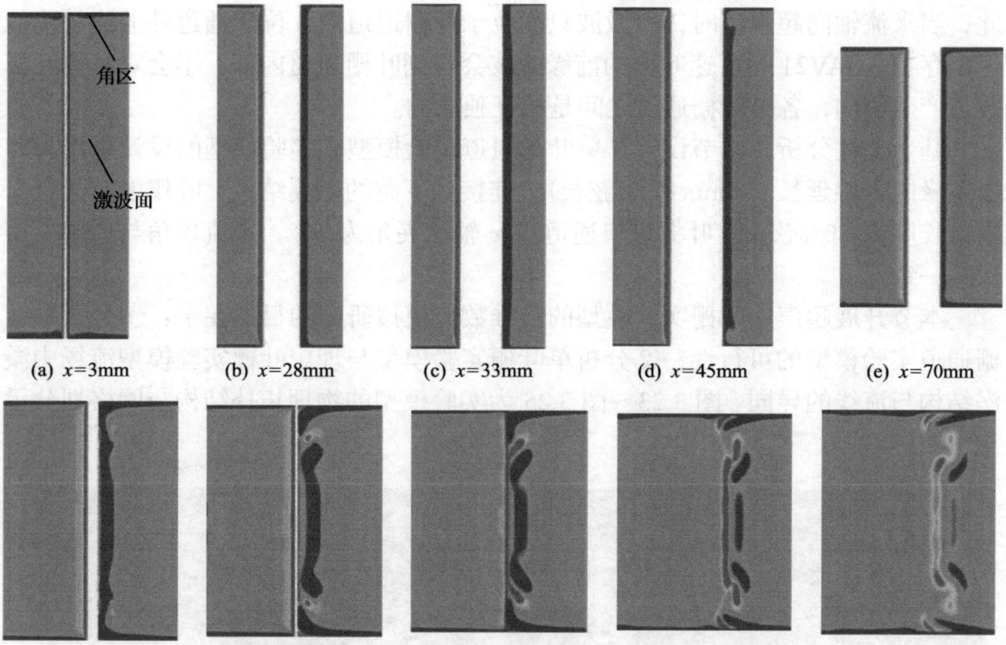

(a) x=3mm　(b) x=28mm　(c) x=33mm　(d) x=45mm　(e) x=70mm

(f) x=90mm　(g) x=96.4mm　(h) x=101.5mm　(i) x=108.5mm　(j) x=117mm

图 3.22　超声速叶栅流场中不同流向截面的涡量云图

分析可知，通道涡经历了一个发展壮大的过程，从 Q 准则等值面图中可以看到通道涡的影响范围逐渐增大，从涡量云图中可以看出通道涡的强度逐渐增大。

分析 x=33mm 至 x=96.4mm 截面变化过程中吸力面脱落涡的演化过程，可以看到，吸力面边界层的涡量为负值，由 x=70mm 至 x=96.4mm 吸力面边界层迅速变厚，由 x=90mm 至 x=96.4mm 吸力面边界层发生脱落现象，产生了吸力面脱落涡。

分析 x=101.5mm 至 x=117mm 截面变化过程，可以看到尾缘脱落涡的变化过程，由于吸力面上的流体速度要大于压力面上的流体速度，产生一个负的速度环量，因此尾缘处会产生一个具有正涡量值的尾缘脱落涡以抵消此符号为负的速度环量。

3.3　超声速叶栅实验模型的三维流场特性分析

理想模型假设的是无数个叶栅在超声速流场中的流动情况，实际的实验条件是无法达到理想模型假设的，因此，设计 SAV21 超声速叶栅实验模型，为后续实验做准备。SAV21 超声速叶栅为轴向超声速叶栅，若某一叶栅通道在叶型处产生的斜激波向通道上游延伸，则相邻叶栅通道的来流马赫数减小，如此循环，经过若干个几何周期后，流动轴向分速度必然会小于声速，变为轴向亚声速情况。因此，当来流轴向超声速时，斜激波只能位于叶栅通道内，位于通道外的流动不能稳定存在。SAV21 超声速叶栅的前缘激波会打到叶栅通道内部，不会对其他叶栅通道产生影响，各个叶栅通道之间是相互独立的。

基于上述分析，本节设计了单叶栅通道实验模型，实验模型的设计思路为叶栅尾缘向下游延长 108mm(90%弦长)，连接到下游的襟翼结构，叶栅上游的进口通道长度为 80%弦长。叶栅进口通道与 x 轴的夹角为 52°，来流攻角与理想模型保持一致。

本节开展超声速叶栅实验模型的三维数值模拟研究的目的在于：①分析单叶栅通道实验模型的可行性；②分析单叶栅实验模型与理想叶栅实验模型流场中漩涡结构与流线的异同。图 3.23～图 3.25 为实验模型的物理拓扑结构与网格划分示意图。

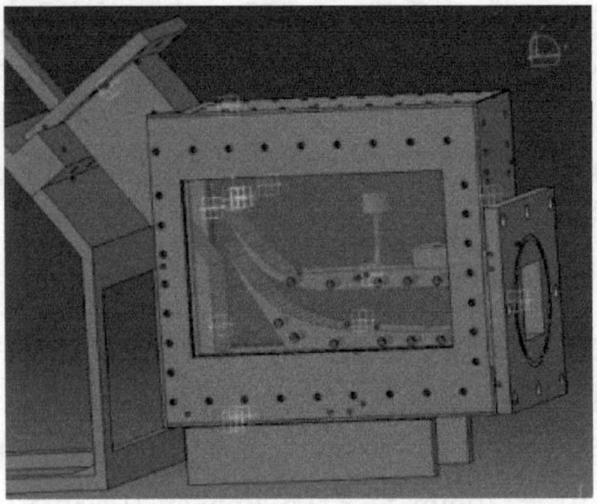

图 3.23　超声速叶栅实验模型物理拓扑结构

图 3.24　超声速叶栅实验模型网格划分

图 3.25　超声速叶栅前缘位置局部网格划分

3.3.1　超声速叶栅实验模型的壁面流谱分析

对比实验模型与理想模型流场中吸力面极限流线图，如图 3.26 所示。总体而言，实验模型与理想模型流场中吸力面极限流线具有相同的畸形区域，分别为压力面前缘激波入射吸力面边界层导致的分离泡区域、尾缘 A 区域与尾缘 B 区域。

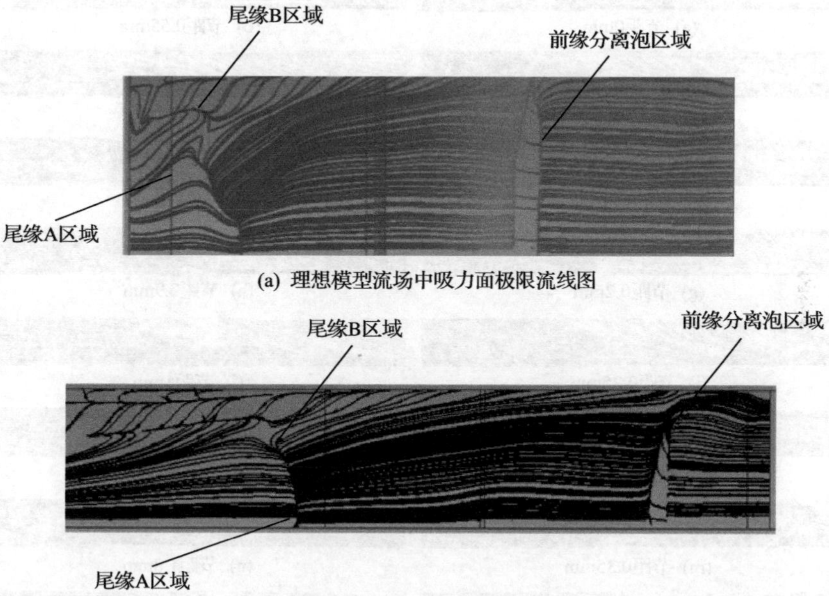

(a) 理想模型流场中吸力面极限流线图

(b) 实验模型流场中吸力面极限流线图

图 3.26　SAV21 超声速叶栅理想模型与实验模型流场中吸力面极限流线图对比

截取不同节距的平行于叶栅吸力面的截面，分析实验模型流场中流线随着节距不断增加的变化情况，以探索各个分离区域的形成机理。如图 3.27 所示，随着节距的增加，实验模型与理想模型中流线的变化趋势一致。对于压力面前缘激波/吸力面边界层相互作用导致的分离泡区域，随着节距不断增加，分离泡在弦长和叶高方向的范围均减小，在 0.35mm 节距处，流线中断情况消失，表明流线上的流体在垂直于截面方向的速度分量已经降低为 0。图 3.28 进一步给出了吸力面上分离泡与节距 0.35mm 截面的相对位置，结合不同节距处平行于吸力面截面的流线图可知，在吸力面分离泡位置，平行于吸力面截面的流线只在 0～0.35mm 节距存在垂直于截面方向的速度分量，0.35mm 节距以上的截面流线均不存在垂直于截面方向的速度分量。

如图 3.29 所示，进一步分析截面流线的压力，可以看到，随着截面的节距不断增加，分离泡区域中由压力面前缘激波带来的逆压力梯度逐渐增强，同时，流线上流体偏离原来流线的趋势越来越小。其原因是：随着节距的增加，流线上的流体逐渐从边界层流体过渡到主流流体，流体所具有的动能显著增加，使得流体具有足够的动能以抵消逆压力梯度。在节距为 0.35～0.4mm 的范围内，分离泡区域的流线中断情况消失，即逆压力梯度不会改变垂直于吸力面方向的速度，流线只在叶高和流向方向上发生了一定的扭曲；在节距为 0.4mm 以上，分离泡区域的

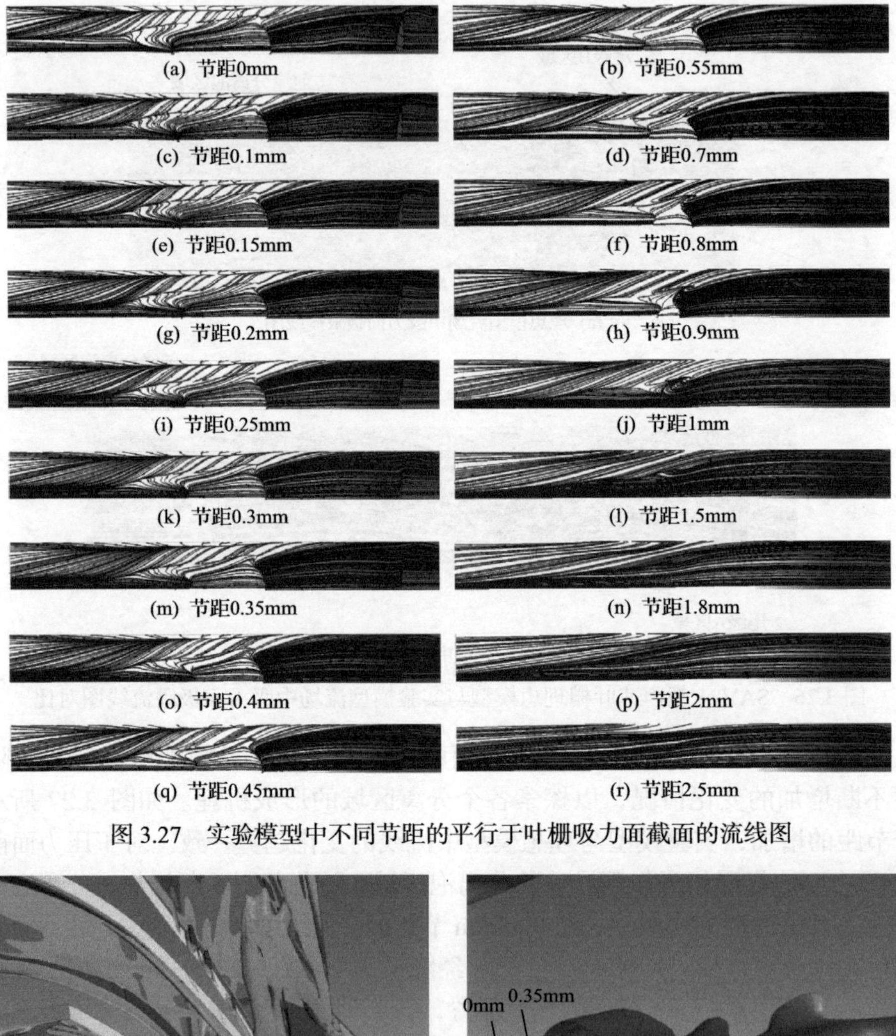

(a) 节距0mm　(b) 节距0.55mm
(c) 节距0.1mm　(d) 节距0.7mm
(e) 节距0.15mm　(f) 节距0.8mm
(g) 节距0.2mm　(h) 节距0.9mm
(i) 节距0.25mm　(j) 节距1mm
(k) 节距0.3mm　(l) 节距1.5mm
(m) 节距0.35mm　(n) 节距1.8mm
(o) 节距0.4mm　(p) 节距2mm
(q) 节距0.45mm　(r) 节距2.5mm

图 3.27　实验模型中不同节距的平行于叶栅吸力面截面的流线图

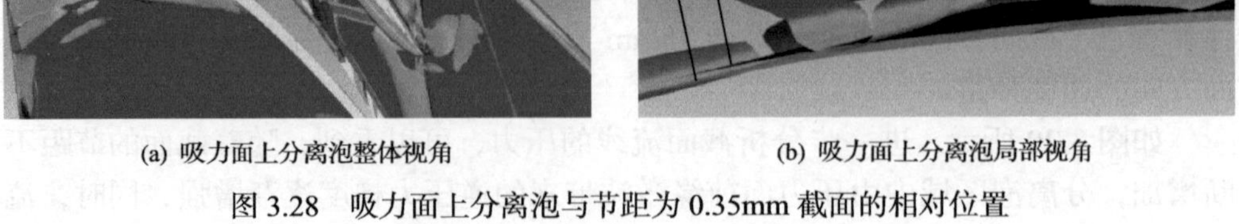

(a) 吸力面上分离泡整体视角　(b) 吸力面上分离泡局部视角

图 3.28　吸力面上分离泡与节距为 0.35mm 截面的相对位置

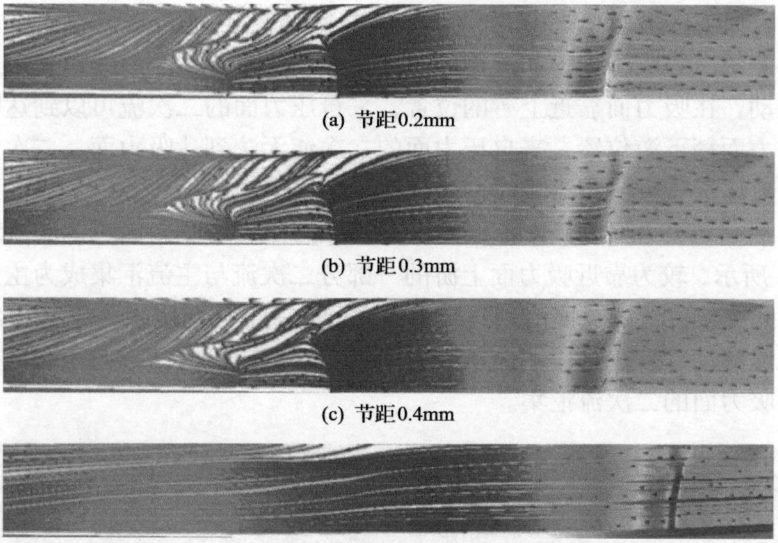
(a) 节距0.2mm
(b) 节距0.3mm
(c) 节距0.4mm
(d) 节距2.5mm

图 3.29　实验模型中不同节距的平行于叶栅吸力面截面流线的压力分布

流线是平直的，即流向方向上的动能足以抵消压力面前缘激波带来的逆压力梯度。由此看来，随着节距的增加，流体动能的增加量远大于激波带来逆压力梯度的增加量，进而导致截面上的流线逐渐由中断过渡到不中断且弯折最终过渡到平直，实验与理想模型中吸力面分离泡区域流线的中断，均是由压力面前缘激波/吸力面边界层相互作用带来的逆压力梯度导致的，并且随着节距的增加，流场中分离泡区域流线的演化遵循相同的规律。

进一步分析吸力面尾缘的回流区域，如图 3.30 所示，与理想模型一致，实验模型中吸力面尾缘也存在两种回流区域。一种回流区域是尾缘 A 区域，是由吸力面上方存在一个漩涡结构导致回流的。A 回流区域分为两类：一类流体可以回流形成闭式的回流区域；另一类流体无法形成闭式回流区域，而是与尾缘 B 区域汇合，获得了向下游流动的动能，从而一起向下游流动。在叶高 10mm 截面位置，即为尾缘 A、B 区域的交接位置，平行于对称面截面上流线的回流区域消失，截面流动表现出了尾缘处 B 区域的特点。

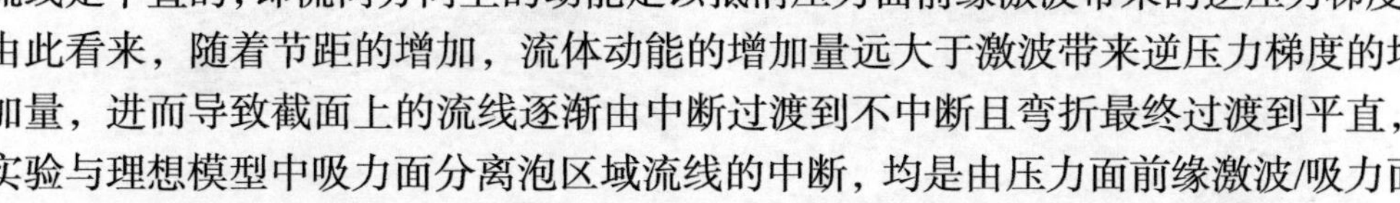

图 3.30　吸力面尾缘回流区域的流线图

另一种回流区域是尾缘 B 区域。尾缘 B 区域在 0～10mm 叶高范围内，由于压力面一侧的压力大于吸力面一侧的压力，端壁二次流在压差作用下自压力面向吸力面流动，在吸力面靠近上游的位置，来自压力面的二次流可以到达吸力面，但是在吸力面稍下游位置，来自压力面的二次流无法到达吸力面，二次流与来自吸力面的流体汇集成一条滞止线，向叶栅尾缘移动。

基于端壁和吸力面的极限流线图，分析压力面流到吸力面流体的流动情况。如图 3.31 所示，较为靠近吸力面上游的一部分二次流与主流汇集成为主流的一部分；而中间弦长位置的二次流到达吸力面之后，一部分与尾缘 A 区域汇集并一起向下游尾缘移动，较少部分流体从吸力面沿着端壁向压力面方向流动，并与从压力面流向吸力面的二次流汇集。

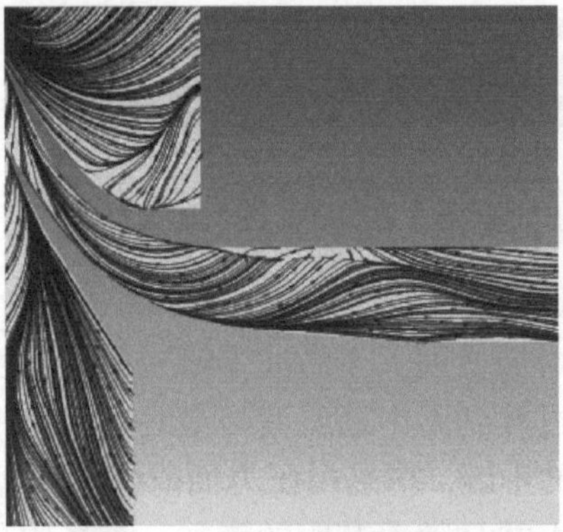

(a) 端壁极限流线图

(b) 端壁与吸力面极限流线图

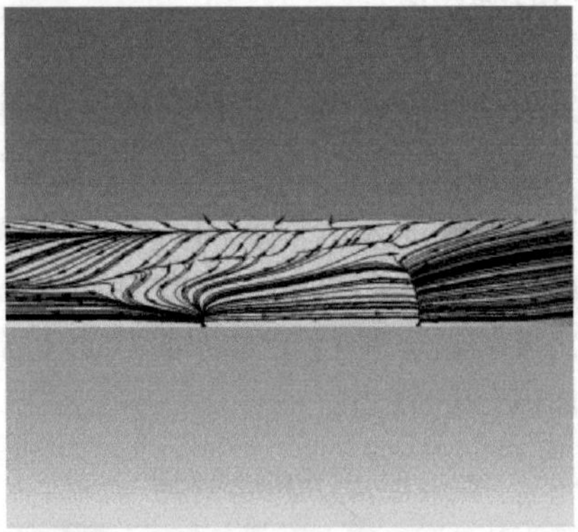

(c) 吸力面极限流线图

图 3.31　端壁与吸力面的极限流线图

由上述分析可知，从流线类别、形成机理与发展过程来看，理想模型与实验模型遵循着完全相同的规律，单通道实验模型从流线角度分析是可行的。

3.3.2　超声速叶栅实验模型流场中的漩涡结构分析

1. 实验模型流场中的马蹄涡

如图 3.32 所示，对比了超声速叶栅实验模型与理想模型流场中的马蹄涡结构。对于实验模型，压力面马蹄涡的发展距离大于理想模型中的，压力面马蹄涡发展到了弦长中部位置，这是因为，实验模型的来流壁面是一周的矩形壁面，而理想模型是两侧为壁面，实验模型在叶栅前缘位置会滞止更多来流边界层中的低速流体，相比于理想模型，其压力面马蹄涡向下游发展的距离要长。

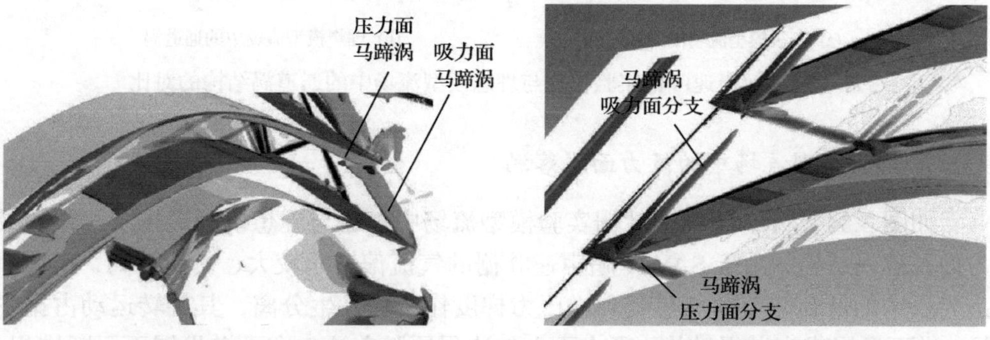

(a) 实验模型流场中的马蹄涡　　(b) 理想模型流场中的马蹄涡

图 3.32　超声速叶栅实验模型与理想模型流场中的马蹄涡结构的对比

在理想模型与实验模型流场中，吸力面马蹄涡受到吸力面前缘激波产生的强逆压力梯度作用，其旋向与横向二次流相反，且均无法向下游发展而平铺在激波面上，但是实验模型的吸力面马蹄涡范围要大于理想模型，这同样与来流边界层中的低动能流体有关。实验模型流场中，采用矩形进口，即来流的上下左右面均为壁面，使得在激波上游堆积了更多的低能边界层流体，流体在激波作用下在短距离内发生偏转，其旋转运动占据主导，被 Q 准则判定为漩涡区域。

2. 实验模型流场中的通道涡

在超声速叶栅流场中，在压力面与吸力面的压力差作用下，流体由压力面向吸力面流动形成二次流，流到吸力面上的二次流中有一部分流体独自向下游运动，其动能较低，极易受到压力梯度作用而改变运动状态，这部分流体在压力梯度作用下在吸力面表面发生了横向流动，且卷吸形成了通道涡。如图 3.33 所示，超声速叶栅理想模型与实验模型流场中均存在通道涡结构，通道涡的形成位置即为端壁二次流到达吸力面处，随着流动逐渐向下游发展，通道涡不断加强，在叶高方向范围均有所增加。

(a) 实验模型流场中的通道涡

(b) 理想模型流场中的通道涡

图 3.33　超声速叶栅实验模型与理想模型流场中的通道涡结构的对比

3. 实验模型流场中的吸力面脱落涡

如图 3.34 所示，超声速叶栅实验模型流场中存在与理想模型流场中相似的吸力面脱落涡结构，由于 SAV21 超声速叶栅的气流偏转角较大、负荷较高，吸力面边界层中的低动能流体极易受到逆压力梯度作用而发生分离，其旋转运动占据主导，进而发展成为漩涡结构。吸力面上的边界层随着流动向下游发展而不断堆积，在叶栅的上游位置，吸力面上的漩涡区域始终保持紧贴叶栅表面向下游发展，当到达叶栅尾缘附近，漩涡结构便脱离了吸力面表面，成为吸力面脱落涡。实验模型和理想模型流场中吸力面脱落涡的形成机理、发展趋势是一致的。

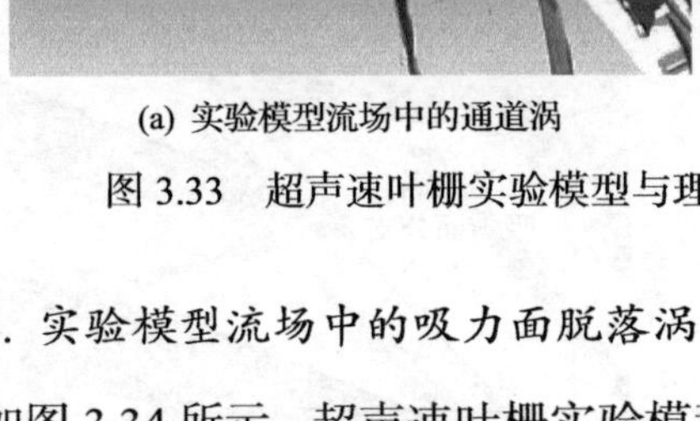

(a) 吸力面脱落涡的俯视图

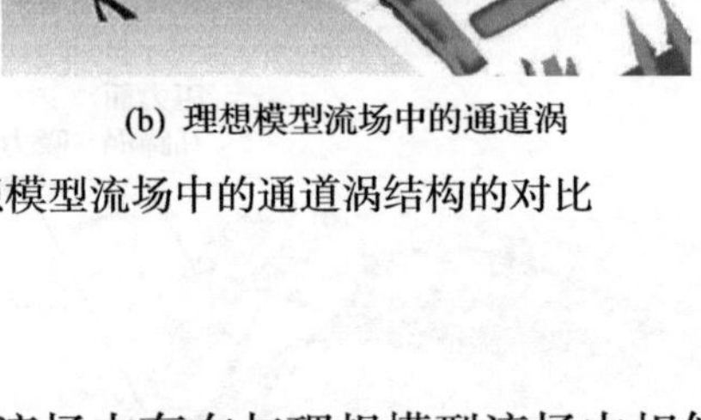

(b) 吸力面脱落涡的三维视图

图 3.34　超声速叶栅实验模型流场中的吸力面脱落涡

4. 实验模型无法捕捉到的漩涡结构

如图 3.35 所示，超声速叶栅实验模型的缺陷就是无法捕捉到尾缘处的尾缘脱落涡。分析尾缘脱落涡产生原因，简述为叶栅吸力面与压力面之间的动量差会导致尾缘附近存在一个速度环量，为了满足尾缘的库塔条件，即在真实且可产生升力的叶栅中，气流总是在后缘处交汇，否则在叶栅后缘产生一个气流速度很大的点，从而形成了尾缘脱落涡。

(a) 理想模型流场中的尾缘脱落涡　(b) 实验模型流场中尾缘附近的流场结构

图 3.35　超声速叶栅理想模型与实验模型流场中尾缘脱落涡结构的对比

对于超声速叶栅实验模型，并不存在同一个叶栅下的压力面与吸力面，因此就更不存在吸力面与压力面之间的动量差，也就没有尾缘附近的速度环量，流动就不需要满足库塔条件，尾缘处也就不会存在尾缘脱落涡。因此，从理论与数值模拟两个角度证明了单通道实验模型流场中不存在尾缘脱落涡。

5. 实验模型流场中的漩涡演化过程

截取流场中的 y-z 平面，通过不同流向位置处截面的 Q 准则等值面图和涡量云图分析流场中漩涡结构的发展过程。图 3.36 为二维截面示意图。

(a) 二维截面的视角1　(b) 二维截面的视角2

图 3.36　超声速叶栅实验模型流场中的二维截面示意图

下面选取 10 个截面 Q 准则等值面图开展分析。

图 3.37 为 x=3mm、x=5mm 和 x=10mm 截面的 Q 准则等值面图。通过图 3.37 观察吸力面马蹄涡与压力面马蹄涡的发展趋势。从 x=3mm 截面的 Q 准则等值面图中可以观察到吸力面马蹄涡与压力面马蹄涡，吸力面马蹄涡的影响范围明显大于压力面马蹄涡，由于前缘激波会产生较大的逆压力梯度并且横向二次流与吸力

面马蹄涡的旋向相反，来流边界层在吸力面的分支无法向下游发展，堆积在了前缘激波附近。从 x=5mm 截面的 Q 准则等值面图中可以看出，吸力面马蹄涡在前缘 3～5mm 的演化过程中受到横向二次流及逆压力梯度影响而快速削弱，吸力面马蹄涡在 x=5mm 截面处的影响范围明显小于 x=3mm 截面处；压力面马蹄涡在向下游发展过程中，由于受到横向二次流的加强作用，在 x=5mm 截面处的影响范围明显大于 x=3mm 截面处。吸力面马蹄涡与压力面马蹄涡在向下游发展过程中并不是独立的，而是相互重叠在一起向下游发展的。由 x=10mm 截面的 Q 准则等值面图可以看出，吸力面马蹄涡的强度与影响范围在其向下游发展过程中因受到横向二次流的削弱而明显减小，压力面马蹄涡的强度与影响范围在其向下游发展过程中因受到横向二次流的加强作用而较前缘位置明显增大。

(a) x=3mm

(b) x=5mm

(c) x=10mm

图 3.37　超声速叶栅 x=3mm、x=5mm 和 x=10mm 截面的 Q 准则等值面图

图 3.38 为 x=14mm、x=20mm、x=75mm 和 x=91mm 截面的 Q 准则等值面图。由 x=14mm 截面的 Q 准则等值面图可以看出，吸力面马蹄涡在该截面由于受到横向二次流的抑制作用而完全消失了；压力面马蹄涡在该截面已经发展到了一定规模；压力面前缘激波入射吸力面导致的分离泡结构，使得漩涡主要分布在端壁附近；强度与范围较弱的通道涡在该截面附近位置就已经开始发展了。

通过 x=20mm、x=75mm 和 x=91mm 截面的 Q 准则等值面图观察吸力面脱落涡的脱落过程、通道涡的发展壮大过程以及压力面马蹄涡的耗散过程。吸力面脱落涡的脱落过程如下：吸力面上的漩涡结构在 x=20mm 截面位置紧贴于吸力面上，在 x=75mm 截面位置已经微微离开吸力面，在 x=91mm 截面位置已经完全脱离吸力面，从吸力面上的低速漩涡区域过渡到了吸力面脱落涡。通道涡的发展壮大过程如下：通道涡在 x=75mm 截面位置已经发展到一定规模，在 x=91mm 截面位置其强度与影响范围更大。压力面马蹄涡的耗散过程如下：在 x=20mm 截面可以看到压力面马蹄涡存在，由 x=20mm 截面发展到 x=75mm 截面，压力面马蹄涡逐渐耗散消失。

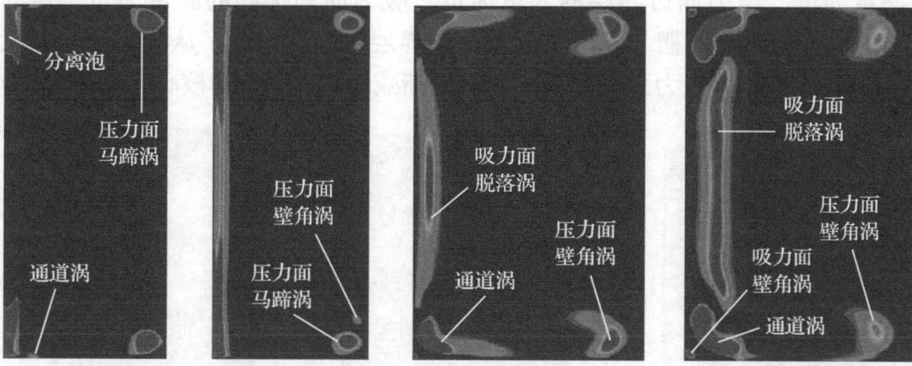

(a) x=14mm　(b) x=20mm　(c) x=75mm　(d) x=91mm

图 3.38　超声速叶栅 x=14mm、x=20mm、x=75mm 和 x=91mm 截面的 Q 准则等值面图

图 3.39 为 x=102mm、x=123mm 和 x=145mm 截面的 Q 准则等值面图，该图描述了吸力面脱落涡的耗散过程以及通道涡的燕尾形耗散过程。从 x=102mm 截面到 x=123mm 截面，再到 x=145mm 截面变化过程中，吸力面脱落涡快速耗散，强度与影响范围均快速减弱，主要原因是吸力面脱落涡一旦脱离吸力面之后，会与主流高速气流掺混，这期间漩涡区域中的气流旋转运动会在短距离内不再占据主导位置，而向下游流动的速度占据了主导地位，因此吸力面脱落涡一旦脱离到了主流区域中，会快速耗散成为主流向下游流动的一部分。在 145mm 截面上，通道涡已经成为两个分支，在三维漩涡图中为燕尾形，可以确定通道涡是以燕尾形耗散的。

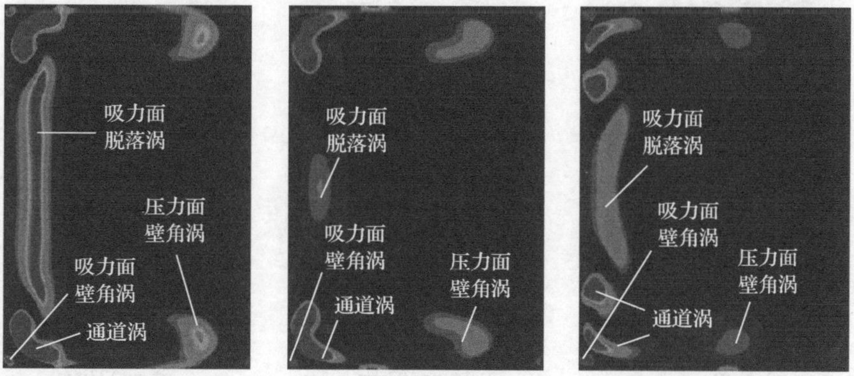

(a) x=102mm　(b) x=123mm　(c) x=145mm

图 3.39　超声速叶栅 x=102mm、x=123mm 和 x=145mm 截面的 Q 准则等值面图

进一步结合不同流向截面的涡量云图，分析超声速叶栅实验模型流场中漩涡的发展过程。如图 3.40 所示，从 x=3mm 截面到 x=14mm 截面的变化过程中，由涡量云图可以看到吸力面马蹄涡与压力面马蹄涡的变化过程：首先吸力面边界层的涡量为正，压力面边界层的涡量为负，吸力面马蹄涡的涡量为负，压力面马蹄涡的涡量为正，叶栅与端壁之间角区边界层的涡量为负；从 x=3mm 截面变化到 x=10mm 截面，吸力面马蹄涡的涡量逐渐减小，负涡量的核心区域逐渐缩小，

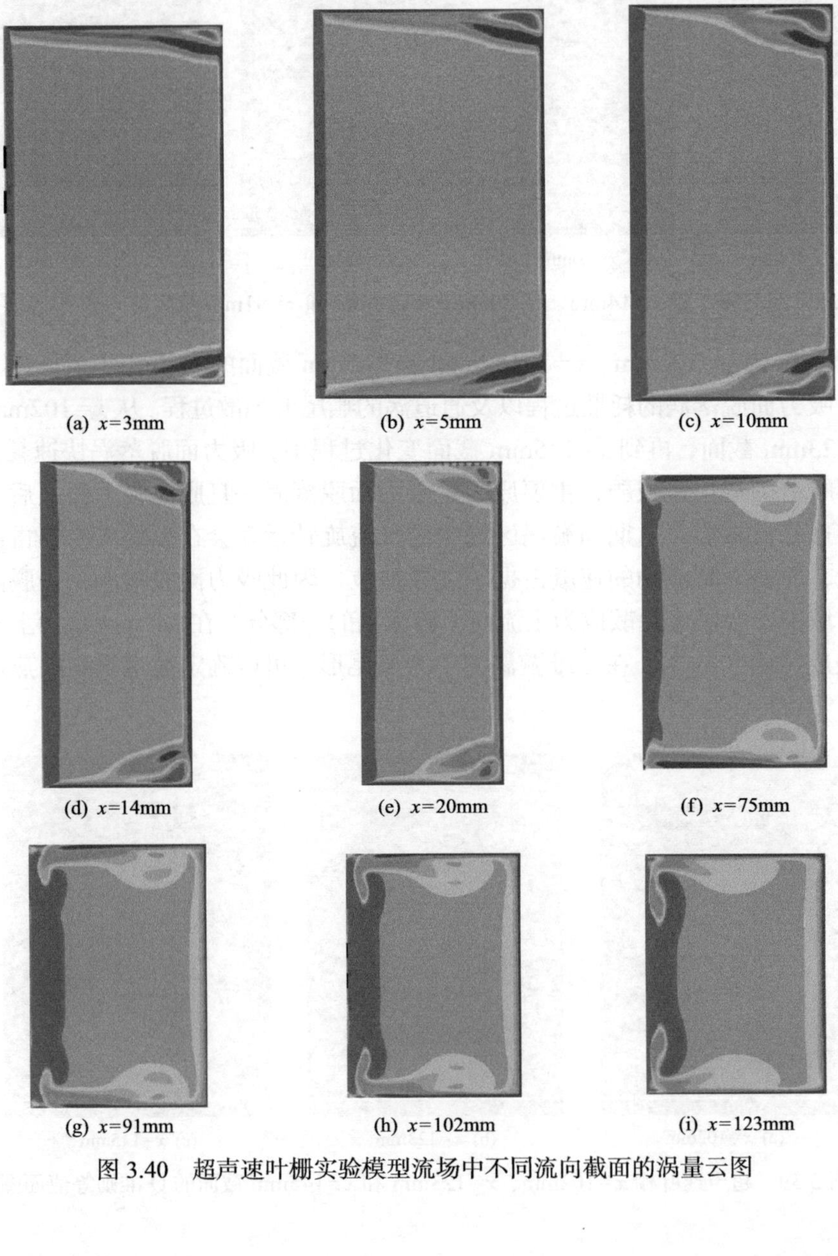

(a) x=3mm (b) x=5mm (c) x=10mm (d) x=14mm (e) x=20mm (f) x=75mm (g) x=91mm (h) x=102mm (i) x=123mm

图 3.40 超声速叶栅实验模型流场中不同流向截面的涡量云图

负涡量的影响范围也逐渐减小，这是因为吸力面马蹄涡由于受到前缘激波的逆压力梯度和反向横向二次流的作用而被削弱，在叶栅前缘附近迅速耗散；压力面马蹄涡的涡量逐渐增大，正涡量的核心区域逐渐扩大，这是因为压力面马蹄涡受到横向二次流的加强作用，逐渐发展壮大。在截面变化过程中，从吸力面边界层的涡量云图中可以看到，正的吸力面边界层迅速增厚，负的压力面边界层厚度一直保持较薄。

从 x=14mm 截面可以看到，吸力面边界层厚度迅速增加，这是由于压力面前缘激波与吸力面边界层相互作用导致的边界层分离现象的影响。在 x=10mm 截面变化到 x=20mm 截面过程中，吸力面边界层的厚度先增加后减小，这是由激波和边界层相互作用导致吸力面边界层先分离再附着导致的。

进一步观察流向截面从 x=75mm 变化到 x=123mm，可以看到，叶栅与角区之间具有负涡量的边界层，在压力面与吸力面之间的压差作用下，成为横向二次流，二次流在到达吸力面之后卷吸形成了通道涡，具有负涡量值通道涡的范围与强度均逐渐加强；具有正涡量的吸力面边界层逐渐增厚，在 x=91mm 的流向截面，吸力面边界层已经脱落且形成了吸力面脱落涡。

3.3.3　超声速叶栅实验模型中激波串流场结构分析

本节对 SAV21 超声速叶栅实验模型中的激波串流场结构进行分析。图 3.41 为背压比(出口截面压力/进口截面压力)为 4.2 时流场对称面的密度梯度云图和表面流线图。由图可以看到，由于出口压力的增加，叶栅中的流场结构发生显著的改变，叶栅流动通道中出现两个区域：一个是主流区域，该区域中为激波串核心流动，存在激波干扰与反射现象，主流区域中的流线基本保持平直，沿着流道向下游发展；另一个是亚声速分离区域，该区域中的流线呈现回旋形态，回流运动方向从壁面向对称面观察为逆时针，尽管流场中存在这种大尺度分离结构，但是流

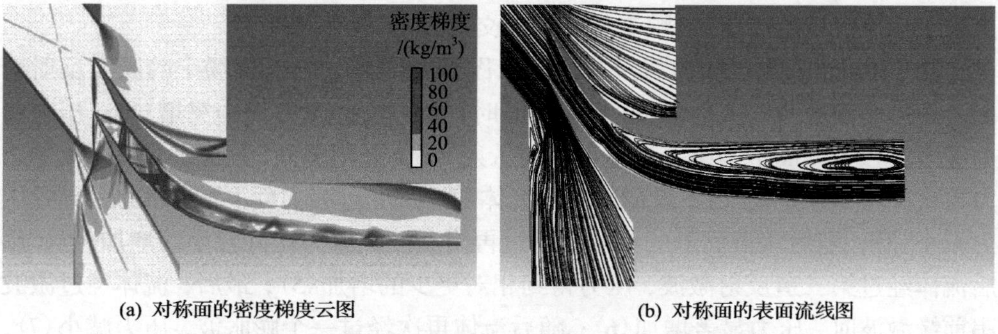

(a) 对称面的密度梯度云图　　(b) 对称面的表面流线图

图 3.41　超声速叶栅实验模型中的激波串流场结构

场没有被完全破坏，叶栅流场中的吸力面前缘激波、压力面前缘激波等结构仍然存在，并且叶栅没有发生大尺度的溢流现象，叶栅的流量捕获能力没有受到影响，叶栅流场通过背景波系与激波串的增压匹配下游的高背压，此状态下叶栅处于正常工作状态，流量捕获系数、总压恢复系数等性能均稳定。

1. 激波串流场的壁面流谱分析

对与吸力面平行的截面以及与压力面平行的截面开展壁面流谱分析，首先分析与吸力面平行的截面的壁面流谱。如图 3.42 所示，与吸力面平行截面上的流线可以分为两部分：压力面前缘激波入射导致的流线中断区域和激波串入射导致的回流区域。

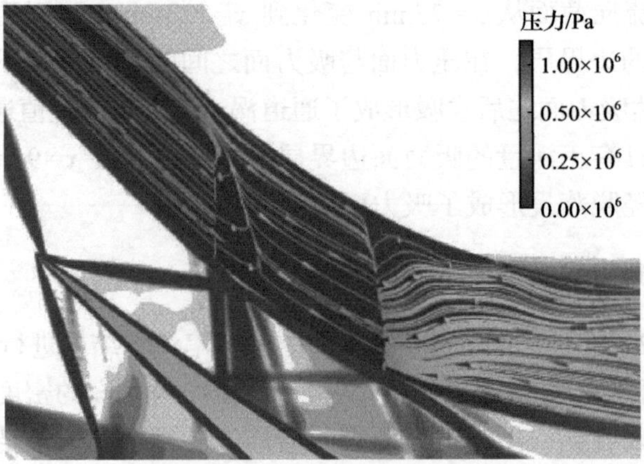

图 3.42　与吸力面平行截面上的极限流线分布(流线以压力着色)

对于压力面前缘激波入射导致的流线中断区域，吸力面上的极限流线在激波与吸力面的入射点处中断，在再附激波与吸力面交点位置重新向下游流动。对于回流区域，在吸力面分离泡下游不远处，吸力面流线出现了回流现象，回流起始点位于回流区域的滞止点(顺流与回流的交点)。

基于 8mm 节距截面流线及其压力云图(图 3.43)，分析流场中的激波反射情况。压力面前缘激波入射 8mm 节距截面时，该截面上流体压力突增(1)；压力面前缘激波在吸力面上的第一道反射激波入射 8mm 节距截面，导致该截面上流体压力再次突增到一定值(2)；该截面上的流体随后又经过吸力面上的膨胀波，导致压力减小(3)；随后该截面上的流体又经过再附激波，压力得到较小的增加(4)；然后流体经过第二道反射激波，压力得到相对更少的增加(5)；最后，流体经过激波串前缘激波时，压力显著增加(6)；随后流体再次经过一个膨胀波，压力减小(7)，截面进入回流区域，由于回流区域中不存在激波，压力不会发生波动。

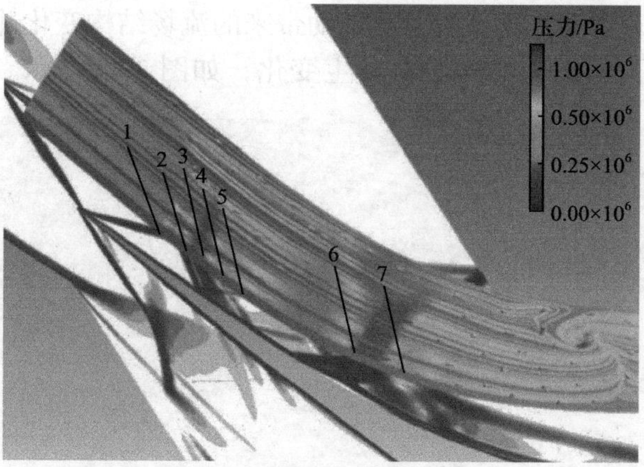

图 3.43　8mm 节距截面流线及其压力云图

图 3.44 为距离压力面 2mm 的平行于压力面截面的流线及其压力云图。由图可看出，该截面完全处于主流区域中，以及主流区域中激波的干扰与反射情况。

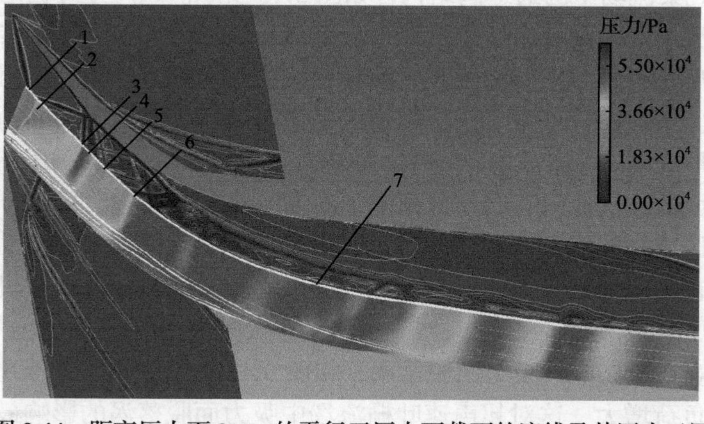

图 3.44　距离压力面 2mm 的平行于压力面截面的流线及其压力云图

具体分析图 3.44 中各个位置压力变化及其所对应的激波情况如下：吸力面前缘激波在该截面上的入射导致压力增加(1)；压力面前缘激波在该截面上的入射导致压力增大(2)；压力面前缘激波在吸力面的第一道反射激波在截面上的入射导致压力增大(3)；产生于吸力面分离泡上的膨胀波导致该截面上流体压力的减小(4)；吸力面再附激波在截面上的入射导致压力增大(5)；激波串前缘激波导致该截面上的压力增大(6)；激波串流场中交替出现的压缩波与膨胀波导致该截面上的压力增大与减小交替出现(7)。

2. *激波串流场中的漩涡结构分析*

首先，观察流场中的马蹄涡结构，在超声速叶栅流场中，背压比增大导致激波串从下游向上游运动，由下游背压扰动带来的流场结构变化并未传播到叶栅前缘位置处，因此，马蹄涡结构没有发生变化，如图 3.45 所示。

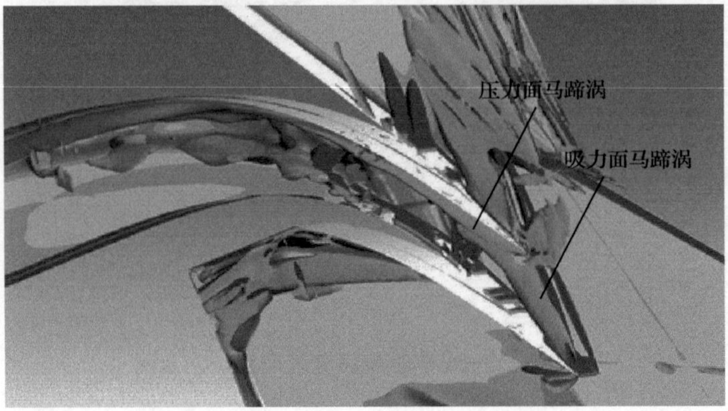

图 3.45　超声速叶栅实验模型中激波串流场中的马蹄涡结构

然后，观察流场中的通道涡结构，如图 3.46 所示。超声速叶栅通道中的通道涡在激波串流场中并没有向下游发展过长距离，它在分离泡下游发展一小段弦长距离之后，遇到了激波串前缘激波，前缘激波产生的强逆压力梯度阻碍了通道涡向下游发展。由 3.3.2 节分析可知，通道涡是由于从压力面到吸力面的二次流在吸力面上卷吸形成的，在激波串流场中，如图 3.46(c)所示吸力面极限流线图，从端壁流到吸力面的二次流只存在于分离泡下游的一小段范围内，即从分离泡的起始位置到回流区域与顺流区域相交的滞止线位置。在回流区域中，流动均为逆流向流动，不存在压力面到吸力面的二次流，由于不存在通道涡的形成机制，通道涡也就不存在了。

最后，观察流场中的吸力面脱落涡，如图 3.47 所示。随着背压比的增大，超声速叶栅的负荷增大，这对超声速叶栅流场中吸力面脱落涡的影响最大。为了匹

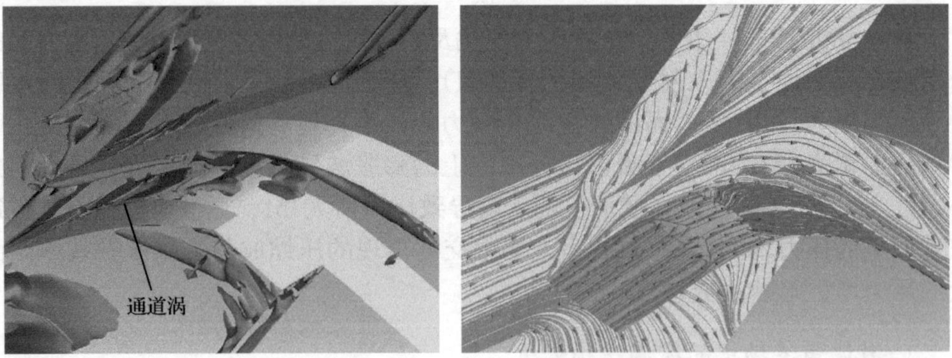

(a) 激波串流场中的Q准则等值面　　(b) 激波串流场中的端壁和吸力面极限流线

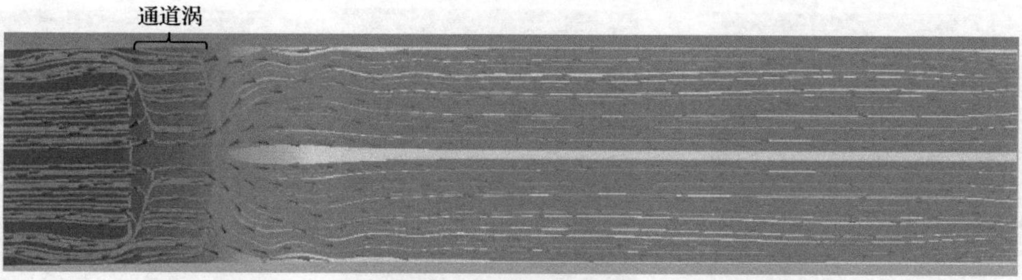

(c) 激波串流场中的吸力面极限流线

图 3.46　超声速叶栅实验模型中激波串流场中的通道涡结构

图 3.47　超声速叶栅实验模型中激波串流场中的吸力面脱落涡

配下游的高背压条件，叶栅流场中产生了激波串结构，由于激波串前缘激波的强度较大，其在吸力面的入射带来了较大的逆压力梯度，吸力面边界层发生了大面积的分离，进而诱导吸力面边界层在激波串前缘激波位置脱离吸力面。由于该部分流体的动能较小，流动状态容易受到压力梯度作用而发生改变，激波串流场中交替出现的压缩波和膨胀波会导致该部分流体在短距离内的流动方向快速变化，使得其旋转运动占据主导地位，进而演化为吸力面脱落涡。

3. 激波串流场中的漩涡演化过程

下面通过二维流向截面的 Q 准则等值面图分析流场中漩涡的发展过程，如图 3.48～图 3.50 所示。

图 3.48 为 x=3mm、x=5mm 和 x=10mm 截面的 Q 准则等值面图。在 x=3mm 流向截面观察吸力面脱落涡与压力面脱落涡的起始位置，由于前缘激波会产生较强的逆压力梯度，来流边界层在吸力面的分支无法抵消此高逆压力梯度，并且来流边界层在向下游发展过程中受到了反向横向二次流的阻碍作用，无法向下游继续发展。因此，来流边界层在吸力面的分支完全堆积在了前缘激波附近，因此在 x=3mm 流向截面，吸力面马蹄涡强度与范围均大于压力面马蹄涡。

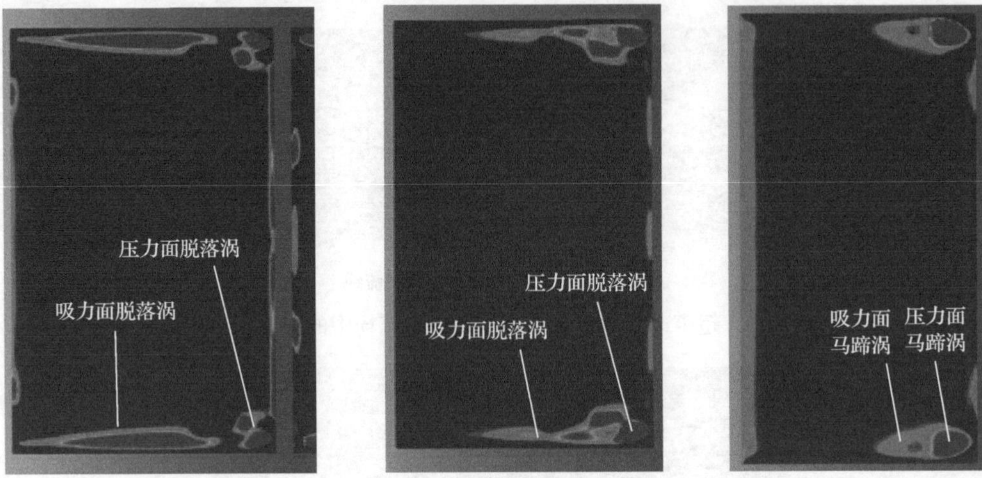

(a) x=3mm　　(b) x=5mm　　(c) x=10mm

图 3.48　超声速叶栅 x=3mm、5mm 和 10mm 截面的 Q 准则等值面图

在流场从 x=3mm 变化到 x=5mm 的过程中，可以明显地看到吸力面马蹄涡与压力面马蹄涡朝着两个相反的方向变化，并且变化速度也存在差异。吸力面马蹄涡由于前缘激波逆压力梯度的作用和方向相反的横向二次流作用，强度与范围快速衰减，明显小于 x=3mm 流向截面处的。压力面马蹄涡虽然也经历了前缘激波逆压力梯度的作用，但是方向相同的横向二次流加强了压力面脱落涡，可以看到 x=5mm 流向截面处的压力面马蹄涡的强度与范围大于 x=3mm 流向截面处。

在 x=10mm 流向截面，吸力面马蹄涡已经衰减得很弱了，无论是从范围还是强度均要远远小于 x=3mm 和 x=5mm 截面处。压力面马蹄涡在向下游发展过程中得到了横向二次流的加强作用，在流场从 x=3～10mm 的变化过程中，压力面马蹄涡逐渐得到了加强，无论是从范围还是强度均增加。从变化速度来看，压力面马蹄涡增强的速度明显慢于吸力面马蹄涡衰弱的速度，这是由于吸力面马蹄涡是在前缘激波高逆压力梯度与方向相反的横向二次流共同作用下衰减的，并且向下游发展的涡本身就是朝着耗散的方向发展的。而压力面脱落涡尽管受到了方向相同的横向二次流的加强作用，但是前缘激波产生的逆压力梯度和流动本身向下游的耗散，使得压力面脱落涡增强速度远远小于吸力面脱落涡衰减的速度。

图 3.49 为 x=14mm、x=20mm 和 x=25.8mm 截面的 Q 准则等值面图。可以看出在 x=14mm 流向截面，吸力面马蹄涡已经完全消失，压力面马蹄涡所受到的横向二次流的加强作用不足以抵消由流道的扩压型面以及激波串前缘激波带来的逆压力梯度，从 x=10mm 流向截面以后就步入了衰减过程，在 x=14mm 流向截面处压力面马蹄涡的强度与范围均要小于 x=10mm 流向截面处的。基于流向截面

(a) x=14mm　(b) x=20mm　(c) x=25.8mm

图 3.49　超声速叶栅 x=14mm、x=20mm 和 x=25.8mm 截面的 Q 准则等值面图

的 Q 准则等值面图可以看到，压力面上的边界层较薄，而吸力面在流动过程中堆积起了较厚的边界层，压力面前缘激波在吸力面的入射带来了较大的逆压力梯度，进而导致局部分离泡的产生，靠近角区的流体动能小，容易受到逆压力梯度作用而改变流动状态，因此被判定为漩涡区域。

在 x=20mm 流向截面处存在两种漩涡结构：一种是正在衰减的压力面马蹄涡；另一种是紧贴于吸力面还没有脱落的吸力面脱落涡，吸力面上堆积的低速边界层流体，由于动能低，受到逆压力梯度的影响后极易发生运动形态的变化，使得其旋转运动占据主导位置而被判定为漩涡区域。

在 x=25.8mm 流向截面处，吸力面脱落涡在叶高中部湍动能强度增大，漩涡即将发生脱落；压力面马蹄涡较 x=20mm 流向截面处明显发生了一定程度的衰减。x 激波串前缘激波位于 x=25.8mm，流体经过此道激波后流动会在短距离内发生快速转折使得旋转运动占据主导，进而被判定为漩涡区域。

图 3.50 为 x=34mm 截面及其下游一系列流向截面的 Q 准则等值面图。可以

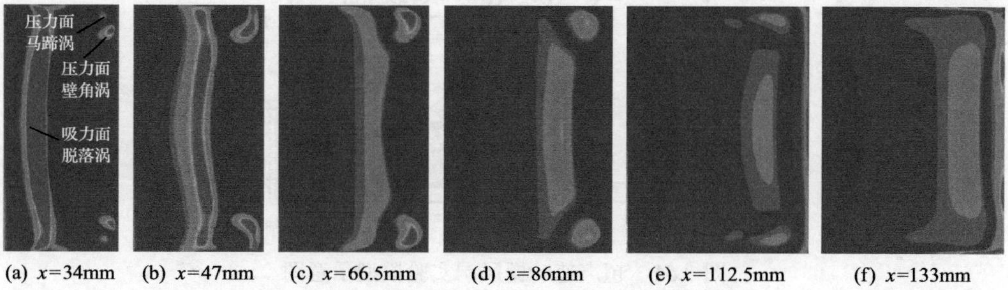

(a) x=34mm　(b) x=47mm　(c) x=66.5mm　(d) x=86mm　(e) x=112.5mm　(f) x=133mm

图 3.50　超声速叶栅 x=34mm、47mm、66.5mm、86mm、112.5mm 和 133mm 截面的 Q 准则等值面图

看到，在 x=34mm 流向截面下游，只存在三种涡，且三种涡经历了发展壮大与耗散的整个过程。吸力面脱落涡在 x=34～47mm 的流向范围内经历了发展壮大过程，在 x=47mm 到下游则逐渐耗散消失。压力面马蹄涡在 x=34mm 流向截面处已经耗散得很小了，在其下游不远处将会耗散消失。压力面壁角涡则在 x=34～66.5mm 的流向范围之间经历一个发展壮大的过程，在 x=66.5mm 流向截面下游逐渐耗散消失。

3.4 超声速叶栅节流过程的风洞实验

3.4.1 实验条件与测量方法

基于 3.3 节的分析可知，超声速叶栅实验模型是可行的，能够反映出超声速叶栅流场结构及其演化特性，因此，本节设计、制作了 SAV21 超声速叶栅实验模型，并开展了风洞实验研究。图 3.51 为超声速叶栅风洞实验模型的示意图。风洞实验是在哈尔滨工业大学超声速叶栅自由射流风洞实验台上开展的。超声速叶栅实验段上游喷管的出口马赫数为 2.4，来流总压为 1.15MPa，实验段宽 40mm、高

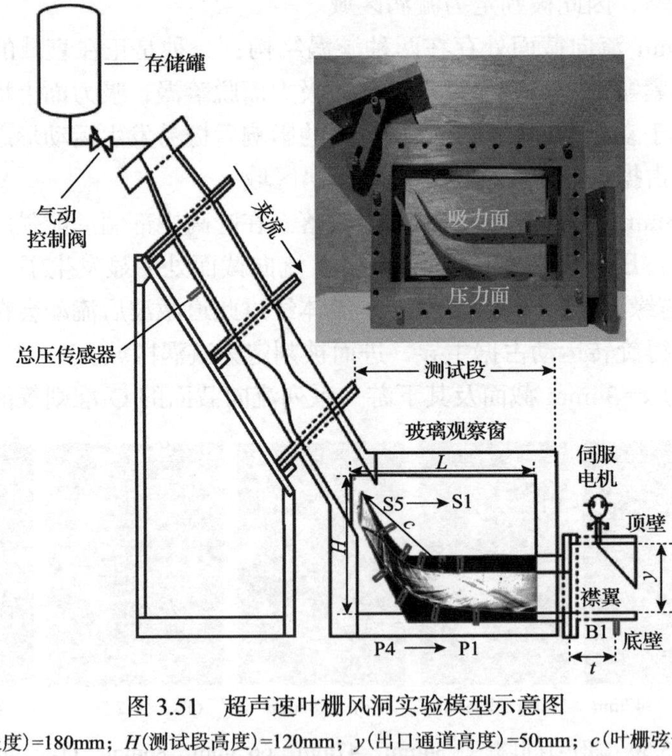

图 3.51 超声速叶栅风洞实验模型示意图

L(测试段长度)=180mm；H(测试段高度)=120mm；y(出口通道高度)=50mm；c(叶栅弦长)=100mm；t(背压传感器到测试段出口的距离)=140mm

208mm、长 225mm，由钢制成，实验段的观察窗高 120mm、长 180mm。鉴于叶片弯曲的构型且前缘较薄，在叶片上均匀布置传感器是比较困难的，因此放置在流场中关键位置的传感器对于研究流场机理尤为重要。

考虑到上述问题，压力面上的四个传感器分别位于 35%弦长、60%弦长、90%弦长和 120%弦长，吸力面上的五个传感器分别位于 30%弦长、55%弦长、75%弦长、95%弦长和 105%弦长。为了验证压力测量的可重复性，在相同的来流与背压条件下进行了三次测量。图 3.52 绘制了吸力面叶高中部的平均压力分布并标记出了可能存在误差的区间。本章中平均压力的不确定度不大于 1%。

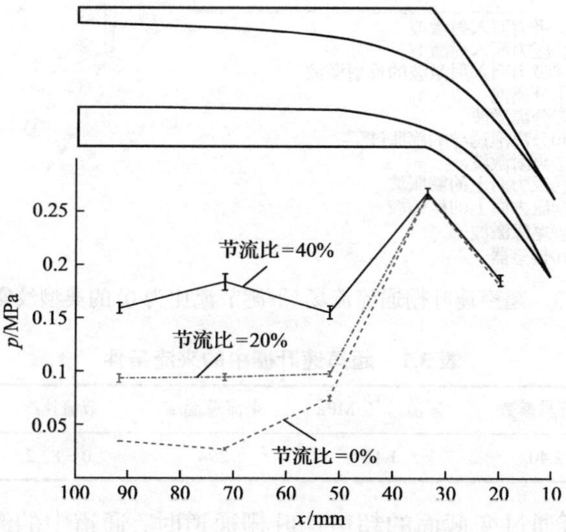

图 3.52　标记有误差区间的吸力面叶高中部平均压力分布

为了捕捉流场的高时间分辨率瞬态结构，采用高帧率相机（Phantom V12），以帧率 1000 帧/s、曝光时间 250μs 和分辨率 800 像素 × 504 像素的记录可视化的瞬态纹影结构。获得纹影图像后，去除图像的背景颜色并进行锐化处理，以突出流场中的激波结构。纹影可视化系统与压力测量系统同样基于 LED 灯与数据采集系统的一路测量通道同步，同步方法与 2.2.2 节中描述的一致。

3.4.2　超声速叶栅稳定流场特性分析

首先开展超声速叶栅通流流场特性分析，在分析超声速叶栅节流流场中复杂的激波串结构之前，有必要先了解通流状态下的超声速叶栅流场中的背景波系结构。图 3.53 为超声速叶栅通流流场的典型纹影图像。超声速叶栅中的来流条件如表 3.1 所示。

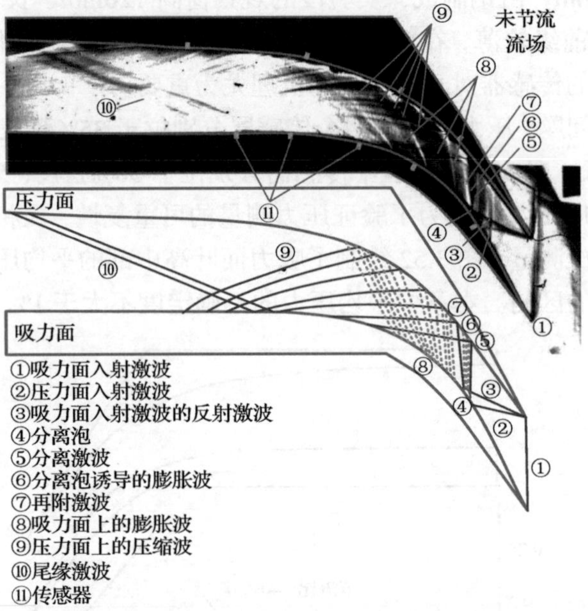

图 3.53　超声速叶栅通流流场(下游节流比为 0)的典型纹影图像

表 3.1　超声速叶栅中的来流条件

参数	来流马赫数	来流总压/MPa	来流总温/K	节流比/%	节流比变化时间/s
数值	2.40	1.15	294	0～82.2	31.72

当超声速气流通过变截面的超声速叶栅通道时，通道中的激波/边界层相互作用、激波/激波干扰、激波反射等问题不可避免。下面对叶栅通道中的波系结构进行分析，在吸力面入射激波的作用下，进入叶栅通道的气流与吸力面平行，超声速气流在吸力面前缘处通过吸力面入射激波后，压力突增，吸力面入射激波到达压力面后，产生吸力面入射激波的反射激波。由于吸力面入射激波在压力面的入射点不在压力面前缘，因此在压力面前缘也形成了一个压力面入射激波。强度较高的压力面入射激波和吸力面入射激波的反射激波撞击吸力面边界层，导致激波下游压力的突升，压力增加通过层流边界层中较厚的亚声速层向上游传播，使边界层膨胀，产生分离泡，在分离泡最高点下游的扩张轮廓上会产生膨胀波，在膨胀波的前腿处出现了压缩波扇，压缩波扇逐渐收敛，形成了分离激波，分离激波的起点位于吸力面入射激波的反射激波的入射点上游。在膨胀波下游，气流向内偏转，偏转到平行于吸力面，使得边界层重新附着，在附着点再次形成压缩波扇，压缩波扇合并形成再附激波，由于吸力面附近的局部流动，在向下游发展过程中，吸力面的轮廓是逐渐扩张的，从而在吸力面上产生一系列膨胀波系。由于压力面

附近的局部流动，在向下游发展过程中，压力面的轮廓是逐渐收缩的，从而在压力面上产生一系列压缩波系。在吸力面弯曲段与下游直线段的交线上，产生了尾缘激波，尾缘激波入射到通道出口附近的压力面上。

进一步结合叶片上的压力分布与叶高中部的密度梯度分析通流流场结构，如图 3.54 所示吸力面上的压力分布情况，A 点的压力下降是由吸力面上产生的膨胀波导致的。压力面入射激波在吸力面的入射，导致 B 点处压力增大。经过压力面入射激波与反射激波 A 的流体，再次进入由吸力面型面产生的膨胀波区域。因此，C 点处的压力减小。在 D 点，尾缘激波产生的压升导致吸力面边界层发生分离。之后分析压力面的压力分布情况。弯曲的叶栅压力面产生的压缩波，使得 E 点处的压力增大。在经过压缩波后，流体再次进入膨胀波区域中，因此 F 点的压力开始减小。反射激波 A 在压力面上的入射导致了 G 点处压力的增大。流体在经过反

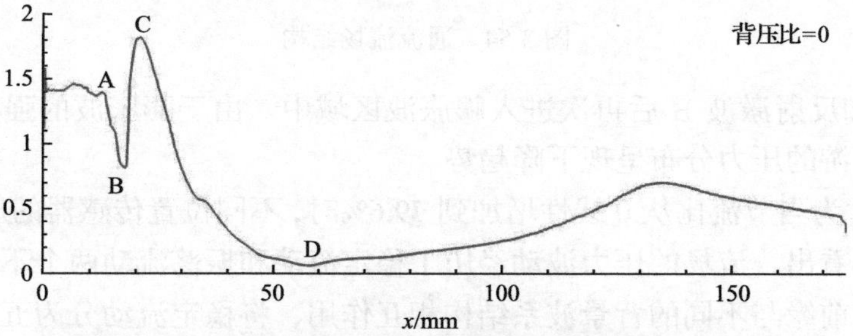

(a) 吸力面叶高中部压力分布曲线

(b) 吸力面压力云图

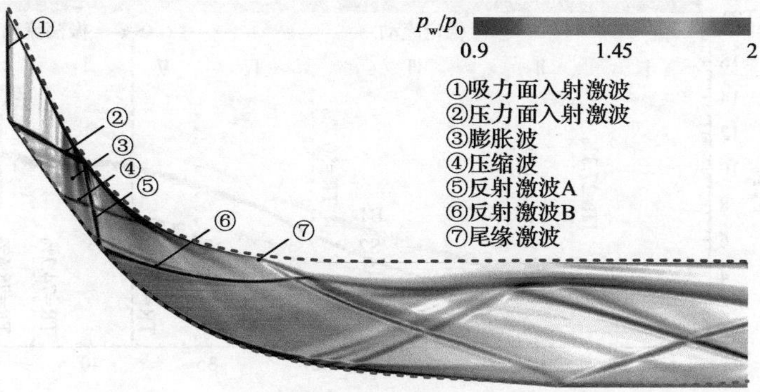

(c) 叶高中部密度梯度云图

(d) 压力面压力云图

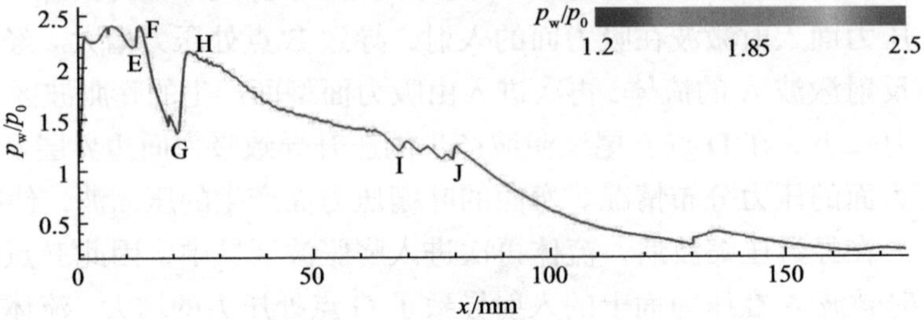

(e) 压力面叶高中部压力分布曲线

图 3.54　通流流场结构

射激波 A 和反射激波 B 后再次进入膨胀波区域中。由于膨胀波的强度大于压缩波，H 点下游的压力分布呈现下降趋势。

图 3.55 为当节流比从 0 线性增加到 79.6%时，不同位置传感器的压力-时间曲线图。可以看出，流场的压力波动经历了稳定流动和振荡流动两个不同的阶段。根据激波串前缘与不同的背景波系结构相互作用，将稳定流动分为五个不同的阶段：阶段Ⅰ为激波串前缘位于下游矩形通道(0<TR<27.3%)；阶段Ⅱ为激波串前缘位于膨胀波的下游(27.3%<TR<32.9%)；阶段Ⅲ为激波串前缘位于膨胀波处(32.9%<TR<50.7%)；阶段Ⅳ为激波串前缘与分离泡相互作用(50.7%<TR<60.3%)；阶段Ⅴ为激波串前缘位于膨胀波的上游(60.3%<TR<65.8%)。当部分流体从压力面前缘旁通或溢流时，叶栅内部流动破坏了其气流捕获能力，从而引起了振荡流动的发

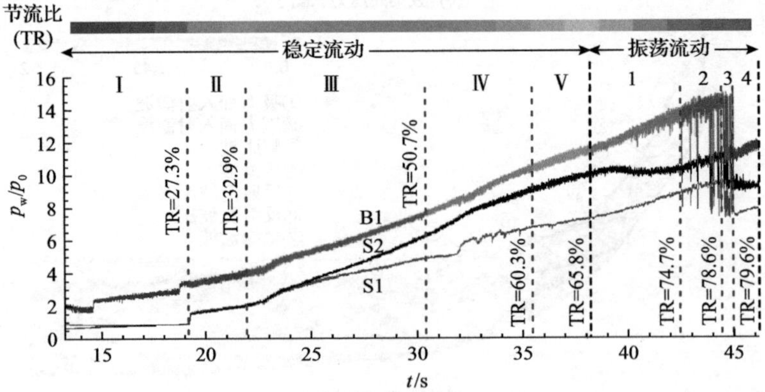

(a) 吸力面

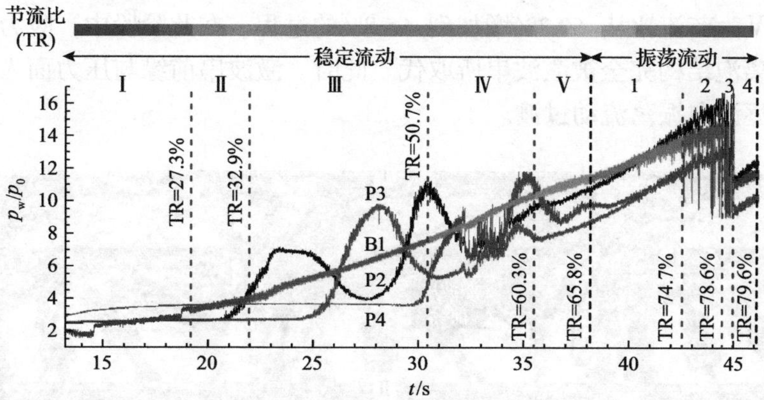

(b) 压力面

图 3.55　超声速叶栅节流过程中的壁面压力-时间曲线

生。由于振荡流动的流场是由稳定流动演化而来的，对稳定流动的详细分析可以为后续振荡流动的描述奠定基础。

图 3.56 为稳定流动的五个阶段中一个激波串运动周期的典型纹影图像。节流比从 0 增加到 27.3%的过程为阶段 I。当节流比小于 27.3%时，激波串前缘一直在叶栅通道下游的矩形管道中运动。当节流比达到 27.3%时，激波串前缘进入了纹影观察窗范围内。阶段 II 为节流比从 27.3%增加到 32.9%，此时激波串前缘快速移动，导致吸力面尾缘的边界层分离，超声速核心流动偏向压力面。此时，激波串前缘已经到达由吸力面型面产生的膨胀波区域。由于此段吸力面的曲率较小，膨胀波的强度也较弱。激波串前缘被膨胀波所削弱，导致其很难区分，但是在激波串下游的两道反射激波却清晰可见。图 3.56 中第二排显示了阶段 II 中激波串运动的一个周期。随着激波串的上游移动，原来的膨胀波区域被扫过的激波串中的压缩波所取代。自由剪切层上两个反射激波(1 和 2)的入射点的上游移动导致其强度的增加。同时，亚声速区域的膨胀导致激波串内部流体被压缩。一旦亚声速区域扩张导致的下游压力下降传播到了激波串前缘，激波串就会返回到其下游位置。阶段 III 为节流比从 32.9%增加到 50.7%的过程。此时由于在激波串前缘点的吸力面曲率较大，膨胀波的强度较大。激波串的振荡运动被膨胀波显著削弱。

如图 3.56 中第三排所示，在一个激波串振荡周期中，激波串前缘只是发生了轻微的移动。阶段 IV 为节流比从 50.7%增加到 60.3%的过程，此时激波串前缘与吸力面上的分离泡相互作用。可以看到，分离泡会严重地抑制激波串的上游运动。激波串的上游运动会改变分离泡的形状，导致由分离泡产生的膨胀波结构增强。因此，由变形的分离泡结构所产生的增强的膨胀波抑制了此阶段的激波串振荡运动。阶段Ⅴ为节流比从 60.3%增加到 65.8%的过程。在此阶段中，吸力面上的膨胀波与分离泡结构完全被激波串所取代。此时，激波串前缘与压力面入射激波相互作用并逐渐向振荡流动过渡。

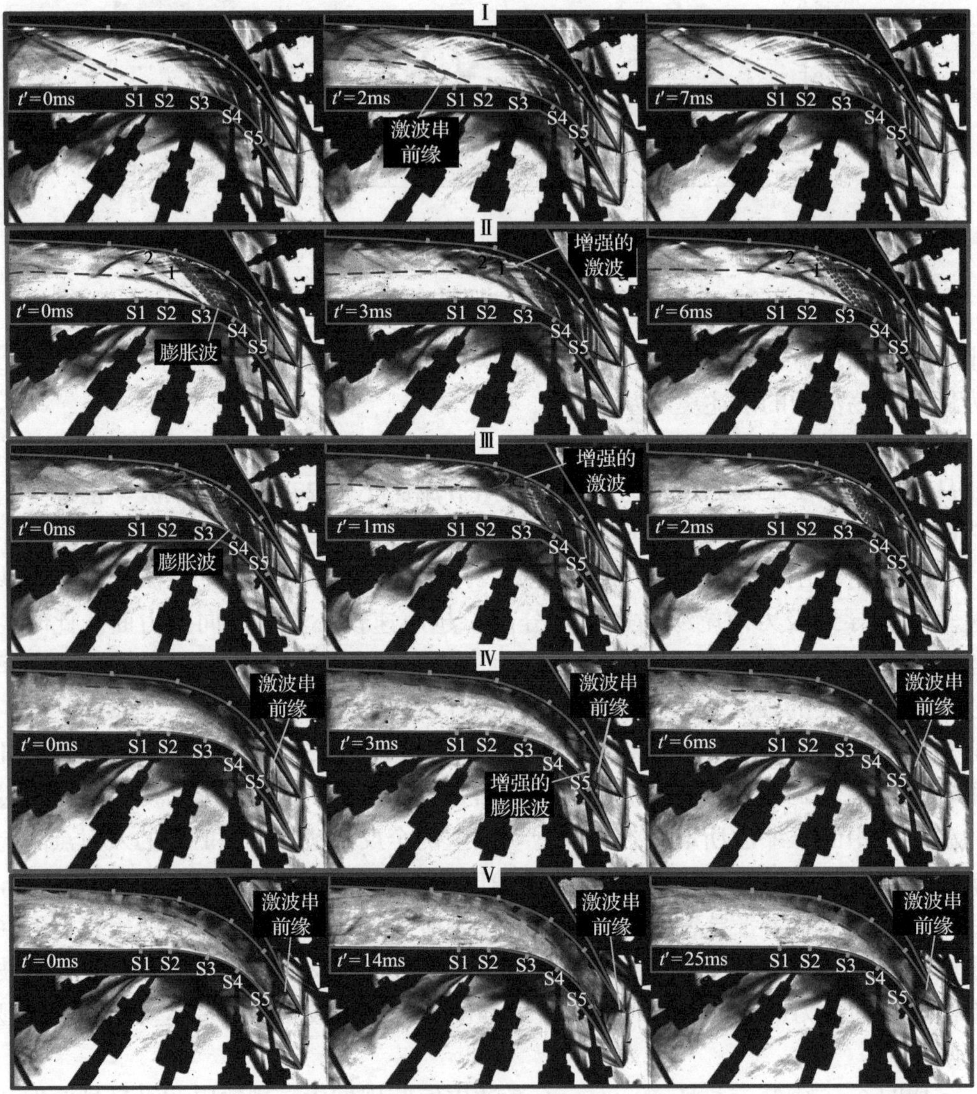

图 3.56　稳定流动中的典型纹影图像

选取固定背压比为 3 开展定常数值模拟研究，深化对超声速叶栅节流流场结构的认识。图 3.57 给出了背压比为 3 时的流场结构。随着背压的增大，超声速叶栅内部的流动逐渐堵塞。激波串前缘激波在吸力面上的入射导致吸力面边界层的

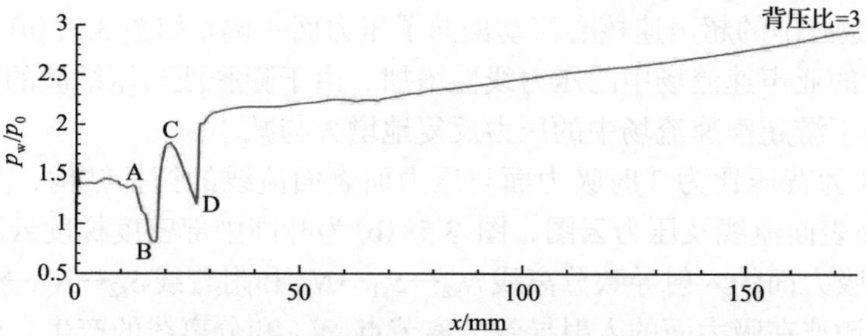

(a) 吸力面叶高中部压力分布曲线

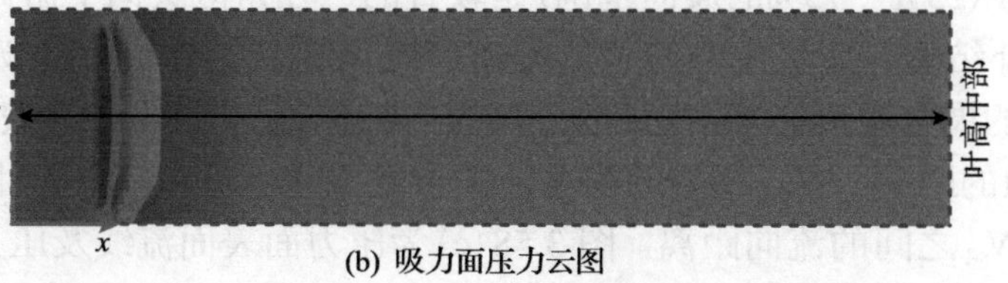

(b) 吸力面压力云图

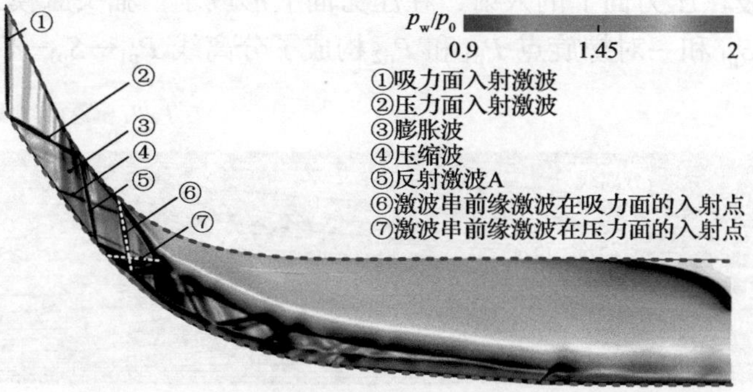

(c) 叶高中部密度梯度云图

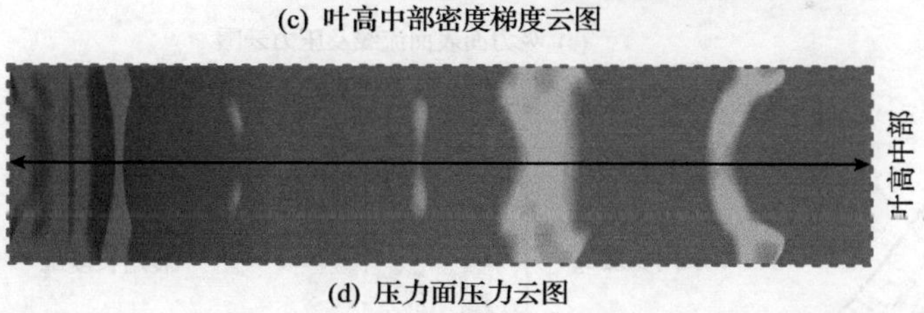

(d) 压力面压力云图

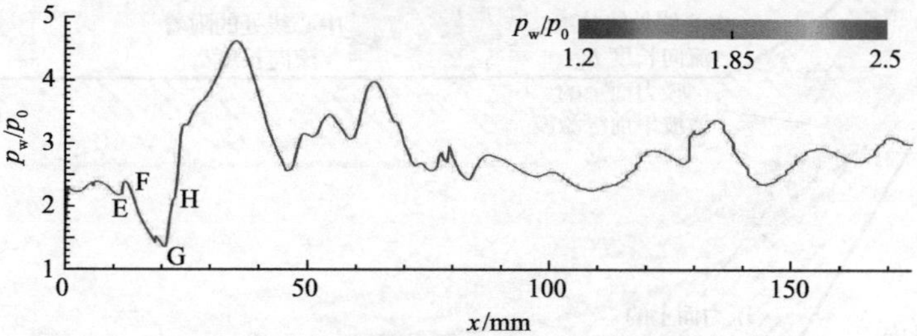

(e) 压力面叶高中部压力分布曲线

图 3.57　背压比为 3 时的流场结构

分离，包含激波串的超声速核心流动偏向了压力面一侧。如图 3.57(a)所示，吸力面 D 点下游的亚声速流场中的压力线性增加。由于膨胀波与压缩波的交替反射，压力面 H 点下游超声速流场中的压力反复地增大与减小。

图 3.58 为背压比为 3 时吸力面与压力面表面流线的拓扑结构，其中图 3.58(a)为吸力面表面流线及压力云图，图 3.58(b)为叶高中部密度梯度云图。压力面入射激波在吸力面的入射导致分离线 N_{s2}←S_{s1}→N_{s1} 和附着线 S_{s2}←N_{s3}→S_{s3} 的形成。激波串前缘激波在吸力面的入射导致分离节点 N_{s4} 和分离线的产生。分离线在通道中间部分(25%～75%的展向范围)是较直的，在角区会向上游倾斜。对于吸力面流线拓扑结构，定义中心线处的分离展向长度 $L_{fs}=20.3\text{mm}$ 为两个分离节点 N_{s1} 和 N_{s2} 的展向距离。中心线处的分离流向长度 $L_{ss}=0.3\text{mm}$ 为鞍点 S_{s1} 和附着节点 N_{s3} 之间的距离。中心线处的附着流向长度 $L_{as}=8.6\text{mm}$ 定义为附着节点 N_{s3} 与分离节点 N_{s4} 之间的流向距离。图 3.58(c)为压力面表面流线及压力云图。由于激波串前缘激波在压力面上的入射，在压力面上形成了“猫头鹰模式”的分离拓扑结构。鞍点 S_{p1} 和一对螺旋点 P_{p1} 和 P_{p2} 构成了分离线 P_{p1}←S_{p1}→P_{p2}，流动在鞍点

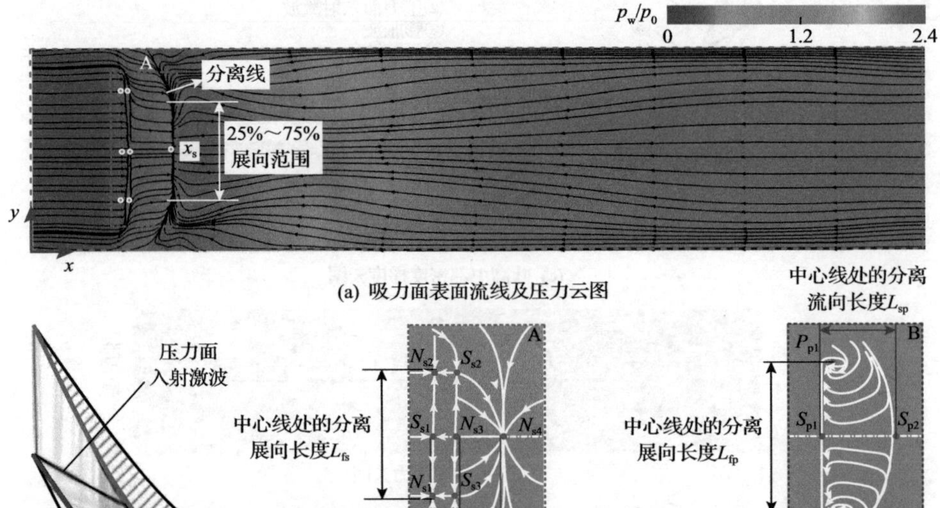

(a) 吸力面表面流线及压力云图

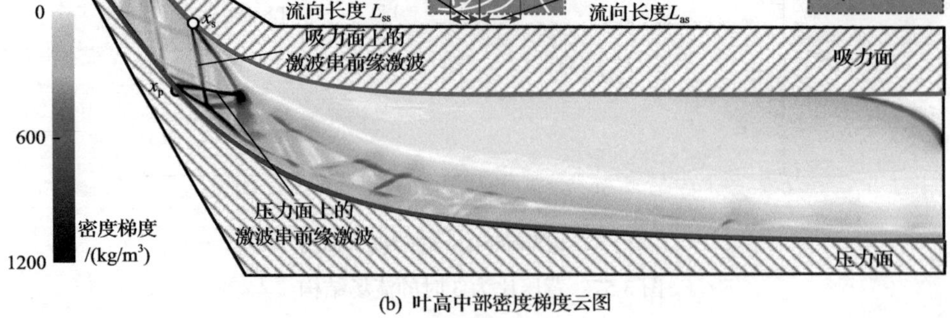

(b) 叶高中部密度梯度云图

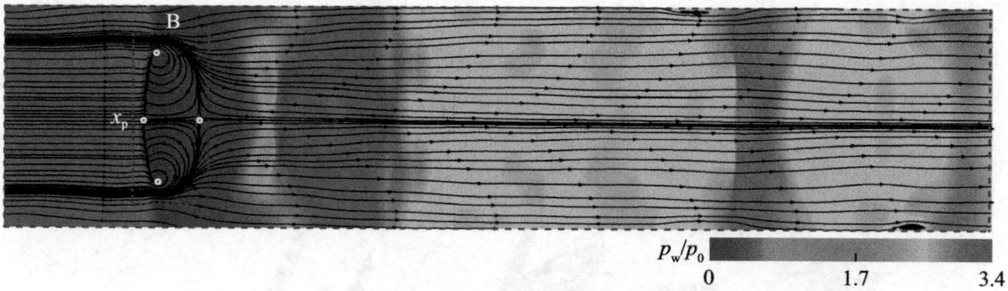

(c) 压力面表面流线及压力云图

图 3.58　背压比为 3 时吸力面与压力面表面流线拓扑结构

S_{p2} 处附着。对于压力面流线的拓扑结构，定义中心线处的分离展向长度 L_{fp} = 23.5mm 为两个分离螺旋点 P_{p1} 和 P_{p2} 之间的距离。定义中心线处的分离流向长度 L_{sp} = 9.7mm 为两个鞍点 S_{p1} 和 S_{p2} 之间的距离。

如图 3.57(b)和图 3.57(d)所示的叶片表面压力云图，由压缩波与膨胀波入射导致的压力增大与减小区域并不是二维的。因此，有必要明确叶栅通道内的激波三维结构。如图 3.59 所示，流向方向密度梯度等于 50kg/m^3 的等值面(灰色等值面)显示的是压缩波的三维结构；流向方向密度梯度等于 −50kg/m^3 的等值面(绿色等值面)显示的是膨胀波的三维结构。通过分析流向方向的密度梯度等值面明确叶栅通道内部的激波三维结构。观察膨胀波与压缩波的三维结构，可以发现它们之间的关系。在 A 区域，可以看到膨胀波在遇到压缩波时会被打断。压力面入射激波在吸力面的入射会导致在 B 区域产生分离泡结构。在分离泡结构上会产生膨胀波结构。在 C 区域，可以看到吸力面上的激波串前缘激波结构是高度三维的。因此，可以得出结论：由叶栅几何构型产生的背景波系结构是相对规则的，呈现出相对二维的形态。由高背压引起的激波串中的激波结构具有高度三维性。表 3.2 为不同背压比时叶栅的质量加权平均性能参数。当背压比小于 5.4 时，来流马赫数与来流总压不会受到影响。随着背压比的增加，出口马赫数不断减小，流动牺牲动能以匹配出口截面的高背压。

在高背压流场中，流道中的激波强度增加以产生更多的压升。这就导致激波损失和分离流动损失的增加，导致叶栅的出口总压恢复系数的降低。当背压比增加到 5.4 时，由于激波串向上游传播，来流参数与喉道参数均发生了变化。一般情况下，当超声速叶栅的流量捕获系数被其内部流动破坏时，认为叶栅工作在失速状态[10]。在失速模式的振荡流动中，会发生剧烈的激波振荡，导致通道内压力的剧烈波动。随之而来的是不希望的性能突降，非稳态空气动力学负荷和热负荷可能导致发动机熄火或者失控[11-16]。因此，认识振荡流动机理对于合理监测和控制失速具有重要意义。

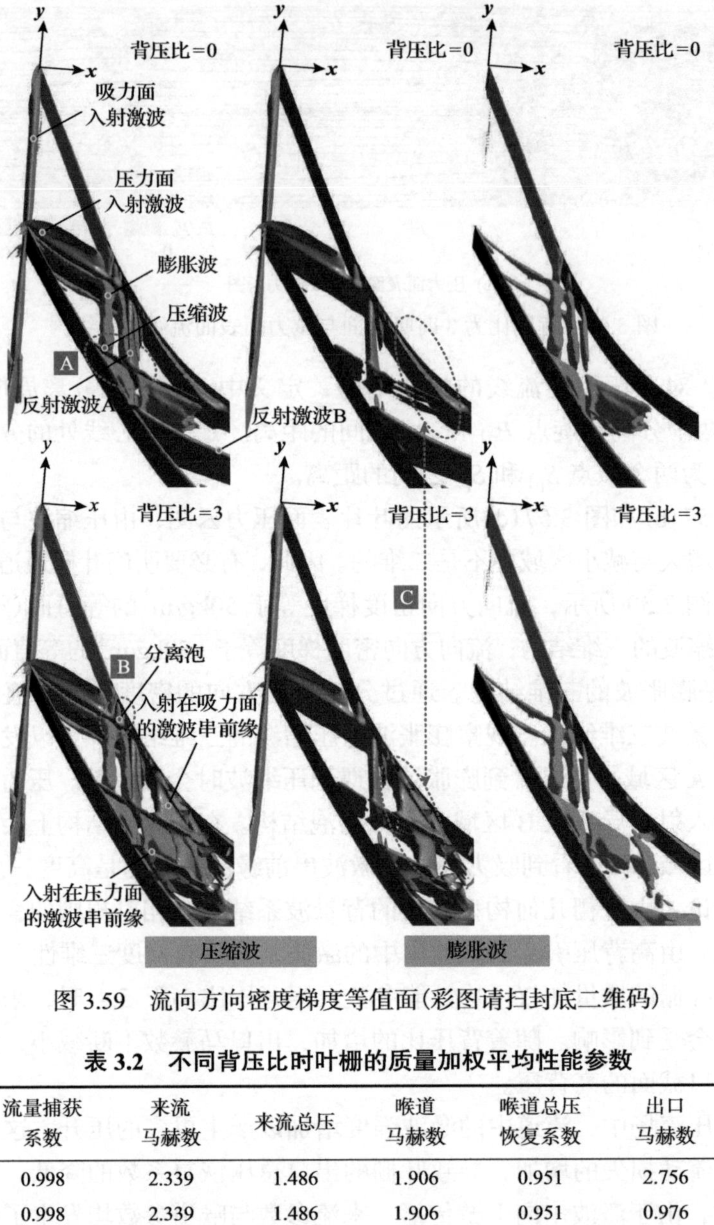

图 3.59 流向方向密度梯度等值面(彩图请扫封底二维码)

表 3.2 不同背压比时叶栅的质量加权平均性能参数

背压比	流量捕获系数	来流马赫数	来流总压	喉道马赫数	喉道总压恢复系数	出口马赫数	出口总压恢复系数
0	0.998	2.339	1.486	1.906	0.951	2.756	0.784
3	0.998	2.339	1.486	1.906	0.951	0.976	0.462
4	0.998	2.339	1.486	1.906	0.951	0.700	0.421
5.4	0.913	2.336	1.486	1.374	0.820	0.531	0.484

3.4.3 超声速叶栅振荡流场特性分析

当节流比增加到 65.8%时，内部激波从压力面前缘脱体，流场发生溢流，此时定义为振荡流动的开始。如图 3.60 所示，根据流场的演化形式和压力波动特征，振荡流动分为四个阶段。

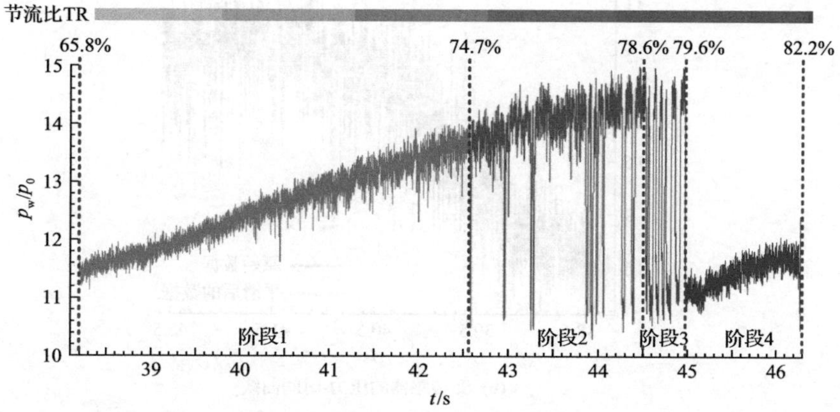

图 3.60　背压传感器测量得到的超声速叶栅振荡流动期间的壁面压力-时间序列

1. 振荡流动阶段 1

提取振荡流动阶段 1 的典型压力-时间分布曲线，并对压力数据开展小波变换得到功率谱密度云图[17,18]，如图 3.61 所示。从原始压力信号中减去经过低通滤波的压力数据，得到零均值压力信号。在本章中，振荡周期由两个非溢流流场之间的时间间隔决定。当流场经过一系列的振荡后，由一种非溢流状态变为另一种非溢流状态时，就认为已经完成了一个振荡周期。

通过对图 3.61 所示的功率谱密度云图分析发现，阶段 1 中的压力波动主导频率随着节流比的增加而逐渐减小。提取四个时间段的压力数据进行傅里叶变化，如图 3.62 所示，可以发现，随着节流比的增加，高振荡能量区域覆盖的时频面积越来越大，说明在较宽的频率范围内，高振荡能量的压力波动时间较长。

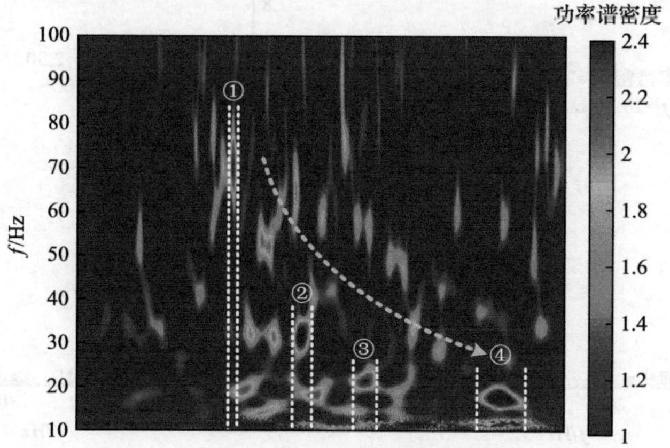

(a) S5传感器的功率谱密度云图

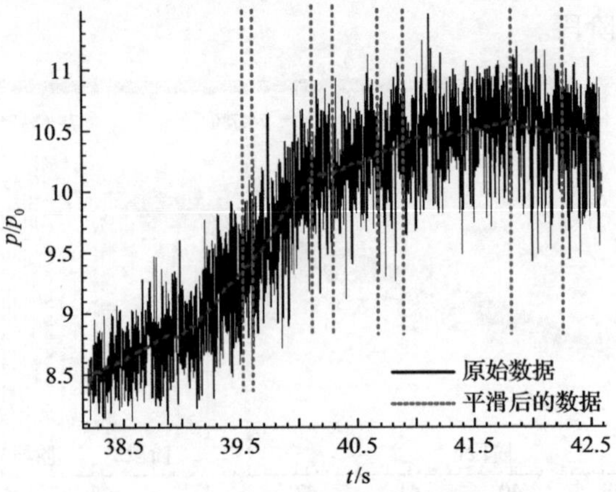

(b) S5传感器的压力-时间曲线

图 3.61　S5 传感器的功率谱密度云图及压力-时间曲线

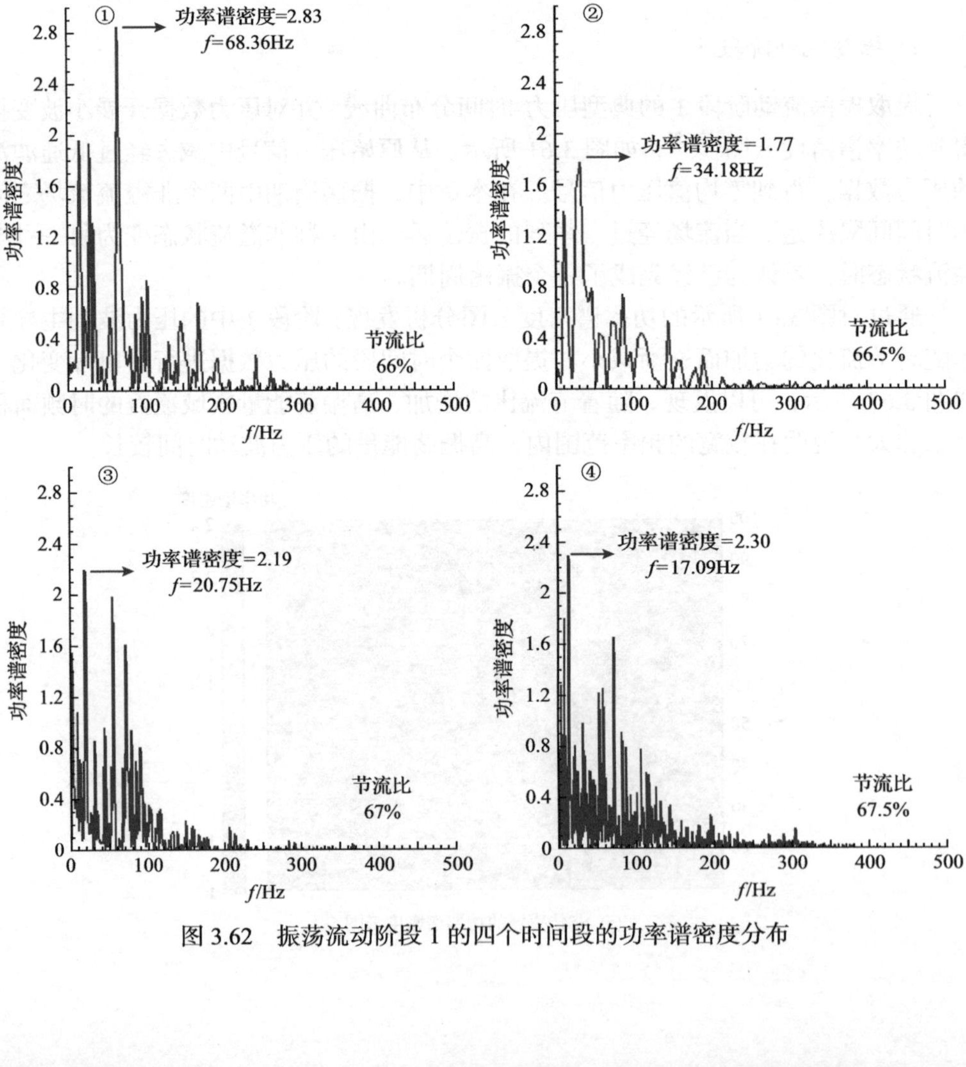

图 3.62　振荡流动阶段 1 的四个时间段的功率谱密度分布

为了探索流场振荡流动阶段 1 中具有不同主导频率的压力波动周期的流场演化过程，提取压力波动周期②和④，结合图 3.63 详细分析。时间段②中的压力波动主导频率约为 34Hz。在上一个振荡周期结束时，激波串前缘再次回到压力面尖端，此时没有流体从压力面尖端溢出(图 3.63 中 A)。之后，由于其下游压力的增大，激波串前缘继续向上游移动，直到到达周期内激波运动的最上游位置(压力面尖端上游 13.3mm，图 3.63 中 B)。此时，激波串前缘下游的压力由于压力面尖端的溢流而减小，导致激波串前缘返回到压力面尖端(图 3.63 中 C)。

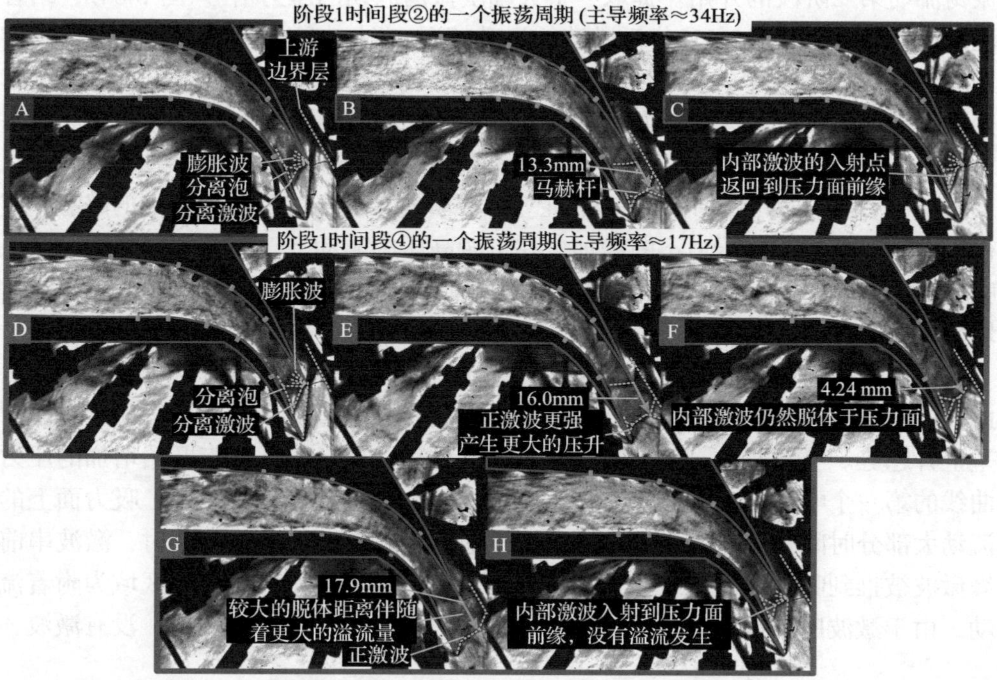

图 3.63　振荡流动阶段 1 的典型纹影图像

主导频率约为 34Hz 的振荡模式相对固定，一个振荡周期仅由激波串前缘的一个运动行程组成。时间段④中的压力波动主导频率约为 17Hz。从 D 到 F 的流场演化过程类似于从 A 到 C 的过程。但是，由于 E 点处的节流比大于 B 点处，E 点处流场的背压比较大，激波串前缘激波移动距离较大(压力面尖端上游 16.0mm)。这说明随着节流比的增加，流场的振荡明显加剧，吸力面上的分离泡的行为区域失控。

此外，内部激波虽然向下游移动，但是 F 点的流场与 C 点的流场不同，此时激波串前缘与压力面尖端距离为 4.24mm。由于处于 F 点的流场仍然存在溢流现象，所以 D 点到 F 点的过程不是一个完整的振荡周期，而是一个伪振荡周期。在随后的伪振荡周期中，激波串前缘激波逐渐接近压力面尖端，直到 H 点的非溢流状态的到来，标志着振荡过程的结束。因此，由于背压比的增大，激波串前缘激波无法返回压力面尖端，进而导致时间段④由多个伪振荡周期组成。

2. 振荡流动阶段 2

当节流比上升到 74.7%时，激波串前缘激波首次快速向上游移动，进而脱离吸力面尖端。由于吸力面和压力面前端的溢流均增大，激波串前缘激波会迅速返回压力面尖端。流场中激波的大幅度运动导致内部压力的剧烈波动，这也标志着振荡流动第二阶段的开始。提取一个大幅度振荡周期的压力信号(图 3.64)，结合流场的纹影图像(图 3.65)分析激波的运动情况。图 3.64 中压力信号的 A 到 A′点对应着纹影图像中的 A 到 A′点。大幅度振荡的振荡周期从 A 点开始，点 A 定义为相对时间的原点。由于标记了相对时间，用 t' 符号表示。点 A 的流场状态对应超临界相结束时的流场，为激波串前缘入射到压力面尖端时的非溢流状态。从图 3.64 所示压力曲线可以看出，在亚临界阶段中的压力呈单调增加的趋势，使得激波串前缘下游的压力不断增加。在下游高压的驱动下，激波串前缘激波在亚临界阶段迅速向上游移动，不仅促进了压力面尖端的溢流，还增大了波前马赫数，增大了激波强度。

随着激波串前缘激波向上游移动，马赫杆结构也增长，可以产生更多的压升。此时，由于溢流相对较小，激波串前缘激波的增强起着主导作用，进而导致压力呈上升趋势。当激波串前缘被推到最上游位置时，对应于从 A 点开始增加的压力曲线的第一个峰值点，此时二次振荡阶段开始。在二次振荡阶段中，吸力面上的流动大部分时间是分离的，但是会周期性地重新附着。当 t' = 6ms 时，激波串前缘激波被推到吸力面尖端，吸力面上的分离区域急剧缩小，大部分区域为附着流动。由于激波串前缘下游的流动大多数与吸力面平行，且为亚声速，没有激波，

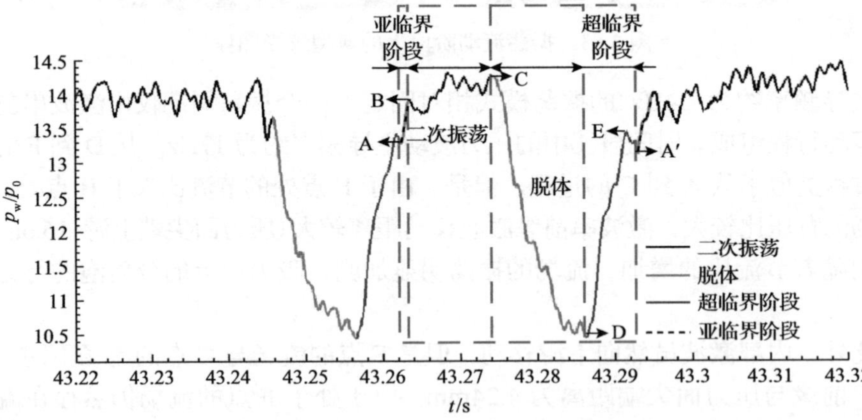

图 3.64　振荡流动阶段 2 中的一个大幅度振荡周期的压力-时间曲线

图 3.65　振荡流动阶段 2 中一个大幅度振荡的典型纹影图像

也没有分离，所以当 $t' = 7\text{ms}$ 时，激波串前缘再次向下游移动。当 $t' = 9\text{ms}$ 时，激波串前缘激波底部开始形成一个新的分离泡。分离泡的产生再次诱发了分离激波，并在分离激波与激波串前缘激波的交点处产生了剪切层。从图 3.64 中可以看出，二次振荡过程中压力波动的运行平均值呈上升趋势，导致激波串前缘激波的平均位置随着二次振荡的发展逐渐向上游移动。当到达二次振荡中压力波动的最后一个峰值点 C 时，激波串前缘激波被推到吸力面尖端，脱体阶段开始，脱体阶段中的压力呈单调递减趋势。

当 $t' = 17\text{ms}$ 时，到达吸力面尖端的激波串前缘继续向上游移动，并脱体于吸力面尖端 5.6mm。当 $t' = 25\text{ms}$ 时，进一步向上游移动的激波串前缘已从视野中消失，导致整个下游叶栅通道为亚声速通道。激波串前缘的上游运动大大增强了吸力面和压力面尖端的溢流，导致激波串前缘下游的压力不断减小。脱体阶段的最后一个压力谷点 D 为该阶段的结束时间点。在超临界相 D-E 段，随着激波串前缘不断向吸力面尖端移动，从吸力面尖端溢流的流体量下降，使得激波串前缘下游的压力增大。激波串前缘到达吸力面尖端的 E 点对应着超临界相中压力曲线的转折点。由于在 E-A′过程中，溢流量变化较小，向下游移动的激波串前缘激波在压力变化中起着主导作用。随着内部激波强度的降低，E-A′段的压力减小。当 t' = 27ms 时，吸力面流动为亚声速，无激波，无分离泡。因此，此时激波串前缘会迅速向下游移动，回到非溢流状态的压力面尖端，这种振幅较大的振荡周期在 t' = 29ms 时结束。

3. 振荡流动阶段 3 和阶段 4

当节流比进一步增大到 78.6%时，再次出现大幅度振荡，这也标志着振荡流动的阶段 3 开始。在阶段 3 中，大幅度振荡的发生概率不断增加，并且随着节流比的增大，一个大幅度振荡周期所占用的时间也更多。提取了一个大幅度振荡周期的压力信号，并结合纹影图像对激波运动过程进行了详细的分析。同样，图 3.66 中压力曲线的标记点 A～A′对应着图 3.67 纹影图像中的标记点 A～A′。阶段 3 的一个大幅度振荡周期也可以分为四个阶段，但是节流比的增大导致流场演化与阶段 2 不同。阶段 3 的亚临界阶段和阶段 2 一样是一个压力单调递增的过程。流场的演化过程也是激波串前缘从压力面尖端的非溢流状态被推到吸力面尖端的过程。阶段 3 的二次振荡的压力变化趋势与阶段 2 相似。随着二次振荡过程中节流比的增加，压力波动的运行平均值不断增加。吸力面上激波入射点处分离区域的消失，使得激波在阶段 3 的二次振荡过程中的运动与分离泡无关。激波的位置和强度决定了激波的振荡。例如，激波的上游运动可以增强其强度，反之亦然。激波串前缘激波在压力面和吸力面尖端之前振荡，以匹配其下游的压力。阶段 2 的脱体过程演化为阶段 3 的上游振荡过程。随着节流比的增大，脱体于吸力面的激

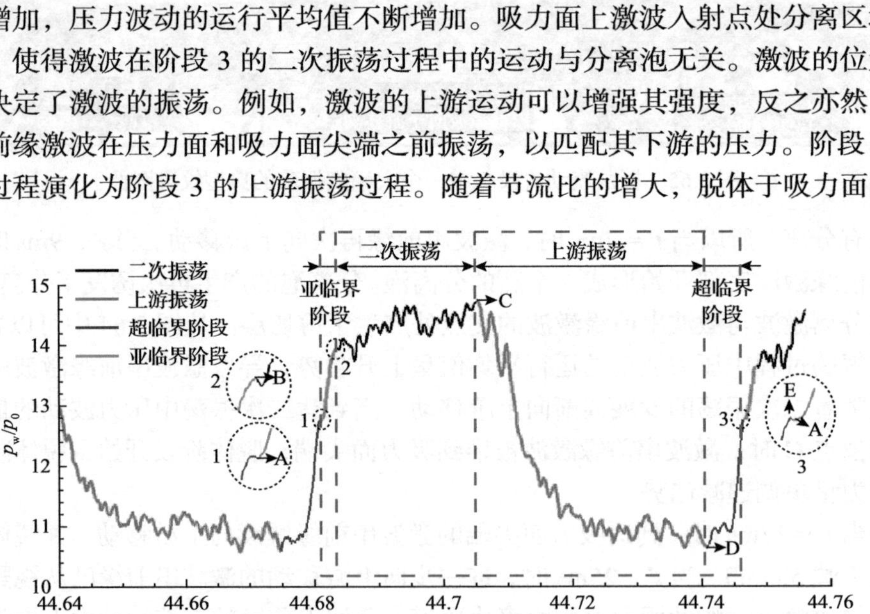

图 3.66 振荡流动阶段 3 中的一个大幅度振荡周期的压力-时间曲线

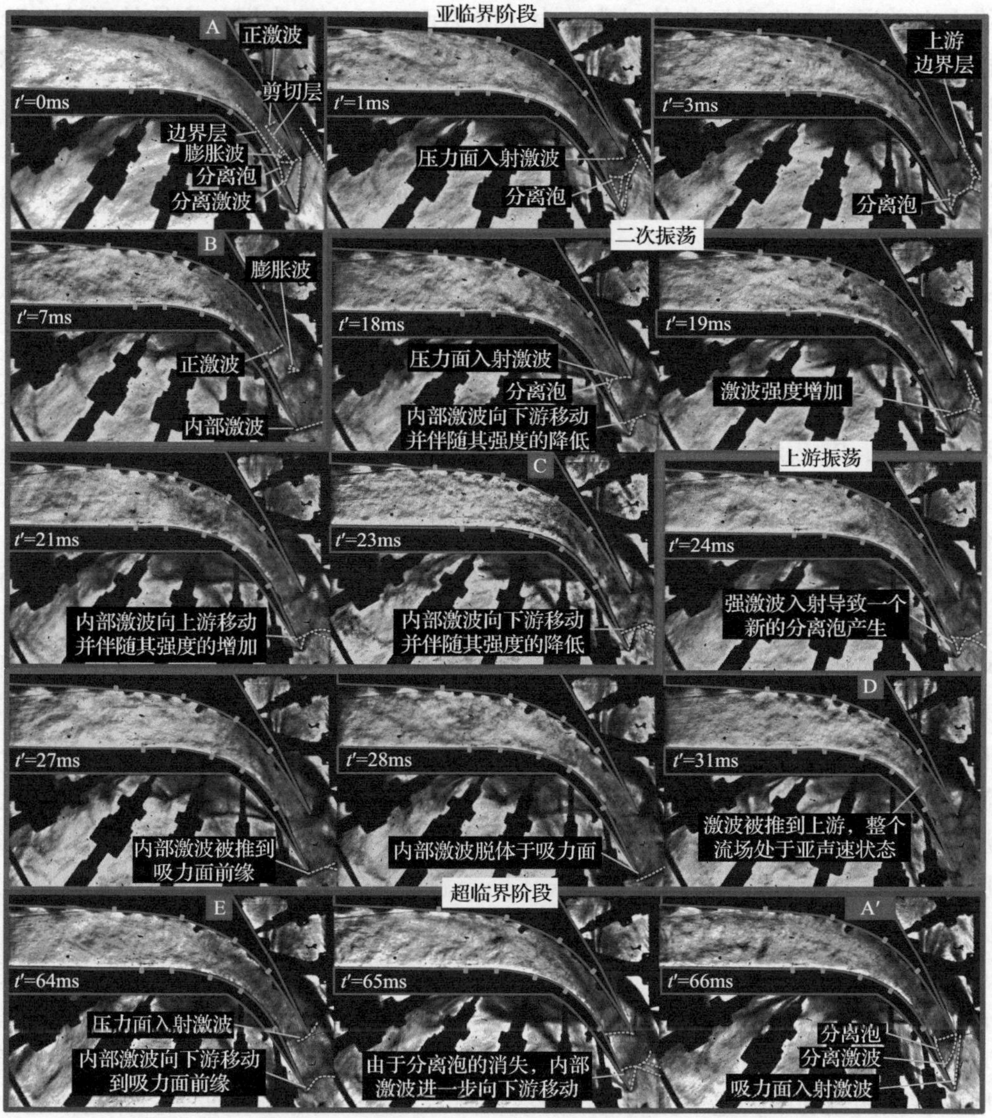

图 3.67　振荡流动阶段 3 中一个大幅度振荡的典型纹影图像

波串前缘激波继续向上游移动并进入上游通道中。在阶段 3 初期，由于节流比较小，激波串前缘在上游通道中经过短时间的稳定振荡后回到吸力面尖端。节流比越大，上游通道中激波串前缘的振荡时间越长。当节流比进一步增大到 79.6%时，激波串前缘的下游压力足够大，使得其在上游通道内稳定振荡而不返回到下游通道中。

因此，振荡流动的阶段 4 对应的节流比范围为 79.6%～82.2%，即激波串前缘在上游通道中稳定振荡的过程。由于吸力面和压力面尖端处流体的溢流，阶段 4 的压力要明显低于阶段 3。在节流比从 79.6%上升到 82.2%的过程中，内部激波的下游压力因其向上游运动而增大。在阶段 3 中振荡流动的超临界阶段，激波串前缘激波逐渐接近吸力面的过程对应于图 3.66 中的压力增加段 DE 段；激波串前缘激波从吸力面尖端快速返回到压力面尖端的过程对应于图 3.66 中的压力减小段 EA'段。

3.4.4 超声速叶栅振荡机制分析

为了研究超声速叶栅流场不同位置压力变化的相互依赖性，绘制了不同位置的压力传感器测量的压力对之间具有高共功率的交叉小波变换图像，如图 3.68 所示。*S*1 vs. *B*1 表示 *S*1 和 *B*1 测得的压力对之间的交叉小波变换，其中 *S*1 为第一个变量，*B*1 为第二个变量。对如图 3.68 所示的交叉小波变换等值云图进行分析，得到如下的结论。

高共功率区域出现在稳定流动阶段Ⅱ和Ⅲ的 *S*3 vs. *S*2 和 *S*3 vs. *S*1(图 3.68 中①)。在这些高共功率区域中的箭头均指向右侧，这意味着在稳定流动阶段Ⅱ和Ⅲ中，*S*1、*S*2 和 *S*3 的高能量压力波动是同时、同向的。图 3.67 的流场演化纹影图表明，在稳定流动阶段Ⅱ和Ⅲ，*S*1、*S*2 和 *S*3 位于激波串前缘的正下游。此时，自由剪切层上激波串中的两个强激波(1 和 2)的入射点在 *S*1 和 *S*2 附近振荡。两个激波的同步上游与下游运动导致 *S*1 和 *S*2 的压力同向波动。随着这两道激波的上游运动，激波串前缘也向上游运动，与吸力面型面处产生的膨胀波相互作用，膨胀波被压缩波所替代，获得更多的压升。这就使得 *S*3 的压力波动与 *S*1 和 *S*2 的压力波动方向相同，由于较强的激波振荡，形成了高共功率区域。

从 *S*4 vs. *S*3 到 *S*3 vs. *B*1 可以发现，振荡流动的高共功率区域表现出不同的变化趋势。在振荡流动中，传感器之间的交叉小波变换图像频率在 64Hz 以下，呈现出较大且较强的高共功率区域。高共功率区域中的箭头都指向右，这一现象表明，在振荡流动中，整个流场的压力沿着同一方向波动且能量较大。即超声速叶栅入口局部条件的突然变化引起了流场的不稳定，从而导致了整个流场的同向振荡。这一现象与 Dailey 在 1954 年的观测结果是一致的。根据实验结果，Dailey 证实喘振的发生是由进气道进口局部条件的剧烈变化导致的。首先，激波串前缘激波在下游随机压力的作用下被推到上游，当进口发生堵塞时，部分流体在堵塞点开始积聚，这就导致了该区域的压升。随后，内部激波继续向上游移动，直到部分流体从唇口旁通走，进而切断了进气道的来流。最后，由于下游压力的下降，激波串前缘恢复到原来的位置。

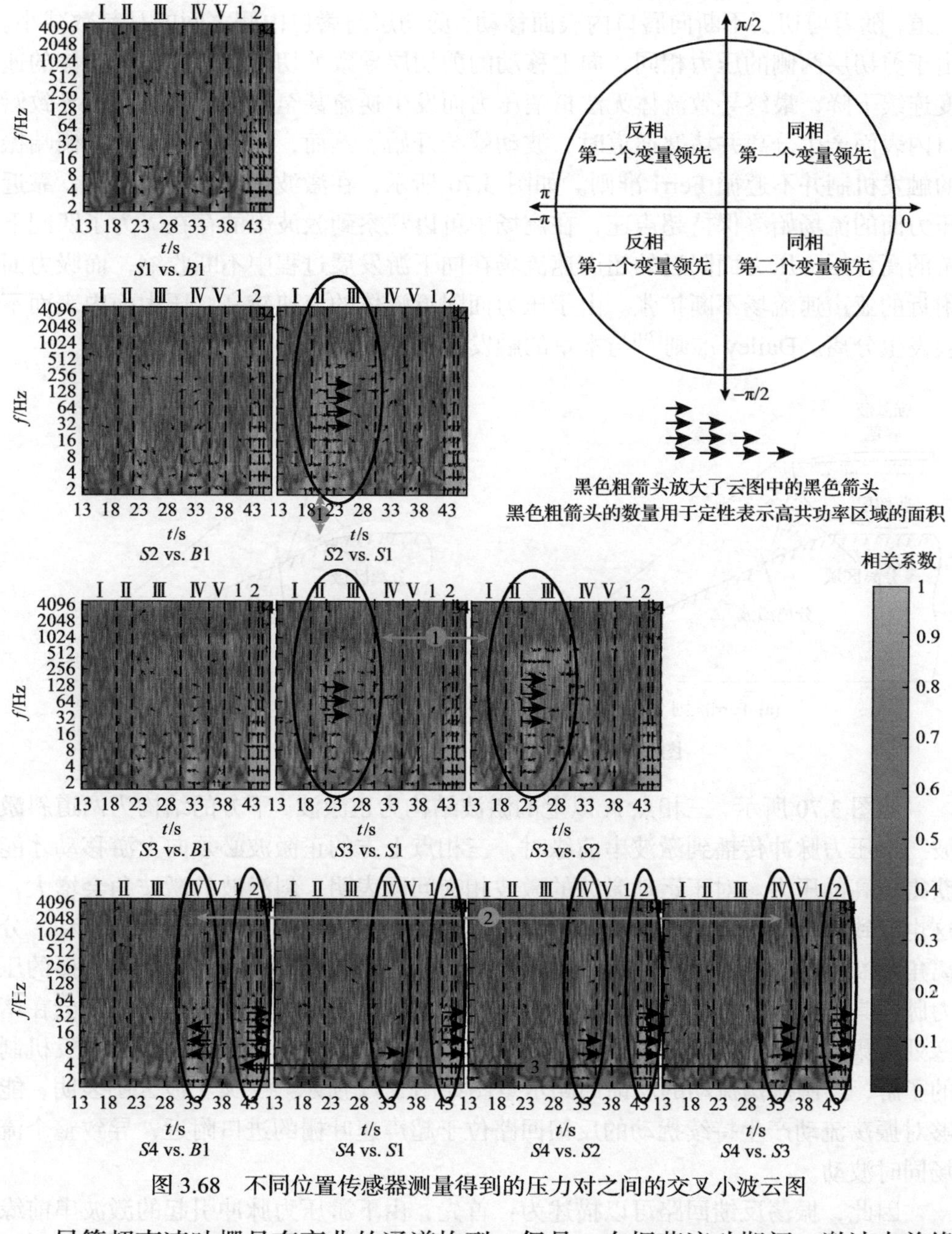

图 3.68　不同位置传感器测量得到的压力对之间的交叉小波云图

尽管超声速叶栅具有弯曲的通道构型，但是，在振荡流动期间，激波串前缘激波位于通道最上游，激波与通道构型的关系和超声速进气道内的激波与构型的关系非常相似，因此，可以用超声速进气道内的喘振触发准则判断超声速叶栅内的流动。对于 Ferri 准则[19]（图 3.69），在分离激波与强激波的交点处，会产生一道剪切层，剪切层两侧的压力不变，但是熵、速度和总压不同。对于给定结构的进气道，随着剪切层不断向唇口内表面移动，剪切层与唇口内侧之间的马赫数减小。由于剪切层两侧的压力相同，向上移动的剪切层导致剪切层与唇口之间流体的速度连续下降，最终导致流体无法抵消压力而发生逆流甚至分离。当剪切层导致唇口内表面产生分离并堵塞通道时，波动就会开始。然而，本章中超声速叶栅喘振的触发机制并不遵循 Ferri 准则。如图 3.70 所示，在激波串前缘激波下游，靠近压力面的流场始终保持超声速，在流场中可以观察到激波串的存在。为了匹配下游的高背压，压力面附近的超声速流场在向下游发展过程中不断收缩，而吸力面附近的亚声速流场不断扩张。由于压力面附近流体的流速较高，压力面内表面不会发生分离。Dailey 准则[20]与本章的触发机制一致。

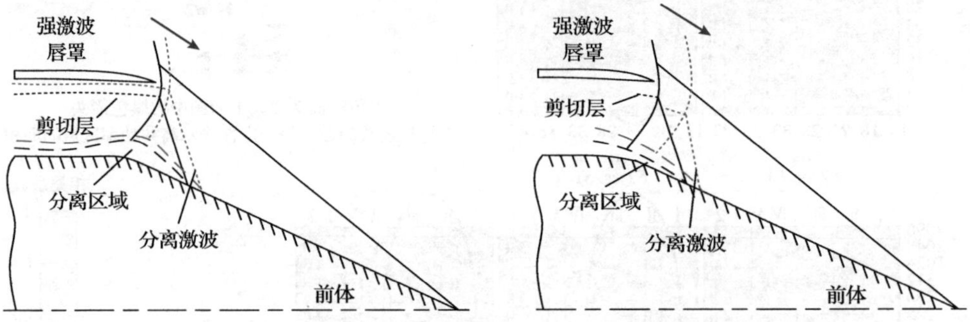

图 3.69　Ferri 准则与 Dailey 准则示意图

如图 3.70 所示，三相点 A 以上的激波结构为正激波，下方的结构为两道斜激波。当压力脉冲传播到激波串前缘时，三相点上方的正激波必须向上游移动才能获得更高的压力。对于运动激波的激波相交问题表明，斜激波的激波角会增大，这也导致了吸力面上的流动分离增大。随着激波串前缘激波不断向上游移动，分离角不断增加，导致来流的入口有效面积不断缩小。如果向激波串前缘传播的压力脉冲具有足够的强度，进而使得激波向上游移动足够远而堵塞入口，则会在堵塞处聚集质量，随后的压力增大会导致不稳定的发生。基于对振荡流动触发机制的了解，绘制振荡流动的反馈回路示意图如图 3.71 所示。交叉小波云图表明，能够对振荡流动产生持续扰动的反馈回路位于超声速叶栅的进口附近，导致整个流场同时波动。

因此，振荡反馈回路可以描述为：首先，由下游压力脉冲引起的激波串前缘的上游运动导致分离泡在入口附近膨胀，最终导致入口堵塞。堵塞处的压力上升导致激波进一步向前运动。气流从压力面尖端溢出。随后，气流捕获量的减少导致堵塞程度降低，激波退回到其原来位置，而分离泡收缩，导致亚声速有限体积流体在下游发展过程中迅速膨胀。在剪切层对侧的超声速核心流在发展过程中则快速收缩。最后，随着流量捕获系数的增加，在距离入口不远处，气流重新聚集，随后的堵塞为下一个新的振荡周期提供了压力脉冲。

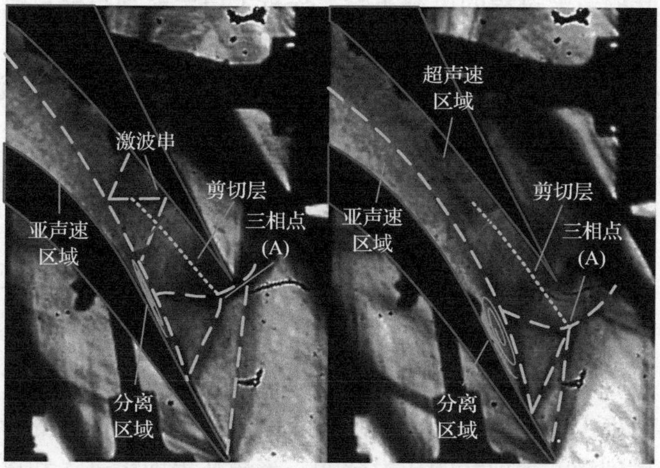

图 3.70　超声速叶栅内振荡机制示意图

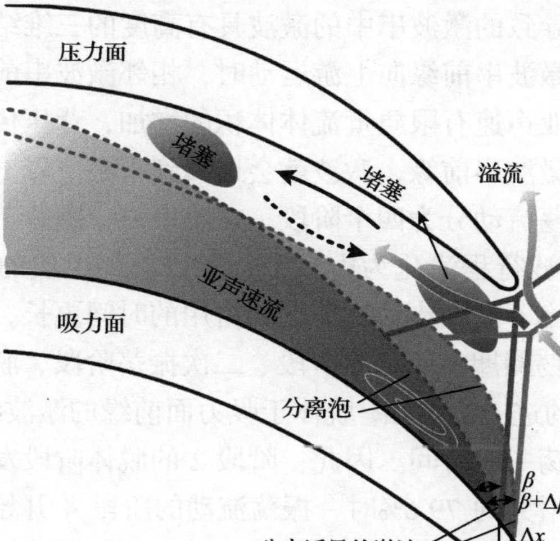

图 3.71　振荡流动过程的反馈回路示意图

3.5　本 章 小 结

本章对 SAV21 超声速叶栅开展了理论分析、数值模拟以及风洞实验研究，基于数值模拟结果，开展了超声速叶栅壁面流谱分析，明确了超声速叶栅流场中漩涡的产生、发展与演化规律，进一步设计了超声速叶栅实验模型，分析了实验模型中的壁面流谱与漩涡演化规律，验证了超声速叶栅实验模型的可行性，最后，开展了超声速叶栅节流过程的风洞实验，分析了稳定流动与分离流动中激波串的结构与振荡特性。

基于数值模拟研究发现，超声速叶栅流场中由于压力面前缘激波/吸力面边界层相互作用，导致分离泡结构的产生，分离泡导致吸力面表面极限流线的中断。同时叶栅尾缘处漩涡结构和端壁二次流的存在，导致尾缘附近流线的畸变。超声速叶栅流场中存在马蹄涡、通道涡、尾缘脱落涡、吸力面脱落涡，由于激波会导致流体在短距离内快速折转，因此激波区域是流场中漩涡的高发区域。超声速叶栅实验模型由于采用单通道构型，无法有效捕捉流场中的尾缘脱落涡结构，其他流场结构均可以有效捕捉。

基于风洞实验研究发现，根据激波串向上游传播过程中的激波结构和运动特征，将激波串的稳定流动划分为五个阶段。由弯曲吸力面产生的膨胀波有效地削弱了从下游传播到激波串前缘的压力脉冲，当激波串前缘进入和离开膨胀波区域时，激波振荡能量有显著差异。由叶栅几何构型产生的背景波系结构呈现出相对二维的形态，由高背压导致的激波串中的激波具有高度的三维结构。对于一个稳定流动的振荡周期，当激波串前缘向上游运动时，相邻激波串前缘的压力传感器测量的压力增大；由于亚声速有限质量流体体积的增加，背压传感器测得的压力减小。一旦压降传播到激波串前缘，激波就会退回到下游位置。根据激波运动规律和压力波动特征，振荡流动分为四个阶段。在阶段 1，随着节流比的增大，一个振荡周期由单一的激波行程演化为由多个伪振荡周期组成的多行程运动。因此，压力波动的主导频率不断减小，高能振荡占用的时间更长，频率范围更广。阶段 2 的一个大幅度振荡周期由亚临界阶段、二次振荡阶段、脱体阶段和超临界阶段组成。由于节流比的进一步增强，脱体于吸力面前缘的激波继续向上游移动，并在上游通道内稳定振荡一段时间。因此，阶段 2 的脱体阶段发展为阶段 3 的上游振荡阶段。当节流比增大到 79.6%时，振荡流动的阶段 4 开始，激波稳定地在上游通道中振荡，导致压力波动的平均值显著下降。在振荡流动中，整个流场内的压力同相变化，进口附近的分离区域急剧膨胀，引起激波串前缘激波快速向上游移动。因此，不稳定的发生是由吸力面分离区域膨胀触发的，属于 Dailey 准则。

参考文献

[1] Tan H J, Sun S. Preliminary study of shock train in a curved variable-section diffuser[J]. Journal of Propulsion and Power, 2008, 24(2): 245-252.

[2] Huang H X, Tan H J, Sun S, et al. Unthrottled flows with complex background waves in curved isolators[J]. AIAA Journal, 2017, 55(9): 2942-2955.

[3] Huang H X, Tan H J, Sun S, et al. Behavior of shock train in curved isolators with complex background waves[J]. AIAA Journal, 2018, 56(1): 329-341.

[4] Lichtfuss H J, Starken H. Supersonic cascade flow[J]. Progress in Aerospace Sciences, 1974, 15: 37-149.

[5] 蔡乐. 超高负荷扩压叶栅分离结构及其定常与非定常控制研究[D]. 哈尔滨: 哈尔滨工业大学, 2015.

[6] Matsuo K, Miyazato Y, Kim H D. Shock train and pseudo-shock phenomena in internal gas flows[J]. Progress in Aerospace Sciences, 1999, 35(1): 33-100.

[7] Li N, Chang J T, Xu K J, et al. Oscillation of the shock train in an isolator with incident shocks[J]. Physics of Fluids, 2019, 30(11): 116102.

[8] Li N, Chang J T, Xu K J, et al. Prediction dynamic model of shock train with complex background waves[J]. Physics of Fluids, 2017, 29(11): 116103.

[9] Huang H X, Tan H J, Sun S, et al. Evolution of supersonic corner vortex in a hypersonic inlet/isolator model[J]. Physics of Fluids, 2016, 28(12): 126101.

[10] Marble F E. Propagation of stall in a compressor blade row[J]. Journal of the Aeronautical Sciences, 1955, 22(8): 541-554.

[11] Wagner J L, Yuceil K B, Valdivia A, et al. Experimental investigation of unstart in an inlet/isolator model in Mach 5 flow[J]. AIAA Journal, 2009, 47(6): 1528-1542.

[12] Tan H J, Sun S, Yin Z L. Oscillatory flows of rectangular hypersonic inlet unstart caused by downstream mass-flow choking[J]. Journal of Propulsion and Power, 2009, 25(1): 138-147.

[13] Li Z F, Gao W Z, Jiang H L, et al. Unsteady behaviors of a hypersonic inlet caused by throttling in shock tunnel[J]. AIAA Journal, 2013, 51(10): 2485-2492.

[14] Chen H, Tan H J, Zhang Q F, et al. Throttling process and buzz mechanism of a supersonic inlet at overspeed mode[J]. AIAA Journal, 2018, 56(5): 1953-1964.

[15] Chang J T, Wang L, Bao W, et al. Novel oscillatory patterns of hypersonic inlet buzz[J]. Journal of Propulsion and Power, 2012, 28(6): 1214-1221.

[16] Chen H, Tan H J, Zhang Q F, et al. Buzz flows in an external-compression inlet with partially isentropic compression[J]. AIAA Journal, 2017, 55(12): 4286-4295.

[17] Trapier S, Deck S, Duveau P, et al. Time-frequency analysis and detection of supersonic inlet buzz[J]. AIAA Journal, 2007, 45(9): 2273-2284.

[18] Trapier S, Deck S, Duveau P. Delayed detached-eddy simulation and analysis of supersonic inlet buzz[J]. AIAA Journal, 2008, 46(1): 118-131.

[19] Ferri A, Nucci L M. The origin of aerodynamic instability of supersonic inlets at subcritical conditions[R]. Langley: Langley Aeronautical Laboratory, 1951.

[20] Dailey C L. Supersonic diffuser instability[J]. Journal of the Aeronautical Sciences, 1955, 22(11): 733-749.

第 4 章　内凹通道中激波串流场特性

4.1　引　　言

高/超声速飞行器已经成为大国之间竞争的制高点，其核心部件是超燃冲压发动机，其中内转式进气道凭借其独特的优势成为超燃冲压发动机极具潜力的进气构型之一。进气道和隔离段在工作的同时，其背景波系会干扰激波串的结构特性，使流动变得复杂。在内转式进气道中，激波串与边界层相互作用还表现出非线性动力学特性，加大了研究难度，而且对内转式进气道的研究尚处于宏观设计方面，对其基本流动认知中起关键性作用的内凹通道中激波串与边界层相互作用方面，目前鲜有涉及。因此，本章对内转式进气道内部流场及其激波串结构特性方面开展研究。

本章首先分析内转式进气道-隔离段中激波串研究的必要性，指出三维内转式进气道是未来高超声速进气道的发展趋势。但进气道内部流动复杂，当前研究主要集中在设计方法与气动性能方面，对其内部流动机理缺少针对性的模型提炼。与矩形通道相比，激波串流动的三维性、突跳性和耦合性在内转式进气道-隔离段中表现得更加明显，值得深入研究。因此，本章应用高/超声速飞行器内外流动中普遍采用的提炼模化方法，提炼出内转式进气道-隔离段流动的共性问题，即内凹通道中的激波串流动，并开展针对性的研究。然后，针对提炼出的内凹通道模型开展不同来流马赫数、有无背景波系干扰下的三维定常数值模拟研究，分析不同来流马赫数、来流静压、内凹壁面曲率对激波串流场结构的影响，讨论不同因素作用下内凹通道中激波串流场的演化机理，揭示背景波系作用下正/斜激波串与内凹壁面的相互作用机制。接着，设计内凹通道实验模型并在来流马赫数为 2.14 和 2.91 的条件下开展风洞实验研究，通过分析内凹通道中激波串的稳态结构和运动特性，阐明内转式进气道-隔离段的流场特性，通过高频壁面压力测量和高速纹影可视化提取流场的关键物理信息，分析内凹通道中激波串/边界层相互作用的流场结构、振荡特性及演化机理；基于沿程壁面压力平均值和标准差值的分布，分析内凹通道中激波串流场的压力大小及波动情况；进一步分析压力的功率谱密度以获得压力波动的频率信息；基于内凹通道和矩形通道中背压比与激波串前缘激波位置映射关系的比较，分析内凹通道的抗反压能力。最后，开展内凹通道中激波与流向涡相互作用的风洞实验研究，分析内凹通道中斜激波与流向涡相互作用流场的稳态与振荡结构，揭示内凹通道中激波串与流向涡相互作用的典型流场结构、流场演化行为、压力波动特性和流场振荡结构。

4.2　内转式进气道-隔离段中激波串流动的特殊性

美国在 2021 年发布的报告《高超声速武器：背景和国会议题》中指出，由于吸气式高超声速飞行器[1]能够以高超声速在稠密大气层、临近空间做巡航飞行和跨域飞行，具有全球快速到达、突破导弹防御系统、机动灵敏打击的战略威慑和实战能力，将对未来战争形态产生深远影响，具备改变战争游戏规则的潜力。随着全球空天科技竞争的白热化，打通空天以保障国家空天安全的战略需求日益紧迫，作为实现空天飞行重要环节的新一代吸气式可重复使用高超声速飞行器的研制步伐正在加快。超燃冲压发动机是推动高超声速飞行器的关键技术之一，高超声速飞行器需要强大的推力和高效率的动力系统，超燃冲压发动机能够提供高推力、高效率的动力输出，使飞行器能够快速达到超声速飞行。超燃冲压发动机的优势包括高推力、高效率、高速度等，能够提升飞行器的性能，降低燃料消耗，增强飞行器的作战能力，推动高超声速飞行器技术的发展[2]。

美国正在研制的 X-51A 高超声速无人飞行器是吸气式高超声速巡航导弹的原型，自 2010 年以来已经开展了 4 次飞行试验。我国在该技术领域也制定了较为长期系统的研制计划，分别由多个重大研究计划支持。高超声速进气道是高超声速飞行器中至关重要的组成部分[3]，与超燃冲压发动机密切相关。高超声速进气道的设计影响着飞行器的气动性能和发动机的工作效率。它的主要功能包括压缩、减速和引导进气气流，为发动机提供足够的气体压力和流量，以确保发动机正常工作。高超声速进气道需要具备良好的气动特性和耐高温耐高速的性能，以应对高速飞行时的极端环境。高超声速进气道的重要性在于它是高超声速飞行器的“门面”，直接影响飞行器的气动性能、发动机的工作效率和整体性能。优秀的高超声速进气道设计能够提高飞行器的速度、高度和机动性，同时降低发动机的燃料消耗，提升飞行器的作战能力和飞行性能。因此，高超声速进气道在高超声速飞行器技术研究和发展中扮演着至关重要的角色。

三维内转式进气道是未来高超声速进气道的发展趋势[4]，它有着优异的气动性能、进气效率、隐身性能和维护性能。首先，三维内转式进气道能够进一步提升气动性能，更好地引导和压缩进气气流[5-7]，减少气流的波动和湍流，优化气动性能，减小气动阻力，提高飞行器的速度和燃油效率，从而提升飞行器的性能。其次，三维内转式进气道可以更精确地控制进气气流的流动和压缩，提高进气效率，为发动机提供更充分的气体压力和流量，有利于发动机的正常工作，提高飞行器的动力性能和加速性能。最后，三维内转式进气道还具有优异的隐身性能，三维结构的设计可以减少进气口的外部暴露面积，减小了飞行器被雷达探测的概率，提高了飞行器的隐身性能，增强了其生存能力和作战效能，这对于未来高超声速飞行器的隐身要求至关重要。图 4.1 为采用三维内转式进气道的典型高超声速飞行器[8,9]。在未来高超声速飞行器的设计和研发中，三维内转式进气道有望成为主流技术，为飞行器的性能提升和作战效能提供重要支撑。通过不断的技术创新和研发努力，三维内转式进气道将为未来高超声速飞行器的发展带来新的突破和进步。

(a) HSSW高超声速巡航导弹　(b) SR-72高超声速飞机

图 4.1　采用三维内转式进气道的典型高超声速飞行器

然而，三维内转式进气道内部流动复杂[10]，当前研究主要集中在设计方法与气动性能方面，对其内部流动机理缺少针对性的模型提炼。将内转式进气道发展为一种具有高性能、高可靠性的高速进气系统仍然有一些问题需要进一步深入研究，三维内转式进气道构型导致其流场中存在多种曲面激波[11]，此外，大量的数值模拟研究表明，在矩形转椭圆、方转圆、圆转圆等多种形式的内转式进气道中普遍存在大尺度的流向涡结构[5-7,12,13]，这些流向涡往往有汇集作用并与下游隔离段的激波串相互影响，共同决定隔离段出口的流场，尤其是流场畸变问题和隔离段抗反压问题深受影响[14,15]。内转式进气道中激波串与流向涡耦合作用会影响激波串的位置形态与流向涡的发展状态，这会增加对内转式进气道状态检测与控制的难度[5,16,17]。迄今关于内转式进气道-隔离段内部流场特性及流动控制方面，仍然缺乏针对性的理论分析和机理认知，需要加大研究力度。

提炼模化是超声速飞行器内外流动中普遍采用的研究方法，通过将复杂流动现象转化成多个提炼模型的叠加，不仅便于抓住主要矛盾，而且有利于掌握流动规律，使得人们可以系统地梳理和揭示复杂流动现象的内在流动机理。如图 4.2 所示，对于外流中的激波/边界层干扰现象，研究人员提炼出了压缩拐角[18-22]、斜激波入射平板[23-25]等经典模型；对于内流中的激波串流动，研究人员在管道出口放置襟翼堵塞流道，产生背压以生成激波串结构[26]；在管道进口放置楔块产生入射激波以模拟进气道/隔离段中的背景波系[27]。

图 4.3 给出了一种方转圆内转式进气道的数值模拟研究结果，可以看到，内转式进气道的内凹通道中以激波为主要特征的胀压过程的物理载体为纵场，以流向涡为主要特征的剪切过程的物理载体为横场，纵横场处于耦合状态。根据内转

式进气道/隔离段流动特征，可以提炼出其内流道中的共性问题为内凹通道中激波串与流向涡耦合干扰，如图 4.4 所示。

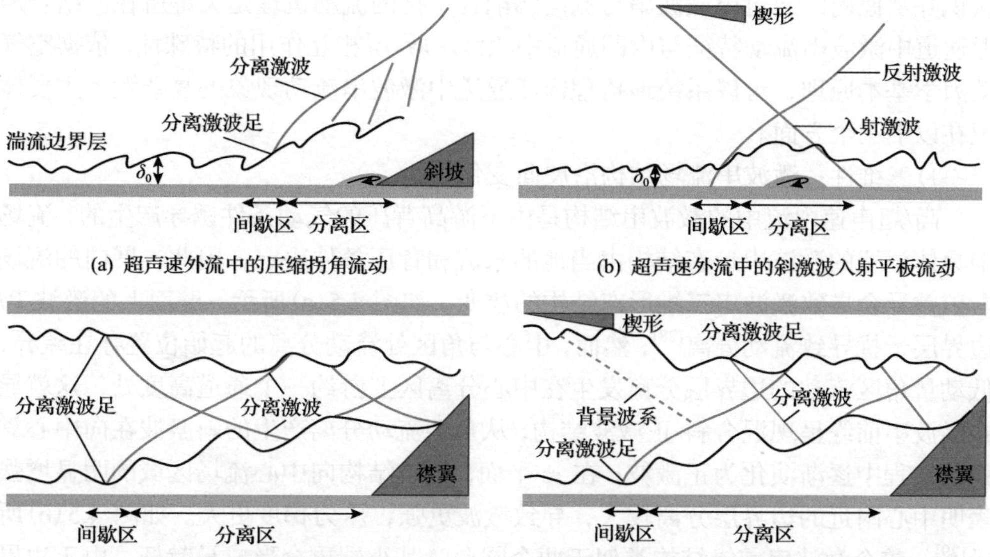

(a) 超声速外流中的压缩拐角流动　(b) 超声速外流中的斜激波入射平板流动

(c) 超声速内流中的激波串流动　(d) 超声速内流中的背景波系/激波串干扰流动

图 4.2　超声速内外流中激波/边界层干扰的提炼模型

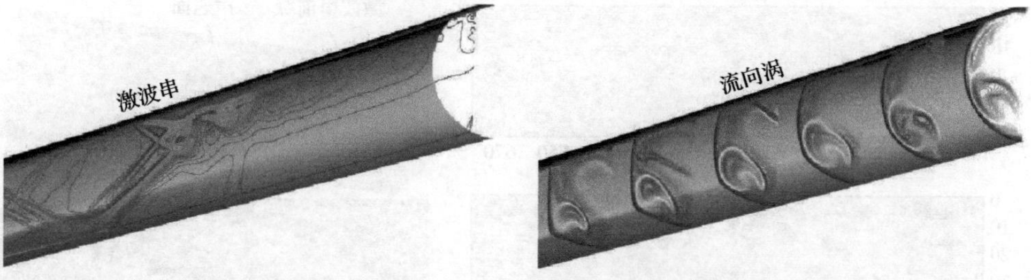

(a) 内转式进气道内凹通道中的激波串　(b) 内转式进气道内凹通道中的流向涡

图 4.3　内转式进气道内凹通道中的激波串和流向涡

图 4.4　提炼出具有共性的内凹通道中激波串与流向涡耦合干扰

与矩形通道相比，激波串流动的三维性、突跳性和耦合性在内凹通道中表现得更加明显，值得深入研究。为了维持内转式进气道/隔离段稳定、满意的性能，认识并掌握内凹通道中激波串与流向涡耦合干扰的流动机理是关键所在。结合矩形通道中激波串流动特征与内凹通道中激波/边界层相互作用的特殊性，依据空气动力学基本原理，可以系统地梳理内凹通道中激波串流动现象的复杂性，主要体现在以下三个方面。

1）三维性：激波串流场结构沿展向变化

高/超声速内流中的激波串结构是由下游高背压的气动条件诱导产生的，流场中具体位置的激波串形态结构由当地的来流和背压条件决定，因此，展向的流场参数差异会导致激波串三维形态结构的演变。如图 4.5（a）所示，壁面上的激波串/边界层干扰导致流动分离[28]；然而，中心与角区处流动分离的起始位置存在差异，低动量角区流动的边界层分离发生在中心分离区上游约一个通道高度处，这就导致激波串前缘呈现混合斜-正激波结构，从角区流动分离产生的斜激波在向中心靠拢的过程中逐渐演化为正激波；在 xz 平面，激波结构向中心流场区域的明显增强表明中心附近的边界层分离较大，导致激波更强，压力梯度更大。如图 4.5（b）所示[29]，整个激波串前缘结构类似于两个圆台，其小端重合形成马赫杆。由于边界层持续增厚，马赫杆下游的圆台基部比上游的小。

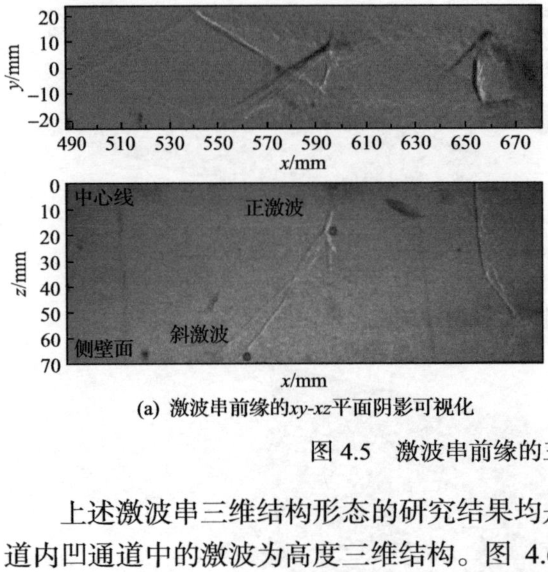

(a) 激波串前缘的xy-xz平面阴影可视化

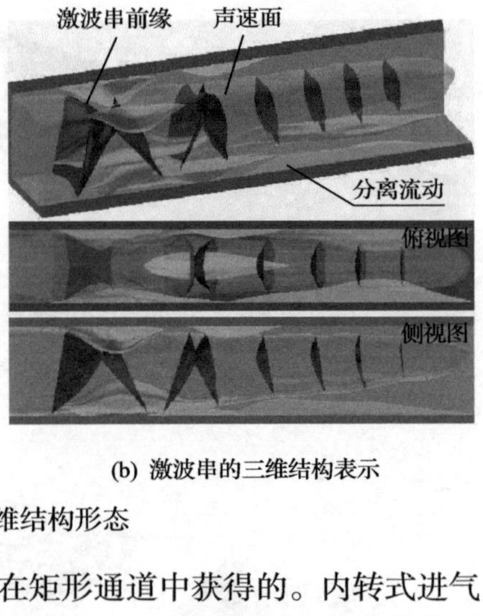

(b) 激波串的三维结构表示

图 4.5　激波串前缘的三维结构形态

上述激波串三维结构形态的研究结果均是在矩形通道中获得的。内转式进气道内凹通道中的激波为高度三维结构。图 4.6 对比了二元进气道矩形通道和内转式进气道内凹通道中的唇罩激波结构。如图 4.6（a）所示，二元进气道中产生于唇罩尖端的唇罩激波在矩形通道中呈平面激波形态，激波结构沿展向（z 方向）较为一致，只在侧壁附近稍微变形，激波诱导的漩涡流动也只局限于角区[30]；如图 4.6（b）

所示，产生于内转式进气道唇罩尖端的唇罩激波 1 和唇罩激波 2 在内凹通道中呈内凹曲面激波形态，内凹通道产生的周向约束促进低能流聚集，激波入射带来的压力梯度驱动高低速气流卷吸，进而导致漩涡流动规模增加[17]。

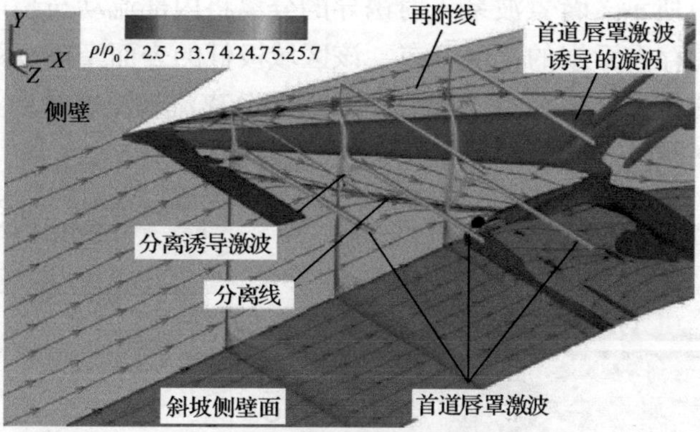

(a) 二元进气道矩形通道中的唇罩激波

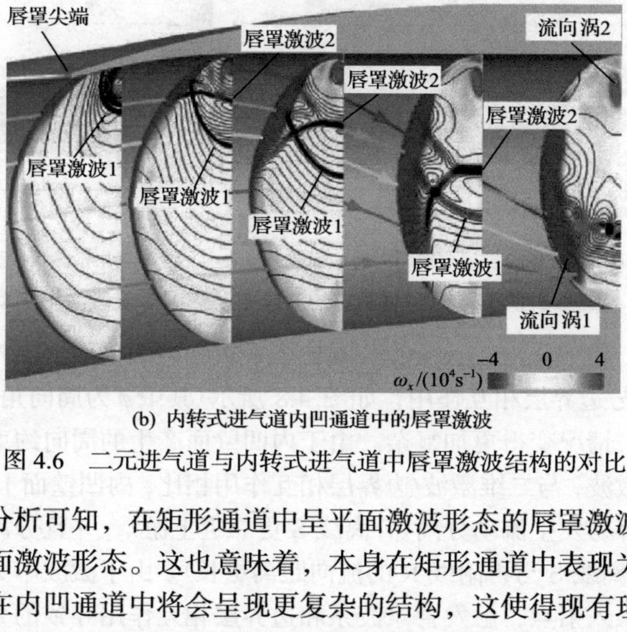

(b) 内转式进气道内凹通道中的唇罩激波

图 4.6　二元进气道与内转式进气道中唇罩激波结构的对比

基于上述分析可知，在矩形通道中呈平面激波形态的唇罩激波在内凹通道中演化为内凹曲面激波形态。这也意味着，本身在矩形通道中表现为三维结构形态的激波串流动在内凹通道中将会呈现更复杂的结构，这使得现有理论面临挑战。因此,要在适于飞行的三维内转式进气道/隔离段中部署可靠的激波串前缘估计和/或预测方法，必须考虑内凹通道中激波串流场结构的三维性。

2) 突跳性：激波串在背景波系下的前移过程往往伴随着突跳运动特性

矩形通道中激波串在背景波系作用下的前移过程往往伴随着突跳运动特性，激波串前缘在接近背景波系入射点时，触发分离流动向上游的突然延伸，激波串前缘向上游大幅度移动。如图 4.7(a)所示，在激波串前缘处，超声速核心流动被分离的边界层推挤呈“拉瓦尔喷管”结构，喉道面积比(A_t/A_0)随激波串运动状态的转变而变化[31]。当喉道面积比减小到一个临界值(最小喉道面积比 A_{tmin}/A_0)时，激波串的突跳运动被触发，只有当喉道面积比增大到更大值后，突跳运动才会结束。如图 4.7(b)所示，背景波系入射诱导的分离将内部流动与超声速核心流动隔离，分离点下游存在亏损的速度分布，该区域极低的表面摩擦系数也表明低动量流体与核心流的相互作用较弱，“圈闭”效应使分离流动更容易向上游传播，进而触发激波串的突跳[32]。

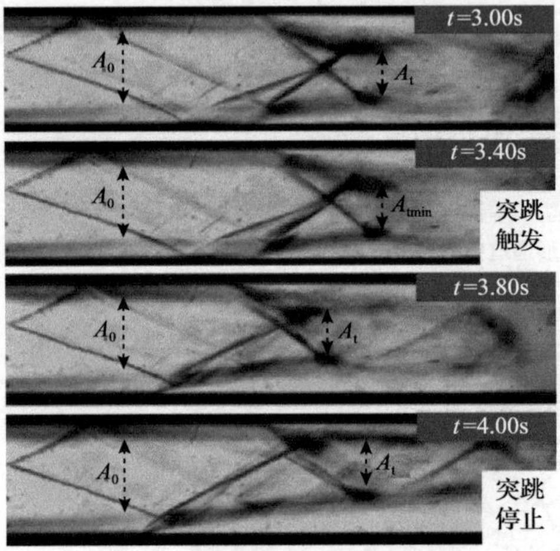

(a) 不同时刻对应的激波串纹影图像

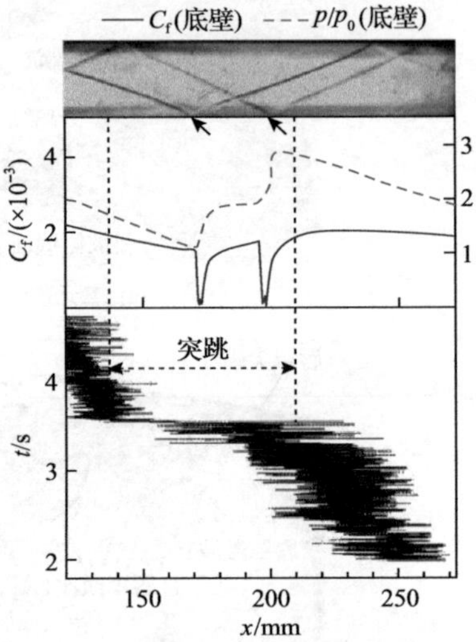

(b) 激波串前缘位置变化规律

图 4.7 矩形通道中不同时刻对应的激波串纹影图像及激波串运动特性

Funderburk 和 Narayanaswamy[11]对比了平板和内凹壁面上由相同角度的压缩斜坡诱导的激波/边界层相互作用，如图 4.8 所示(其中 ϕ 为周向角度)，当考虑三维相互作用时，情况变得更加复杂。由于内凹壁面产生的周向约束环境，即使是相同强度的斜激波，与二维激波/边界层相互作用相比，内凹壁面上的激波/边界层相互作用也更容易发生流动分离(分离线 S 更靠近上游)，并且分离流动覆盖更长的流向距离(分离线 S 与再附线 R 的流向距离更长)。由于激波串突跳时激波串前缘接近背景波系入射点，触发背景波系和边界层相互作用导致的分离流动向上游突然延伸，进而推动激波串向上游大幅度移动。

内凹壁面增加了背景波系和边界层相互作用导致流动分离的趋势，并且分离区面积更大、结构更复杂。因此，内转式进气道中激波串的突跳现象更显著，激波串的突跳现象对发动机可靠工作、稳定控制等有重要影响，特别是当激波串接近隔离段进口时，激波串向上游的快速传播可能导致进气道喘振或不起动发生。因此，对内凹通道中激波串突跳特性的研究是非常必要的。

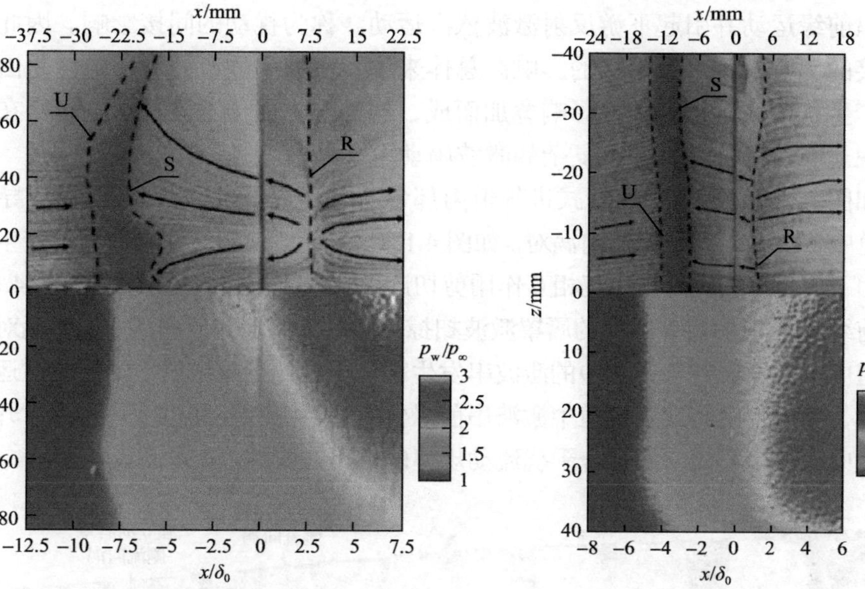

(a) 内凹壁面　　　　(b) 平板

图 4.8　内凹壁面与平板上激波/边界层相互作用的表面流线可视化与平均压敏涂料压力场

3）耦合性：激波串流场中多个分离区域以复杂的方式相互作用

有限宽度的通道中激波串边界层强相互作用导致边界层分离发生在流道顶壁、底壁和侧壁多个位置，多个分离区域以复杂的方式相互作用。如图 4.9 所示，在均匀来流、稳定背压下的矩形通道内，激波串流动是一个复杂的、频率相关的动力系统，该系统受到：①从分离泡发出的向上游传播的声波 B+；②从分离泡脱落的并以对流方式向下游传播的漩涡 B−；③亚声速分离流动中背压波动导致的向上游传播的声波 D−；④激波串中压力波动导致的向上游和下游传播的声波 S+−的影响[33]。上述每种扰动对激波串的非定常运动都有直接和间接的影响，当扰动引起流动性质发生局部显著变化时，就会产生直接影响。由于扰动的直接影响，

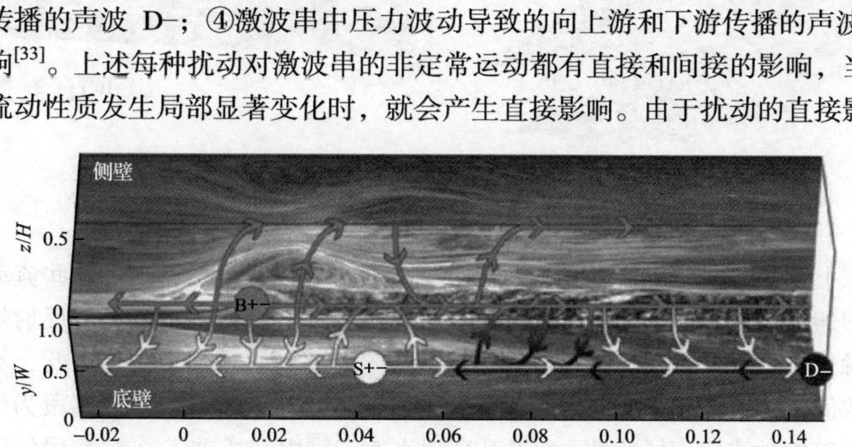

图 4.9　激波串流场中扰动的传播路径

激波串前缘运动并引起下游反射激波依次运动，称为扰动的间接影响。因此，没有直接的影响，就没有间接的影响。总体来说，激波串固有的不稳定性是由多个区域产生扰动的直接和间接影响叠加而成，这种叠加由于不同扰动之间存在耦合而呈现非线性特征，并导致复杂的激波串动力学。

如图 4.10(a)所示，内转式进气道内部弯曲型面以及前缘 V 字形唇口导致内凹通道中多对不同大小的流向涡对。如图 4.10(b)所示，在斜坡侧弯曲型面产生的约束作用下，角区二次流与主流相互作用剪切诱导斜坡侧流向涡的形成[6]。图 4.10(c)为在前缘 V 字形唇口处产生的唇罩激波扫掠下形成的唇罩侧流向涡。这些涡对在内凹通道中不断发展并与通道中的激波串发生耦合干扰，导致激波串的非线性运动特性增强，增加了内转式进气道中激波串前缘位置的检测和控制难度。因此，开展内凹通道中激波串与流向涡耦合干扰流动规律研究是必要的。

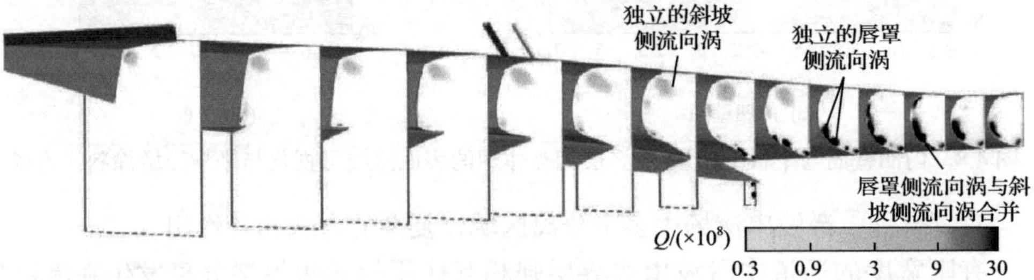

(a) 内转式进气道内的整体漩涡分布

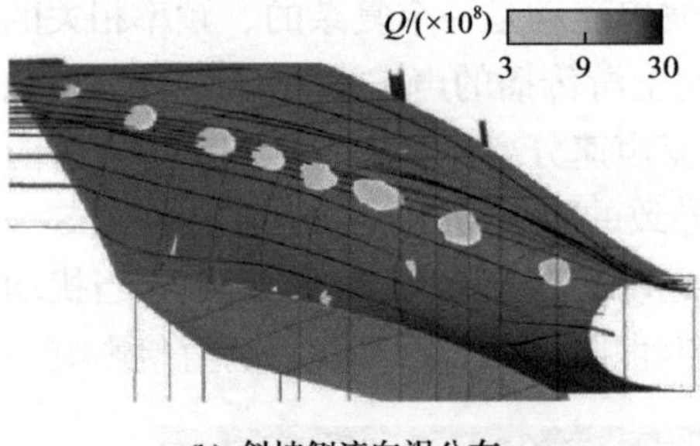

(b) 斜坡侧流向涡分布

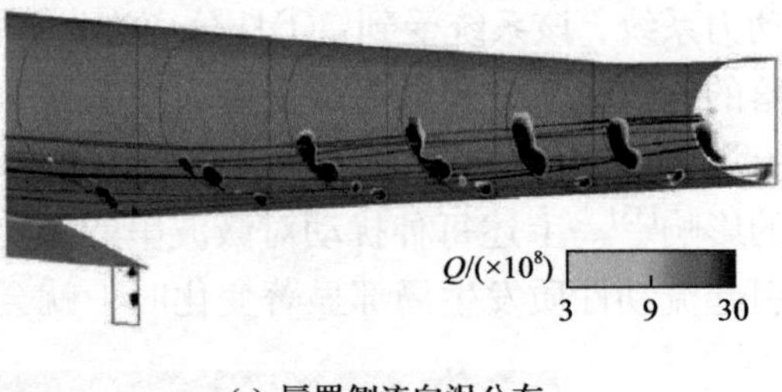

(c) 唇罩侧流向涡分布

图 4.10　由 Q 准则识别的内转式进气道内的漩涡分布

综上所述，激波串流动具有三维性、突跳性、耦合性的特点，这些流动特征在内凹通道中变得更加明显。因此，在内凹通道中激波串流场的激波反射规律、突跳触发机理以及振荡反馈机制等方面，仍有待系统性的研究。鉴于此，本章拟采用数值分析、风洞实验和理论分析手段，研究以内转式进气道-隔离段为代表的内凹通道中激波串流场特性，为提升高超声速三维内转式进气道-隔离段气动性能提供理论方法和关键技术支撑。

4.3　均匀来流条件下内凹通道中激波串流场特性的数值分析

当来流经过内凹通道时，和等直结构通道一样会不可避免地在其内部产生激波串，激波串是由激波串前缘激波和其波后的一系列强度和长度逐步减小的激波组成。为了提炼并准确划分不同曲率内凹通道上激波串前缘激波的三维激波反射与干扰类型的特征，需要选取不同曲率的内凹通道进行对比研究，本节基于数值模拟研究方法分析在不同曲率下的内凹通道中激波串形态结构和其与边界层相互作用的规律。

4.3.1　内凹通道的数值模拟方法

1. 内凹通道模型介绍

内凹通道结构及网格示意图如图 4.11 所示，侧壁面和上壁面采用等直结构，下壁面采用圆弧结构，形成内凹。在内凹通道上游设置一个长度为 100mm 的进口段，通过进口段的过渡，保证隔离段入口处具有 3.9mm 的边界层高度，隔离段下游设置一个长度为 140mm 的出口段，在出口段 patch 高压力、低速的下游气流条件，诱导通道中激波串结构的产生，用于研究的内凹通道长度为 320mm，加上进口段的 100mm 和出口段的 140mm，因此模型的总长度为 560mm。内凹通道宽 50mm，由于计算域的几何构型和边界条件在 z 方向是对称的，为了加快计算速度，只计算实际流动域的一半，$z = 0$mm 的面设置为对称面(symmetric)。内凹通道的侧壁面高度为 30mm，对称面高度随曲率的变化而变化。

(a) 内凹通道结构　　(b) 内凹通道网格示意

图 4.11　内凹通道结构及网格示意图

如图 4.12 所示，保证内凹通道侧壁面的高度为 30mm，在对称面上找一点 A，使得 A 点与 B、C 两点之间的距离相等(即内凹通道底壁面的半径)，并且分别等于 40mm、80mm 和 100mm，其相应的曲率分别为 25m^{-1}、12.5m^{-1} 和 10m^{-1}。可见，曲率越大，内凹壁面的弯曲程度越高。

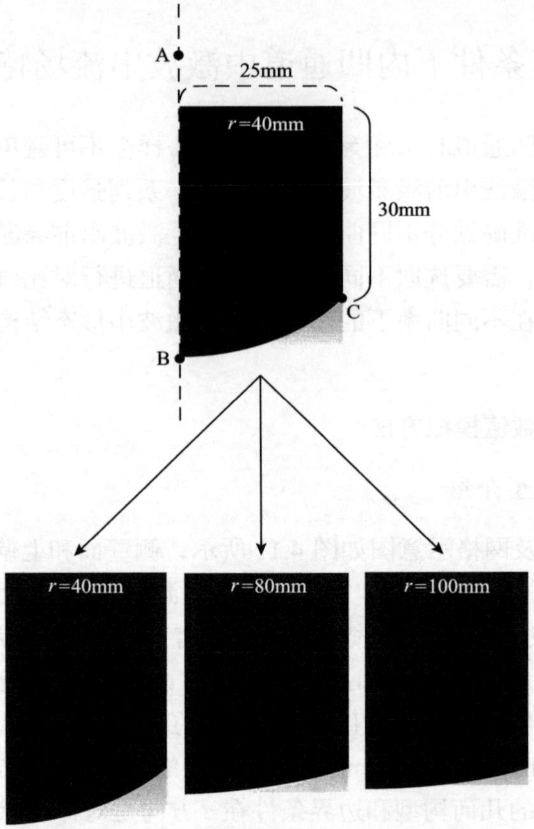

图 4.12　具有不同曲率的内凹通道横截面

2. 数值计算模型及计算方法

本节研究的重点是提炼并准确划分不同曲率的内凹通道上激波串前缘激波的三维激波反射与干扰类型的特征，因此，基于 Fluent 求解三大守恒方程：

$$\frac{\partial \rho}{\partial t}+\frac{\partial}{\partial x_i}(\rho u_i)=0 \tag{4.1}$$

$$\frac{\partial}{\partial t}(\rho u_i)+\frac{\partial}{\partial x_j}\left(\rho u_i u_j\right)=-\frac{\partial p}{\partial x_i}+\frac{\partial \sigma_{ij}}{\partial x_j}+\frac{\partial}{\partial x_j}\left(-\rho u_i'\ u_j'\right) \tag{4.2}$$

$$\frac{\partial}{\partial t}(\rho E)+\frac{\partial}{\partial x_i}(\rho E u_i+\rho u_i)-\frac{\partial}{\partial x_i}\left(\sigma_{ij}-q_i\right)=0 \tag{4.3}$$

上述式中，ρ 为气体的密度；u_i 为速度分量；p 为气体的压力；σ_{ij} 为黏性应力；

E 为气体的总能量；q_i 为热流流量。

理想气体状态方程为

$$p = \rho RT \tag{4.4}$$

式中，R 为气体常数，湍流模型选用 k-ω SST。

内凹通道进口平面设置为压力远场(pressure far field)边界条件，内凹通道侧壁面、底壁面和上壁面设置为绝热无滑移壁面(wall)边界条件，出口平面设置为压力出口(pressure outlet)边界条件。一共设置了五种来流条件，这五种来流条件的参数如表 4.1 所示。

表 4.1　数值模拟的参数设置情况

工况	来流马赫数	有无背景波系	压力/Pa	静温/K	背压比	曲率/m^{-1}
Ⅰ	1.85	无	45098	170	3.5	25,12.5,10
Ⅱ	2.70	无	45098	170	7	25,12.5,10
Ⅲ	2.70	无	27200	117	7	25,12.5,10
Ⅳ	1.85	有	45098	170	3.5	25,12.5,10
Ⅴ	2.70	有	27200	117	7	25,12.5,10

4.3.2　内凹壁面曲率对隔离段激波串流场结构的影响

诸多因素影响着激波串流场的形态结构，如来流马赫数、通道的几何构型以及背压比等。因此，需要更加科学和细致的分析方法来描述激波串的形态结构。本节分析均匀来流条件下内凹通道中的激波串流场结构，从二维云图到三维结构，从内凹通道整体到局部结构，在通过特定位置处的压力参数变化提炼出仅由来流静压和来流马赫数诱导的高度三维的激波串在不同内凹通道中的形态结构规律，并通过对壁面流向剪切应力的分析来剖析激波与边界层相互作用规律。

图 4.13 为具有不同曲率的内凹通道的对称面马赫数云图(图中黑色实线为声速线)，图 4.13(a)～(c)的曲率分别为 25m^{-1}、12.5m^{-1} 和 10m^{-1}(R 分别为 40mm、80mm 和 100mm)。在下游高背压的诱导下，内凹通道中出现了激波串结构，激波串中多道激波在边界层上的入射导致内凹通道中多个位置发生了流动分离。当内凹壁面半径为 100mm 时，激波串前缘位于 $x = -40$mm 附近；当内凹壁面半径为 80mm 时，激波串前缘位于 $x = 100$mm 附近；当内凹壁面半径为 40mm 时，激波串前缘位于 $x = 150$mm 附近。可见，随着内凹壁面曲率的增大，激波串前缘逐渐向下游移动，激波串的抗反压能力提升。组成激波串前缘的激波呈λ形，上、下壁面的两道λ形激波的交点处存在一道马赫杆结构，随着内凹壁面曲率的增加，马赫杆逐渐伸长，激波串前缘激波增强。

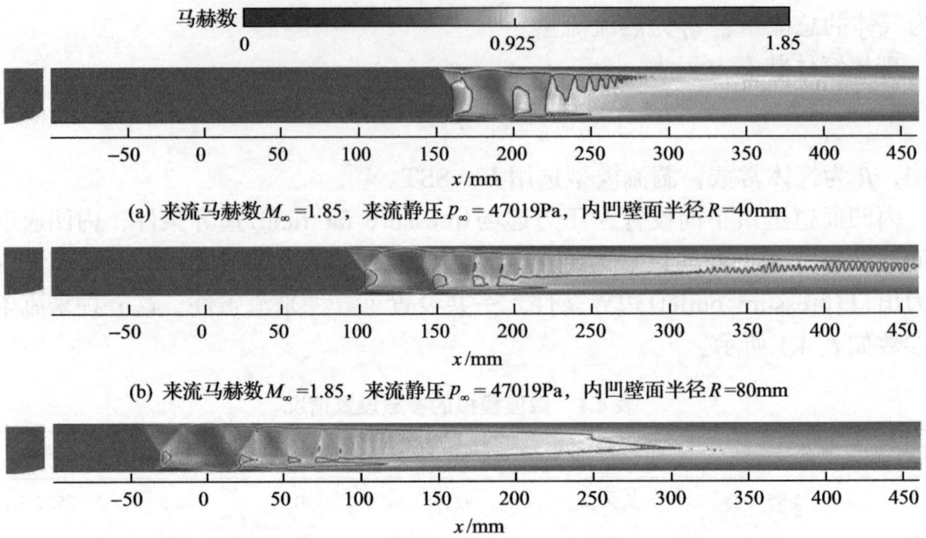

(a) 来流马赫数 M_∞=1.85，来流静压 p_∞ = 47019Pa，内凹壁面半径 R=40mm

(b) 来流马赫数 M_∞=1.85，来流静压 p_∞ = 47019Pa，内凹壁面半径 R=80mm

(c) 来流马赫数 M_∞=1.85，来流静压 p_∞ = 47019Pa，内凹壁面半径 R=100mm

图 4.13　来流马赫数 1.85 时不同内凹通道的对称面马赫数云图

图 4.14 显示了在工况Ⅰ的来流条件下，不同内凹通道的中心线和底壁上的压力分布。尽管不同内凹通道的来流和背压条件是相同的，但是通道中激波串流场结构与分布却存在显著的差异。当内凹壁面半径为 100mm、80mm 和 40mm 时，激波串前缘激波上、下游压力比分别为 p_1/p_{01} = 3.02、p_2/p_{02} = 3.10 和 p_3/p_{03} = 3.48。随着内凹壁面半径的减小，内凹壁面曲率增大，激波串前缘激波强度增加，激波串的长度减小。同时发现，当内凹壁面半径较小时，由于激波串前缘激波的强度较高，波后的马赫数较低，气流在较短的流向距离内减速至声速，激波串中的反射激波数量较少。

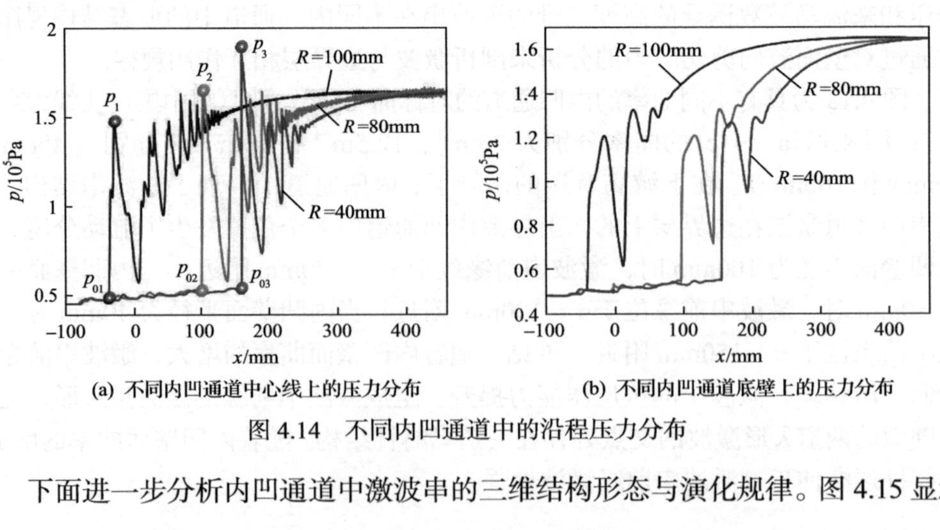

(a) 不同内凹通道中心线上的压力分布　　(b) 不同内凹通道底壁上的压力分布

图 4.14　不同内凹通道中的沿程压力分布

下面进一步分析内凹通道中激波串的三维结构形态与演化规律。图 4.15 显示了内凹壁面半径分别为 40mm、80mm 和 100mm 的内凹通道中激波串的三维流场结构。图中蓝色区域为正压力梯度等值面($\partial p/\partial x = 2\times10^7$Pa/m)，代表压缩波结构；绿色区域为负压力梯度等值面($\partial p/\partial x = -2\times10^7$Pa/m)，代表膨胀波结构；红色区域为负 x 方向速度等值面($v_x = -1$m/s)，代表分离流动结构。从图中可以看出，激波串前缘激波是高度三维的，内凹壁面侧的激波串前缘激波呈内凹型，而其对侧平直壁面处的激波串前缘激波呈平直型。对比对称面处和侧壁处的激波串前缘激波，对称面处的激波串前缘激波位于最下游且具有最长的马赫杆结构，而侧壁处的激波串前缘激波位于最上游且为斜激波。因此，激波串前缘激波呈混合斜-正激波结构。在内凹壁面侧，分离流动只存在于激波串前缘激波的入射点处，边界层中的低能流体无法抵消由激波串前缘激波入射带来的逆压力梯度，进而抬升并逆向流动形成分离泡。分离泡贯穿整个展向并沿流向延伸较短距离后，流动再附着。在分离泡的型面上，产生了一系列膨胀波。流体在经过膨胀波区域时加速至超声速，

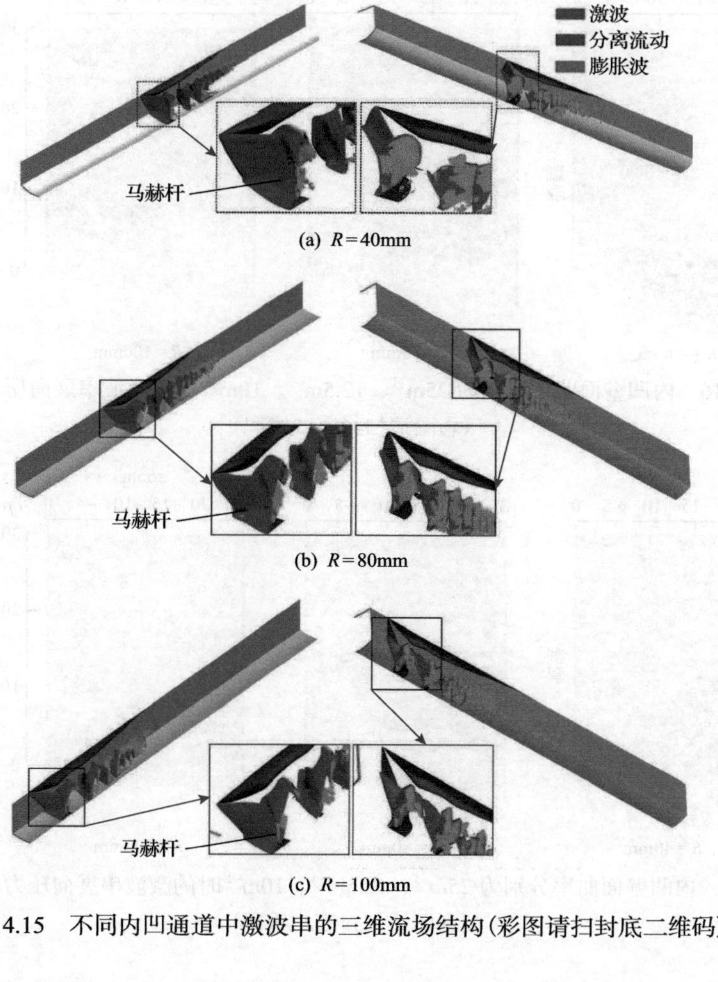

图 4.15　不同内凹通道中激波串的三维流场结构(彩图请扫封底二维码)

因此，激波串前缘激波下游出现了反射激波。由于反射激波的强度较弱，其入射并未导致流动分离。在内凹壁面对侧的平直壁面处，分离流动起始于激波串前缘激波在侧壁面处的入射点，分离流动并未贯穿整个展向范围，并且分离流动的展向范围随着向下游发展而逐渐缩小。相比于内凹壁面侧，平直壁面侧的分离流动沿流向延伸更长的距离。

图 4.16 和图 4.17 分别展示了不同内凹壁面曲率时的激波串展向压力云图和展向压力梯度云图。截面选取马赫杆所在的展向平面，如图 4.18 所示，压力区间和压力梯度区间统一给出。

结合图 4.16 和图 4.17 可以清晰明了地看出激波串在该截面的二维参数分布特性。图 4.16 中，马赫杆所在位置(图中蓝色区域)的压力要低于非马赫杆平面的压力，而在马赫杆周围的压力最高(图中粉红色区域)。当内凹壁面曲率为 25m^{-1} 时，

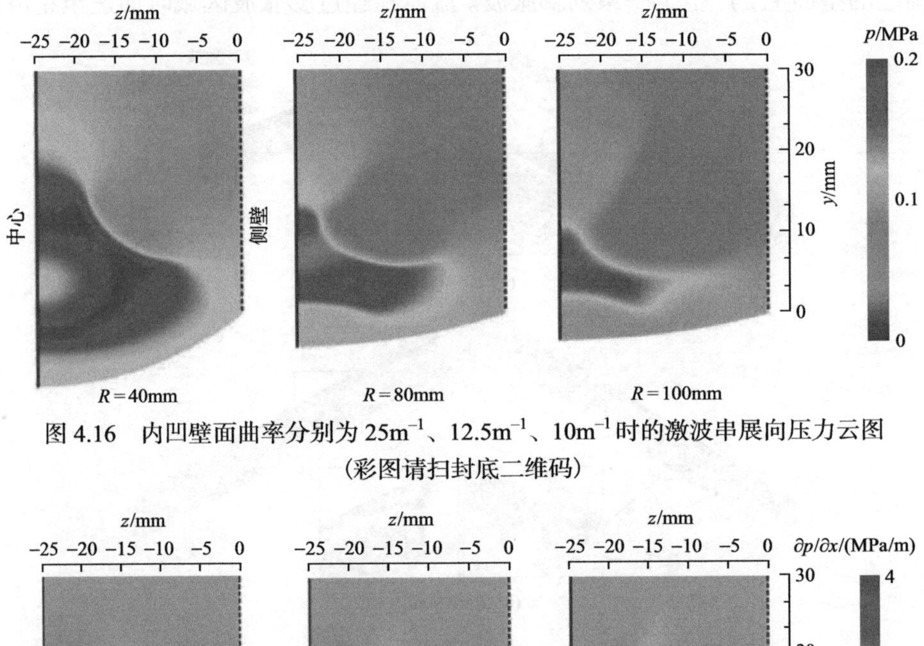

图 4.16　内凹壁面曲率分别为 25m^{-1}、12.5m^{-1}、10m^{-1} 时的激波串展向压力云图
(彩图请扫封底二维码)

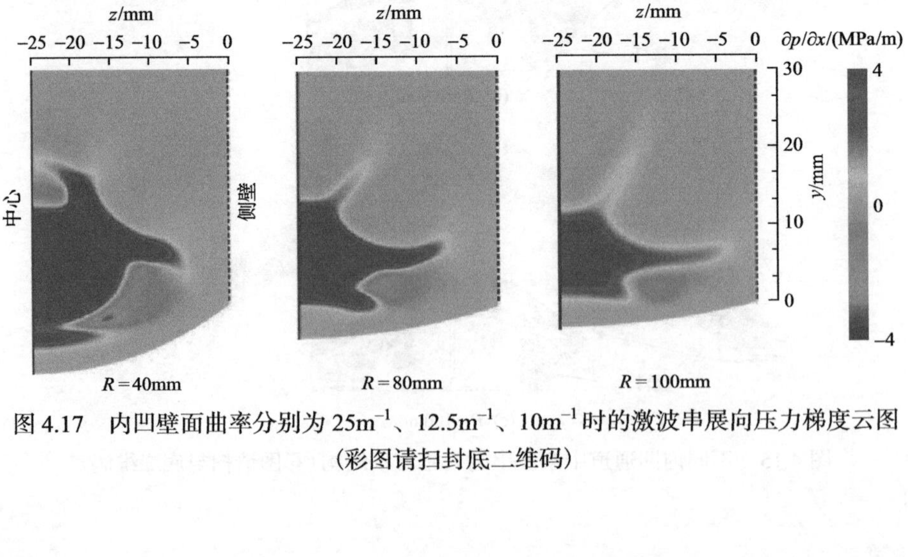

图 4.17　内凹壁面曲率分别为 25m^{-1}、12.5m^{-1}、10m^{-1} 时的激波串展向压力梯度云图
(彩图请扫封底二维码)

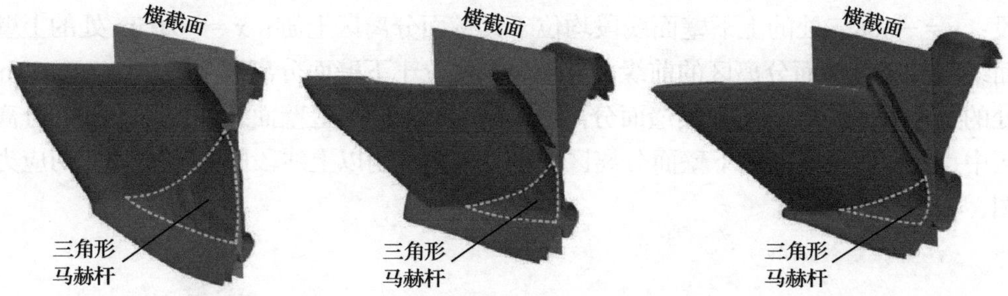

(a) $R=40$mm　(b) $R=80$mm　(c) $R=100$mm

图 4.18　内凹通道中展向平面示意图

马赫杆向周向扩大，激波强度增加。图 4.17 能够反映出激波增压特性，当气流通过该展向截面后，位于马赫杆区域内的压力会大幅度增大(图中粉红色区域)，因此，该展向截面的压力梯度非常大，而在马赫杆周围区域内的压力梯度为负值，说明来流在减压。内凹壁面曲率越大，该展向截面的压力梯度也越高，影响区域也越广。图 4.16 和图 4.17 分别从压力和压力梯度的角度完美地诠释了内凹通道中气流的增压过程，在来流经过激波串的前缘激波之前，压力很小，当经过该道激波后迅速增压，接着便经过膨胀波减压，因此在展向截面马赫杆处的气流正经历增压过程，压力较小，压力梯度较大，而马赫杆周围的气流刚经过斜激波完成压缩过程，压力很大，在经过压缩后又会经历膨胀波的减压过程，因此负压力梯度很大，而远离马赫杆的位置离斜激波较远，已经完成了增压再减压的过程，压力和压力梯度都趋于稳定。

为了能够更深入地探寻由背压诱导的高度三维的激波串在不同内凹壁面上的形态结构变化规律，并且准确分析出不同内凹壁面曲率的激波串结构演化机理，于是在内凹通道内选取一些特定位置做展向线段。如图4.19所示，在曲率为 25m^{-1} 的内凹壁面流道 $x=0.1$m、$x=0.14$m、$x=0.16$m 和 $x=0.18$m 处分别做上下壁面的展向线段：$x=0.1$m 处的上下壁面线段均位于其壁面分离区上游；$x=0.14$m 处的上壁面线段位于上壁面分离区的前缘，下壁面线段位于下壁面分离区上游；$x=0.16$m 处的上下壁面线段均位于其壁面分离区中；$x=0.18$m 处的上壁面线段位于上壁面分离区中，下壁面线段位于下壁面分离区下游。在曲率为 12.5m^{-1} 的内凹壁面流道 $x=0.05$m、$x=0.08$m、$x=0.1$m 和 $x=0.14$m 处分别做上下壁面的展向线段：$x=0.05$m 处的上下壁面线段均位于其壁面分离区上游；$x=0.08$m 处的上壁面线段位于上壁面分离区的前缘，下壁面线段位于下壁面分离区上游；$x=0.1$m 处的上下壁面线段均位于其壁面分离区中；$x=0.14$m 处的上壁面线段位于上壁面分离区中，下壁面线段位于下壁面分离区下游。在曲率为 10m^{-1} 的内凹壁面流道 $x=-0.08$m、$x=-0.05$m、$x=-0.032$m 和 $x=0$m 处分别做上下壁面的展向线段：$x = -0.08$m 处的上下壁面线段均位于其壁面分离区上游；$x = -0.05$m 处的上壁面线段位于上壁面分离区的前缘，下壁面线段位于下壁面分离区上游；$x = -0.032$m 处的上下壁面线段均位于其壁面分离区中；$x = 0$m 处的上壁面线段位于上壁面分离区中，下壁面线段位于下壁面分离区下游。分别绘制以上线段的流向壁面剪切应力图，如图 4.20 所示。

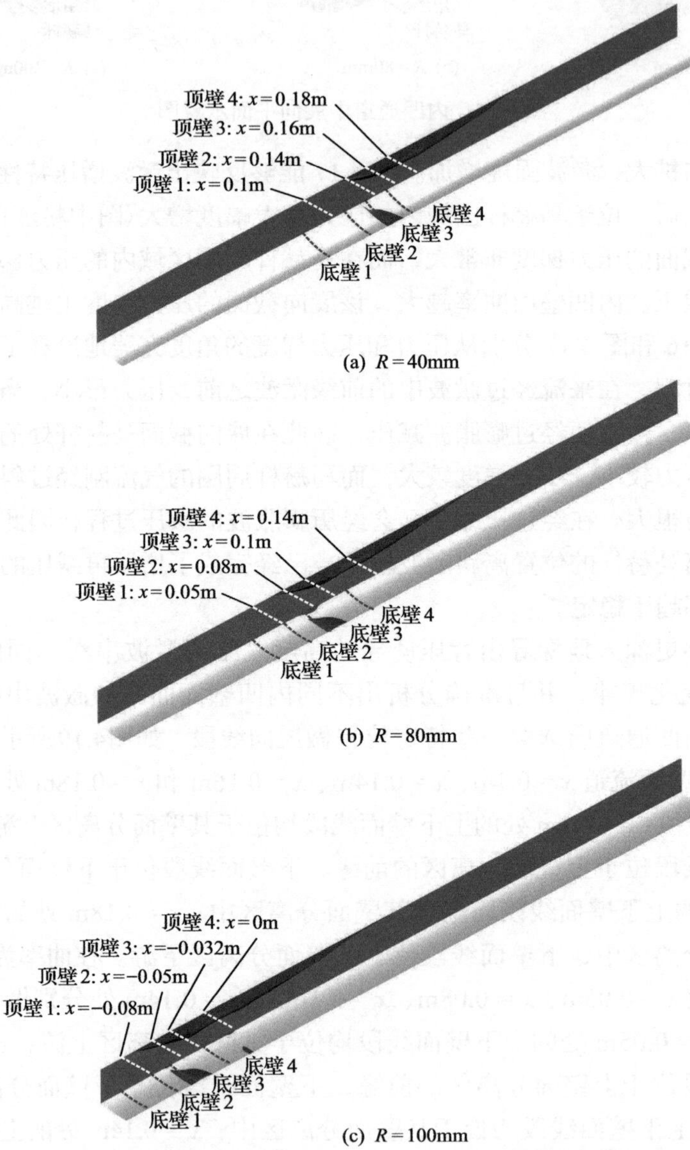

图 4.19　曲率分别为 25m^{-1}、12.5m^{-1}、10m^{-1} 的内凹壁面流道展向线段示意图

分离区内的流体由于速度低、动能小，再加上逆压力梯度的作用，其黏性小，因此流向壁面剪切应力的值也很小。当流体速度比较高时，黏性作用较大，壁面流向剪切应力也会较大并且分布较为均匀，因此展向线段上的流向壁面剪切应力值不仅能够反映出该位置处是否有分离区产生，也能体现分离区的大致轮廓。不同曲率下的内凹通道展向线段壁面剪切应力分布结果如图 4.20 所示。图中上壁面

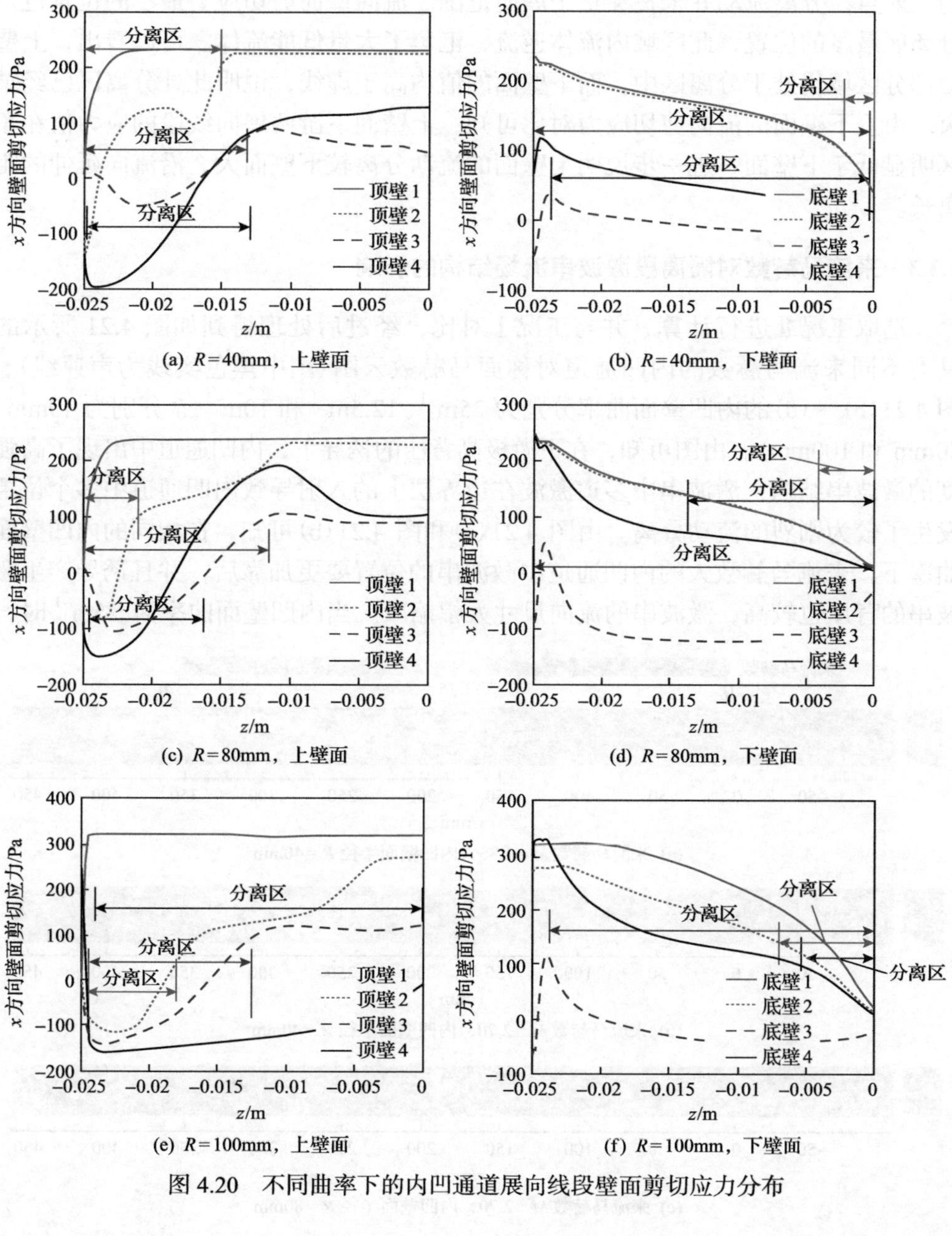

图 4.20　不同曲率下的内凹通道展向线段壁面剪切应力分布

位置最靠前的线段由于均位于分离区前，因此流向壁面剪切应力较高，分布均匀，无流体分离，最左侧区域由于靠近侧壁面，此处流体位于角区，因此流体流速很低，故而流向壁面剪切应力很小。沿着流向方向向下游走，展向线段的剪切应力开始显著减小，并且越靠近侧壁面，流向壁面剪切应力越低，一方面说明角区内的流体的黏滞阻力最大，另一方面是分离流动起始于激波串前缘激波在侧壁面处的入射点，分离流动并未贯穿整个展向范围。流向壁面剪切应力最小的位置也是分离区最厚的位置，此区域内流体逆流，汇集了大量低能流体。可以看出，上壁面部分区域仍处于分离区中，而下壁面的值均高于虚线，说明此处分离区已经结束。由上下壁面的流向剪切应力对比可知，上壁面下游两展向线段的应力值在角区明显低于下壁面，进一步说明上壁面的流动分离较下壁面大，沿流向延伸的距离长。

4.3.3 来流马赫数对隔离段激波串流场结构的影响

选取工况Ⅱ进行计算，并与工况Ⅰ对比，经过后处理得到如图 4.21 所示的具有不同来流马赫数的内凹通道对称面马赫数云图(图中黑色实线为声速线)，图 4.21(b)～(d)的内凹壁面曲率分别为 $25\mathrm{m}^{-1}$、$12.5\mathrm{m}^{-1}$ 和 $10\mathrm{m}^{-1}$(R 分别为 40mm、80mm 和 100mm)。由图可知，在下游极高背压的诱导下，内凹通道中出现了高强度的激波串结构，激波串中多道激波在边界层上的入射导致内凹通道中多个位置发生了较为剧烈的流动分离。由图 4.21(a)和图 4.21(b)可知，在相同的内凹壁面曲率下，来流马赫数大的内凹通道中激波串的位置要更加靠后，并且诱导产生激波串的背压也较高，激波串的流向尺寸大幅缩减。当内凹壁面曲率为 $25\mathrm{m}^{-1}$ 时，

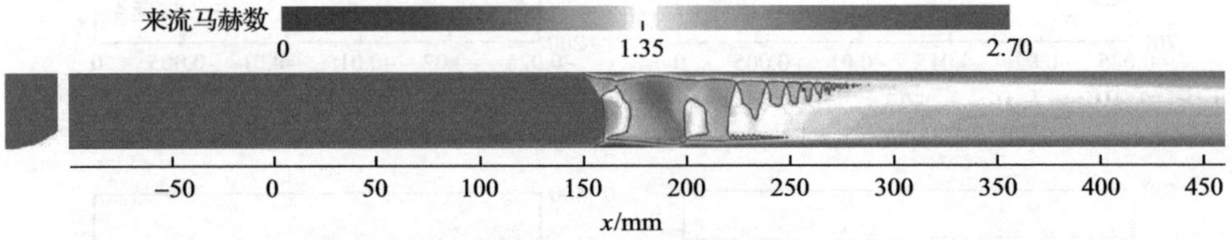

(a) 来流马赫数 $M=1.85$，内凹壁面半径 $R=40$mm

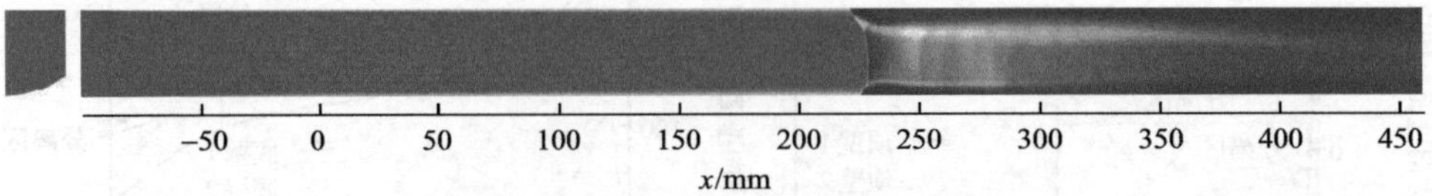

(b) 来流马赫数 $M=2.70$，内凹壁面半径 $R=40$mm

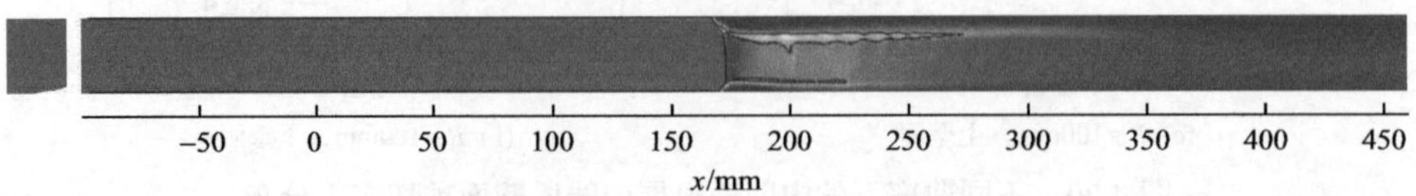

(c) 来流马赫数 $M=2.70$，内凹壁面半径 $R=80$mm

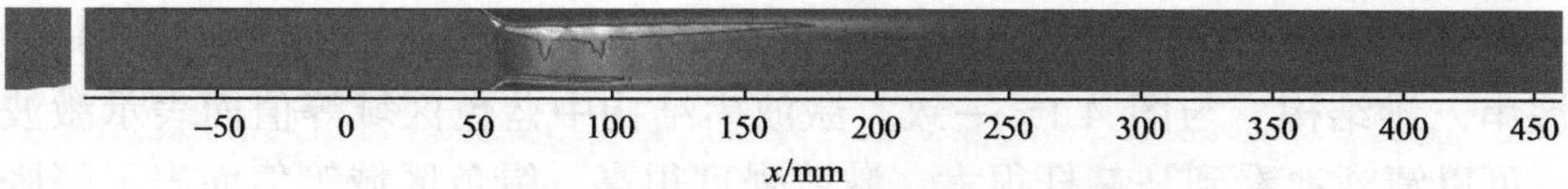

(d) 来流马赫数 $M = 2.70$，内凹壁面半径 $R = 100$mm

图 4.21　不同来流条件、不同内凹通道的对称面马赫数云图

激波串前缘位于 $x = 230$mm 附近；当内凹壁面曲率为 12.5m^{-1} 时，激波串前缘位于 $x = 170$mm 附近；当内凹壁面曲率为 10m^{-1} 时，激波串前缘位于 $x = 55$mm 附近。可见，在高马赫数条件下，随着内凹壁面曲率增加，激波串前缘逐渐向下游移动，并且其抗反压能力提升，这和低马赫数条件下的变化规律一致。组成激波串前缘的激波依旧呈λ形，但比较小，而上、下壁面的两道λ形激波的交点处存在一道更长的马赫杆结构，马赫数的增加，将会使激波串的前缘激波增强。

为了更精确地分析不同来流马赫数条件下内凹通道中的激波串结构，需要获取沿程压力参数分布信息。如图 4.22 所示为工况Ⅱ的来流条件下，不同内凹通道的对称面上中心线和对称面与底壁上的交线压力分布曲线。在内凹通道中激波串流场结构与分布和低马赫数条件下的激波串流场结构与分布存在显著的差异。当内凹壁面曲率为 25m^{-1}、12.5m^{-1} 和 10m^{-1} 时，激波串前缘激波上、下游压力比分别为 $p_1/p_{01} = 8.13$、$p_2/p_{02} = 8.23$ 和 $p_3/p_{03} = 8.17$，由此可以判断，该激波串强度很高，前缘激波增压比是低马赫数下前缘激波增压比的 2 倍多。随着内凹壁面曲率的减小，激波串前缘激波强度变化不大，但激波串的长度有所增加。同时发现，不论内凹壁面曲率是大是小，由于激波串前缘激波的强度很高，波后的马赫数较低，气流在极短的流向距离内减速至声速，因此激波串中的反射激波数量很少。

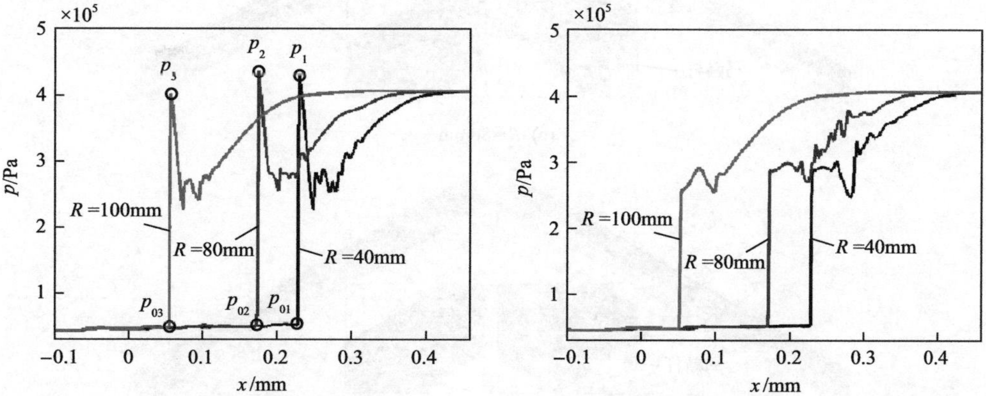

(a) 来流马赫数为2.70时，对称面中心线压力分布

(b) 来流马赫数为2.70时，对称面与底壁面交线压力分布

图 4.22　高马赫数下不同曲率内凹通道沿程压力分布

图 4.23 展示了高马赫数下内凹壁面曲率分别为 $25m^{-1}$、$12.5m^{-1}$、$10m^{-1}$ 的激波串三维结构。与图 4.15 一致，激波串结构中蓝色区域等值面表示激波结构，可以清晰地看到马赫杆很大，激波强度很高；绿色区域等值面表示膨胀波结构，相比于图 4.15，其膨胀波系位于压缩波系的内部这一结构显示得更突出。图中高马赫数下的激波串强度高，相邻两道激波之间的距离随着马赫数的提高进一步缩小，结构更紧凑，在极其狭窄的空间中完成极大的压力跃升，同时主流区域将变得更狭窄。前缘激波带来的逆压力梯度更大，边界层内的低能流体无力抵挡，因此流动分离更为严重。除此之外，图 4.23 中的分离区沿流向延伸很长一段距离(红色区域)，并且分离泡的尺寸要比低马赫数下的尺寸大得多，从整体上看其内凹壁面上一侧的分离泡相比其对向壁面的分离泡依然要小得多，沿流向延伸的距离也较短，但在内凹通道的下游角区位置产生了比较大的分离泡。

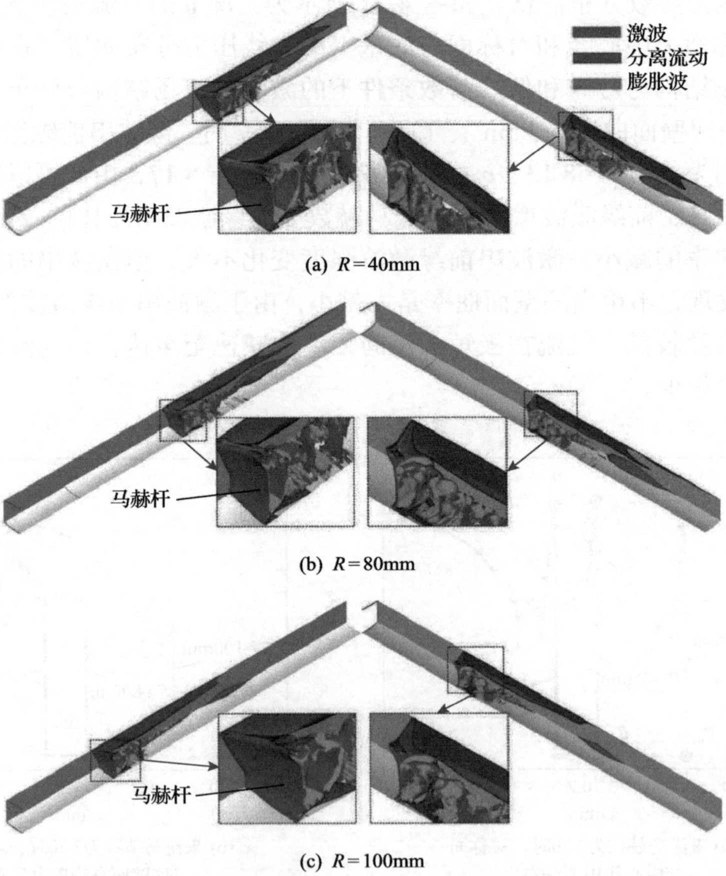

图 4.23　高马赫数下内凹通道中激波串的三维流场结构(彩图请扫封底二维码)

4.3.4　来流静压对隔离段激波串流场结构的影响

选取工况Ⅲ进行计算并与工况Ⅱ对比，得到如图 4.24 所示具有相同的来流马赫数时，不同来流静压和内凹壁面曲率的内凹通道对称面的马赫数云图(图中黑色实线为声速线)。图 4.24(b)～(d)的曲率分别为 25m^{-1}、12.5m^{-1} 和 10m^{-1}(R 分别为 40mm、80mm 和 100mm)。下游背压为 7 倍入口压力，较工况Ⅱ的 9 倍入口压力稍小，如在工况Ⅲ中的内凹通道出现了激波串结构，位置较靠后，并且激波串结构整体比工况Ⅱ的要长，强度也更弱一些。当内凹壁面曲率为 25m^{-1} 时，激波串前缘位于 $x = 315\text{mm}$ 附近；当内凹壁面曲率为 12.5m^{-1} 时，激波串前缘位于 $x = 285\text{mm}$ 附近；当内凹壁面曲率为 10m^{-1} 时，激波串前缘位于 $x = 230\text{mm}$ 附近。内凹壁面曲率越大，激波串前缘越靠近下游，同时激波串的抗反压能力提升，和之前的分布规律相同，在相同的来流马赫数下，减小来流静压与背压比，激波串的位置向下游移动。工况Ⅲ中组成激波串前缘的激波呈现更明显的λ形，上、下壁面的两道λ形激波的交点处的马赫杆要比工况Ⅱ中的马赫杆短，并随着内凹壁面曲率的下降，马赫杆也在变短。

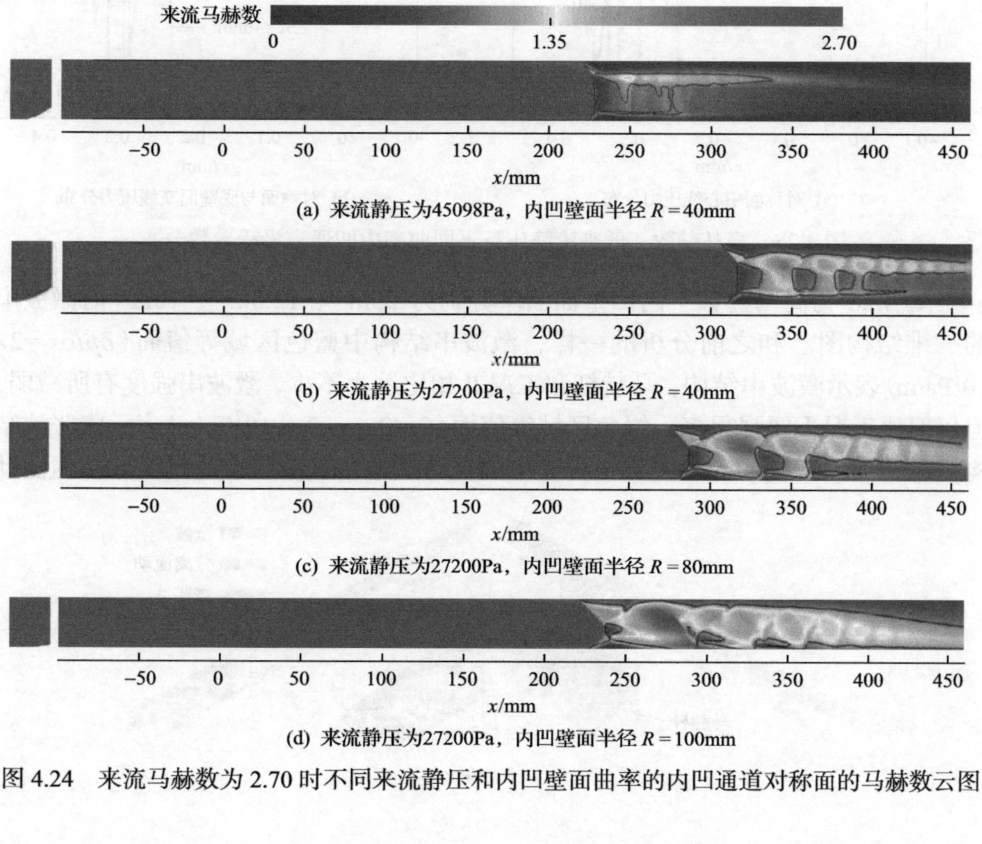

(a) 来流静压为45098Pa，内凹壁面半径 $R = 40\text{mm}$

(b) 来流静压为27200Pa，内凹壁面半径 $R = 40\text{mm}$

(c) 来流静压为27200Pa，内凹壁面半径 $R = 80\text{mm}$

(d) 来流静压为27200Pa，内凹壁面半径 $R = 100\text{mm}$

图 4.24　来流马赫数为 2.70 时不同来流静压和内凹壁面曲率的内凹通道对称面的马赫数云图

图 4.25 显示了高马赫数、低来流静压下不同曲率内凹通道沿程参数分布，其中图 4.25(a)为不同内凹通道的中心线上的压力分布曲线，图 4.25(b)为对称面与底壁交线的压力分布曲线。由图可以看出，工况Ⅲ的压力分布曲线和工况Ⅱ明显不同，当内凹壁面半径为 100mm、80mm 和 40mm 时，激波串前缘激波上、下游压力比分别为 $p_1/p_{01} = 7.65$、$p_2/p_{02} = 6.97$ 和 $p_3/p_{03} = 7.54$，其前缘激波的增压比要明显弱于工况Ⅱ，并且其激波串长度也比工况Ⅱ长，增压过程较工况Ⅱ缓和，和工况Ⅰ比较类似，呈波浪形，但比工况Ⅰ剧烈。壁面压力的分布也呈现出波浪形，但变化幅度要弱于对称面中心线上的幅度。并且内凹壁面曲率越高，激波串的长度越短。相比于工况Ⅱ，由于激波串前缘激波的强度较低，波后的马赫数较高，气流在较长的流向距离内减速至声速，激波串中的反射激波数量有所增加。

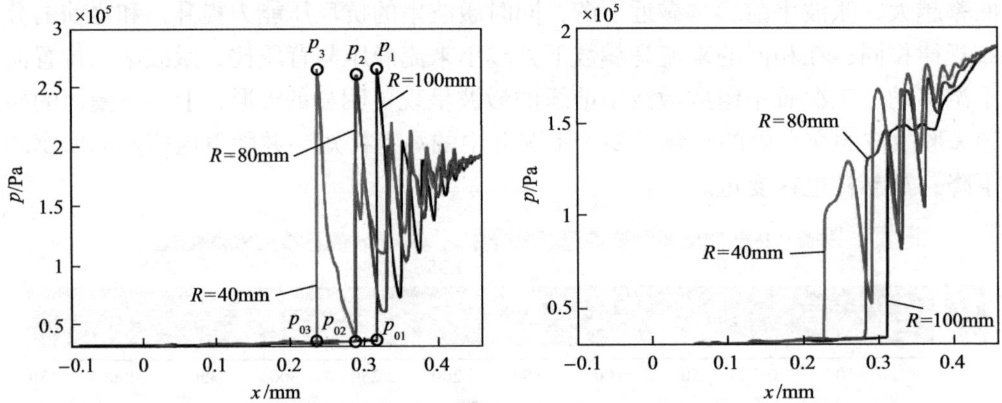

(a) 对称面中心线压力分布　　(b) 对称面与底壁面交线压力分布

图 4.25　高马赫数、低来流静压下不同曲率内凹通道沿程参数分布

图 4.26 为高马赫数下内凹壁面曲率分别为 25m^{-1}、12.5m^{-1}、10m^{-1} 时激波串的三维结构图。和之前分析的一样，激波串结构中蓝色区域等值面($\partial p/\partial x = 2\times 10^7\text{Pa/m}$)表示激波串结构，马赫杆和工况Ⅱ相比缩小不少，激波串强度有所减弱，但仍旧比工况Ⅰ要强得多；绿色区域等值面($\partial p/\partial x = -2\times 10^7\text{Pa/m}$)表示膨胀波结构，相邻两道激波的界限要比工况Ⅱ中的更为明显，其距离也有所变长，但流动

(a) R=40mm

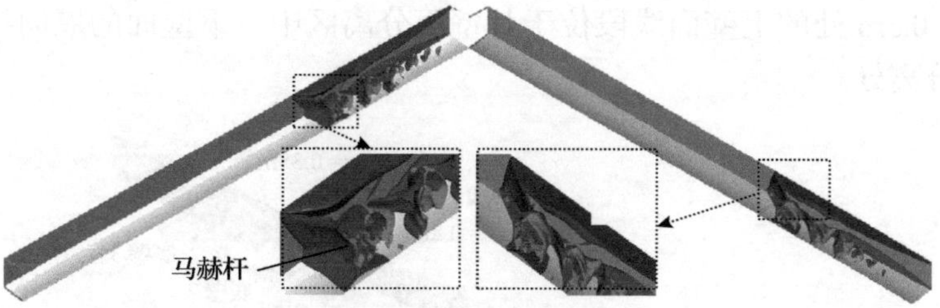

(b) $R = 80\text{mm}$

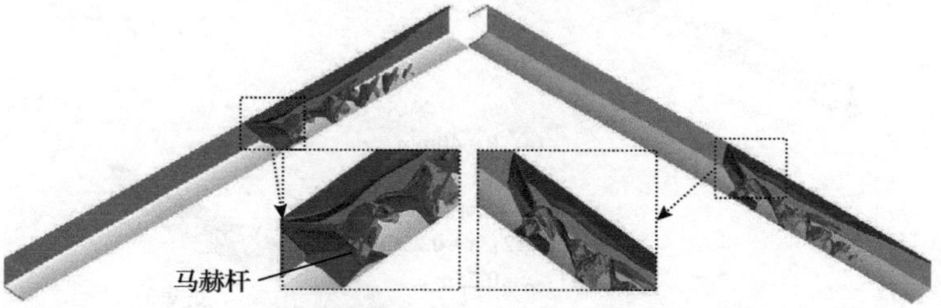

(c) $R = 100\text{mm}$

图 4.26　高马赫数、低来流静压下内凹通道中的激波串的三维结构(彩图请扫封底二维码)

分离依然很严重,分离泡的尺寸从三维结构图上看与工况Ⅱ相比几乎无明显变化;红色区域等值面($v_x = -10\text{m/s}$)表示分离流动结构。

工况Ⅱ和工况Ⅲ中分离区的结构形态从图形上看差别不大，流动分离都很严重，分离泡沿程距离长、体积大。为了更加清楚直观地体现工况Ⅱ和工况Ⅲ中分离区的结构形态与变化规律,依次在其内凹通道的上下壁面某些特定位置处取展向线段。以工况Ⅲ为例,在曲率为 25m^{-1} 的内凹壁面流道 $x = 0.28\text{m}$、$x = 0.32\text{m}$、$x = 0.38\text{m}$ 处分别做上下壁面的展向线段。如图 4.27 所示，$x = 0.28\text{m}$ 处的上下壁面线段均位于其壁面分离区上游，距离激波串前缘点大约 0.03m，分析分离区上游的壁面剪切应力特性；$x = 0.32\text{m}$ 处的上下壁面线段均位于激波串前缘的分离区内，分析分离区内的壁面剪切应力特性；$x = 0.38\text{m}$ 处的上下壁面线段均位于其壁面分离区中，与 $x = 0.32\text{m}$ 的壁面展向线段不同的是，其下壁面的展向线段位于流道的二次分离处，即角区分离，分析内凹壁面角区分离处的壁面剪切应力分布特性。在曲率为 12.5m^{-1} 的内凹壁面流道 $x = 0.25\text{m}$、$x = 0.29\text{m}$、$x = 0.35\text{m}$ 处分别做上下壁面的展向线段。$x = 0.25\text{m}$ 处的上下壁面线段均位于其壁面分离区上游，距离激波串前缘点依然为 0.03m;$x = 0.29\text{m}$ 处的上下壁面线段均位于激波串前缘的分离区内;$x = 0.35\text{m}$ 处的上壁面线段位于其壁面分离区中，下壁面的展向线段位于流道的二次分离处。在曲率为 10m^{-1} 的内凹通道中 $x = 0.18\text{m}$、$x = 0.24\text{m}$、$x = 0.3\text{m}$ 处分别做上下壁面的展向线段。$x = 0.18\text{m}$ 处的上下壁面线段均位于其壁面分离区上游，距离激波串前缘点 0.03m；$x = 0.24\text{m}$ 处的上下壁面线段均位于激波串前缘的分离区内；x = 0.3m 处的上壁面线段位于其壁面分离区中，下壁面的展向线段位于流道的二次分离处。

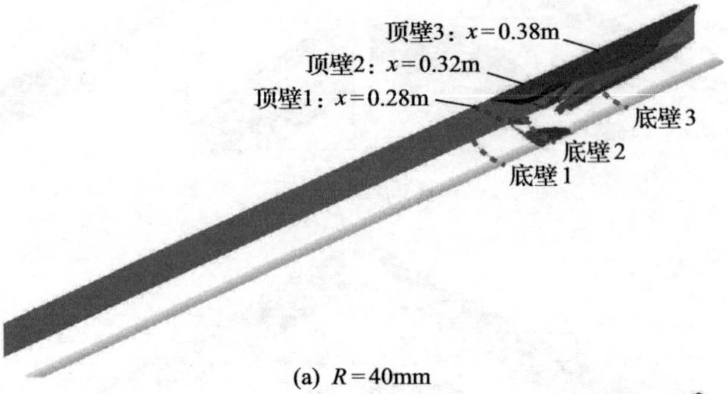

(a) $R=40$mm

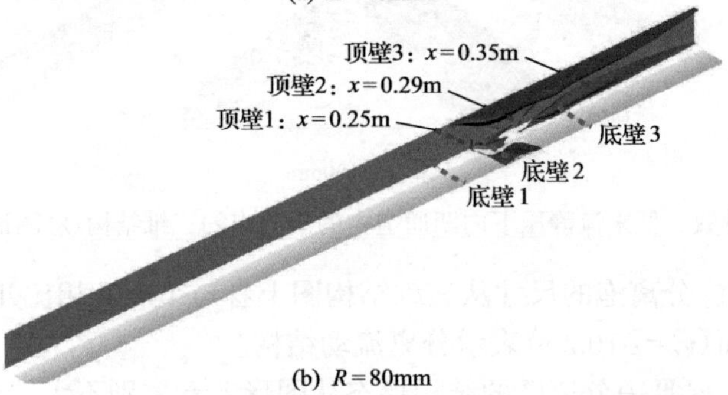

(b) $R=80$mm

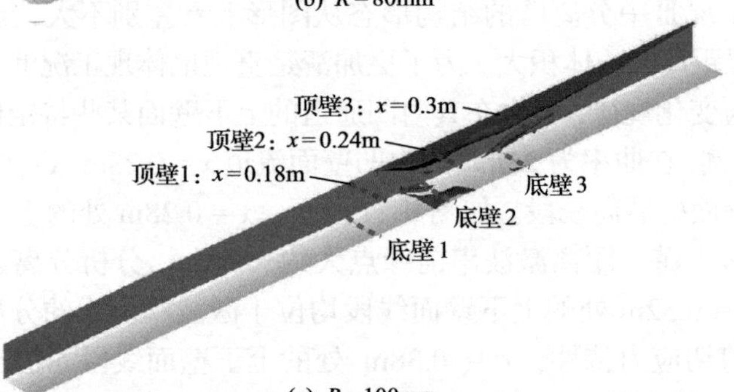

(c) $R=100$mm

图 4.27 工况Ⅲ中内凹壁面流道的分离区及展向线段示意图

图 4.28 展示了工况Ⅱ的展向线段做法。与工况Ⅲ基本一致，不同的是，工况Ⅱ的第三条展向线段(流向方向)与第二条展向线段(流向方向)的距离为 0.1m 左右，大于工况Ⅲ的 0.06m，原因是内凹通道中的第三条展向线段主要测的是下壁面角区分离处的壁面剪切应力及该处对应上壁面分离区的壁面剪切应力。由图 4.28 可以看出，工况Ⅱ的下壁面的角区分离到其激波串前缘点处的分离的距离要大于图 4.27 中工况Ⅲ的，因此为了捕捉内凹通道中角区的分离特性，布置展向线段时要跟随角区分离的位置变化。通过分析以上展向线段的壁面剪切应力，

可以更深入地了解分离区处的壁面参数分布规律，从而能够更精确地描述工况Ⅱ和工况Ⅲ分离区形态结构的异同，对探寻激波串与边界层相互作用的规律起到了重要作用。

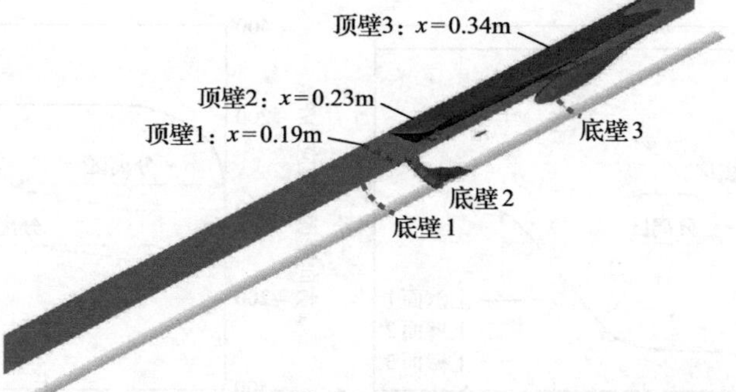

(a) $R=40$mm

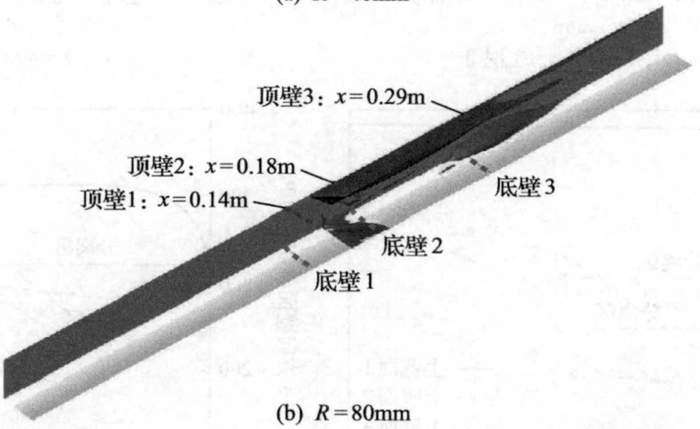

(b) $R=80$mm

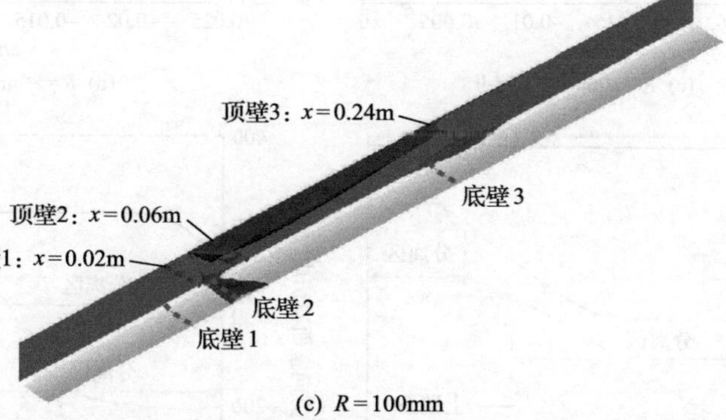

(c) $R=100$mm

图 4.28　工况Ⅱ中内凹壁面流道的分离区及展向线段示意图

图 4.29 给出了内凹通道上壁面的剪切应力分布曲线，第一展向线段(图中黑色线)在内凹通道上游，距离激波串前缘大约 0.003m；第二展向线段(图中虚线)在内凹通道激波串前缘位置；第三展向线段(图中灰色线)在内凹通道下游，工况Ⅱ中第

三展向线段距离第二展向线段大约 0.006m，工况Ⅲ中第三展向线段距离第二展向线段大约 0.01m。从图中可以明显看出工况Ⅱ和工况Ⅲ分离区的异同，在高马赫数、高来流静压条件下发生的流动分离更为剧烈，边界层内的低能流体在强大的逆压力梯度作用下，在壁面处产生的流向剪切应力非常低，此时分离区内的流体

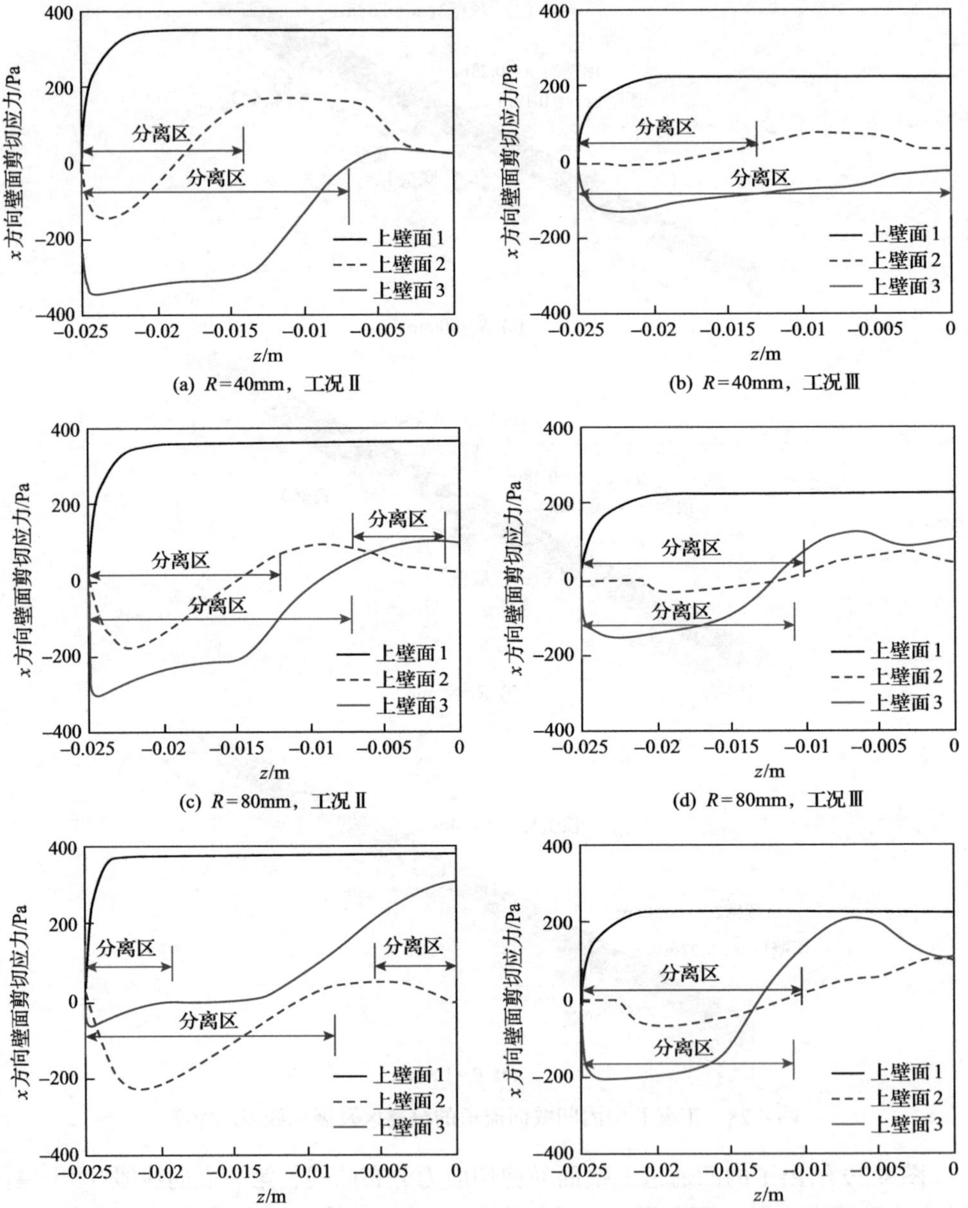

(a) R=40mm，工况Ⅱ　(b) R=40mm，工况Ⅲ

(c) R=80mm，工况Ⅱ　(d) R=80mm，工况Ⅲ

(e) R=100mm，工况Ⅱ　(f) R=100mm，工况Ⅲ

图 4.29　内凹通道中上壁面的剪切应力分布

向上游推进。低来流静压条件下壁面流向剪切应力相较于高来流静压下的要稍平缓一些。

图 4.29 中上壁面第一展向线段位于分离区前，此时边界层内无逆压力梯度，低能流体能够向下游正常推进，因此流向壁面剪切应力较高，分布均匀，无流体分离，而最左侧区域靠近侧壁面，流体流速很低，因此壁面剪切应力小。当内凹壁面曲率为 25m^{-1} ($R = 40\text{mm}$) 时，图 4.29(a) 中第二展向线段的壁面剪切应力在−0.025～−0.014m 区域内较低，因此分离泡的尺寸为 0.011m。图 4.29(b) 中第二展向线段的壁面剪切应力要比图 4.29(a) 中分布得更均匀，波动幅度小，在−0.025～−0.014m 区域内低，和图 4.29(a) 中分离泡的尺寸一致。图 4.29(a) 中第三展向线段在内凹通道−0.025～−0.007m 区域内壁面剪切应力很低，其分离泡展向尺寸大致为 0.018m，图 4.29(b) 中第三展向线段处在内凹通道−0.025～−0.011m 区域内壁面剪切应力很低，其分离泡展向尺寸大致为 0.014m。当内凹壁面曲率为 12.5m^{-1} ($R = 80\text{mm}$) 时，内凹通道中上壁面的剪切应力的分布规律和曲率为 25m^{-1} 的内凹通道大致相同，但在工况 Ⅱ 中第二展向线段在靠近对称面的剪切应力分布很低，分离泡的尺寸较大。当内凹壁面曲率为 10m^{-1} ($R = 100\text{mm}$) 时，对比内凹壁面曲率为 25m^{-1} 和 12.5m^{-1}，第二展向线段处的分离泡尺寸随着曲率的减小而逐渐增大，第三展向线段处分离泡尺寸随着内凹壁面曲率的减小而减小，而且所有的流动分离都集中在角区位置，分离区内的流体速度低，动能小，而角区与壁面接触广，要比内凹通道中其他位置更容易囤积低能流体，因此图中角区的分离是最严重的，壁面剪切应力的值最低。从图中还可以看出，在激波串的前缘位置处，对称面附近也会产生小的分离。除此之外，随着内凹壁面曲率的减小(半径 R 增大)，角区附近的壁面剪切应力与对称面附近的壁面剪切应力差距越大，分离泡逐渐向角区集中。

图 4.30 给出了内凹通道下壁面的剪切应力分布曲线。和上述分析一样，第一展向线段(图中黑色线)在内凹通道上游；第二展向线段(图中虚线)在内凹通道激波串前缘位置；第三展向线段(图中灰色线)在内凹通道下游。从图中可以看出，下壁面的壁面剪切应力明显高于上壁面，流动分离较弱，分离泡依然集中在内凹通道的角区，并且工况 Ⅱ 和工况 Ⅲ 的应力分布总体趋于一致。三组图中下壁面第一展向线段位于分离区前，和上壁面一样，壁面剪切应力高，分布均匀，无流体分离。当内凹壁面曲率为 25m^{-1} ($R = 40\text{mm}$) 时，图 4.30(a) 中第二展向线段除靠近侧壁面其余位置均位于分离区，壁面剪切应力在 0Pa 附近波动。图 4.30(b) 中第二展向线段的壁面剪切应力分布要比图 4.30(a) 中更均匀，全部位于分离区；图 4.30(a) 中第三展向线段在内凹通道−0.025～−0.016m 区域内壁面剪切应力很低，因此其分离泡展向尺寸大致为 0.009m。图 4.30(b) 中，第三展向线段在内凹

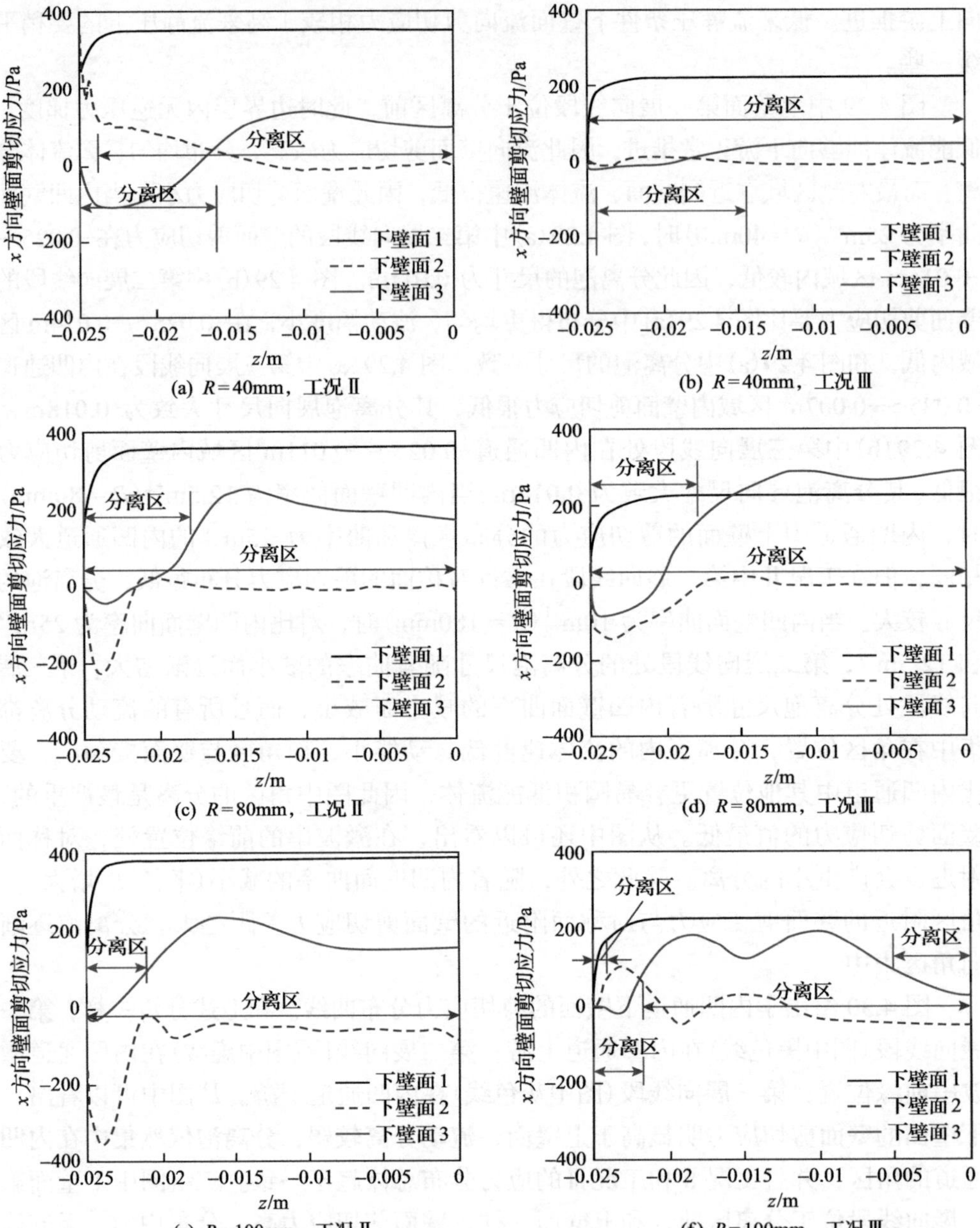

(a) $R=40$mm，工况Ⅱ　(b) $R=40$mm，工况Ⅲ　(c) $R=80$mm，工况Ⅱ　(d) $R=80$mm，工况Ⅲ　(e) $R=100$mm，工况Ⅱ　(f) $R=100$mm，工况Ⅲ

图 4.30　内凹通道中下壁面的剪切应力分布

通道−0.025～−0.015m 区域内壁面剪切应力很低，因此其分离泡展向尺寸大致为 0.01m。当内凹壁面曲率为 12.5m^{-1} ($R = 80$mm) 时，内凹通道中壁面剪切应力的分布规律和曲率为 25m^{-1} 的内凹通道基本一致，不同点在于第二展向线段在靠近侧壁位置的剪切应力很低，分离泡的尺寸较大，并且由下游第三展向线段的剪切应力分布看出分离泡的尺寸要小于曲率为 $25m^{-1}$ 的内凹通道。当内凹壁面曲率为 $10m^{-1}$($R = 100mm$)时，通过下游第三展向线段的剪切应力分布看出分离泡的尺寸又小于曲率为 $12.5m^{-1}$ 的内凹通道，并且在对称面附近也产生流动分离。

4.3.5　激波串在内凹通道中位置变化的机理讨论

通过前面的分析，发现内凹壁面曲率越大，激波串在内凹通道中的位置就越靠后，本节将揭示产生这种规律的原因。首先从内凹通道的几何构型入手，如图 4.12 所示具有不同曲率的内凹壁面通道，其隔离段具有不同的展向截面，由于侧壁面高度固定为 30mm，而内凹壁面曲率越大，意味着展向截面就越大，为了探究内凹通道展向截面的改变是否会使激波串在内凹通道中的位置发生变化，于是固定对称面高度为 30mm，即缩小了原来的展向截面。图 4.31 为相同内凹壁面曲率不同截面构型示意图，由此来分析激波串在相同内凹壁面曲率不同截面下的位置变化。

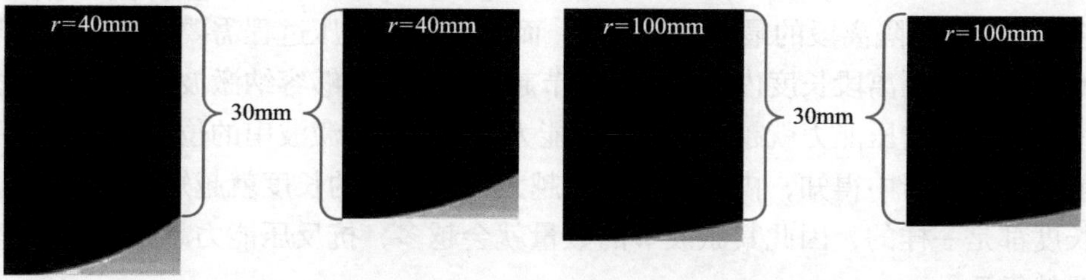

图 4.31　相同内凹壁面曲率不同截面构型示意图

图 4.32 为内凹壁面半径分别为 40mm 和 100mm 时对称面的马赫数云图(黑色实线为声速线)。当内凹壁面半径为 40mm 时，激波串前缘位于 $x = 60mm$ 附近；当内凹壁面半径为 100mm 时，激波串前缘位于 $x = -60mm$ 附近。而图 4.13 中内凹壁面半径为 40mm 时，激波串前缘位于 $x = 150mm$ 附近，比图 4.32 的结果更靠下游，距离 90mm；当内凹壁面半径为 100mm 时，激波串前缘位于 $x = -40mm$ 附近，同样比图 4.32 的结果更靠下游，距离 20mm。因此，在相同的内凹壁面曲率下，内凹通道截面越小，其激波串的位置就会越靠前。其实很好解释产生该现象的原因：流体的动能是决定隔离段抗反压能力的重要因素，在相同的来流条件下，内凹通道的截面越大，流量就越大，面积体积比就越小，则气流湿润面积减小，黏性摩擦损失就越小，因此其动能转化为压力能就越多，隔离段的增压潜力提高，抗反压能力得到增强，反之亦然。

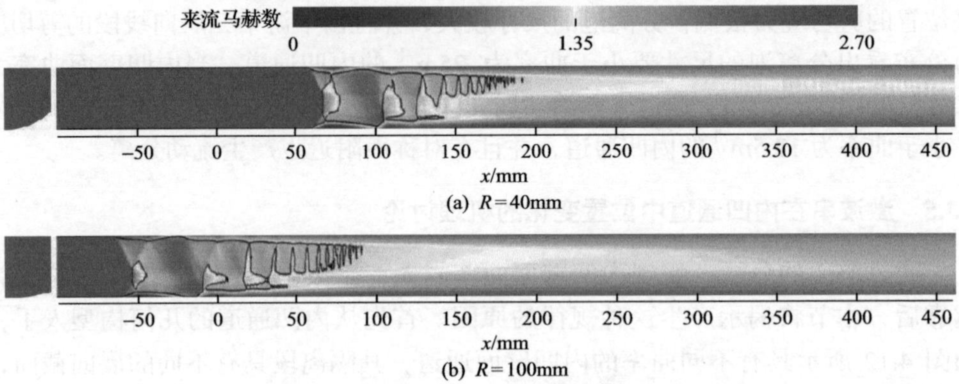

图 4.32　不同内凹通道对称面的马赫数云图

前面提到，内凹通道的截面大小影响了激波串的位置变化，截面越小，激波串越靠近上游，这属于几何因素。现在从流动因素分析激波串的位置变化规律，可以知道，激波串的位置能够反映出隔离段的抗反压能力，而流体的动能和激波节的数量是决定隔离段抗反压能力的重要因素，流体的动能越大，其抗反压能力就越强，决定了隔离段的最大增压潜力。而隔离段的增压过程需要激波压缩实现，因此在相同的隔离段长度内，单个激波节越短，说明能够容纳激波节的数量越多，则该隔离段的增压能力就越强，抗反压能力也就越强，激波串的位置就会越靠后。从前几节的分析中得知，内凹壁面曲率越大，激波节的长度就越短，而内凹通道的长度都是一样的，因此其激波节的数量就会越多，抗反压能力越强，激波串的位置越靠后。

隔离段中激波串产生的两个重要因素包括一定的背压和一定的边界层厚度，二者必须同时存在。而激波串中激波节的长度又与边界层的厚度息息相关：边界层的厚度越大，说明低能流体囤积越多，主流区域变得狭窄，反压更易向上游移动，逆压力梯度越大，激波节的长度越长，越容易产生流动分离。由图 4.33 中不

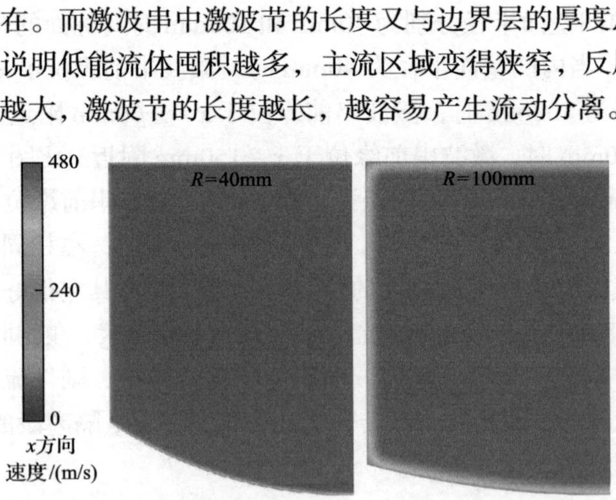

图 4.33　不同曲率下内凹通道的速度分布云图

同曲率下内凹通道的速度分布云图可以看出，低内凹壁面曲率下的边界层厚度明显比高内凹壁面曲率下的厚。图 4.34 中对称面与展向截面交线的速度分布曲线更清晰地体现出了边界层的尺寸，内凹壁面曲率为 $25m^{-1}$ 的边界层厚度为 0.8mm，内凹壁面曲率为 $10m^{-1}$ 的边界层厚度为 0.16mm，是前者的 2 倍，由此揭示了内凹壁面曲率越大、激波串长度越短、激波节的数量越多、其抗反压能力越强、激波串的位置越靠后的分布规律。

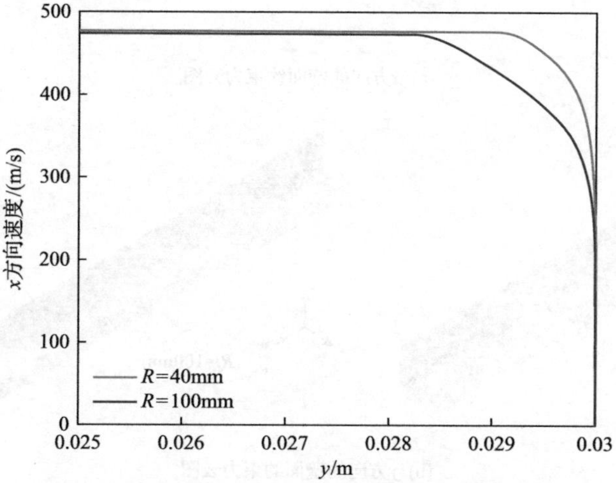

图 4.34　对称面与展向截面交线的速度分布曲线

上述对边界层的分析已经完美地解释了内凹通道中激波串的位置变化规律，现在探讨内凹通道中边界层厚度的主导因素。流体在流道内流动具有一定的速度，其与流道壁面会产生一定的速度差，该差值是黏性产生的主要原因，并且差值的 90%区域即为边界层区域，因此壁面的力约束决定了边界层的形态结构与厚度大小。图 4.35 为不同曲率下内凹通道的壁面约束力云图。由图 4.35 可知，内凹壁面曲率为 $10m^{-1}$(R=100mm)的 x 方向的壁面约束力要高于内凹壁面曲率为 $25m^{-1}$(R=40mm)的，因此，低内凹壁面曲率具有更大的壁面约束阻力，增加了流体的流动损失；在靠近角区位置流向阻力明显加大，这是因为角区附近具有最高的面积体积比，气流的润湿面积相比其他区域要大得多，该处流向阻力最大；y 方向上的壁面约束力在下壁面要明显高于侧壁面，z 方向上的壁面约束力分布规律刚好相反，下壁面的 y 方向壁面约束力直接约束流体，而侧壁面 z 方向壁面约束力也直接约束流体，因此不同的内凹通道对流体的周向约束也不同。低内凹壁面曲率下对流体具有更大的周向约束，反之，内凹壁面曲率越高，对流体的周向约束越小，这就解释了为什么内凹壁面曲率越小，边界层越薄，进而导致激波强度增大，激波节的长度缩短，分离泡的尺寸减小，隔离段的抗反压能力增强。

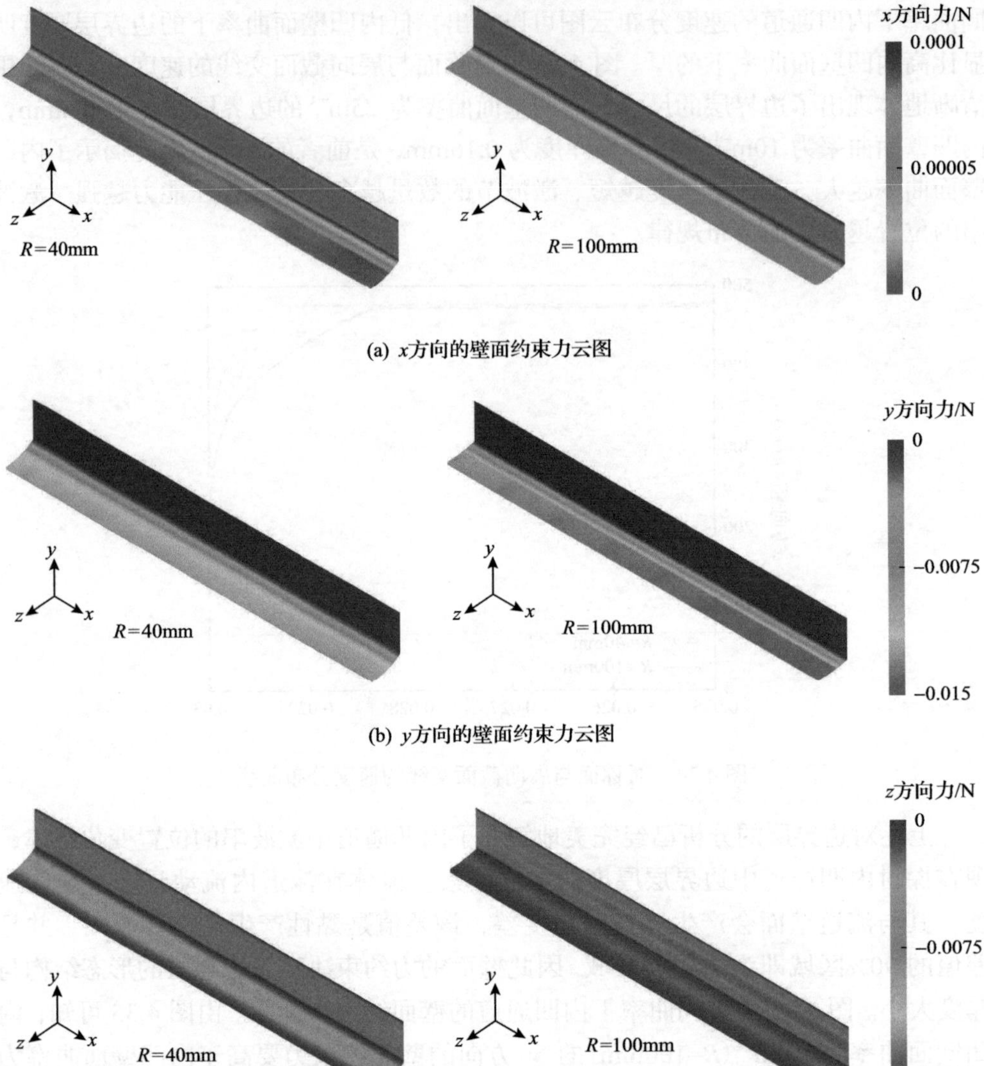

(a) x方向的壁面约束力云图

(b) y方向的壁面约束力云图

(c) z方向的壁面约束力云图

图 4.35　不同曲率下内凹通道的壁面约束力云图

综上所述，本节主要分析均匀来流条件下内凹通道中的激波串流场结构，为在背景波系干扰下的激波串流场分析做对比。从二维马赫数云图与压力分布曲线可以看出，内凹壁面曲率的增大将提高内凹通道的抗反压能力，激波串位置靠后并且流向尺度减小，前缘激波的增压比较小。增加来流马赫数，激波串的强度提高，并且流向尺度进一步减小，增压比提高。当再增加来流静压时，激波串强度进一步提高，马赫杆很长，激波串流向尺度进一步缩小，非常接近正激波。从激波串与分离区的三维结构图中可以看出，内凹壁面侧的激波串前缘激波呈内凹型，平直壁面处的激波串前缘激波呈平直型，并且对称面处的激波串前缘激波位于最下游且马赫杆最长，侧壁处的激波串前缘激波位于最上游且为斜激波，这就使得激波串前缘激波呈混合斜-正激波结构。从内凹通道的展向截面压力以及压力梯度云图可以清晰地看出前缘激波对来流的增压过程。最后由内凹通道壁面的流向剪切应力分布可以看出，不论哪种工况，内凹壁面一侧的流动分离相比于平直壁面都大幅度减少，从这个角度看将有利于提高超燃冲压发动机的工作裕度，但平直壁面一侧的流动分离很大，导致内凹通道流体的非对称性加剧，这又会降低超燃冲压发动机的稳定工作裕度。最后对内凹通道中激波串的位置变化机理做出解释：一方面从内凹通道的几何构型入手，发现内凹通道的展向截面越小，激波串的位置越靠前，这是因为展向截面减小会导致内凹通道的面积体积比增加，导致流动损失加剧，内凹通道的增压潜力降低，所以抗反压能力减弱，激波串的位置靠前；另一方面从内凹通道的流动机理入手，发现内凹壁面曲率越低，边界层越厚，导致主流区域变窄，激波节的长度增加，反压更容易向上游推进，使得内凹通道的激波串向上游运动，而边界层的厚度又由内凹通道的约束力决定。计算发现，内凹壁面曲率越低，其对流体的周向约束越强，因此边界层越厚，越能进而引发激波串向上游发展。

4.4　背景波系作用下内凹通道中激波串流场特性的数值分析

在实际的超燃冲压发动机中，由于进气道的影响，隔离段中存在复杂的背景波系，包括膨胀波、再附激波、分离激波和一系列的反射波等。背景波系能够引起较大的流向和横向参数梯度，这对激波串的形态结构以及其与边界层的相互作用产生非常重要的影响。由于内凹壁面为底壁面，因此在内凹通道入口前的上壁面安装一个斜劈，使其产生背景波系。

本节首先着重探讨通流条件下的背景波系在内凹通道中的流动特性，分析背景波系在内凹通道中的不断相交和反射规律，并对壁面压力的分布特性做出解释；接着对背景波系干扰下的正激波串与内凹通道的相互作用进行深入分析；最后增加来流马赫数，对背景波系干扰下的斜激波串与内凹通道的相互作用进行深入分析，发现内凹通道中正激波串变成了斜激波串，流动分离也更严重。

4.4.1　通流条件下内凹通道中的背景波系结构

如图 4.36 所示，给定来流马赫数为 2.70，当内凹通道入口的超声速气流遇到上壁面的斜劈时，气流会发生偏折，产生斜激波，经过斜劈时还会产生一道再附激波，而斜激波在内凹壁面上反射时，在该处发生了一定大小的边界层分离(B1

处)，出现了另外一条再附激波，随后斜激波在内凹壁面的反射激波与再附激波在上壁面 T1 处反射，汇合成一道斜激波，最后在内凹壁面上 B3、B4 处和上壁面 T3 处反射；而再附激波会在内凹通道中的内凹壁面 B2、B4 处反射，在内凹通道的上壁面 T2 处反射。

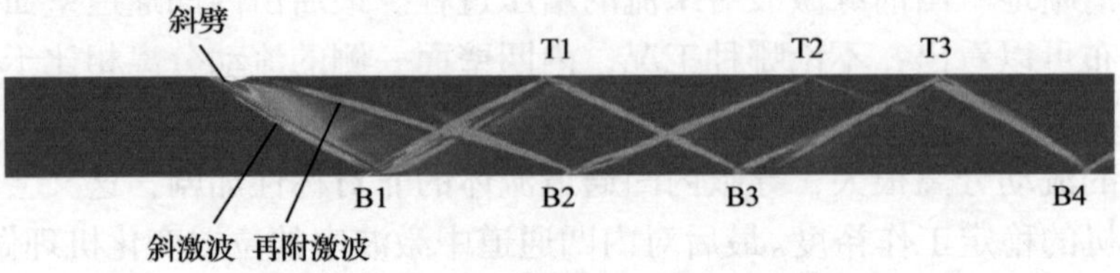

图 4.36　内凹通道中的背景波系结构

图 4.37 为沿程壁面参数分布图(给定来流马赫数为 2.70)。由图可以看出，当斜激波在壁面处反射时，它会与边界层发生相互作用，导致壁面呈压力上升趋势，形成逆压力梯度，随后激波经过反射，使气体膨胀，导致壁面压力下降，又形成顺压力梯度。由斜劈产生的分离激波在内凹通道的下壁面反射，形成 B1、B3、B4 的激波与边界层相互作用点，在上壁面反射形成 T1、T3 的激波与边界层相互作用点，在斜劈处的压力最高，而由斜劈产生再附激波在下壁面形成 B2、B4 的激波与边界层相互作用点，在上壁面形成 T2 的激波与边界层相互作用点，从图 4.37(b)(即内凹壁面的壁面剪切应力分布图)中也可得出这一结论。

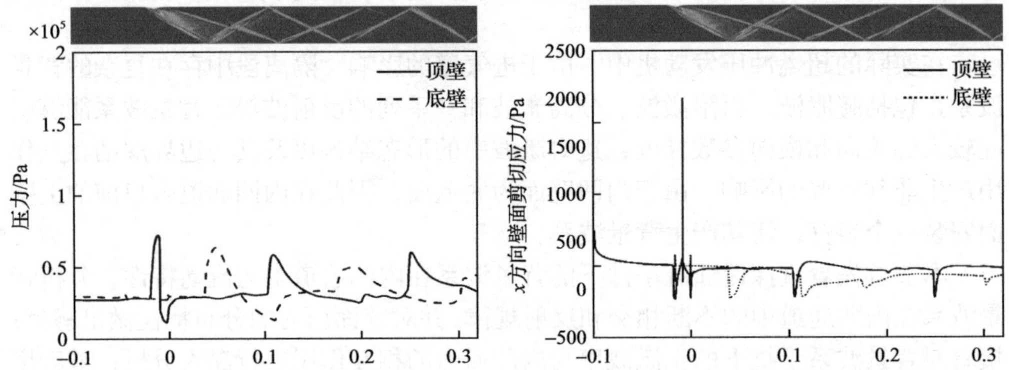

(a) 沿程壁面压力分布　　(b) 沿程壁面剪切应力分布

图 4.37　沿程壁面参数分布

图 4.38 显示了不同内凹壁面曲率的壁面压力分布(给定来流马赫数为 2.70)。由图可以看出，当不同内凹壁面曲率下的内凹通道中的斜激波在壁面处反射时，激波与边界层相互作用点的位置不同。从内凹通道中对称面的压力梯度云图中可以看出，内凹壁面曲率越大，激波与边界层相互作用点的位置越靠后；斜激波在

反射时的角度不随内凹壁面曲率变化而变化，由此可以判断激波与边界层相互作用点的位置仅与斜激波反射的路径长短有关。曲率大的内凹通道对称面较高，曲率小的内凹通道对称面较低，因此内凹壁面曲率越大，斜激波反射的路径越长，则激波与边界层相互作用点的位置就会越靠后。由内凹通道中对称面的压力曲线图得知，不同的内凹壁面曲率具有不同的压力分布，曲率越大，激波与边界层相互作用点的压力峰值越小，T3 点除外。在激波与边界层相互作用点附近的壁面压力均先急剧上升，随后较为缓慢地下降，和内凹壁面曲率为 25m^{-1} 的壁面压力走向一致，并且在三种不同的内凹通道中都产生了异侧多元相互作用。

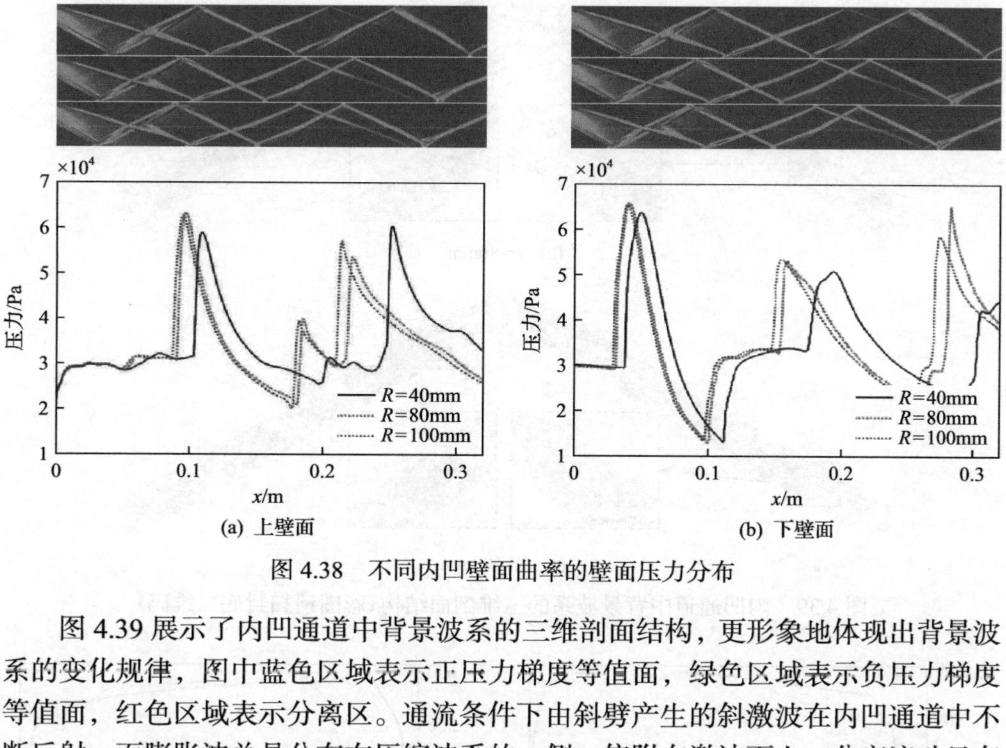

(a) 上壁面　(b) 下壁面

图 4.38　不同内凹壁面曲率的壁面压力分布

图 4.39 展示了内凹通道中背景波系的三维剖面结构，更形象地体现出背景波系的变化规律，图中蓝色区域表示正压力梯度等值面，绿色区域表示负压力梯度等值面，红色区域表示分离区。通流条件下由斜劈产生的斜激波在内凹通道中不断反射，而膨胀波总是分布在压缩波系的一侧，依附在激波面上。分离流动只存在于背景波系的入射点和反射点处，该处边界层中的低能流体无法抵消背景波系入射带来的逆压力梯度，进而形成分离泡，但背景波系强度不高，诱导产生的逆压力梯度不大，因此分离泡的尺寸很小。为了捕捉内凹通道中的速度变化特征，绘制如图 4.40 所示的速度分布图。依据 x 位置的选定是基于内凹壁面曲率为 25m^{-1} 并且与激波相交的原则，依次绘制曲率为 25m^{-1}、12.5m^{-1} 和 10m^{-1} 的内凹通道对称面 y 方向上的速度分布，并且标记为截面(a)～(d)。由于边界层效应，在紧贴侧壁面处流体的速度接近 0，主流区流体的速度分布趋势相同，差异不大，并且速度在内凹通道剖面的中心处最高，靠近两侧壁面较低，由于受到激波的干扰，在

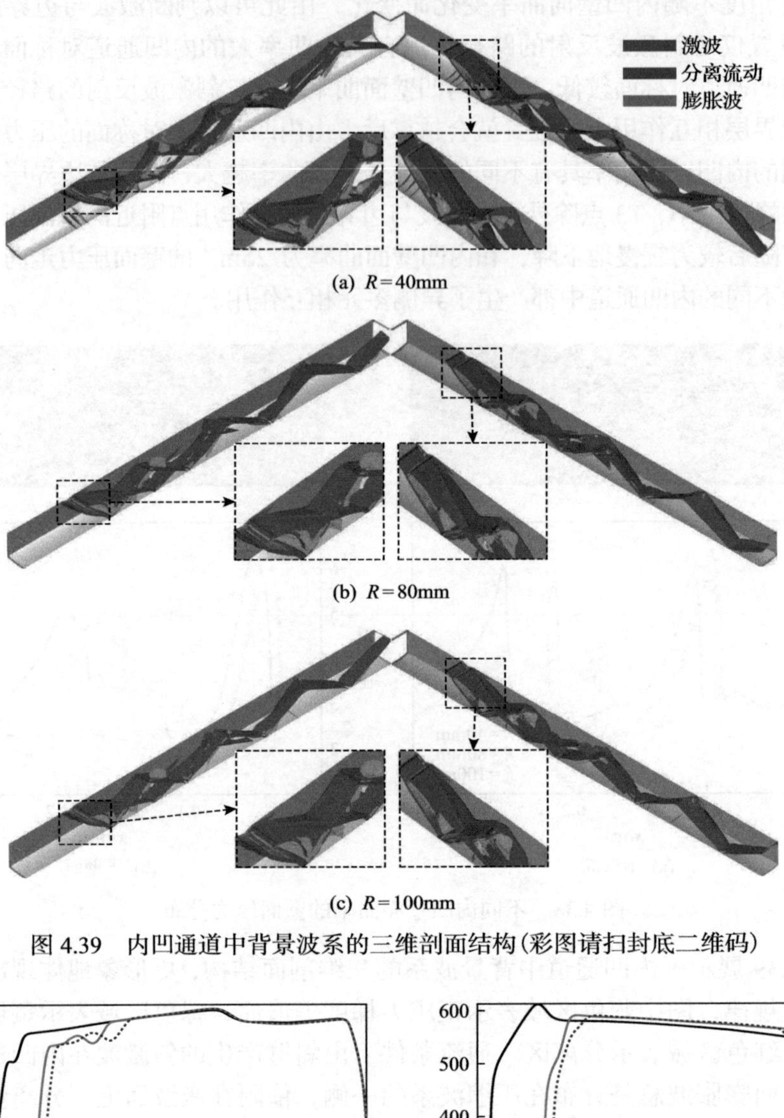

(a) $R=40\text{mm}$

(b) $R=80\text{mm}$

(c) $R=100\text{mm}$

图 4.39　内凹通道中背景波系的三维剖面结构(彩图请扫封底二维码)

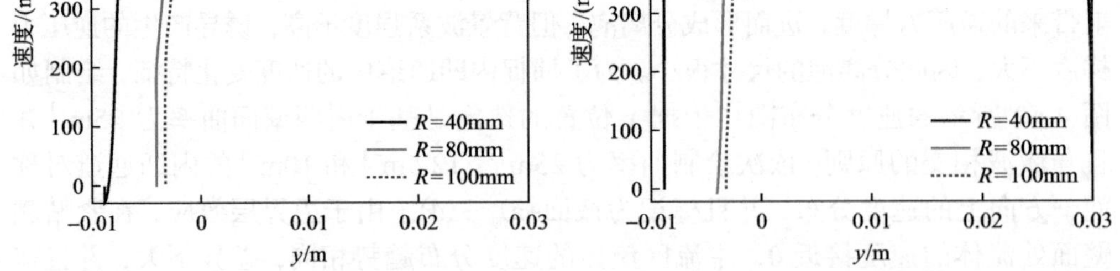

(a) $x=0.045\text{m}$　　　(b) $x=0.106\text{m}$

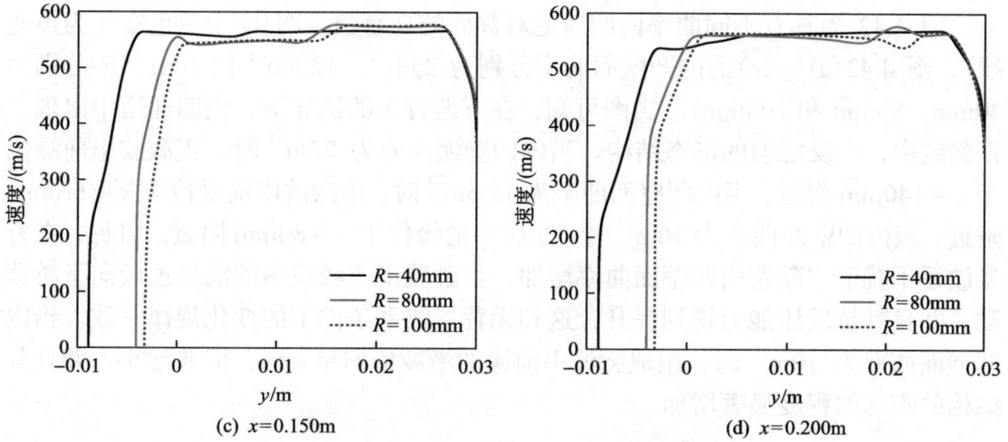

图 4.40　内凹通道对称面 y 方向上的速度分布

近壁面处会产生流动分离。内凹壁面曲率的不同会导致对称面的高度有些许差异，内凹壁面曲率越大，则对称面的高度越高，因此图 4.40 中左侧 $R = 40\text{mm}$(曲率为 25m^{-1})的速度曲线在最左边，$R = 80\text{mm}$(曲率为 12.5m^{-1})的在中间，$R = 100\text{mm}$(曲率为 10m^{-1})的在最右边。

4.4.2　背景波系作用下正激波串与内凹壁面相互作用

选取工况Ⅳ进行数值计算，得到如图 4.41 所示的对称面上的压力梯度云图，工况Ⅳ的来流马赫数为 1.85，背压为 3.5 倍入口压力，从上至下曲率分别为 25m^{-1}、12.5m^{-1} 和 10m^{-1}(R 分别为 40mm、80mm 和 100mm)。由图 4.41 可知，在具有三种不同曲率的内凹壁面通道中，在背景波系的影响下均产生了激波串。与图 4.13 不同的是，图 4.41 中曲率为 25m^{-1} 和 12.5m^{-1} 的内凹通道中仅产生一道正激波，其流向尺寸很短，马赫杆很长，流体经过该道激波后压力已满足条件不再急剧增大，而是增长缓慢，但曲率为 10m^{-1} 的内凹通道中产生的依然是斜激波串，并且对应低马赫数下相同内凹壁面曲率的激波串位置要更加靠后，在内凹通道中激波与膨胀波反复交替向下游传播，流体在经过前缘激波后依然会连续快速增减压。

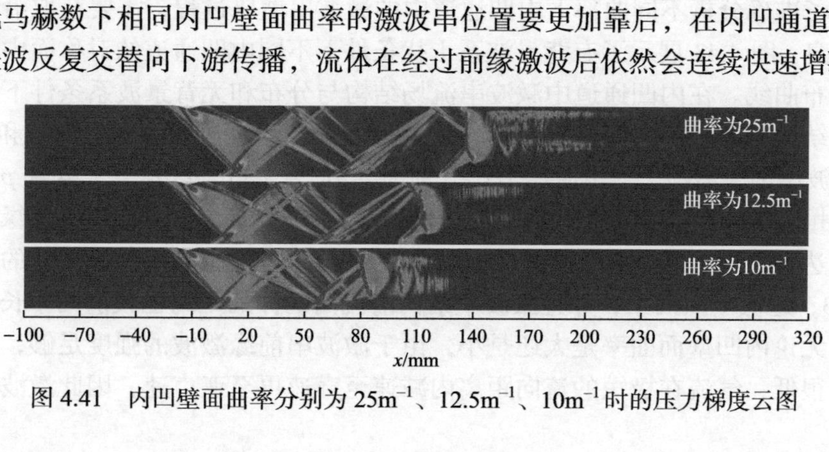

图 4.41　内凹壁面曲率分别为 25m^{-1}、12.5m^{-1}、10m^{-1} 时的压力梯度云图

图 4.42 为具有不同曲率内凹通道对称面的马赫数云图(图中黑色实线为声速线)，图 4.42(a)～(c)的内凹壁面曲率分别为 $25m^{-1}$、$12.5m^{-1}$ 和 $10m^{-1}$(R 分别为 40mm、80mm 和 100mm)。由图可知，在下游背压的诱导下，内凹通道中出现了正激波串，一反之前的形态结构。当内凹壁面曲率为 $25m^{-1}$ 时，正激波串前缘位于 $x = 140$mm 附近；当内凹壁面曲率为 $12.5m^{-1}$ 时，正激波串前缘位于 $x = 110$mm 附近；当内凹壁面曲率为 $10m^{-1}$ 时，激波串前缘位于 $x = 80$mm 附近。可见，在背景波系干扰下，随着内凹壁面曲率增加，正激波串或激波串的前缘逐渐向下游移动，并且其抗反压能力得到提升，这和无背景波系条件下的变化规律一致。当内凹壁面曲率为 $10m^{-1}$ 时，组成激波串前缘的激波依旧呈λ形，但非常小，并且其结构的不均匀程度显著增加。

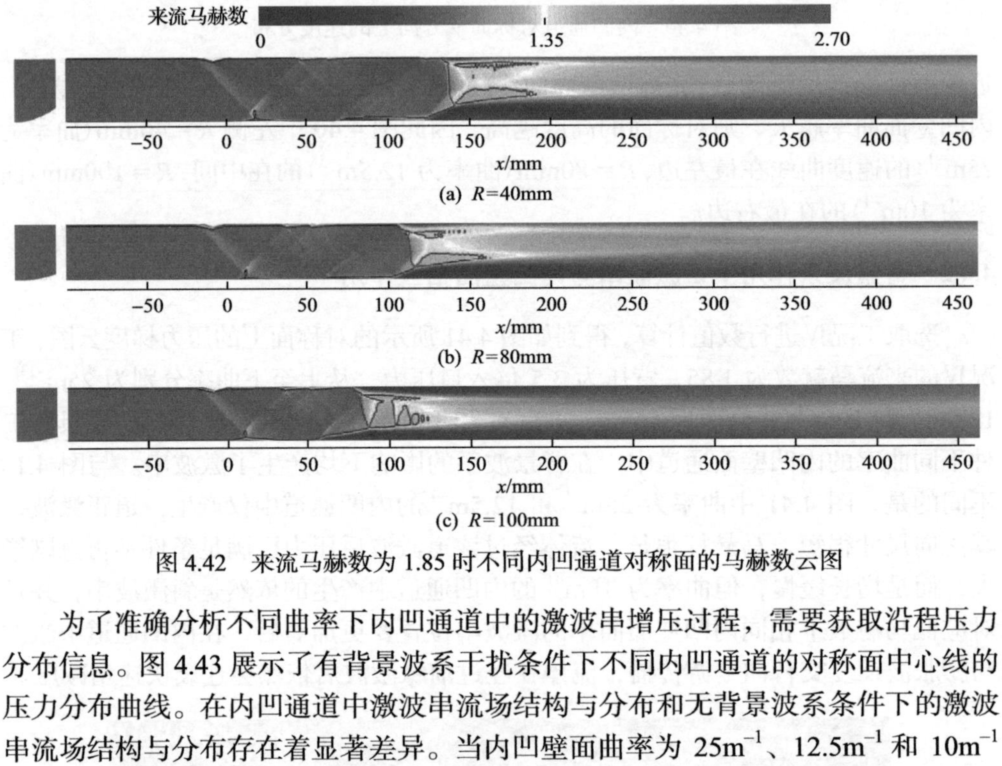

(a) R=40mm

(b) R=80mm

(c) R=100mm

图 4.42　来流马赫数为 1.85 时不同内凹通道对称面的马赫数云图

为了准确分析不同曲率下内凹通道中的激波串增压过程，需要获取沿程压力分布信息。图 4.43 展示了有背景波系干扰条件下不同内凹通道的对称面中心线的压力分布曲线。在内凹通道中激波串流场结构与分布和无背景波系条件下的激波串流场结构与分布存在着显著差异。当内凹壁面曲率为 $25m^{-1}$、$12.5m^{-1}$ 和 $10m^{-1}$ 时，激波串前缘激波上、下游压力比分别为 $p_1/p_{01} = 3.35$、$p_2/p_{02} = 3.24$ 和 $p_3 / p_{03} = 2.58$，由此可知，当内凹壁面曲率为 $25m^{-1}$ 和 $12.5m^{-1}$ 时，正激波串的前缘激波增压比均达到了 3 以上，而当内凹壁面曲率为 $10m^{-1}$ 时，激波串前缘激波的增压比为 2～3，远低于前两个，并且激波串结构沿流向延伸的距离也较前两个长。同时发现，无论内凹壁面曲率是大还是小，由于激波串前缘激波的强度足够，波后的马赫数很低，气流在极短的流向距离内减速至声速再至亚声速，因此激波串中的反射激波数量稀少。

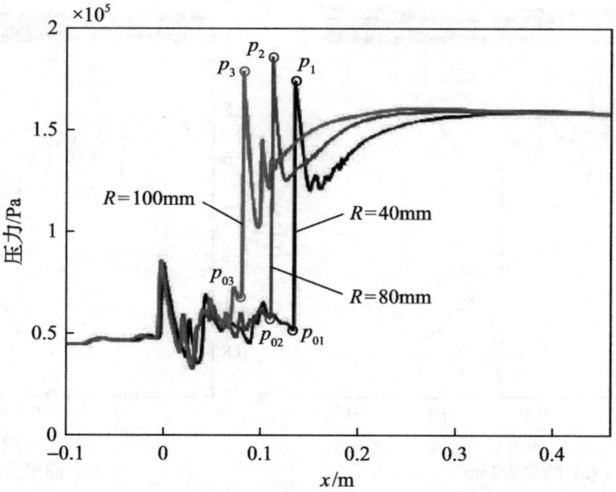

图 4.43　不同曲率下内凹通道对称面中心线沿程压力分布

为了更好地验证内凹壁面曲率为 25m^{-1}、12.5m^{-1} 流场中的正激波串流场特性，于是捕捉内凹通道中的速度变化特征，作出如图 4.44 所示的内凹通道对称面流向方向的马赫数分布曲线。由图 4.44(a)和图 4.44(b)可知，在内凹通道入口区域，来流气体的马赫数在 1.85 处浮动，在经过内凹通道入口处的斜劈后，其马赫数开始大幅度上下波动，这是由于背景波系在内凹通道壁面上不断反射，来流气体经过这些斜激波后不断地压缩和膨胀，导致其压力反复增大和减小。来流气体在经过一段不稳定的速度波动时期后，通过一道强激波的压缩，其马赫数开始大幅下降，之后马赫数虽稍有回升，但均未大幅度超过 1，只在 1 左右小范围内波动，随后便开始缓慢下降，气流彻底进入亚声速阶段，并趋于稳定。图 4.44(c)中内凹通道流体在上游时的马赫数发展规律与图 4.44(a)和图 4.44(b)中的保持一致，经过斜激波后不断地压缩和膨胀，在经过由背压诱导的前缘激波后，虽然马赫数仍旧开始大幅度下降，但随后又开始大幅度回升，峰值达到了 1.2，这个数值要远远高出另外两组曲率内凹通道的数值，因此，来流气体在经过这道激波后未达到升压条件，还需后续一系列的激波进行压缩，直到来流气体满足升压条件。

由图 4.44 所示内凹通道对称面流向方向的马赫数分布曲线可以更清晰地看出其前缘激波的位置。当内凹壁面曲率为 25m^{-1} 时，正激波串位于 140～150mm 处，长 10mm；当内凹壁面曲率为 12.5m^{-1} 时，正激波串位于 115～130mm 处，长 15mm；当内凹壁面曲率为 10m^{-1} 时，正激波串前位于 80～110mm 处，长 30mm。由此可见，在背景波系干扰条件下，内凹壁面曲率越小，激波串越长，但均短于无背景波系内凹通道中的激波串结构。因此，适当地增加背景波系的强度可以使得超燃冲压发动机获得更宽范围的工作裕度。

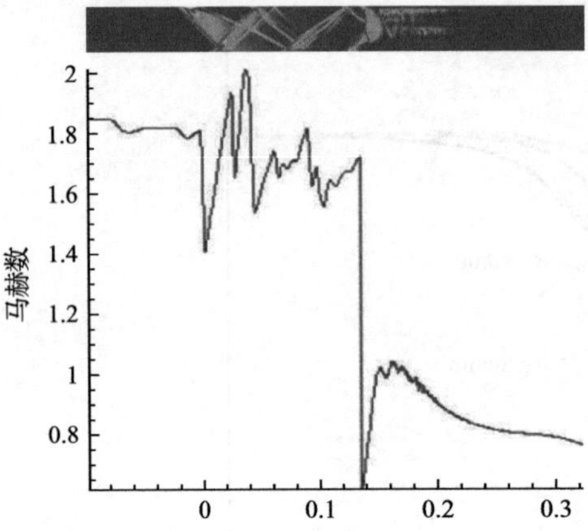

(a) 曲率为25m^{-1}

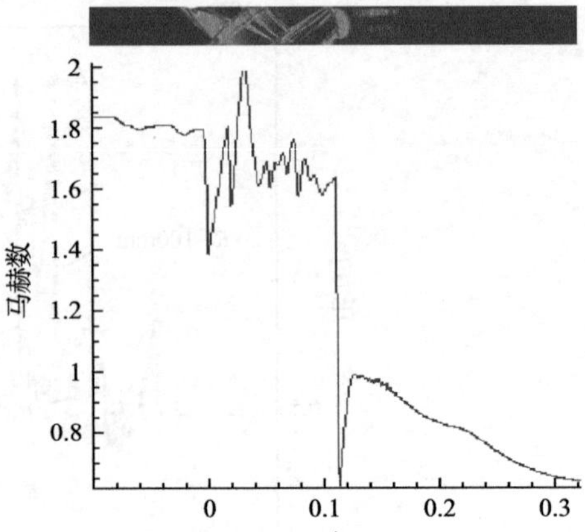

(b) 曲率为12.5m^{-1}

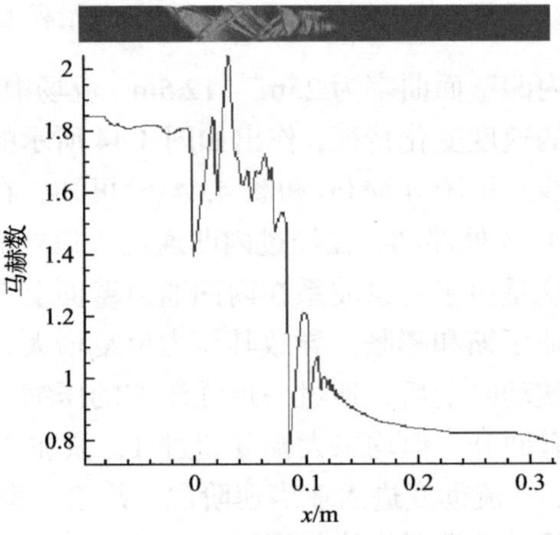

(c) 曲率为10m^{-1}

图 4.44　不同内凹通道对称面流向方向的马赫数分布曲线

为了探究在不同曲率下内凹通道中激波串与边界层的相互作用规律，选取工况Ⅳ进行计算并做出如图 4.45 所示的不同内凹壁面曲率下的壁面压力分布图。由图可以看出，当不同内凹壁面曲率下的内凹通道中的斜激波在壁面处反射时，激波与边界层相互作用点的位置不同，内凹壁面曲率越大，其激波与边界层相互作用点的位置就越靠后，该变化规律和通流条件下的内凹通道结果相同(即图 4.38)，因此内凹壁面曲率越大，斜激波反射的路径越长。与图 4.38 的结果不同的是，图 4.45 中的异侧多元相互作用受到背压的影响有所减弱，两激波与边界层相互作用点之间的压力沿流向持续减小，在经过由背压诱导的激波后，压力陡然增大，随后小幅度稳步上升，直至趋于背压。在经过由背压诱导的激波后，内凹壁面曲率小的通道其压力反而要比曲率大的通道高，而且也更快趋于背压。由图 4.45 还可验证图 4.44 中分析的结果，在经过由背压诱导的激波时，虽然曲率小的内凹通道中的压力要高于曲率大的，但其增压比要明显低于曲率大的内凹通道，这也就导致了经过这道激波后，曲率为 25m^{-1} 和 12.5m^{-1} 的内凹通道的压升均已达到其背压的 80%以上，而曲率为 10m^{-1} 的内凹通道的压升还不到其背压的 70%，这说明了还需要一系列较弱的激波来实现连续增压，所以由图可知，内凹壁面曲率为 10m^{-1} 的壁面压力曲线在经过前缘激波后，依然以较快的速度持续增压。

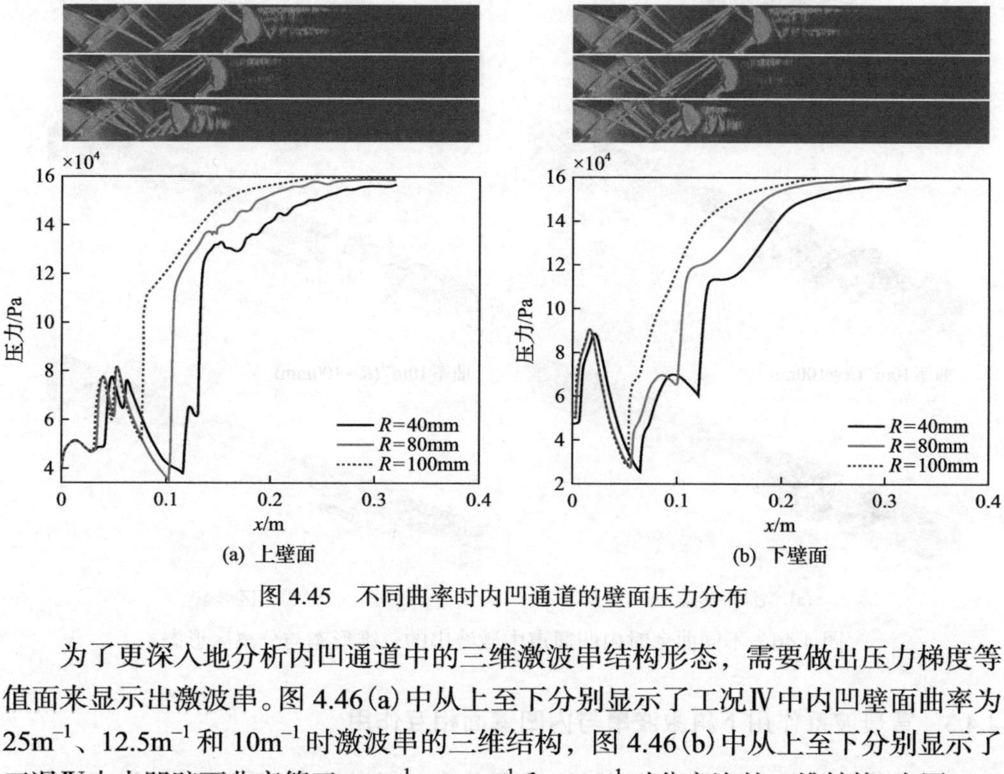

(a) 上壁面　　(b) 下壁面

图 4.45　不同曲率时内凹通道的壁面压力分布

为了更深入地分析内凹通道中的三维激波串结构形态，需要做出压力梯度等值面来显示出激波串。图 4.46(a)中从上至下分别显示了工况Ⅳ中内凹壁面曲率为 25m^{-1}、12.5m^{-1} 和 10m^{-1} 时激波串的三维结构，图 4.46(b)中从上至下分别显示了工况Ⅳ中内凹壁面曲率等于 25m^{-1}、12.5m^{-1} 和 10m^{-1} 时分离泡的三维结构。由图 4.46 可以看出，内凹壁面上的激波串在背景波系的影响下和边界层相互作用，并且低马赫数下的激波串位置均比高马赫数下的激波串位置更加靠前；分离泡要比无背景波系条件下内凹通道流场中的小得多，这是因为在相同的背压条件下，有背景波系干扰激波串与边界层的相互作用导致激波串普遍比较靠后，而且沿程较短，流动分离较小。

在无背景波系干扰情况下，内凹壁面上的流动分离较上壁面小，并且集中在内凹通道角区附近，但有了背景波系的干扰后，内凹壁面一侧的逆压力梯度增高，因此边界层内的流动分离显著增加，分离泡向对称面靠拢，远远超过了其上壁面的分离泡尺度，而且内凹壁面上的角区流动分离较为微弱。另外，上壁面分离泡随着内凹壁面曲率的增加而逐渐减小，边界层变薄，这个规律和无背景波系条件下的规律一致，但下壁面分离泡与内凹壁面曲率并无直接关联。整体而言，有背景波系干扰下内凹通道的流动分离依旧要小于无背景波系干扰下的流动分离。

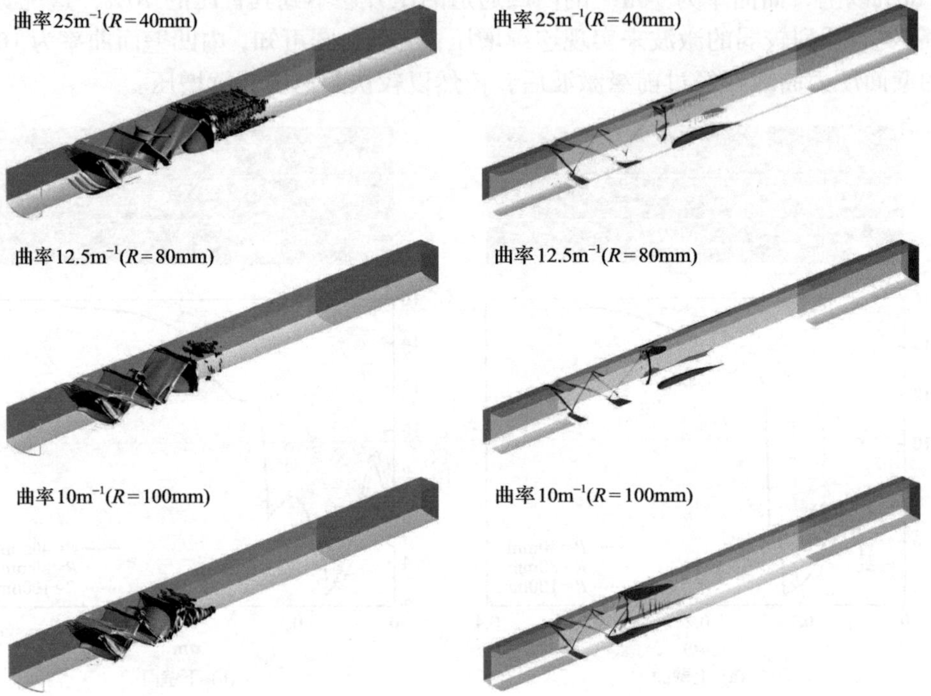

(a) 激波串形态　　(b) 分离区形态

图 4.46　不同曲率时内凹通道中激波串的三维形态与分离区形态

4.4.3　背景波系作用下斜激波串与内凹壁面相互作用

激波串结构包含一系列的激波，主要分为前缘激波和后续一系列强度和长度均较弱的激波。根据前缘激波头波的形态特征，可以将激波串结构分为正激波串结构和斜激波串结构。在一般情况下，若来流马赫数较低并且边界层较厚，前缘激波头波的上下两支相交之后非常容易形成马赫反射，因此容易形成正激波串结构；若来流马赫数较高并且边界层也较薄则容易形成斜激波串结构。由此可知，激波串的形态结构主要由激波串前的马赫数大小和边界层的厚度决定，当激波串前的马赫数大于 1 并小于 1.3 时，激波串变为规整的正激波结构，此时正激波的激波脚位置处的边界层并无大规模分离，分离泡很小，几乎未形成；当激波串前的马赫数大于 1.3 并小于 1.7 时，激波串与边界层的相互作用逐渐增强，并开始诱导激波串的根部位置发生流动分离，分离泡明显增长，这一点通过 4.4.2 节的分析已经得到了验证，图 4.46(b) 中的激波串根部位置已经能够看到一定大小的分离泡出现。当激波串的波前马赫数更进一步增长时，分离泡继续增长，长度变长，并逐渐向展向方向延伸，流道内的流动分离更为明显，激波与边界层相互作用更为剧烈和复杂，内凹通道内开始出现一系列的激波串结构。

图 4.47 为工况Ⅴ的内凹通道对称面上的压力梯度云图，在背景波系的影响下将来流马赫数由1.85 增大到 2.70，来流静压由45098Pa 减小到 27200Pa，可见在三种不同曲率的内凹通道中均产生了激波串结构，并且是斜激波串。此时流动分离更明显，流动损失严重，激波串与边界层相互作用剧烈。而图 4.38 中曲率为 $25m^{-1}$ 和 $12.5m^{-1}$ 的内凹通道中仅产生了一道激波，经过该激波后压力已达到背压条件而不再大幅增加，虽然曲率为 $10m^{-1}$ 的内凹通道中产生的是斜激波串，但由于其分离泡小，来流马赫数较低，它与边界层相互作用产生的影响不及图 4.47 中的斜激波串。图 4.47 中对应相同内凹壁面曲率的激波串位置比图 4.38 中的激波串位置更加靠后，激波串中多道激波在边界层上的入射导致通道顶壁面和内凹壁面以及侧壁面的多个位置发生明显的流动分离，产生该现象的原因是将背压从 3.5 倍的入口压力提高到了 7 倍的入口压力，虽然背景波系本身就能够起到一定的预增压效果，而且在激波串的上游又将来流马赫数从 1.85 增加到 2.70，但背压对激波串结构位置的影响要远超来流马赫数和背景波系的影响，因此综合而言，这增加了内凹通道流场内的减速增压负担，使得激波串的整体结构强度有所提高，导致整个内凹通道中增压过程的总压损失加大，激波串的反压承受能力减弱。因此，工况Ⅴ的结果和工况Ⅳ明显不同的是激波串结构不再规整，增压过程更为复杂。

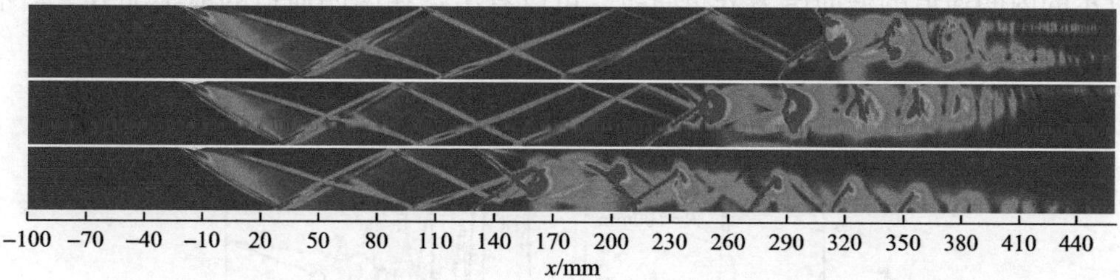

图 4.47　内凹壁面曲率分别为 $25m^{-1}$、$12.5m^{-1}$、$12.5m^{-1}$ 时的压力梯度云图

图4.48 为具有不同曲率的内凹通道的对称面马赫数云图(图中黑色实线为声速线)，图 4.48(a)～(c) 的曲率分别为 $25m^{-1}$、$12.5m^{-1}$ 和 $10m^{-1}$(R 分别为 40mm、80mm 和 100mm)。当内凹壁面半径为 40mm 时，激波串前缘位于 $x = 310mm$ 附近，几乎要被推出隔离段；当内凹壁面半径为 80mm 时，激波串前缘位于 $x = 250mm$ 附近；当内凹壁面半径为 100mm 时，激波串前缘位于 $x = 160mm$ 附近。可见，随着内凹壁面曲率的增加，激波串前缘逐渐向下游移动，激波串的抗反压能力

提升。

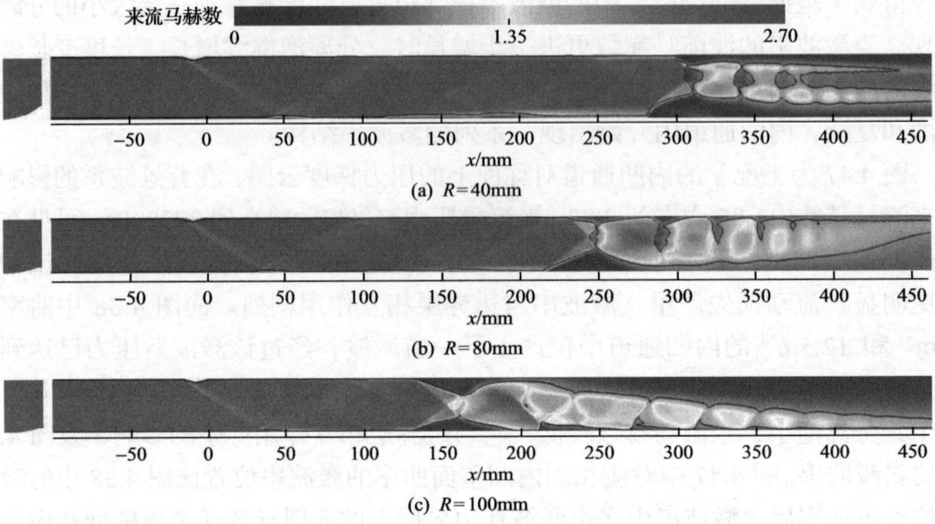

图 4.48　来流马赫数均为 2.70 时不同内凹通道对称面的马赫数云图

图 4.49 为工况Ⅴ来流条件下不同内凹通道的中心线的压力分布曲线图。当内凹壁面半径为 40mm、80mm 和 100mm 时，激波串前缘激波上、下游压力比分别为 $p_1/p_{01} = 3.05$、$p_2/p_{02} = 3.33$ 和 $p_3/p_{03} = 3.01$。随着内凹壁面半径的减小，内凹壁面曲率增加，激波串前缘激波强度增加，激波串的长度减小。在高来流马赫数并且薄边界层条件下更容易形成斜激波串结构，对于这种类型的激波串，要想深入分析其流动机理以及形态变化规律还需要了解它的壁面参数分布规律，如图 4.50 所示的内凹通道的壁面压力分布曲线，可以看出，在内凹通道的前半部分，当不

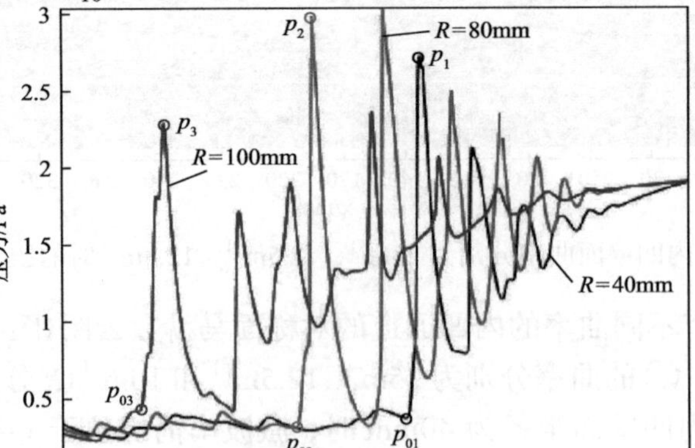

图 4.49　高马赫数下不同曲率内凹通道对称面中心线沿程压力分布

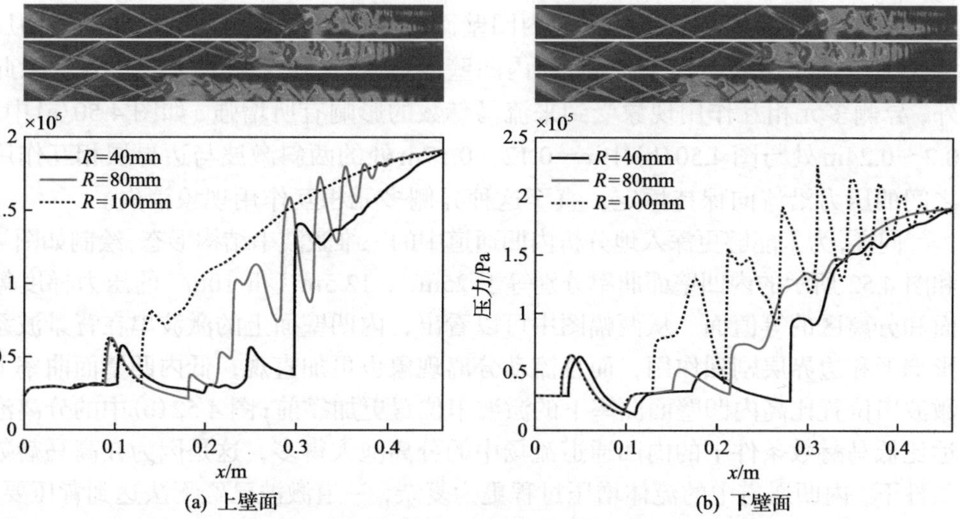

图 4.50　内凹通道的壁面压力分布曲线

同内凹壁面曲率下的背景波系在壁面处反射时，斜激波与边界层相互作用点的位置不同，内凹壁面曲率越大，其激波与边界层相互作用点的位置就越靠后，该变化规律同前所述。

而在内凹通道的后半部分，当来流经过由背压诱导的激波串的前缘激波时，压力明显增大，之后在后续激波串的作用下，流体在内凹通道的中心压力是以波浪的形式持续增长，产生这种现象的原因主要是激波串结构内的激波和反射波交替出现，因此内凹通道中的流体反复被压缩和膨胀，而其在壁面处的压力增长趋势要看分离泡的大小。若分离泡较小，则壁面处的背压仍旧是以波浪的形式持续增长，激波串结构内的激波和反射波不断在壁面处反射，如图 4.50(a)中 $R = 80$mm(内凹壁面曲率为 12.5m^{-1})和图 4.50(b)中 $R = 100$mm(内凹壁面曲率为10m^{-1})的壁面压力分布曲线。若分离泡较大，则壁面处的背压增长是近似单调增加的，如图 4.50(a)中 $R = 40$mm、100mm(内凹壁面曲率为 25m^{-1}、10m^{-1})和图 4.50(b)中 $R = 40$mm、80mm(内凹壁面曲率为 25m^{-1}、12.5m^{-1})的壁面压力分布曲线。这种现象产生的主要原因是在内凹通道中的压缩面一侧的边界层非常厚，会形成一个缓冲地带，通过边界层内的亚声速区域可以有效地阻止激波串内的高压扰动传播，使其向四周弥散开来，不至于在内凹通道中的局部位置形成很强的压力梯度，因此在形成大分离区的壁面一侧，会使得主流核心区向另一侧发生偏折，此时，该壁面处的背压增长是近似单调增加的，而另一侧的壁面背压增长可能会受到这种主流偏折运动的影响，从而产生波浪形式增长，如在 $R = 100$mm(内凹壁面曲率为 10m^{-1})的内凹通道中，流体在经过由背压诱导的激波串结构后，其主流核心区向内凹壁面一侧偏折，使得其上壁面的壁面压力增长为单调递增式，而下壁面(即内凹壁面)的壁面压力增长为波浪式。除此之外，异侧多元相互作用现象受到来流马赫数的影响有所增强，如图 4.50(a)中 $x=0.2\sim0.24$m 处与图 4.50(b)中 $x=0.12\sim0.17$m 处的两斜激波与边界层相互作用点之间的压力沿流向保持恒定，直至这种异侧多元相互作用现象消失。

同样，为了能够更深入地分析内凹通道中的三维激波串结构形态，绘制如图 4.51 和图 4.52 所示的内凹壁面曲率分别等于 25m^{-1}、12.5m^{-1} 和 10m^{-1} 的压力梯度等值面和分离区的等值面。从两幅图中可以看出，内凹壁面上的激波串在背景波系的影响下和边界层剧烈作用，而且流动分离现象也更加直观，低内凹壁面曲率下的激波串位置比高内凹壁面曲率下的激波串位置更加靠前；图 4.52(b)中的分离泡要远比低马赫数条件下的内凹通道流场中的分离泡大得多，这是因为在高马赫数的条件下，内凹通道中的流体增压过程更为复杂，一道激波已经无法达到背压要求，需要一系列的激波不断进行增压，增压过程既有激波反射也有膨胀波反射，这种

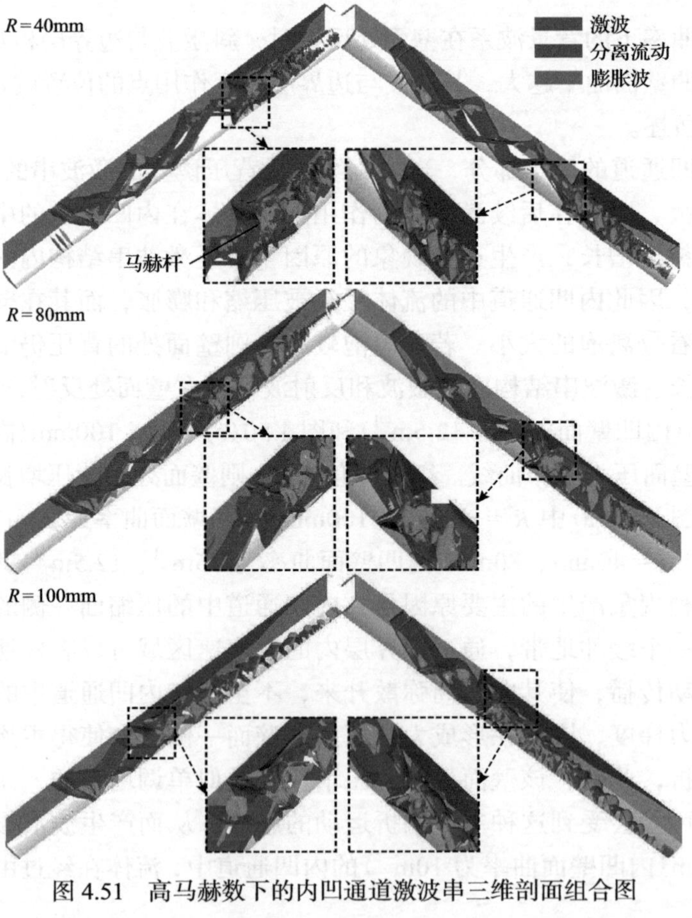

图 4.51　高马赫数下的内凹通道激波串三维剖面组合图

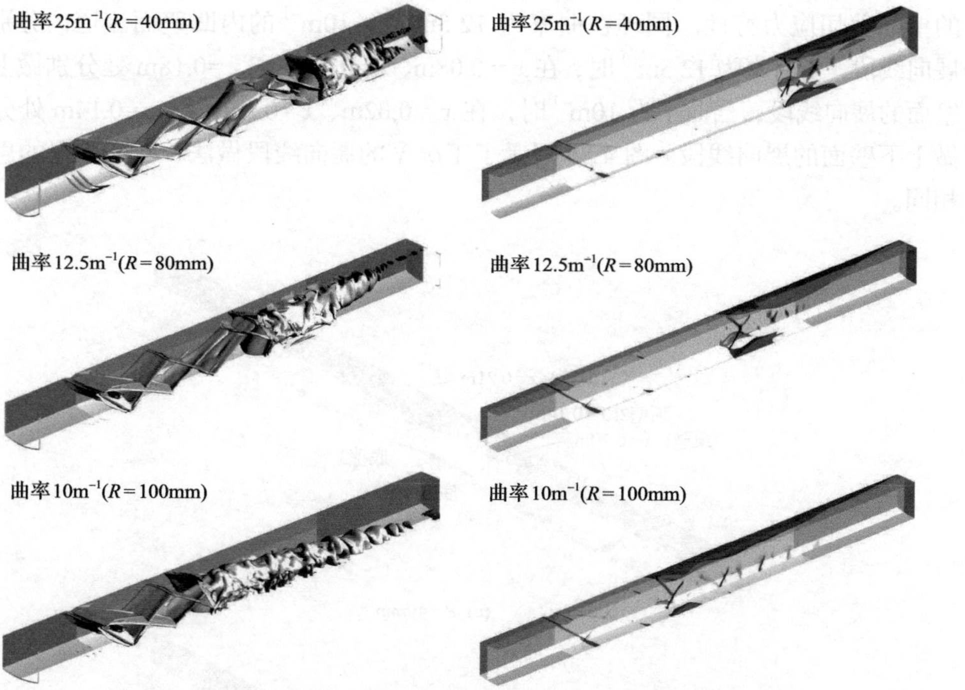

(a) 激波串形态　　(b) 分离区形态

图 4.52　高马赫数下的内凹通道激波串三维形态与分离区形态

交替进行的行为将使得内凹通道中的流体不可避免地发生较大的流动分离，并且沿程长，产生的分离泡大。除此之外，由图中可以看出在三种不同曲率的内凹通道中的分离泡主要分布在上壁面，内凹壁面一侧的分离泡较小，并且不只集中在角区附近，在内凹壁面上的对称面附近也有分布。因此，在增加来流马赫数并加大背压后，内凹通道的内凹壁面边界层的短板效应将会更为显著，上下壁面边界层抵抗逆压梯度的能力差距进一步拉开，使得超燃冲压发动机隔离段内的气动性能进一步恶化。综上所述，在高马赫数来流条件下，内凹壁面的几何构型虽然具有更强的抗反压能力，但也加剧了上下壁面抗反压能力的差距，使其内凹通道中的气体流动不均匀程度增加。

图 4.53 展示了工况Ⅳ的展向线段做法：在曲率为 25m^{-1} 的内凹壁面流道 $x=0.10\text{m}$、$x=0.14\text{m}$ 和 $x=0.21\text{m}$ 处分别做上下壁面的展向线段。$x=0.10\text{m}$ 处的上下壁面展向线段均位于其壁面分离区上游，距离激波串前缘点约 0.04m，分析分离区上游的壁面剪切应力特性；$x=0.14\text{m}$ 处的上下壁面展向线段均位于激波串前缘的分离区内，分析分离区内的壁面剪切应力特性；$x=0.21\text{m}$ 处的下壁面展向线段位于内凹壁面的角区分离内，上壁面的展向线段则与之对应，分析角区分离

的壁面剪切应力特性。同理在曲率为 12.5m^{-1} 和 10m^{-1} 的内凹壁面流道内分别做展向线段，当曲率为 12.5m^{-1} 时，在 $x=0.08$m、$x=0.12$m 和 $x=0.18$m 处分别做上下壁面的展向线段；当曲率为 10m^{-1} 时，在 $x=0.02$m、$x=0.06$m 和 $x=0.14$m 处分别做上下壁面的展向线段。图 4.54 展示了工况Ⅴ的展向线段做法，与工况Ⅳ的思路相同。

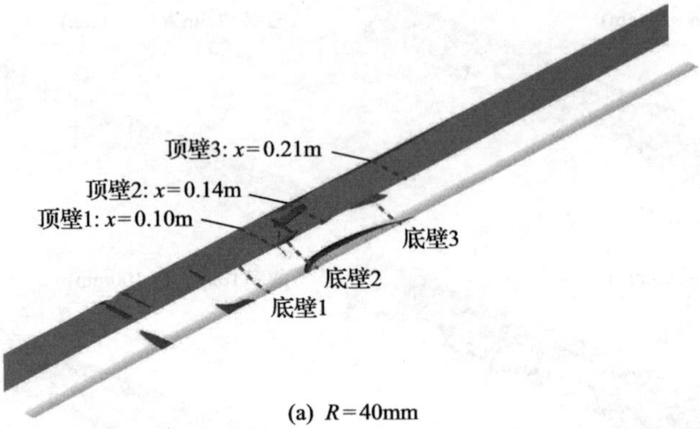

(a) $R=40$mm

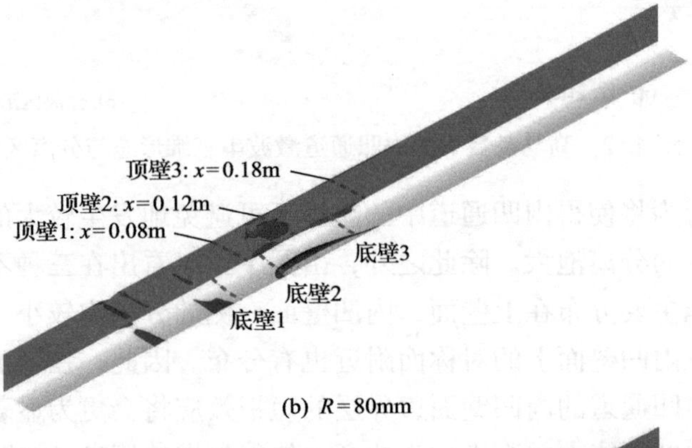

(b) $R=80$mm

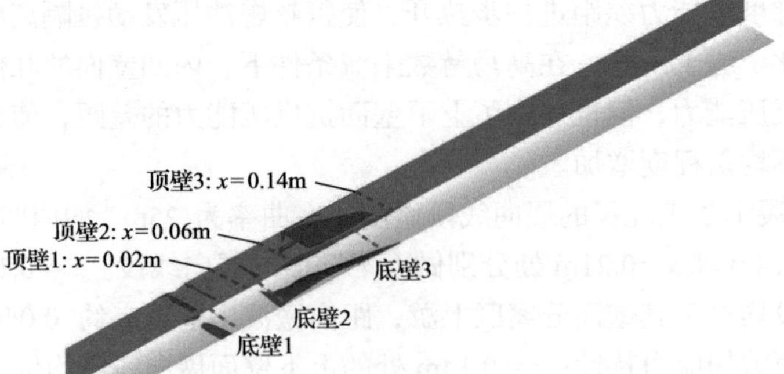

(c) $R=100$mm

图 4.53 工况Ⅳ的内凹壁面流道展向线段示意图

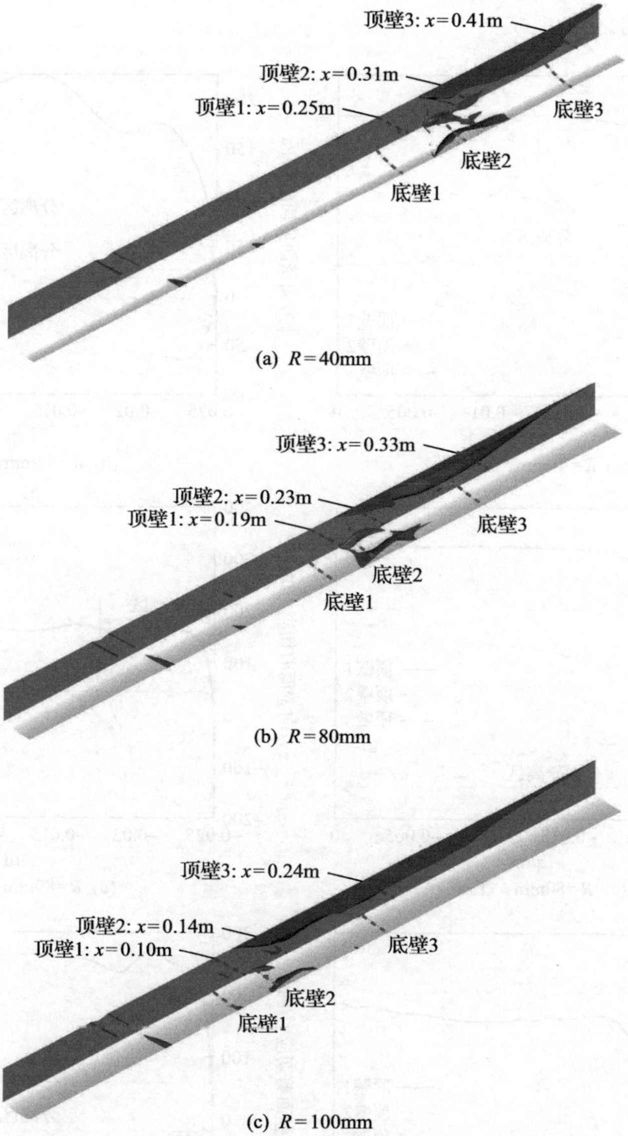

(a) $R=40$mm

(b) $R=80$mm

(c) $R=100$mm

图 4.54　工况 V 的内凹壁面流道展向线段示意图

图 4.55 为内凹通道中上壁面的剪切应力分布曲线。如图 4.55 所示，第一展向线段(实线)在内凹通道上游，距离激波串前缘大约 0.04m；第二展向线段(虚线)在内凹通道激波串前缘位置；第三展向线段(点划线)在内凹通道下游，距离第二展向线段 0.06～0.10m。从图中可以看出，来流马赫数为 2.70 的内凹通道中发生的流动分离较为明显，壁面处产生的流向剪切应力分布差异明显，和之前规律相同的是，在靠近侧壁处流向剪切压力要比对称面处的低很多，流动分离依然集中

在内凹通道的角区。

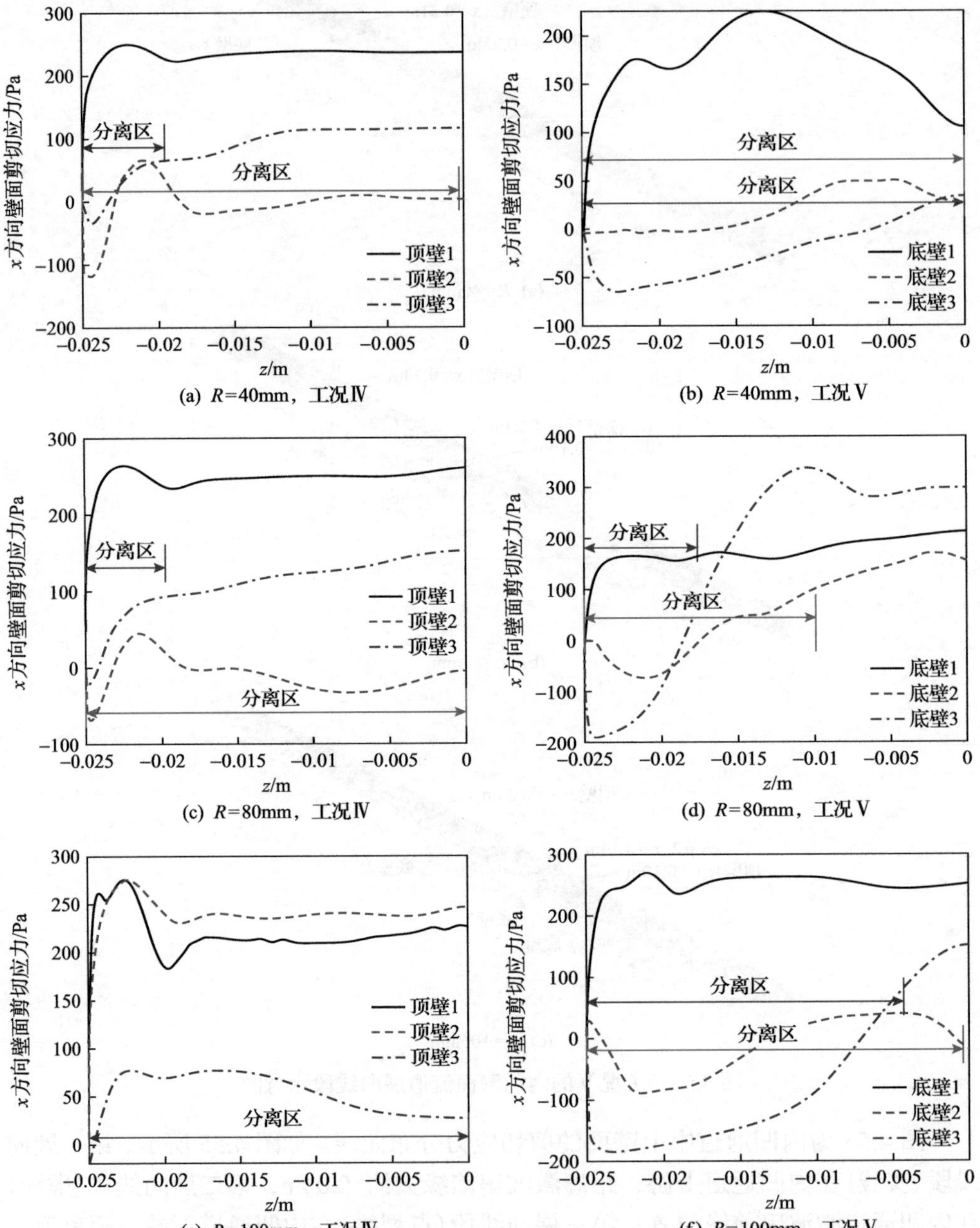

(a) R=40mm，工况Ⅳ　(b) R=40mm，工况Ⅴ

(c) R=80mm，工况Ⅳ　(d) R=80mm，工况Ⅴ

(e) R=100mm，工况Ⅳ　(f) R=100mm，工况Ⅴ

图 4.55　内凹通道中上壁面的剪切应力分布

当内凹壁面曲率为 25m^{-1} ($R = 40\text{mm}$) 时，图 4.55(a) 中第二展向线段的壁面剪切应力在−0.025～0m 的全区域内较低，因此分离泡在此位置铺满了整个上壁面。

图 4.55(b)中第二展向线段的壁面剪切应力在角区位置要比图 4.55(a)中分布得更均匀，波动幅度小，和图 4.55(a)中分离泡一样铺满了上壁面。图 4.55(a)中第三展向线段在内凹通道−0.025～−0.020m 区域内壁面剪切应力很低，其分离泡展向尺寸大致为 0.005m，图 4.55(b)中第三展向线段处在内凹通道−0.025～0m 区域内壁面剪切应力很低，分离泡铺满了上壁面。

当内凹壁面曲率为$12.5m^{-1}$($R = 80mm$)时，内凹通道中上壁面剪切应力的分布规律和曲率为 $25m^{-1}$ 的内凹通道大致相同，但在工况Ⅳ中第二展向线段在靠近对称面的剪切应力分布要更低一些，并且工况Ⅴ的第三展向线段的壁面剪切应力只有在角区比较低，因此分离泡的尺寸减小很多。

当内凹壁面曲率为 $10m^{-1}$($R = 100mm$)时，图 4.55(a)中第二展向线段的壁面剪切应力很大，因此无分离泡，由图 4.53 发现该展向线段位于分离区前。图 4.55(b)中第二展向线段的壁面剪切应力和前面一样，在整个区域内都比较低，因此分离泡铺满其上壁面，但由图 4.54 可看出其上壁面分离泡并未铺满整个壁面，这是因为图中的分离泡是以速度−1m/s 为等值面构成的，实际上当流体速度较低接近 0m/s 时就算流动分离，但如果将等值面的速度提高后也会影响流道内其他流场结构的观测，例如，将速度调整为 1m/s 后，由之前的分析结果可知，上壁面的分离区将会铺满，这会影响下壁面分离区的展示，因此内凹通道中实际的流动分离以展向线段的壁面剪切应力值为准。图 4.55(a)中第三展向线段的壁面剪切应力均较低，分离泡铺满整个上壁面，图 4.55(b)中第三展向线段的壁面剪切应力较曲率为 $12.5m^{-1}$ 的有所增长，分离泡尺寸扩大。除此之外，随着内凹壁面曲率的减小，角区附近的壁面剪切应力与对称面附近的壁面剪切应力差距拉大，分离泡逐渐向角区集中。

图 4.56 为内凹通道下壁面的剪切应力分布曲线图。图中，第一展向线段(实线)在内凹通道上游；第二展向线段(虚线)在内凹通道激波串前缘位置；第三展向线段(点划线)在内凹通道下游。

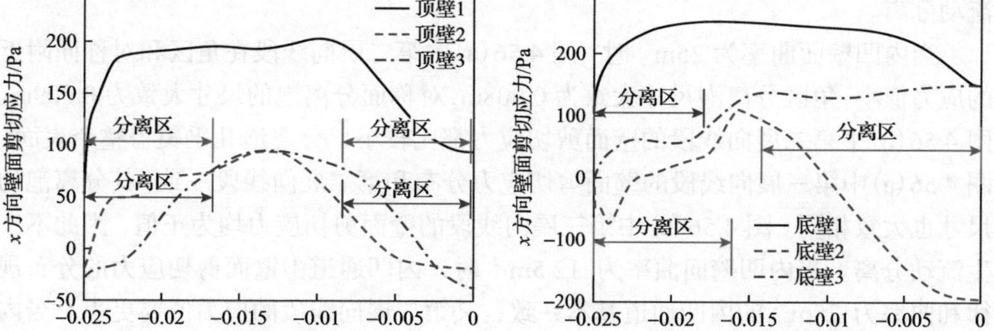

(a) R=40mm，工况Ⅳ　　(b) R=40mm，工况Ⅴ

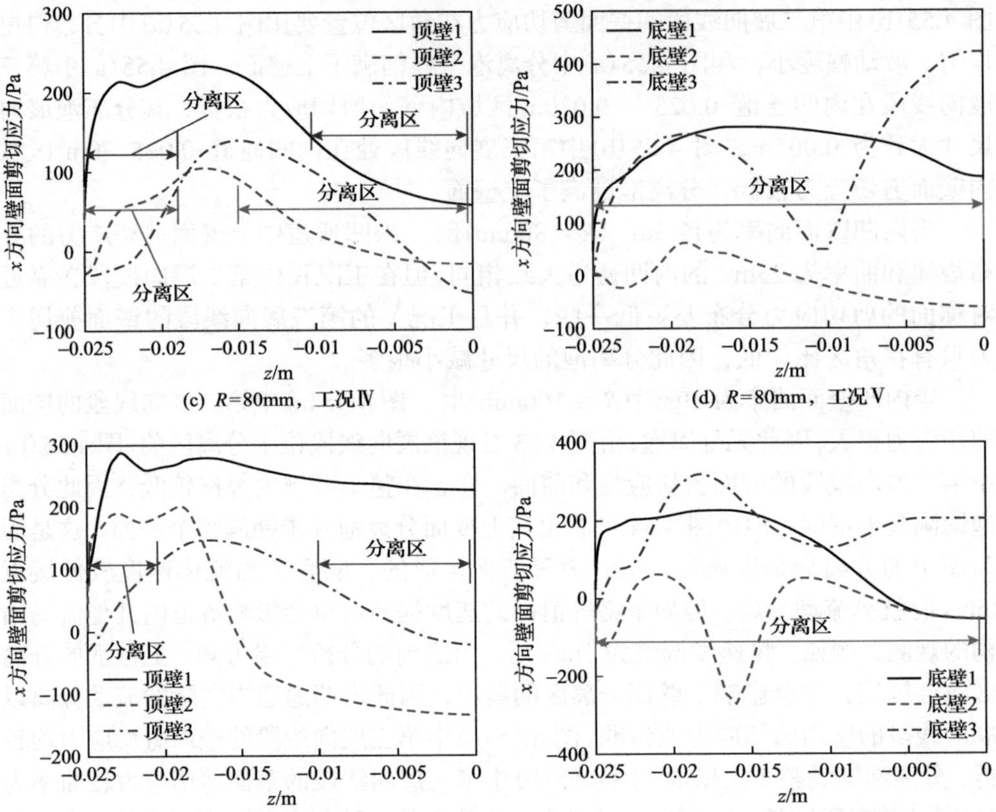

(c) R=80mm，工况Ⅳ　　(d) R=80mm，工况Ⅴ

(e) R=100mm，工况Ⅳ　　(f) R=100mm，工况Ⅴ

图 4.56　内凹通道中下壁面的剪切应力分布

从图 4.56 中可以看出下壁面第二展向线段的壁面剪切应力分布呈现两头低、中间高的特征，因此分离泡集中在内凹壁面的角区和对称面区域。工况Ⅳ中第三展向线段的壁面剪切应力分布特征和第二展向线段一致，工况Ⅴ中第三展向线段的壁面剪切应力均较高，虽然有极小值点，但该点并未在 0Pa 以下，因此不产生流动分离。

当内凹壁面曲率为 $25m^{-1}$ 时，图 4.56(a) 中第二展向线段在角区和对称面附近的应力值小，角区分离泡尺寸大致为 0.008m，对称面分离泡的尺寸大致为 0.009m。图 4.56(b) 中第二展向线段的壁面剪切应力都比较小，分离泡几乎覆盖整个表面；图 4.56(a) 中第三展向线段的壁面剪切应力分布和第二展向线段一致，其分离泡的尺寸也大致相同。图 4.56(b) 中第三展向线段的壁面剪切应力均为正值，因此不产生流动分离。当内凹壁面曲率为 $12.5m^{-1}$ 时，内凹通道中壁面剪切应力的分布规律和曲率为 $25m^{-1}$ 的内凹通道基本一致，其第二展向线段的应力值要更小。当内凹壁面曲率为 $10m^{-1}$ 时，图 4.56(b) 中第二展向线段的壁面剪切应力都比较低，而且曲线有一个很低的极小值点。综合图 4.55 与图 4.56，发现分离泡的尺寸与激波串的强度无必然联系，与激波串的长度呈正相关，内凹壁面曲率越大，激波强度越高，激波串长度越短，分离泡的尺寸越小。除此之外，产生正激波串的内凹通道分离泡尺寸要小于产生斜激波串的内凹通道分离泡尺寸。

综上所述，本节主要分析了背景波系干扰条件下内凹通道中的激波串流场结构。首先分析了背景波系在内凹通道中的流动特性，并做出了壁面压力分布曲线和三维结构，发现在内凹通道中的背景波系在不同的内凹壁面曲率下会有不同的反射路径，导致激波与边界层相互作用点的位置有所变化，并且会产生异侧多元相互作用。在 4.4.2 节和 4.4.3 节中，通过二维马赫数云图与压力分布曲线可以看出，在低来流马赫数背景波系干扰下，内凹通道中产生的是正激波串(曲率为 $10\mathrm{m}^{-1}$ 的内凹通道除外)，在高来流马赫数背景波系干扰下，内凹通道中产生的是斜激波串。不论来流马赫数高低，内凹壁面曲率的增加都将提高内凹通道的抗反压能力，激波串位置靠后并且流向尺度减小。从激波串与分离区的三维结构中可以看出，虽然有背景波系的干扰，但对称面处的激波串前缘激波依然位于最下游且马赫杆最长，侧壁处的激波串前缘激波位于最上游且为斜激波，激波串前缘激波依然呈现混合斜-正激波结构。从内凹通道展向线段的流向壁面剪切应力分布曲线可以看出，分离泡的尺寸和激波串的强度无必然联系，与激波串的长度呈现正相关，并且内凹通道产生正激波串的分离泡尺寸要小于产生斜激波串的分离泡尺寸。

4.5　内凹通道中激波串流场特性的风洞实验

4.5.1　风洞实验件构型及实验工况

基于4.3节和4.4节中的数值模拟研究发现,采用本章所设计的内凹通道模型,可以有效地提炼出内转式进气道-隔离段流场特性，基于此，本节设计了内凹通道实验件构型并开展了地面实验。直连式超声速风洞实验台示意图如图 4.57 所示，实验台主要包括喷管、过渡段和内凹通道测试段(具有平直顶壁和内凹底壁)。由于喷管的出口平面为矩形，而内凹通道测试段的顶壁为平直壁面，内凹通道测试段的底壁为圆弧形状的内凹壁面。因此，平滑地连接喷管出口和内凹通道测试段的进口是非常必要的。

如图 4.58 所示，采用该过渡段连接喷管与内凹通道测试段。图 4.58(a)为过渡段的剖面结构，用于描绘过渡段的总体构型，过渡段的进口为一个矩形，矩形宽 50mm、高 30mm，其与上游喷管平滑连接。过渡段出口的顶壁为平直壁面、底壁为半径为 40mm 的内凹壁面，其与下游的内凹通道测试段平滑连接。图 4.58(b)为过

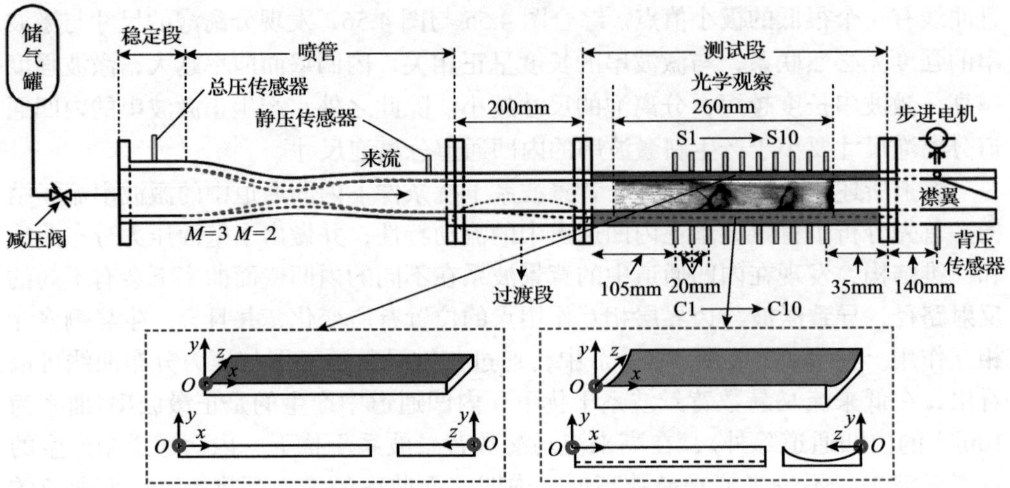

图 4.57 直连式超声速风洞实验台示意图

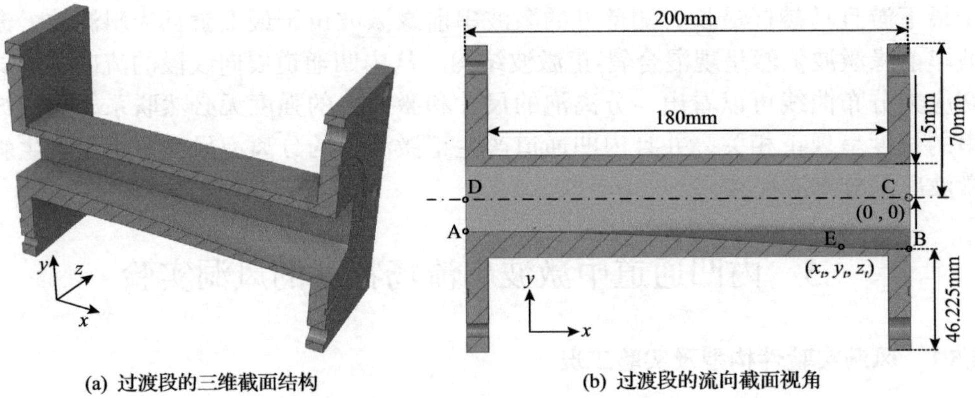

(a) 过渡段的三维截面结构 (b) 过渡段的流向截面视角

图 4.58 过渡段结构示意图

渡段的流向剖面图，展示的是中心平面截面，其可以有效地描绘底壁的过渡过程。过渡段的设计确保了壁面的平滑过渡，使得喷管的出口与内凹壁面测试段的进口之间平滑连接。这种平滑的过渡确保了从过渡段进口到出口，径向压力梯度和速度的逐渐降低，表示如下：

$$\frac{r_{\mathrm{e}}}{r}=1-\left(1-\frac{1}{C}\right)\frac{\left[1-\left(\dfrac{x}{l}\right)^{2}\right]^{2}}{\left[1+\dfrac{1}{a}\left(\dfrac{x}{l}\right)^{2}\right]^{3}} \tag{4.5}$$

式中，C 为收缩率；r_e 为与 AD 的距离；l 为总长度；x 为到坐标原点的轴向距离；r 为从 x 到 CD 的距离。

最后，过渡段底壁型线的计算公式可以表达如下：

$$x_t = -200t \tag{4.6}$$

$$y_t = \sqrt{975} - 15 - \sqrt{\frac{\dfrac{975}{\left[1-0.39625\left(1-t^2\right)\right]^2}}{\left(1+\dfrac{t^2}{3}\right)^3}} \tag{4.7}$$

$$z_t = 0 \tag{4.8}$$

式中，x_t、y_t 和 z_t 为图 4.58(b) 中点 E 的坐标。

一共进行了四组实验，重点分析不同来流马赫数下内凹通道测试段中的激波串特性，操作条件和来流参数如表 4.2 所示。

表 4.2　操作条件和来流参数

工况	来流马赫数	来流总温/K	来流静温/K	来流总压/MPa	来流静压/MPa	背压比变化范围	测试段构型
Ⅰ	2.14	287.15	149.88	0.4765	0.0493	3.732～4.913	内凹通道
Ⅱ	2.91	287.15	106.60	0.9485	0.0296	4.733～7.675	内凹通道
Ⅲ	2.14	287.15	149.88	0.4765	0.0493	2.866～3.463	矩形通道
Ⅳ	2.91	287.15	106.60	0.9485	0.0296	5.833～7.925	矩形通道

保持来流参数不变，改变背压比。每个工况下进行 6 次实验，每次实验采用不同的纹影可视化刀口，获得不同的流场参数特征，一共进行了 24 次风洞实验。

在平直壁面和内凹壁面的中心线均布置了高频压力传感器，用于获取内凹通道流场中不同位置的压力信号，压力传感器的位置如图 4.59 所示。壁面压力数据采集系统由高频压力传感器、数据传输线和高频压力接收器组成，传感器沿流向方向以 20mm 的间距布置，满量程下传感器的综合精度为±0.1%，顶壁(平直壁面)和底壁(内凹壁面)的压力传感器分别标记为 S1～S10 和 C1～C10，最上游的传感器 S1 和 C1 被放置在 $x = 105$mm 处。

采用 Z 型纹影可视化系统对内凹通道测试段内的流场进行观测。在可视化窗口安装了 5V 的 LED 灯，用以同步压力信号和纹影可视化，为了丰富流场信息，利用多个纹影可视化刀口对焦点处的图像进行切割，得到了流场密度梯度的大小、竖直密度梯度和水平密度梯度的分布情况。

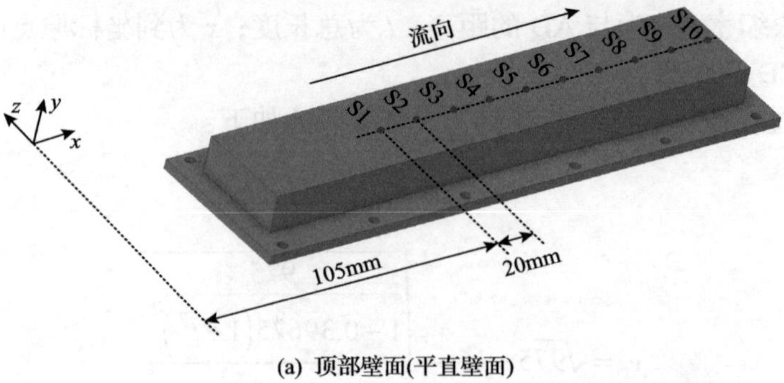

(a) 顶部壁面(平直壁面)

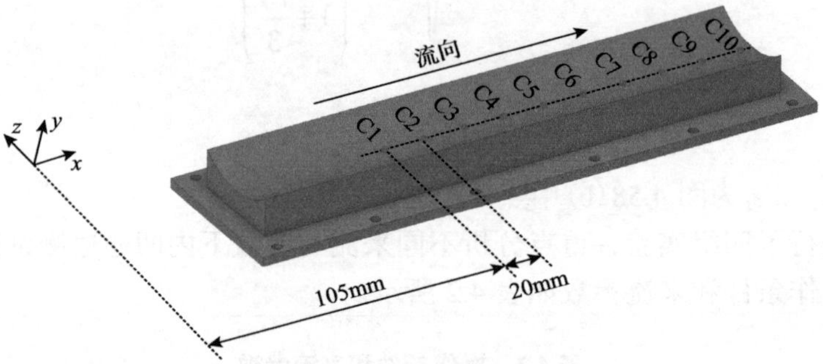

(b) 底部壁面(内凹壁面)

图 4.59　高频壁面压力测量传感器布置情况

图 4.60 展示了来流马赫数为 2.14 和 2.91 条件下得到的归一化壁面压力分布(时间平均)和壁面压力均方根偏差。计算相同来流条件和背压条件下五次实验的

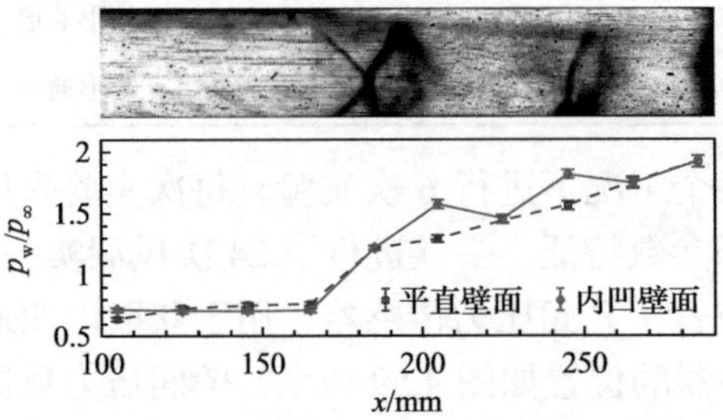

(a) M_∞=2.14、BR=56.5%时壁面压力均值分布

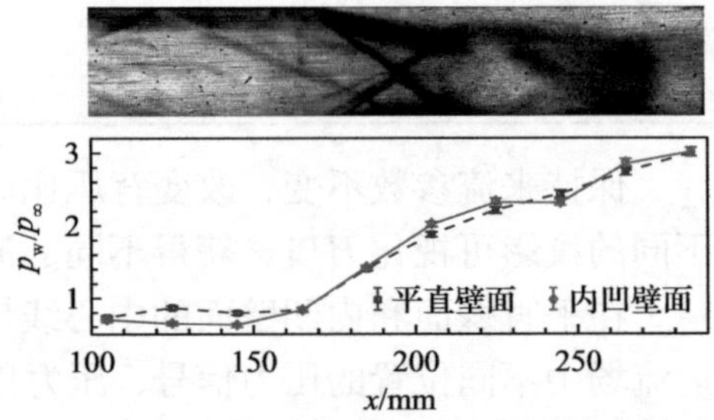

(c) M_∞=2.91、BR=75.8%时壁面压力均值分布

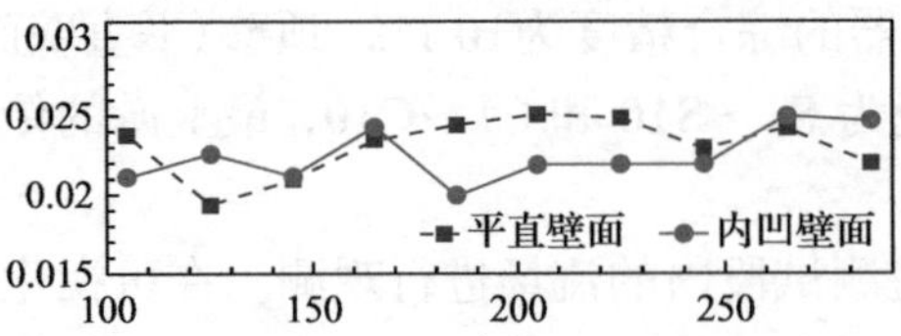

(b) M_∞=2.14、BR=56.5%时均方根偏差分布

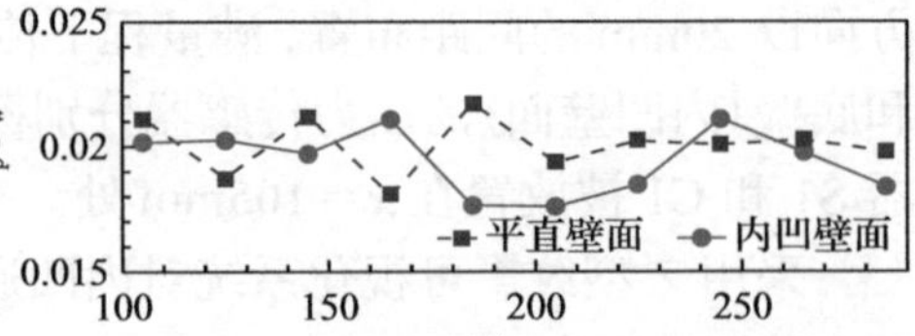

(d) M_∞=2.91、BR=75.8%时均方根偏差分布

图 4.60　壁面压力均值和均方根偏差的分布

壁面压力时间平均值和均方根偏差，均方根偏差定义如下：

$$\sigma_{\text{rms}} = \sqrt{\frac{1}{5}\sum_{n=1}^{5}\max\left(p_{n,i}(k) - p_{\text{mean},i}\right)^2} \tag{4.9}$$

式中，$p_{n,i}(k)$为第 n 次实验中传感器 i ($i = 1, 2, \cdots, 10$) 在采样时间 k 的壁面压力；$p_{\text{mean},i}$ 为传感器 i 测量的五次实验的平均壁面压力；误差条被添加到了归一化壁面压力分布中，以表示(双侧)95%的置信区间。

4.5.2　内凹通道中激波串流场的壁面压力-时间序列

为了研究不同来流马赫数下内凹通道中激波串流场特性，采用隔离段下游的襟翼堵塞流动，产生线性递增的背压，诱发激波串结构的产生。在来流马赫数为 2.14 和 2.91 的条件下，内凹通道的背压比设置为 3.732～4.913 和 4.733～7.675，使得激波串的运动范围保持在纹影可视化范围内。图 4.61 和图 4.62 为不同来流

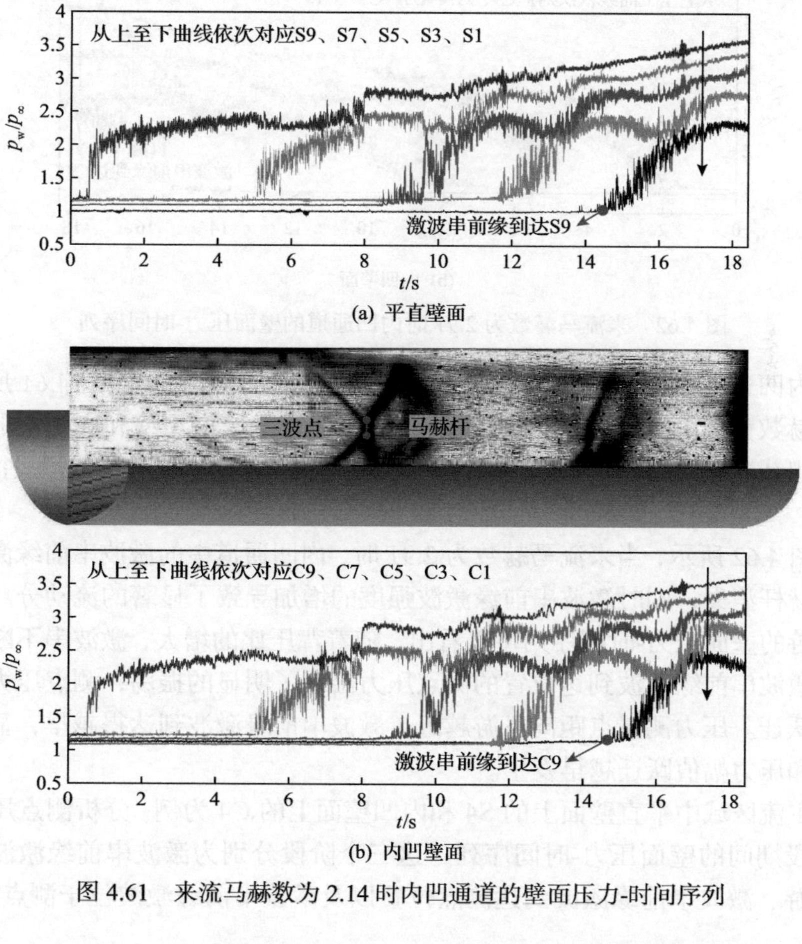

图 4.61　来流马赫数为 2.14 时内凹通道的壁面压力-时间序列

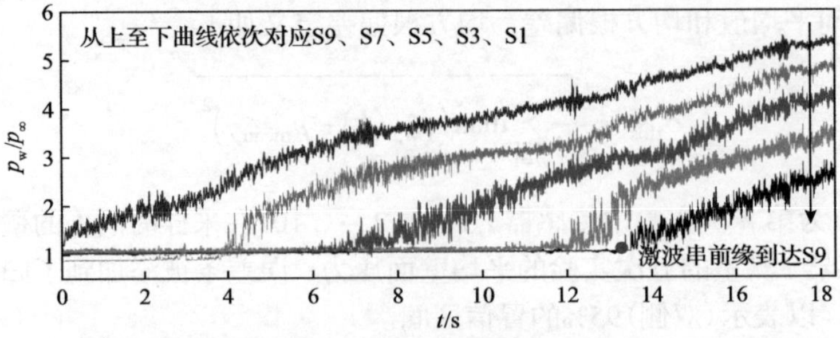

(a) 平直壁面

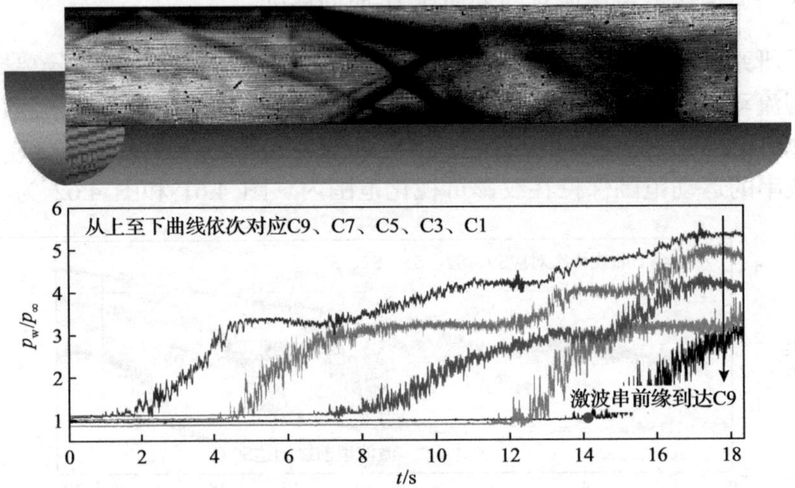

(b) 内凹壁面

图 4.62　来流马赫数为 2.91 时内凹通道的壁面压力-时间序列

条件下内凹通道中激波串流场的归一化壁面压力-时间序列。如图 4.61 所示，当来流马赫数为 2.14 时，内凹通道中的激波串前缘激波由顶壁和底壁上的两个λ形激波组成，两个λ形激波的交点是一个三波点，两个交点之间是一个马赫杆结构。

如图 4.62 所示，当来流马赫数为 2.91 时，内凹通道中的激波串前缘激波呈 X 形，马赫杆消失，同时激波串前缘激波强度的增加导致了显著的流动分离。从下游到上游的壁面压力-时间序列可以看出，随着背压比的增大，激波串不断向上游移动，激波串前缘激波到达位置的测点压力出现了明显的振荡，测点压力幅值也发生了跃迁。压力测量点距离下游越近，激波串前缘激波到达得越早，显著的压力波动和压力幅值跃迁越早发生。

以主流区域中平直壁面上的 S4 和内凹壁面上的 C4 为例，分析测点压力经历三个阶段期间的壁面压力-时间序列，这三个阶段分别为激波串前缘激波位于测点的下游、激波串前缘激波到达测点位置以及激波串前缘激波位于测点的上游。

图 4.63(a)和图 4.63(b)分别为来流马赫数为 2.14 和 2.91 时，S4 和 C4 处的壁面压力-时间序列。在阶段Ⅰ，当激波串前缘激波位于测点下游时，S4 和 C4 处呈现附着流动状态，压力波动较小；在阶段Ⅱ，当激波串前缘激波到达测点位置时，前缘激波的振荡导致测点处压力出现了明显波动；在阶段Ⅲ，当激波串前缘激波位于测点上游时，测点位置的压力波动减弱，因为激波串前缘激波已经移动到上游较远位置。

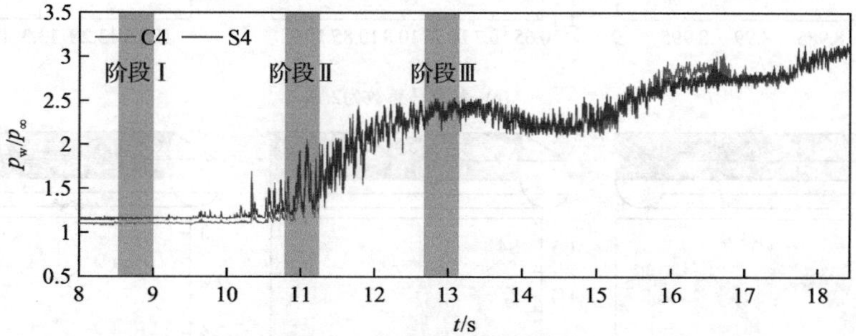

(a) 来流马赫数为2.14

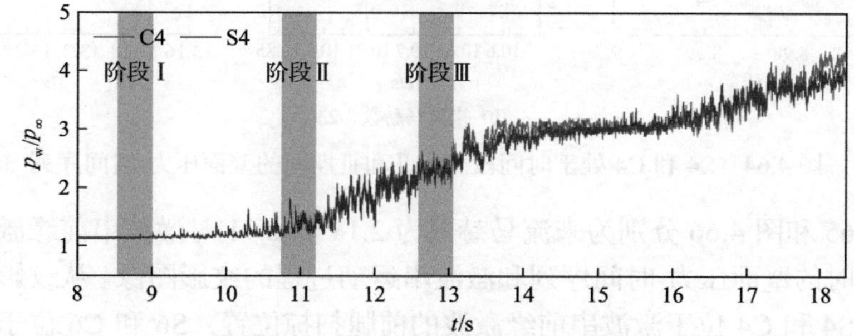

(b) 来流马赫数为2.91

图 4.63　S4 和 C4 处壁面压力-时间序列

如图 4.64 所示，将图 4.63 中两种来流马赫数下三个阶段的壁面压力-时间序列进行放大，从而可以更加详细地分析 S4 和 C4 处的压力波动特性。可以看到，在阶段Ⅰ的附着流动期间，压力波动最弱；在阶段Ⅱ的激波串前缘激波扫掠期间，压力波动最强；在阶段Ⅲ的分离流动阶段，压力波动的强度介于阶段Ⅰ和阶段Ⅱ。进一步分析顶壁和底壁处压力波动的相关性，如图 4.64 所示，在阶段Ⅰ，顶壁和底壁处的压力波动具有明显差异，此时，附着流动中 S4 和 C4 处的压力波动由高频湍流波动决定。在阶段Ⅱ，激波串前缘激波的振荡导致顶壁和底壁压力波动的高度一致，平直壁面处压力波动的幅度明显大于内凹壁面处的。在阶段Ⅲ，由于激波串前缘激波已经移动到测点上游较远位置，S4 和 C4 处压力波动的相关性减小。

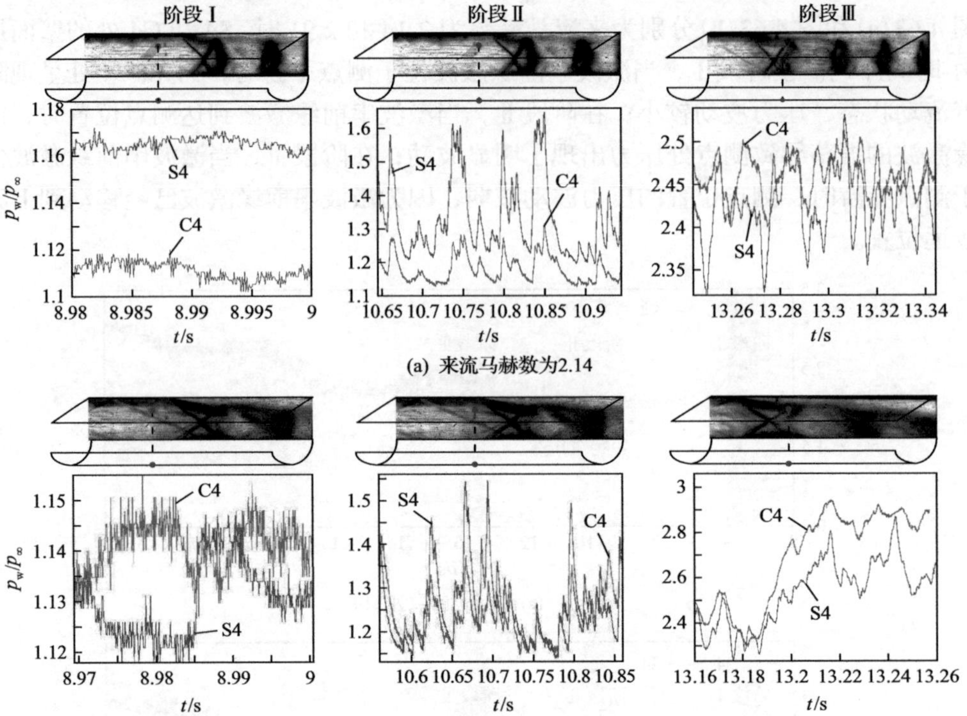

(a) 来流马赫数为2.14

(b) 来流马赫数为2.91

图 4.64　S4 和 C4 处于时间段Ⅰ、Ⅱ和Ⅲ期间的壁面压力-时间序列

图 4.65 和图 4.66 分别为来流马赫数为 2.14 和 2.91 时激波串前缘激波在不同运动位置时的壁面压力-时间序列和激波串运动过程的纹影图像。从纹影图像中可以看出，S4 和 C4 位于激波串前缘激波的前腿扫掠位置，S6 和 C6 位于激波串前缘激波的后腿扫掠位置。如图 4.65(a)所示，从 t_1 到 t_3 的变化过程中，下游背压的增加导致激波串前缘激波向上游移动，进而导致位于激波串前缘激波前腿的 S4 和

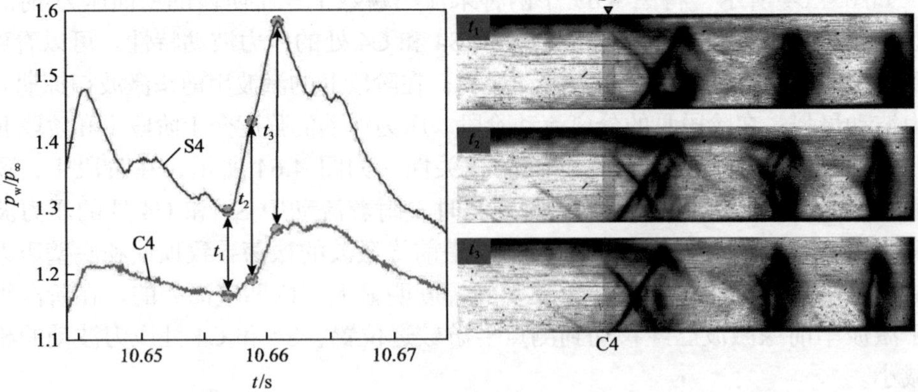

(a) 阶段Ⅱ期间

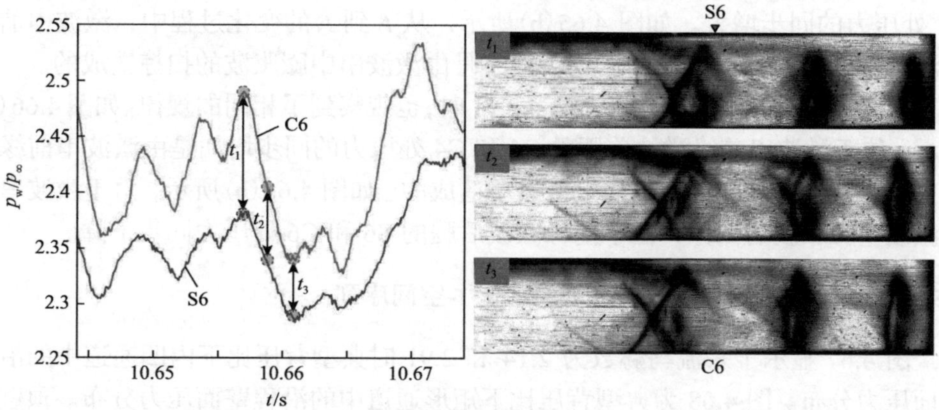

(b) 阶段Ⅲ期间

图 4.65　来流马赫数为 2.14 时的壁面压力-时间序列和对应的纹影图像

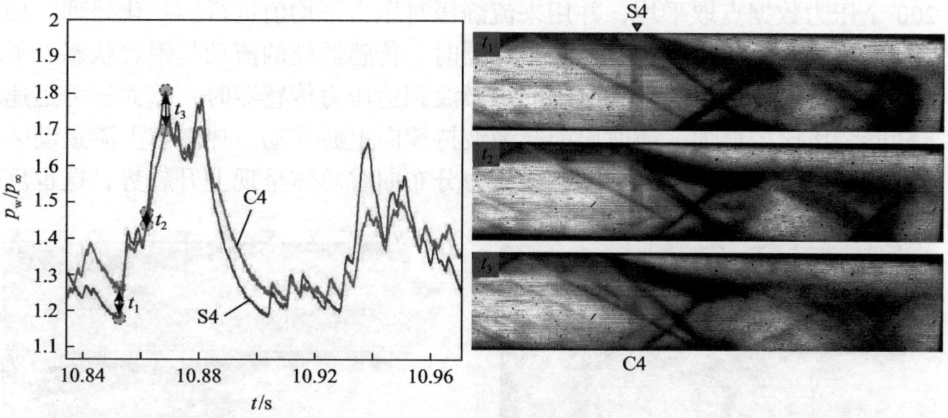

(a) 阶段Ⅱ期间

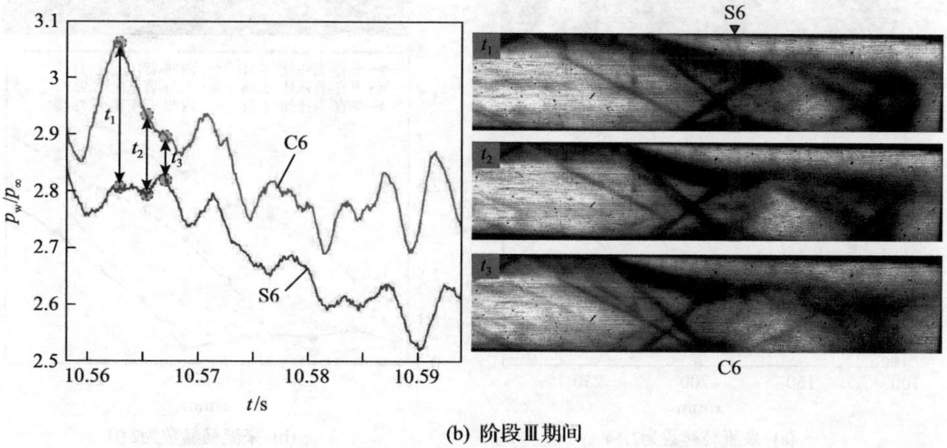

(b) 阶段Ⅲ期间

图 4.66　来流马赫数为 2.91 时的壁面压力-时间序列和对应的纹影图像

C4 处压力的同步增大。如图 4.65(b)所示，从 t_1 到 t_3 的变化过程中，激波串前缘激波后腿的 S6 和 C6 处压力的同步减小是由激波串中膨胀波的扫掠造成的。

如图 4.66 所示，当来流马赫数为 2.91 时，也观察到了相同的规律。如图 4.66(a)所示，位于激波串前缘激波前腿的 S4 和 C4 处压力的同步增加是由激波串前缘激波在下游背压增加的驱动下向上游运动造成的。如图 4.66(b)所示，由于激波串前缘激波中膨胀波的扫掠，位于前缘激波后腿的 S6 和 C6 处压力同步下降。

4.5.3　内凹通道中激波串流场的壁面压力-空间序列

图 4.67 显示了来流马赫数为 2.14 和 2.91 时典型背压比下内凹通道中的沿程壁面压力分布。图 4.68 为典型背压比下矩形通道中的沿程壁面压力分布。顶壁和底壁上从 $x = 105\text{mm}$ 到 $x = 285\text{mm}$ 沿着隔离段中心线以 20mm 为间距，各布置 10 个压力传感器。选取三个典型背压比对应的时间点为中心，对以该时间点为中心的 200 个压力数据点取平均，并用来流静压对压力平均值进行归一化处理。如图 4.67 所示，当激波串尚未到达压力传感器时，传感器处的流动是附着状态，平均壁面压力接近来流静压。当激波串前缘激波到达压力传感器时，壁面压力迅速增加，随着背压比的增加，激波串前缘激波持续向上游移动，伴随着上游运动区域中压力的迅速增加。同时，平均壁面压力分布曲线总体呈现上升趋势，这也反映

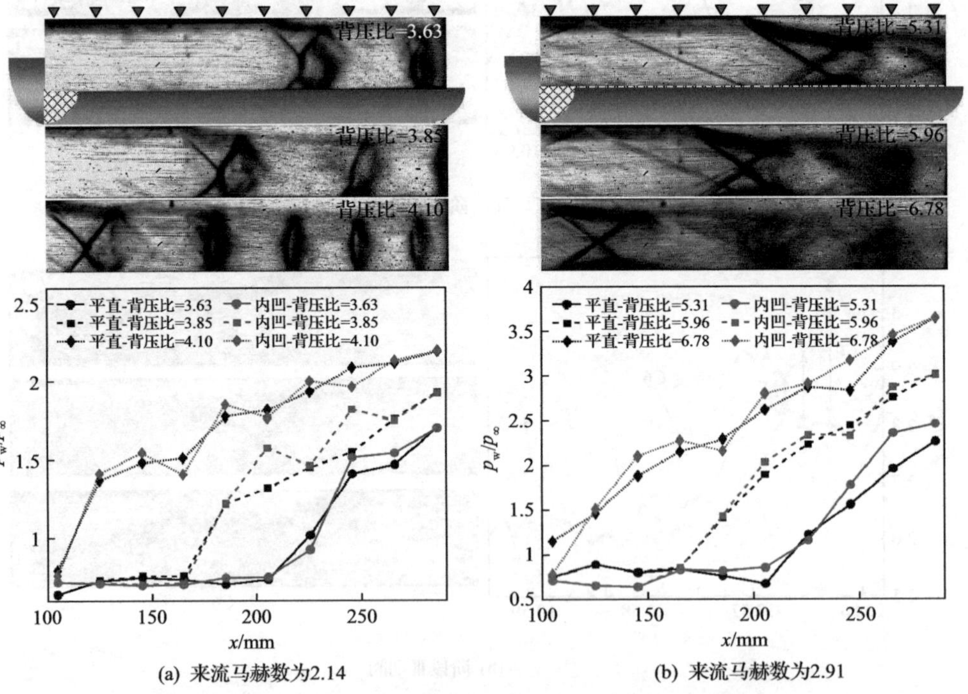

图 4.67　典型背压比下内凹通道中的沿程壁面压力分布

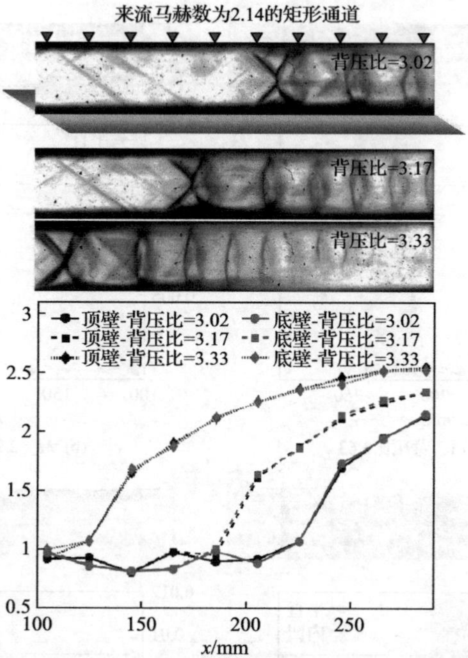

图 4.68 典型背压比下矩形通道中的沿程壁面压力分布

了高超声速内部流动中激波串对于来流的减速增压作用。从图 4.67(a)中可以看出，当来流马赫数为 2.14 时，内凹通道中平直壁面和内凹壁面的压力分布是不同的，平直壁面上的压力呈现线性增加，而内凹壁面上的压力则波动增加。这表明，内凹通道中的亚声速分离流动聚集在平直壁面一侧，而激波串核心流动偏向于内凹壁面一侧，内凹通道中的激波串流场表现出了非对称性。

对比图 4.67(a)和图 4.67(b)中的纹影图像可知，当来流马赫数为 2.91 时，平直壁面一侧的流动分离更加显著，这表明此时流场的不对称性增强。相应地沿平直壁面的压力分布更加接近于线性增加，而沿内凹壁面的压力仍然受到激波串中波系的影响，表现为波动增加。如图 4.68 所示，对于矩形通道，其顶壁和底壁的沿程压力分布没有表现出明显的差异，激波串流场是对称的。此外，矩形通道中顶壁和底壁的沿程压力分布呈现线性增加，这表明由于激波串的入射，顶壁和底壁处均聚集了亚声速分离流动。

结合纹影图像和归一化壁面压力标准差，进一步分析壁面压力的波动特征，图 4.69 给出了来流马赫数为 2.14 和 2.91 时不同背压比下壁面压力标准差的沿程分布情况。壁面压力标准差沿程分布的峰值对应于压力波动最剧烈的位置，激波串前缘激波的位置与压力标准差的峰值位置相对应，说明较强的激波串前缘激波的大幅度振荡所引起的压力波动是最为显著的，同时，图 4.67 中沿程壁面压力快速增加的起始位置与图 4.69 中压力标准差快速增加的起点重合。

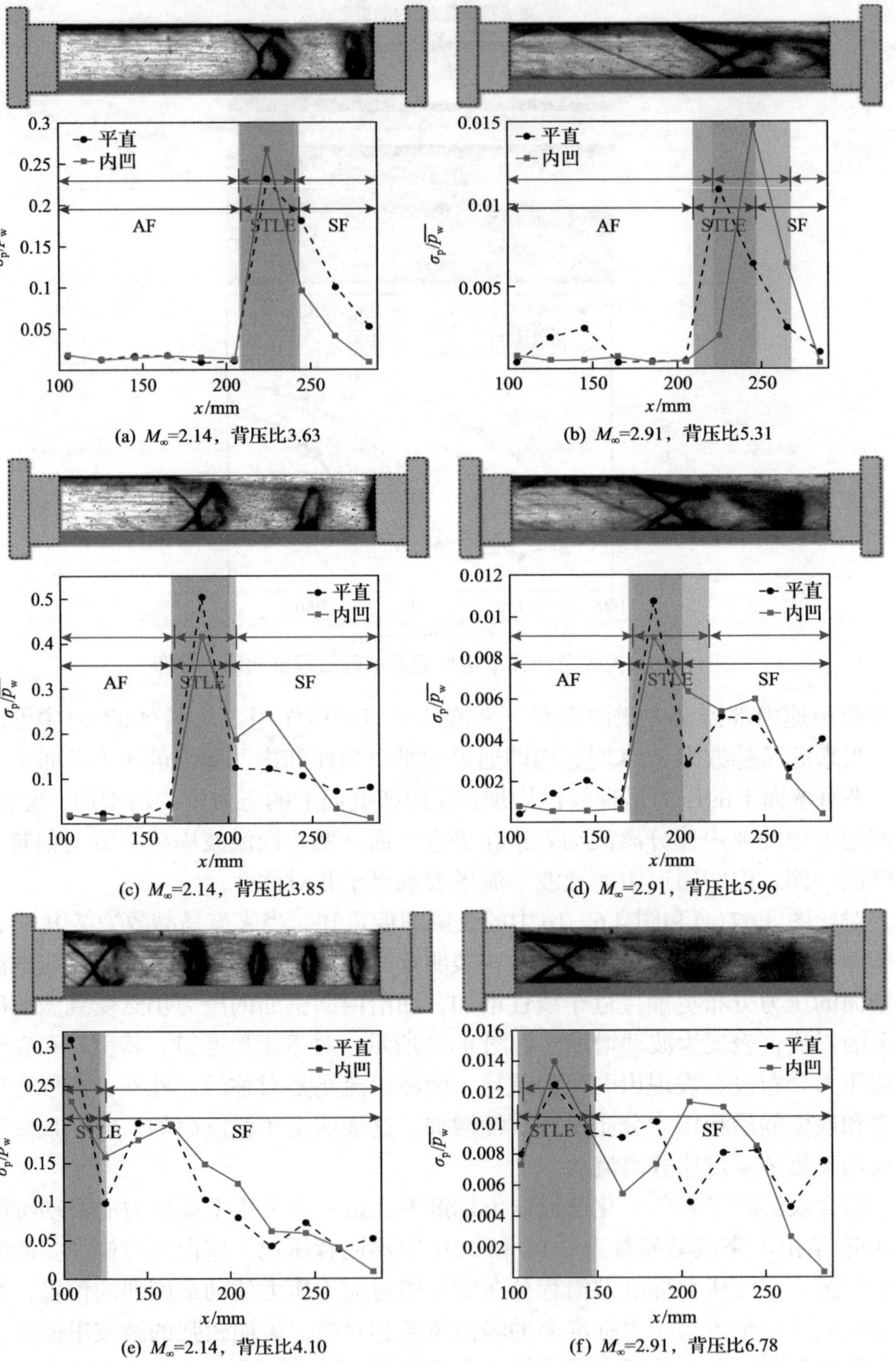

(a) M_∞=2.14，背压比3.63　　(b) M_∞=2.91，背压比5.31

(c) M_∞=2.14，背压比3.85　　(d) M_∞=2.91，背压比5.96

(e) M_∞=2.14，背压比4.10　　(f) M_∞=2.91，背压比6.78

图 4.69　壁面压力的标准差分布

AF-附着流动；STLE-激波串前缘；SF-分离流动

4.5.4　内凹通道中激波串流场的壁面压力功率谱密度分析

为了进一步明确内凹通道中压力波动的频率特征，基于壁面压力数据，使用截止频率为 2Hz 的高通滤波器对压力信号进行预处理，并进一步计算压力波动的功率谱密度，分析压力波动能谱的时间演化过程。

图 4.70 为不同来流马赫数时 S5 和 C5 处压力信号的功率谱密度云图。图 4.70(a)

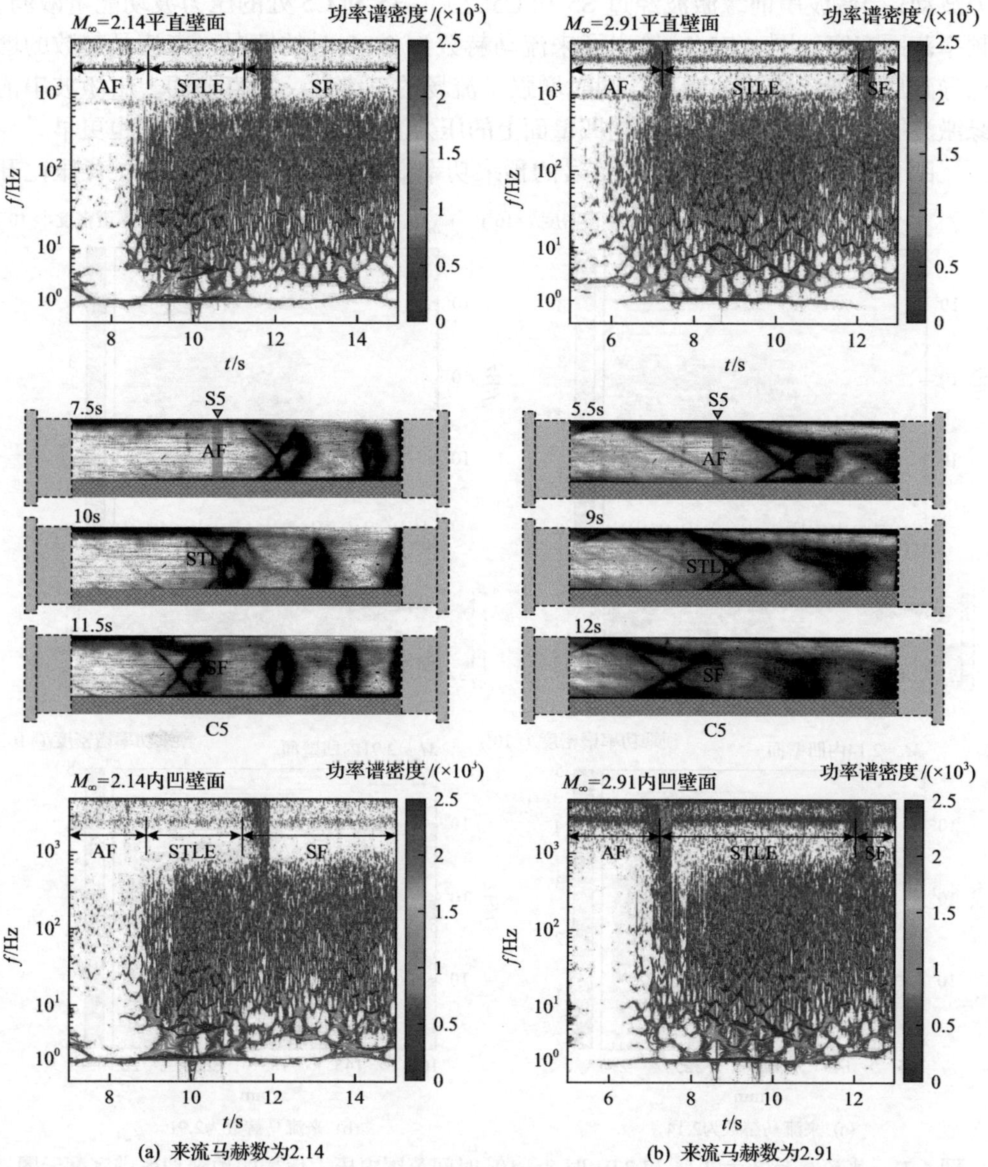

(a) 来流马赫数为2.14　　(b) 来流马赫数为2.91

图 4.70　不同来流马赫数时联合时频分析得到的 S5 和 C5 处压力信号的功率谱密度云图

为来流马赫数为 2.14 时平直壁面 S5 处和内凹壁面 C5 处的功率谱密度云图，S5 和 C5 都经历了三种流场状态：①激波串前缘激波尚未到达的附着流动状态；②当激波串前缘激波到达时激波扫掠引起的压力剧烈波动状态；③激波串前缘激波扫掠过后的分离流动状态。不同流场状态下的压力波动特性有着显著的差异：附着流动状态下，在激波串前缘激波到达 S5 和 C5 之前，压力波动较弱；当激波串前缘激波到达 S5 和 C5 时，其振荡在 2～1000Hz 的频率范围内引起了强烈的压力波动；当激波串前缘激波经过 S5 和 C5 之后，S5 和 C5 处的压力波动能量减弱，频率范围变窄。图 4.70(b)给出了来流马赫数为 2.91 时的情况，来流马赫数的增加导致压力波动能量的增加，同时增强了流场的三维性。平直壁面上由激波串前缘激波振荡引起的压力波动比内凹壁面上的压力波动更强，出现的时间也更早。

图 4.71 进一步给出了压力信号的预乘功率谱密度的空间分布云图。背压比开

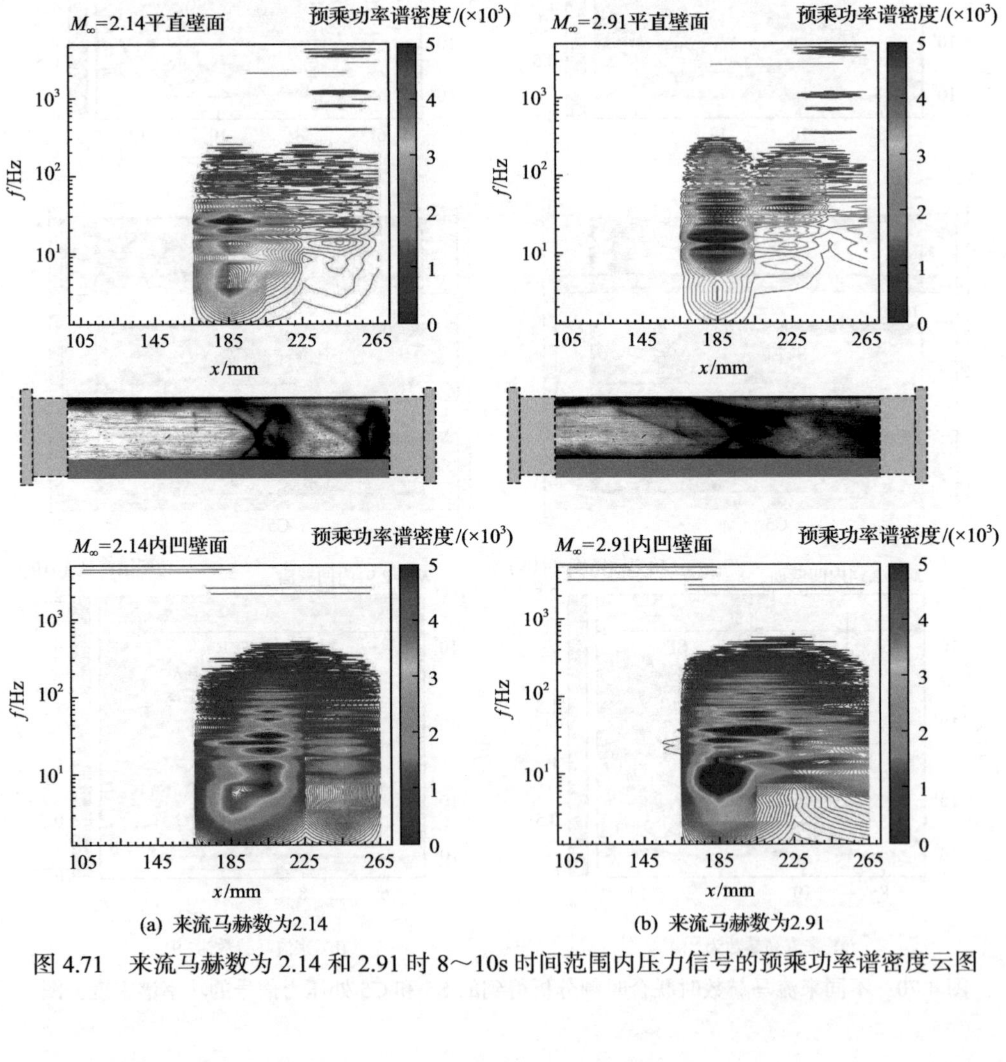

(a) 来流马赫数为2.14　　(b) 来流马赫数为2.91

图 4.71　来流马赫数为 2.14 和 2.91 时 8～10s 时间范围内压力信号的预乘功率谱密度云图

始增加的时刻定义为 $t = 0s$，选择 $t = 8 \sim 10s$ 时间范围中的壁面压力-时间序列开展功率谱密度分析，揭示流场波动的频谱能量信息，之所以选择 $t = 8 \sim 10s$ 的时间范围，是因为在这个时间范围内，激波串在纹影的可视化范围内运动，考虑到传感器是离散分布的，传感器之间的信息是通过线性插值获得的。基于图来流马赫数为 2.14 和 2.91 时内凹通道平直壁面和内凹壁面压力的预乘功率谱密度云图，可以有效地将内凹通道中的激波串流场划分为三个区域：区域Ⅰ是附着流动区域，该区域中激波串前缘激波尚未到达；区域Ⅱ是激波串前缘激波扫掠的间歇流动区域；区域Ⅲ是激波串前缘激波已经越过的分离流动区域。如图 4.71(a)所示，当来流马赫数为 2.14 时，在 $t = 8 \sim 10s$ 的时间范围内，在 $x = 185mm$ 附近，激波串前缘激波以 $f = 25Hz$ 的主导频率振荡，在压力测点 S6、C6 和 C7 处表现出了最大的压力波动能量。内凹壁面一侧的压力波动能量超过了平直壁面一侧。如图 4.71(b)所示，当来流马赫数为 2.91 时，在 $t = 8 \sim 10s$ 的时间范围内，在 $x = 185mm$ 附近，激波串前缘激波以 $f = 10Hz$ 的主导频率振荡，此外，在压力测点 S6、S8、C6 和 C7 处表现出了最高的压力波动能量，同样，内凹壁面一侧的压力波动能量也超过了平直壁面一侧。

4.5.5　内凹通道中激波串流场的纹影可视化分析

图 4.72 展示了来流马赫数为 2.14 和 2.91 时内凹通道和矩形通道中激波串流场的纹影可视化结果。内凹通道中由背压引起的流动分离形成了一个压缩流体斜坡，导致一系列微弱的压缩膨胀波的产生。激波串前缘激波及其下游反射激波带来的压力梯度导致边界层变厚，变厚的边界层起到了流体喷管的作用，将亚声速流动重新加速为超声速流动。如图 4.72(b)所示，使用圆形刀口准确地捕捉了激波串中的激波结构和由激波串前缘激波诱导的分离泡结构，当来流马赫数较小为 2.14 时，激波串前缘激波呈λ形，在两个λ形激波之间存在一道马赫杆结构。在激波串前缘激波下游，边界层逐渐增厚，直至到达反射激波/边界层的相互作用点后，边界层逐渐变薄，并在下游流场中产生膨胀波结构。随着激波串结构向下游发展，反射激波逐渐减弱，由 X 形激波演变为正激波。如图 4.72(a)所示，与矩形通道中的激波串流场相比，内凹通道中由激波串前缘激波引起的平直壁面一侧的流动分离更为显著。内凹通道的激波串流场中反射激波之间的间距较大，马赫杆中心点的高度低于内凹通道的中心线，说明激波串核心流动整体上略微偏向内凹壁面一侧，这证明了内凹壁面曲率的增加导致激波串流场不对称性的增强。如图 4.72(c)所示，当来流马赫数较高为 2.91 时，激波串前缘激波呈 X 形，与来流马赫数为 2.14 相比，来流马赫数的增加导致激波串流场中反射激波之间的间距增大，内凹通道顶壁和底壁处的流动分离加剧。内凹通道的平直壁面一侧出现了较大的分离流动区域，使得激波串核心流动偏向于内凹壁面一侧，这也表明了来流

马赫数的增大会增强激波串流场的不对称性。由上述分析可知，激波串流场中的激波串前缘激波对其下游反射激波的形态、间隔和数量起到了主导作用。因此，激波串前缘激波影响着激波串的整体强度、总压损失、边界层发展和整个激波串结构的演变。

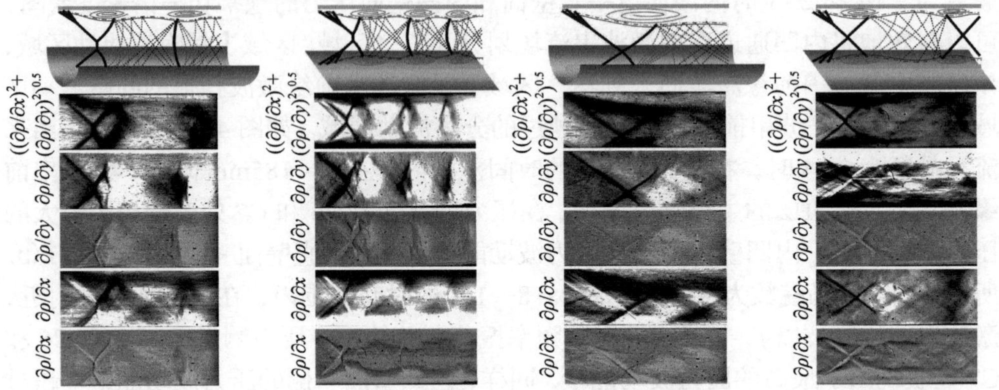

(a) 来流马赫数为2.14（内凹通道）　(b) 来流马赫数为2.14（矩形通道）　(c) 来流马赫数为2.91（内凹通道）　(d) 来流马赫数为2.91（矩形通道）

图 4.72　来流马赫数为 2.14 和 2.91 时内凹通道和矩形通道中的激波串流场纹影可视化结果

图 4.73 和图 4.74 进一步对比了内凹通道和矩形通道中激波串前缘激波位置与背压比的映射关系。当来流马赫数为 2.14 时，相比于矩形通道，内凹通道中相同激波串前缘位置对应的背压比更高，这表明内凹通道比矩形通道具有更强的抗背压能力。根据激波串前缘激波位置与背压比的映射关系，拟合出一条近似线性的曲线，这表明在均匀来流条件下，线性增加的背压比导致激波串线性地向上游运动，对比内凹通道和矩形通道中激波串前缘激波位置和背压比的拟合曲线可知，内凹通道的拟合曲线斜率大于矩形通道。相比于矩形通道，内凹通道中激波串前缘激波的位置受背压比的影响更敏感。

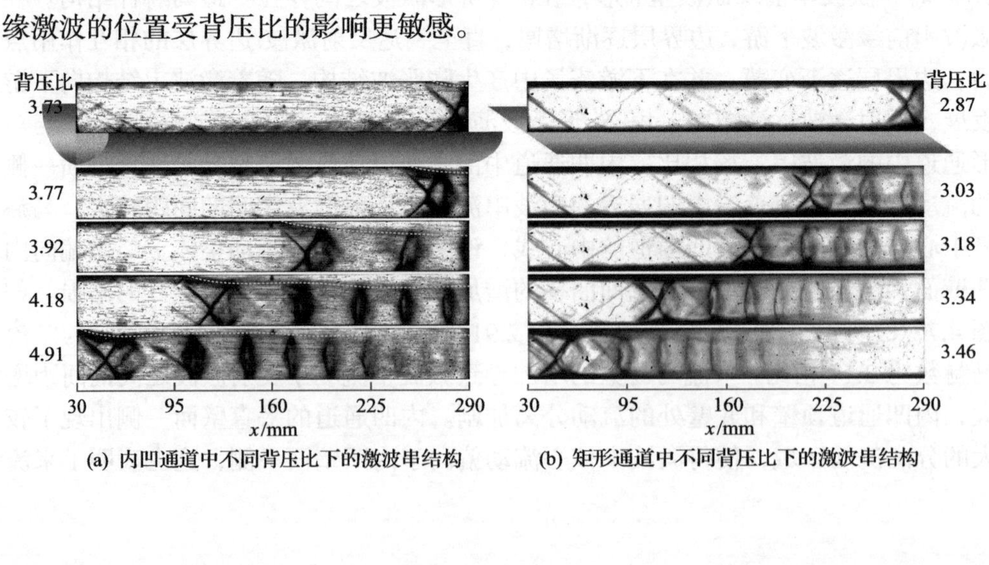

(a) 内凹通道中不同背压比下的激波串结构　(b) 矩形通道中不同背压比下的激波串结构

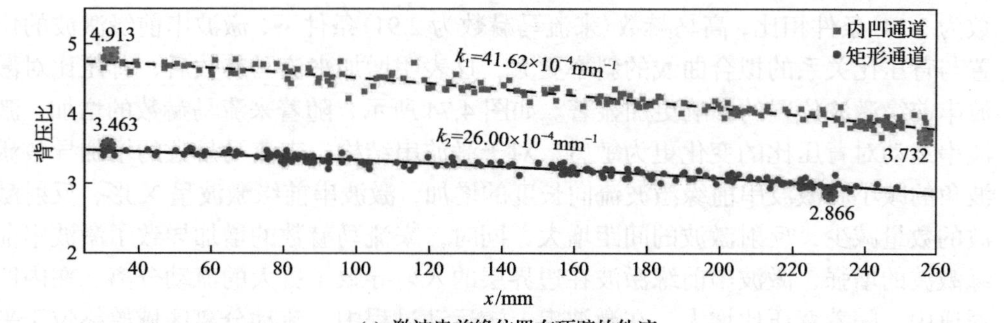

(c) 激波串前缘位置在顶壁的轨迹

图 4.73　来流马赫数为 2.14 时激波串前缘激波位置与背压比的映射关系

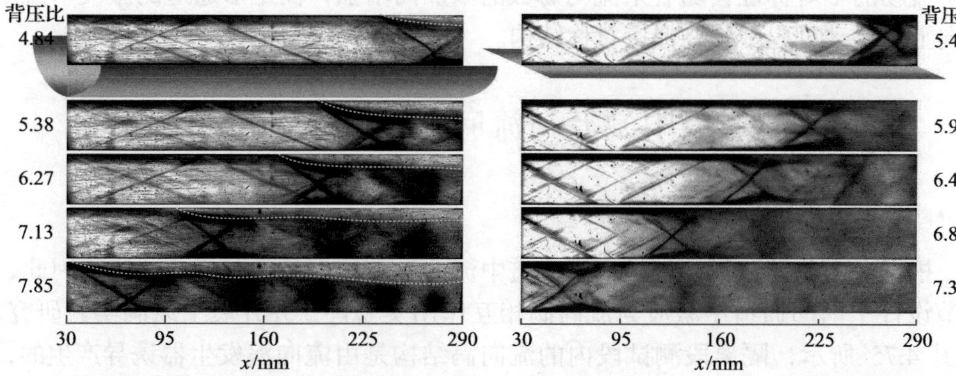

(a) 内凹通道中不同背压比下的激波串结构　　(b) 矩形通道中不同背压比下的激波串结构

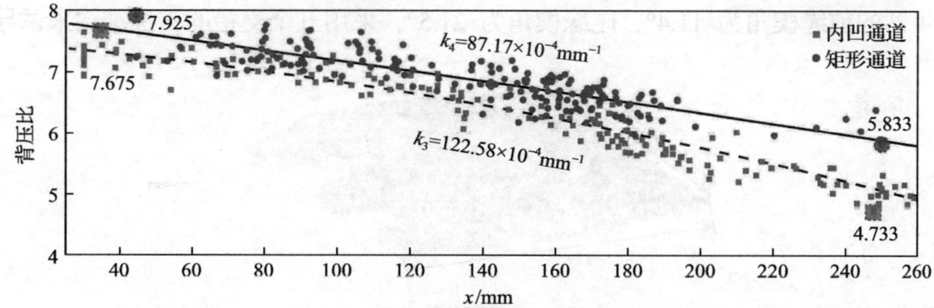

(c) 激波串前缘位置在顶壁的轨迹

图 4.74　来流马赫数为 2.91 时激波串前缘激波位置与背压比的映射关系

如图 4.73 所示，在低马赫数(来流马赫数为 2.14)时，激波串前缘激波由顶壁和底壁上的两个λ形激波组成，两道激波之间有一个马赫杆结构，随着背压比的增大，激波串不断向上游运动，马赫杆逐渐缩短。与内凹通道相比，矩形通道的激波串流场中反射激波较少，反射激波之间的间隔较小。此外，激波串在向上游运动时，矩形通道中的激波串流场始终保持着对称的结构。

图 4.74 显示了来流马赫数对激波串结构演化的影响，与低马赫数(来流马赫

数为 2.14)条件相比，高马赫数(来流马赫数为 2.91)条件下，激波串前缘激波的位置与背压比关系的拟合曲线的斜率更大，这表明增加来流马赫数后，背压比对激波串前缘激波位置的影响更加显著。如图 4.74 所示，随着来流马赫数的增加，激波串运动对背压比的变化更为敏感。对于激波串结构，来流马赫数的增加导致激波角的减小和激波串前缘激波流向长度的增加，激波串前缘激波呈 X 形，反射激波的数量减少，反射激波的间距增大，同时，来流马赫数的增加导致了激波串前缘激波的增强，激波串前缘激波在边界层的入射导致了更大的流动分离。在内凹通道中，随着背压比增大，在激波串上游运动过程中，流动分离区域始终位于平直壁面一侧，导致激波串核心流动区域向内凹壁面一侧偏移。内凹通道中整个激波串流场的不对称性会随着来流马赫数的增加而增强，而矩形通道的激波串流场在向上游运动过程中始终保持对称结构。

4.6　内凹通道中激波与流向涡相互作用的风洞实验

4.6.1　风洞实验件构型及实验工况

根据 4.2 节的分析，内转式进气道中流向涡结构也是重要流动结构，因此，本节设计了内凹通道中激波与流向涡相互作用实验件，并开展了风洞实验研究。如图 4.75 所示，隔离段测试段内的流向涡结构是由流向涡发生器诱导产生的，流向涡发生器的长度为 12h，高度为 h，总宽度为 50mm，单个宽度为 10mm。流向涡发生器的前缘楔角为 11.4°，尾缘楔角为 21.5°，采用五个交错的支板结构来诱导

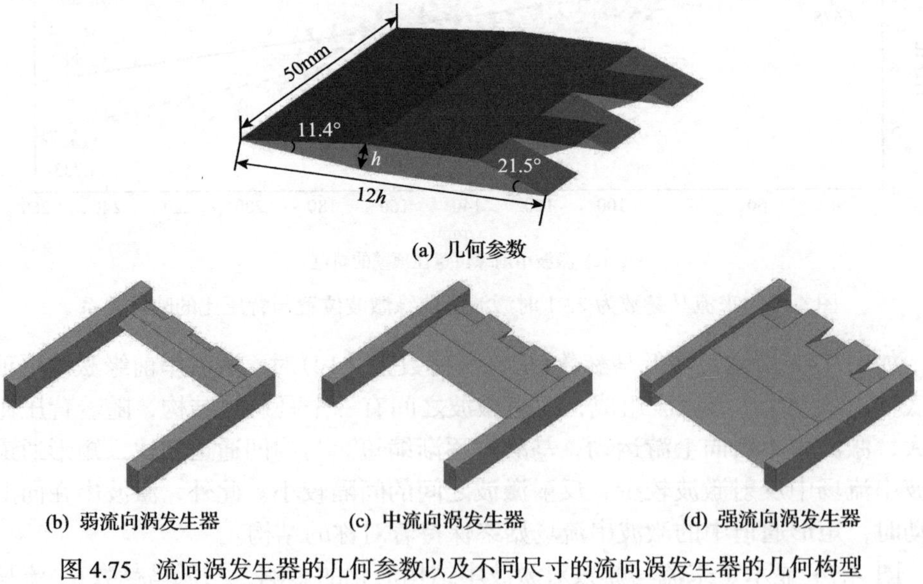

(a) 几何参数

(b) 弱流向涡发生器　　(c) 中流向涡发生器　　(d) 强流向涡发生器

图 4.75　流向涡发生器的几何参数以及不同尺寸的流向涡发生器的几何构型

产生两对流向涡结构。为了研究不同强度流向涡对于内凹通道流场结构的影响，选取了总长度为 60mm、30mm 和 15mm 的三种类型的流向涡发生器，分别为强、中、弱流向涡发生器。为了保证流向涡的形成位置不变，在风洞实验装置中将流向涡发生器的尾缘均安装在 $x=-10$mm 处。

风洞实验在两种来流条件、三种流向涡强度，共六个实验工况下开展，如表 4.3 所示。在不同的来流条件下，分别进行了弱、中、强三种流向涡强度下的风洞实验研究。

表 4.3　不同流向涡强度下的实验条件

实验工况	流向涡强度	来流马赫数
1	弱	1.85
2	中	1.85
3	强	1.85
4	弱	2.70
5	中	2.70
6	强	2.70

超声速来流在经过流向涡发生器后，流向涡便会形成。由于边界层效应，主流区域的流速高于流向涡发生器壁面附近流体的流速。为了验证为本实验所设计的实验件的可行性，首先对工况 3 和工况 6 流场中的流向涡结构进行三维数值模拟。数值模拟的设置与 4.3.1 节中描述的设置保持一致，数值模拟结果通过了实验验证和网格独立性验证。图 4.76 为工况 3 下隔离段测试段中不同流向位置截面的流线图和 Q 准则等值面图。从左到右的正 x 方向观察流向涡结构，它们被标记为 B—A—A*—B*，流向涡的旋转方向分别为“逆时针—顺时针—逆时针—顺时针”，强度分别为“弱—强—弱—强”。在 y 方向上的发展分别为“向上—向下—向下—向上”。

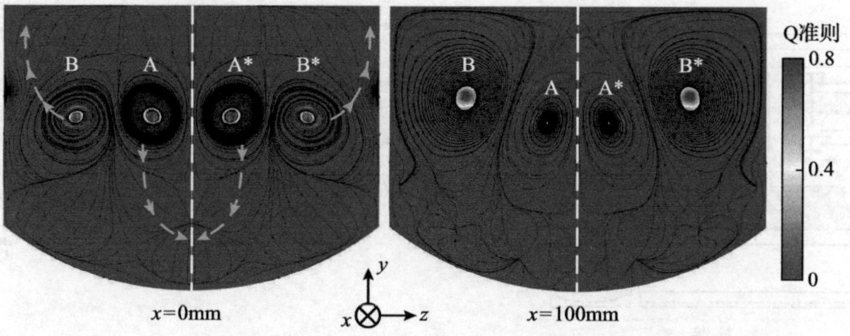

图 4.76　工况 3 中不同流向位置截面的流线图和 Q 准则等值面图

图 4.77 显示了工况 3 和工况 6 中不同流向位置横截面上的湍流动能和密度梯度等值线，可以观察到对称面附近的两个流向涡(A 和 A*)的强度明显大于侧壁附近的两个流向涡(B 和 B*)的强度。随着流向涡向下游发展，A 和 A*向对称面靠近并向底壁移动，最终在底壁的对称面附近形成较大的高湍流动能区域。B 和 B*向顶壁移动并逐渐接近侧壁。随着来流马赫数的增加，流向涡的强度增大。所有上述现象均与标准内转式进气道中的流向涡特征相似。图 4.78 展示了流向涡发生器及其下游的隔离段测试段，以及堵塞流道产生背压的襟翼结构。图 4.79 给出了各个实验工况下襟翼角度和背压比的变化情况，为了保证下游襟翼变化过程中激波串的运动过程均被纹影可视化捕捉，背压比的变化范围分别为 2.05～3.12 和 4.36～8.90。如图 4.79(a)所示，随着来流马赫数的增大，隔离段测试段的最大背压比增加，背压比的变化范围增大，背压比的振荡也随着加剧。从图 4.79(b)中可以看出，背压比的变化并不完全符合下游襟翼角度的变化趋势，如工况 4 中襟翼变化的起

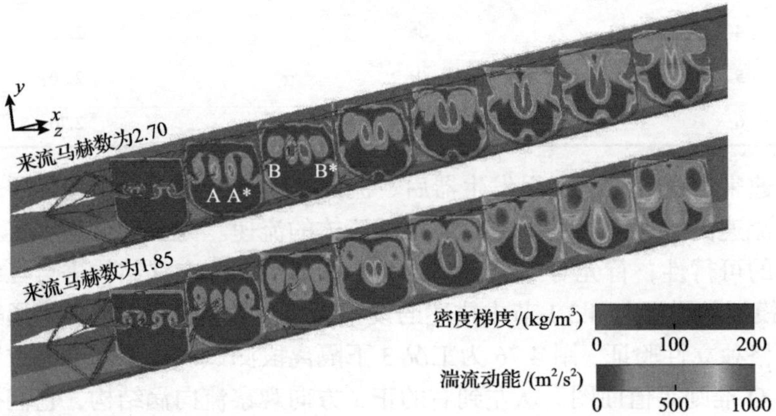

图 4.77　不同流向位置横截面上的湍流动能云图和密度梯度等值线

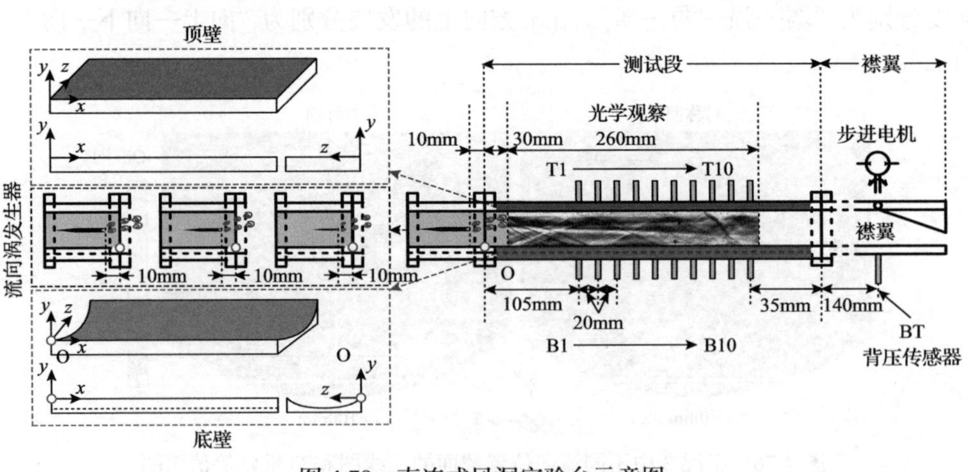

图 4.78　直连式风洞实验台示意图

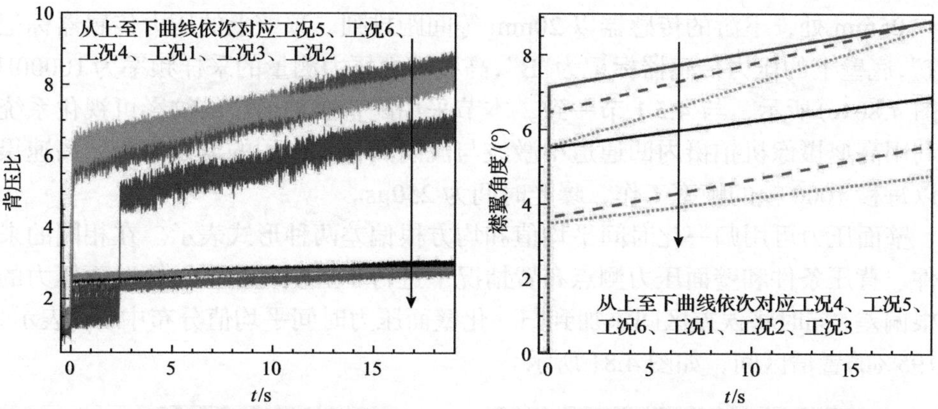

(a) 背压比的时间变化历程　(b) 襟翼角度的时间变化历程

图 4.79 背压比和襟翼角度的时间变化历程

始角度和结束角度均是最大的，但是其对应的背压比却是在工况 4、工况 5 和工况 6 中最小的。

图 4.79 中还描述了襟翼角度的变化过程：在−0.5s<t<0s，下游襟翼角度为 0°，背压比在 1 左右，隔离段测试段内的流场处于附着流动状态，在该阶段分析斜激波与流向涡的相互作用；在 t>0s 期间，下游襟翼角度开始增加，进而导致背压比增大，由此诱导激波串结构的产生，旨在研究激波串与流向涡的相互作用。

图 4.80 为隔离段测试段的顶壁和底壁上压力传感器(TM NS-3)的布置情况，使用 20 个高频压力传感器捕捉流场中局部的波动特征，最上游的压力传感器位于

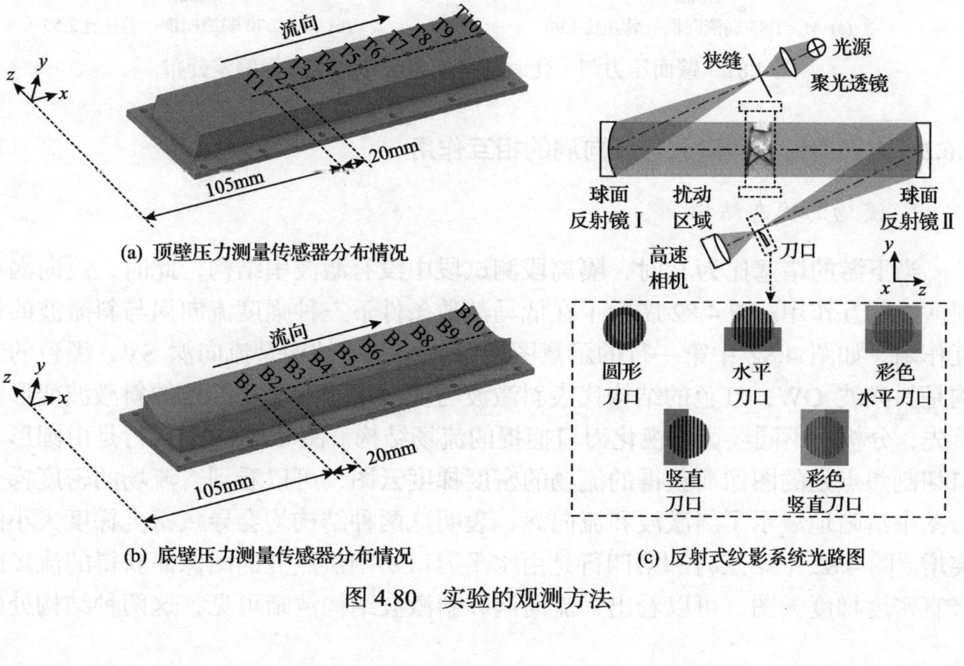

(a) 顶壁压力测量传感器分布情况　(b) 底壁压力测量传感器分布情况　(c) 反射式纹影系统光路图

图 4.80 实验的观测方法

$x = 105\text{mm}$ 处，下游的传感器以 20mm 等间距排列。顶壁上的压力传感器标记为“T”，底壁上的压力传感器标记为“B”，高频壁面压力测量的采样频率为 10000Hz。如图 4.80(c)所示，与 4.5.1 节一致，本节采用配备多种刀口的纹影可视化系统，并利用高速摄像机拍摄内凹通道中激波与流向涡相互作用的流场结构，高速摄像机以每秒 1000 帧的帧率工作，曝光时间为 250μs。

壁面压力可用归一化时间平均值和均方根偏差两种形式表示。在相同的来流条件、背压条件和壁面压力测点布置情况下进行了五次实验，计算壁面压力的均方根偏差，同时将误差区间添加到归一化壁面压力时间平均值分布中，以表示(双侧)95%的置信区间，如图 4.81 所示。

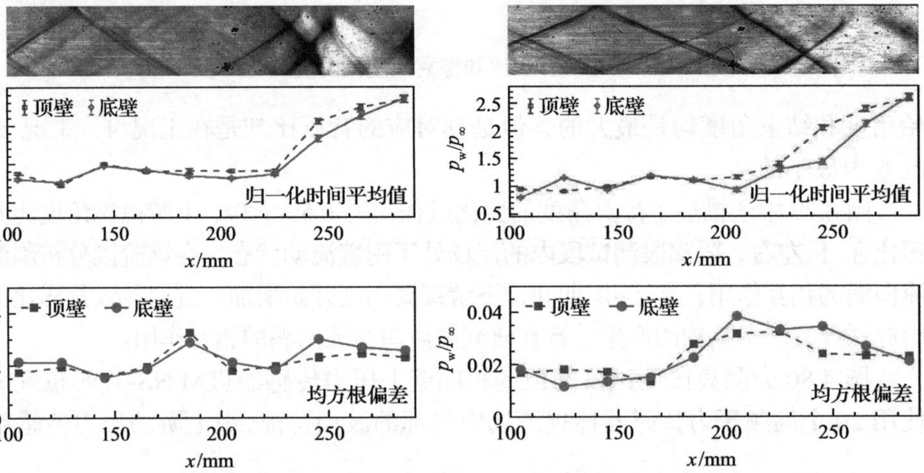

(a) M_∞=1.85 弱流向涡、背压比1.90　　(b) M_∞=2.70 弱流向涡、背压比2.55

图 4.81　壁面压力归一化时间平均值分布和均方根偏差分布

4.6.2　内凹通道中斜激波与流向涡的相互作用

1. 流场的稳态结构

当下游的堵塞比为 0 时，隔离段测试段中没有激波串结构，此时，流向涡与斜激波相互作用。图 4.82 展示了在低马赫数条件下三种强度流向涡与斜激波的相互作用。如图 4.82 中第一行的示意图所示，绿色的结构是流向涡 SV，黑色的结构是斜激波 OW，红色的结构代表斜激波与流向涡相互作用导致的斜激波变形。首先，分析由不同纹影可视化刀口捕捉的流场结构。图 4.82 中第二行是由圆形刀口切割焦点处的图像而获得的流场的密度梯度云图，可以看到，流场的密度梯度云图中清晰地展示了斜激波和流向涡，表明这两种结构均会导致密度梯度大小的突增。图 4.82 中第三行和第四行是由水平刀口切割焦点处的图像而获得的流场的竖直密度梯度云图，可以看出，流向涡和斜激波结构清晰可见，这两种结构处的竖直密度梯度同样发生了突增。图 4.82 中第五行和第六行是由竖直刀口切割焦点处的图像获得的流场的水平密度梯度云图，可以看出斜激波会导致水平密度梯度的突增，而流向涡不会。

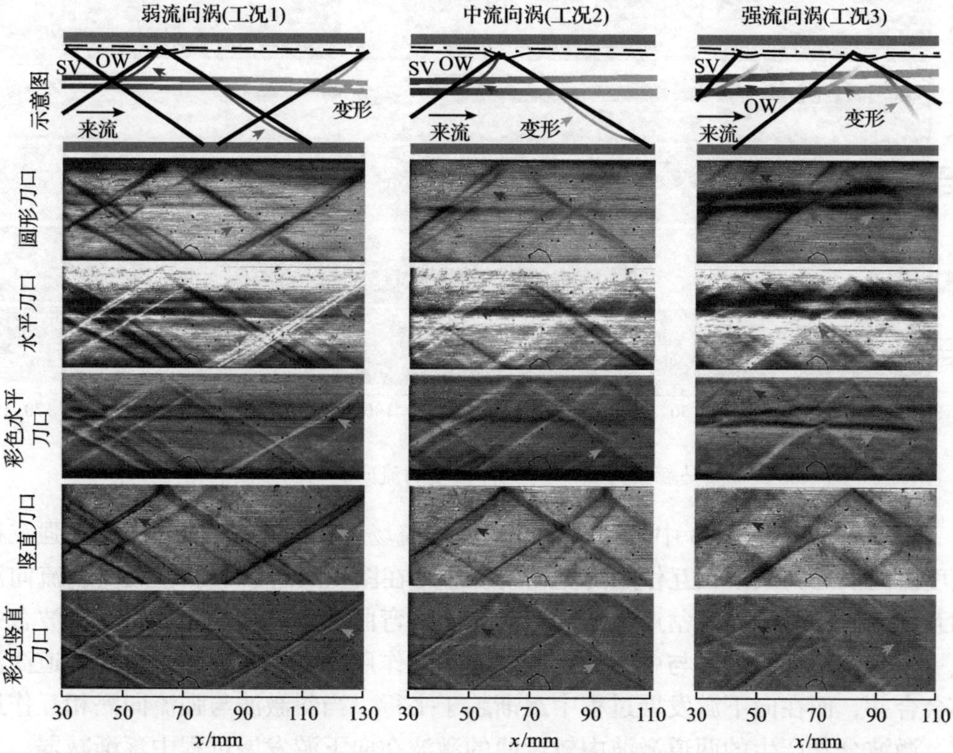

图 4.82　来流马赫数为 1.85 时三种强度的流向涡与斜激波的相互作用(彩图请扫封底二维码)

进一步分析弱、中、强三种流向涡结构与斜激波相互作用的流场结构，如图 4.82 中第一行红色部分所示，相互作用会导致斜激波的形态发生变化，斜激波发生分岔，分岔的起点位于斜激波与流向涡相遇的最上游。当斜激波发生变形时，原来的一道激波被拆成两道激波，由纹影图像中激波处的灰度可以判断，两道激波的强度均弱于没有发生相互作用的那部分激波。两道激波中较直的那道激波，是没有发生相互作用的那部分激波的直线延伸，而较弯曲的那道激波向下游的倾斜程度在相互作用处是最大的，随着向下游发展，其向下游的倾斜程度逐渐减少。

图 4.83 展示了高马赫数条件下三种强度流向涡与斜激波的相互作用，与低马赫数条件相比，高马赫数条件下斜激波与流向涡相互作用时斜激波的分岔变形情况基本不变。需要强调的是，随着来流马赫数的提高，相互作用导致斜激波发生分岔而出现的两道激波中，较弯曲的那道激波向下游的倾斜程度增加。

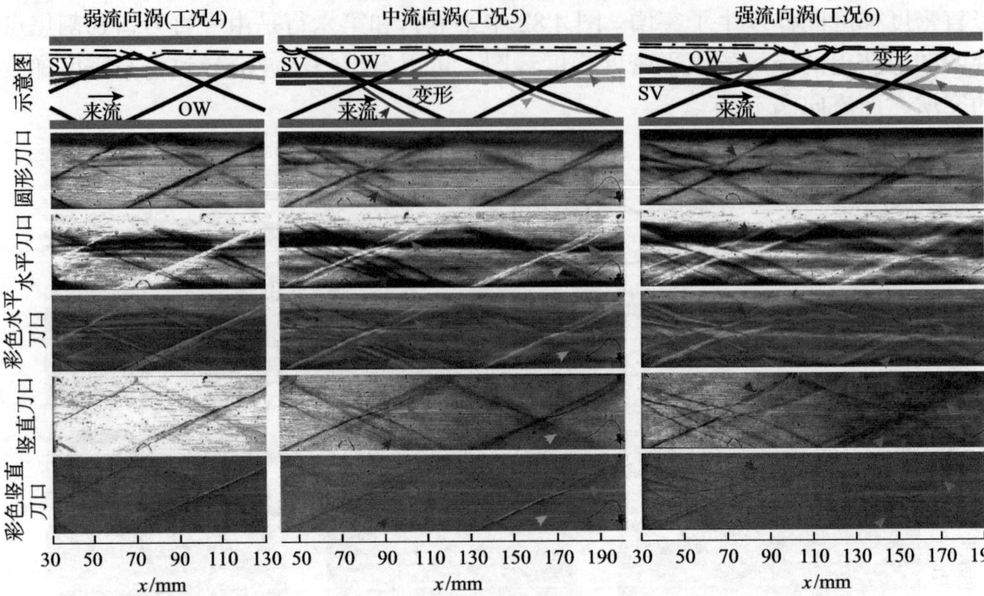

图 4.83　来流马赫数为 2.70 时三种强度的流向涡与斜激波的相互作用

以图 4.82 和图 4.83 中不同条件下的典型流场结构为基础，将弱、中、强三种强度流向涡与斜激波相互作用的流场结构总结在图 4.84 中。当斜激波与弱流向涡相互作用时，斜激波分岔产生的两道激波中较弯曲的激波最终与较直的激波合并成一道激波。当斜激波与中等强度流向涡相互作用时，激波分岔产生的两道激波不会合并，而在向下游发展过程中逐渐趋于平行。当斜激波与强流向涡相互作用时，激波分岔产生的两道激波中较弯曲的激波在向下游发展过程中逐渐减弱，最终消失。

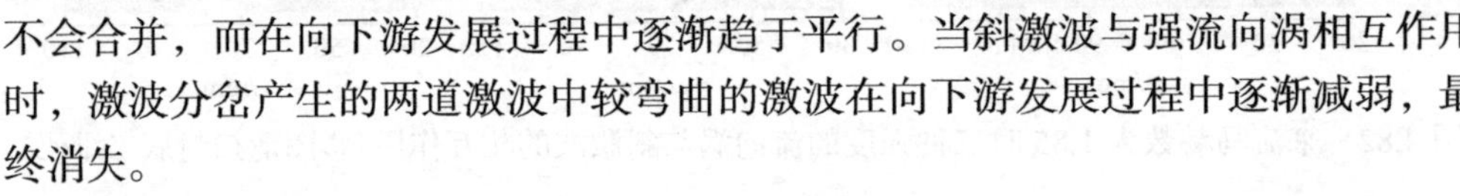

图 4.84　弱、中、强三种强度流向涡与斜激波相互作用的流场结构示意图

进一步，基于图 4.82 和图 4.83 中得到的流场结构，总结两种斜激波与流向涡相互作用类型。如图 4.85 所示，流向涡与下行斜激波相互作用时，斜激波发生分岔，较弯曲的激波位于较平的激波的上游；而当流向涡与上行斜激波相互作用时，较弯曲的激波位于较平的激波的下游。

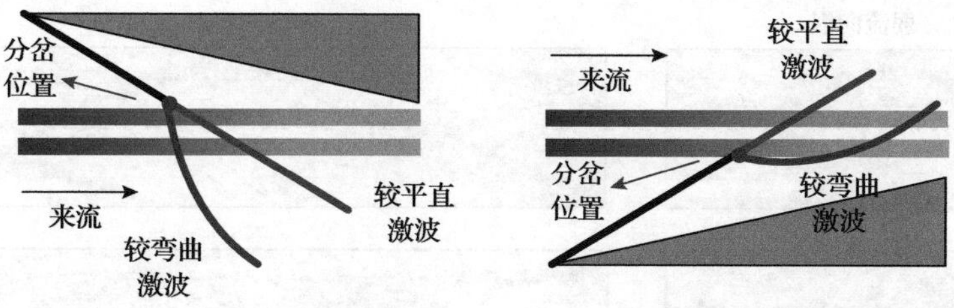

(a) 下行斜激波与流向涡相互作用　　(b) 上行斜激波与流向涡相互作用

图 4.85　两种斜激波与流向涡相互作用流场结构示意图

2. 流场的振荡结构

本节基于特定时刻的纹影图像，分析了斜激波与流向涡相互作用的稳态结构；通过对相同来流与背压条件下的 1000 张纹影快照开展时频分析，给出斜激波与流向涡相互作用流场的振荡结构。纹影快照的时频分析通过功率谱密度分析实现，1000 张纹影快照被存储在一个三维矩阵中，这个时间分辨的图像序列中一张图片上一个像素点处的光强可以表达为 $I(x, y, n)$，其中 I 是像素点处的光强，x 和 y 是像素点的横纵坐标，n 是像素点号码(从 1 到 $N = 1\text{s} \times 1000\text{s}^{-1} = 1000$)，高速摄像机的采样频率是 1kHz。在一个给定位置(x, y)处，光强随时间变化的序列可以写成 I_{xy} 的形式。利用 Welch 的重叠平均估计，计算了 I_{xy} 的功率谱密度。采用 Hamming 窗口，每个窗口 500 个采样点，50%的重叠来计算功率谱密度，可以获得 3.91Hz 的频率分辨率，这对于本节的分析是足够的。图 4.86 和图 4.87 给出了流场在 10～300Hz 频率范围内的平均傅里叶模态。

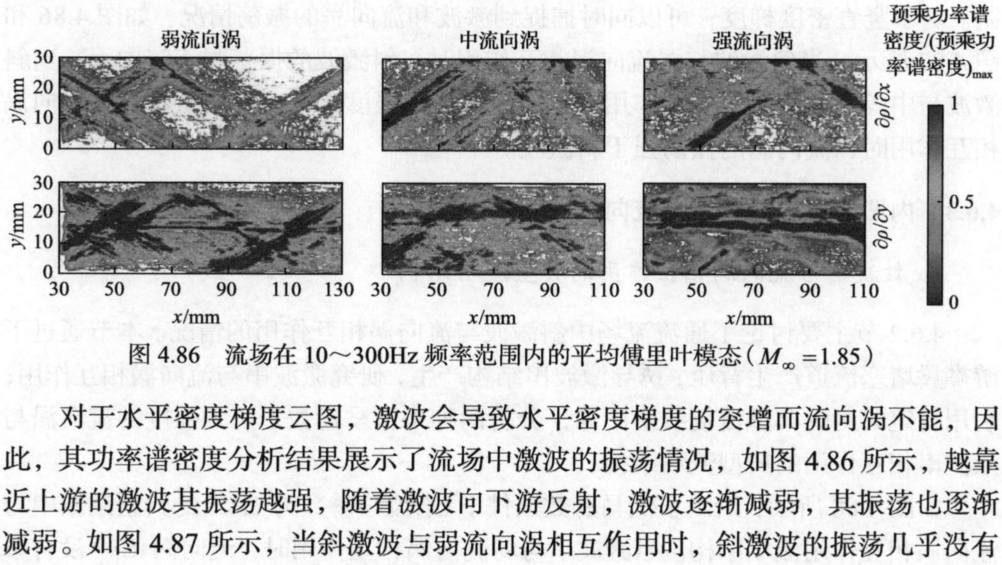

图 4.86　流场在 10～300Hz 频率范围内的平均傅里叶模态（$M_\infty = 1.85$）

对于水平密度梯度云图，激波会导致水平密度梯度的突增而流向涡不能，因此，其功率谱密度分析结果展示了流场中激波的振荡情况，如图 4.86 所示，越靠近上游的激波其振荡越强，随着激波向下游反射，激波逐渐减弱，其振荡也逐渐减弱。如图 4.87 所示，当斜激波与弱流向涡相互作用时，斜激波的振荡几乎没有

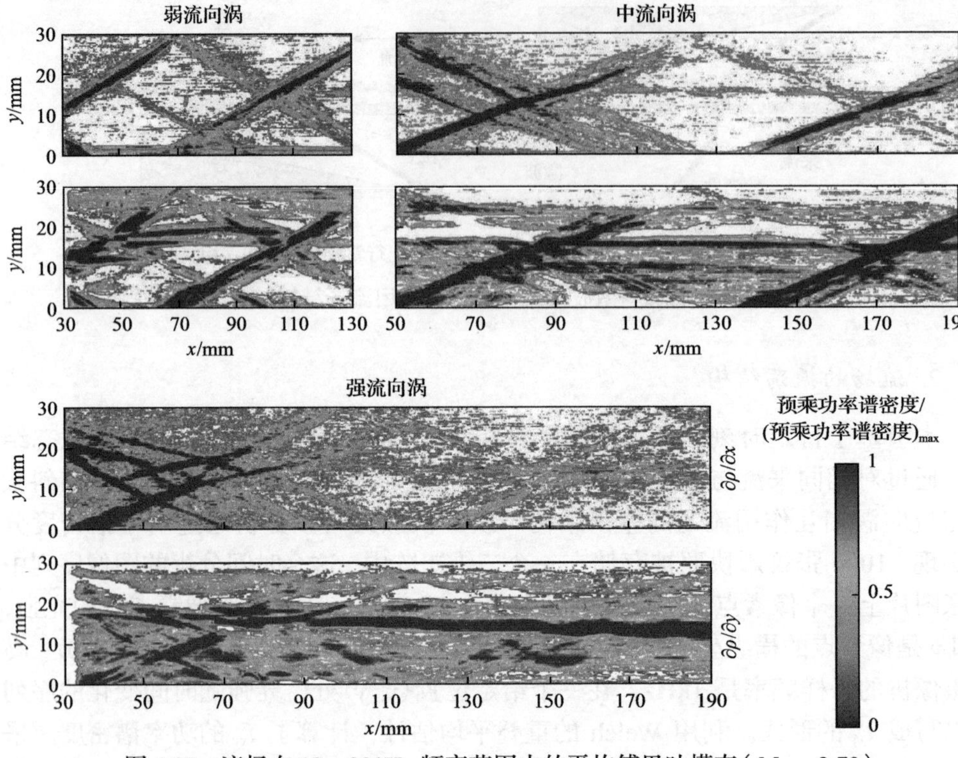

图 4.87　流场在 10～300Hz 频率范围内的平均傅里叶模态（$M_\infty = 2.70$）

受到流向涡的影响；当斜激波与中、强流向涡相互作用时，相互作用上游部分的斜激波振荡没有受到影响，相互作用导致激波分岔产生的两道激波的振荡被抑制。对于竖直密度梯度，可以同时捕捉到激波和流向涡的振荡情况。如图 4.86 和图 4.87 所示，当斜激波与弱流向涡相互作用时，斜激波的振荡强于流向涡；当斜激波与中等强度流向涡相互作用时，二者的振荡强度相当；当斜激波与强流向涡相互作用时，流向涡的振荡强于斜激波。

4.6.3　内凹通道中激波串与流向涡的相互作用

1. 激波串与流向涡相互作用的典型流场结构

4.6.2 节主要讨论了通流流场中斜激波与流向涡相互作用的情况。本节通过下游襟翼堵塞流道产生背压，诱导激波串结构产生，研究激波串与流向涡相互作用；利用特定时刻的典型流场纹影图像，分析两种来流马赫数下三种强度的流向涡与激波串相互作用的典型流场结构。

如图 4.88 所示，给出了低马赫数条件下(来流马赫数为 1.85)的典型激波串与流向涡相互作用流场结构。当激波串与弱流向涡相互作用时，流向涡(SV)没有影响激波串前缘激波的形态结构，存在于顶壁和底壁的分离区域（SR）导致了顶壁激波（TW）和底壁激波（BW）的产生。激波串前缘激波由顶壁激波（TW）和底壁激波（BW）两道斜激波组成，呈 X 形，其下游是交替反射的膨胀波（EW）和压缩波（CW）。由于反射激波（RS）的强度弱于前缘激波，反射激波与流向涡相互作用时其形态发生变化，原来的一道正激波结构分岔成多道激波。当激波串与中等强度流向涡相互作用时，激波串前缘激波中顶壁激波（TW）和底壁激波（BW）的交点被一道马赫杆（MS）所取代，当流向涡穿过马赫杆时，马赫杆的形态发生了微小变化，其微微向上游弯曲。当激波串与强流向涡相互作用时，激波串前缘激波中的马赫杆长度显著增加，流向涡与马赫杆相互作用，导致马赫杆严重变形（D），其向上游大幅度地弯曲。

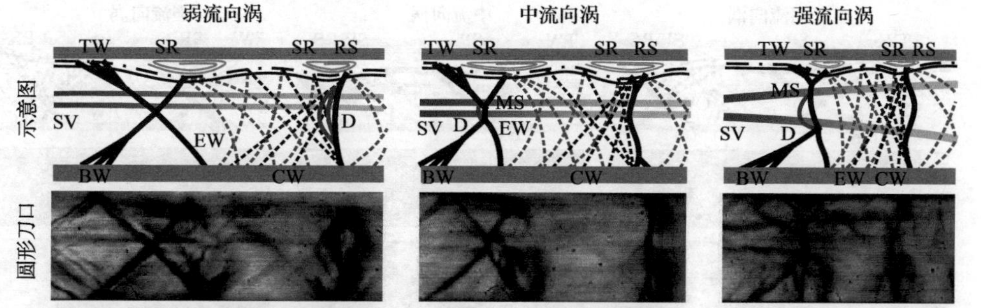

图 4.88　来流马赫数为 1.85 时三种强度的流向涡与激波串的相互作用

如图 4.89 所示高马赫数条件下（来流马赫数为 2.70）的典型激波串与流向涡相互作用流场结构，当激波串与弱流向涡相互作用时，流向涡没有影响激波串中波系结构的形态，反而波系结构导致流向涡的涡轴方向发生偏转，下行的顶壁激波导致流向涡在穿过其后，涡轴向下偏转；上行的底壁激波导致流向涡在穿过其后，涡轴向上偏转。当激波串与中等强度流向涡相互作用时，激波串中的波系结构同样导致流向涡的涡轴发生偏转，同时流向涡强度的增加导致波系的形态发生变化，当流向涡与前缘激波中顶壁激波相互作用时，顶壁激波被分岔成多道激波。当激波串与强流向涡相互作用时，由于流向涡强度的进一步增加，其在向下游发展过程中，涡轴的方向没有受到波系结构的影响；前缘激波中顶壁激波和底壁激波在遇到流向涡后，下行的顶壁激波向上游弯曲变形并分岔成多道激波，上行的底壁激波向下游弯曲变形并分岔成多道激波，同时，下游的反射激波在遇到流向涡后，也分岔成多道激波。

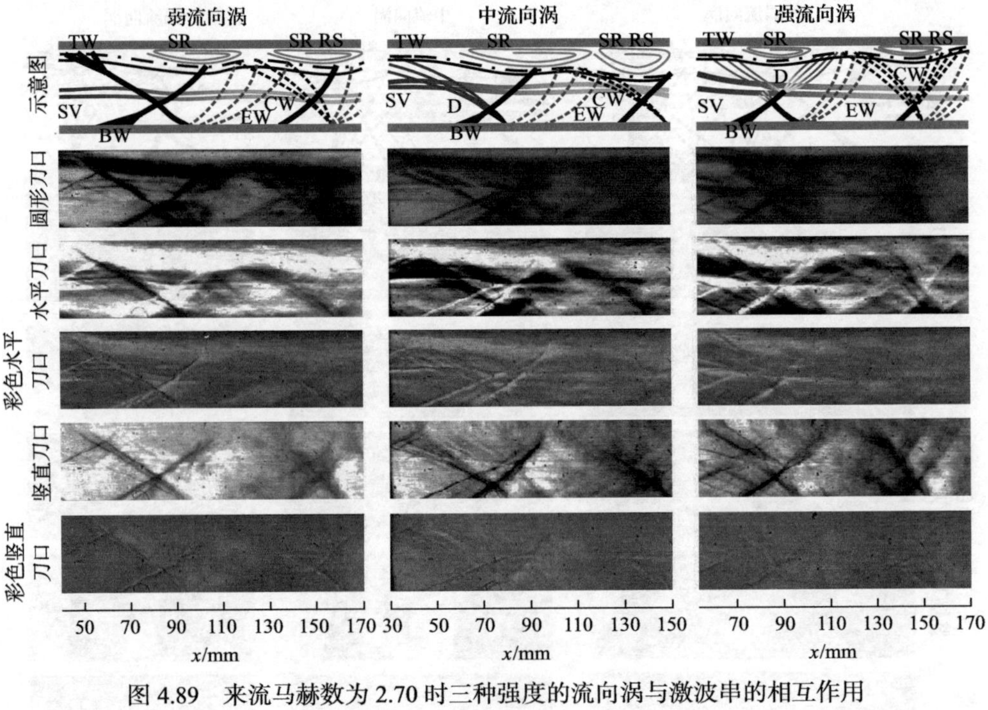

图 4.89　来流马赫数为 2.70 时三种强度的流向涡与激波串的相互作用

2. 激波串与流向涡相互作用流场的演化行为

前面研究了固定背压条件下的典型激波串与流向涡相互作用结构，下面研究背压线性增加进而诱导激波串从下游逐渐靠近上游流向涡发生器的过程中流场的演化行为。选取四个典型位置开展分析，图 4.90 展示了低马赫数条件下(来流马赫数为 1.85)的激波串与流向涡相互作用的流场演化行为。随着激波串从下游向上游移动，其来流马赫数逐渐增加，激波串前缘激波逐渐增强。同时，流向涡在向下游发展过程中会逐渐耗散，其涡量会逐渐减小。越靠近流向涡发生器，流向涡的强度越大。因此，在激波串靠近流向涡的过程中，两种结构均逐渐增强。当激波串与弱流向涡相互作用时，在位置Ⅰ和Ⅱ处，组成激波串前缘激波的顶壁激波和底壁激波的强度达到了其来流马赫数的脱体极限，因此，两道激波的交点被一个马赫杆所取代进而导致了马赫反射。在位置Ⅲ和Ⅳ处，随着来流马赫数的增加，马赫反射被规则反射取代，激波串前缘激波中的马赫杆消失。对于激波串与流向涡相互作用，激波串在向上游运动过程中，流向涡的增强没有对其形态结构产生影响。当激波串与中等强度流向涡相互作用时，随着激波串从位置Ⅰ向位置Ⅳ运动，来流马赫数的增加导致激波串前缘激波中的马赫杆逐渐缩短。在位置Ⅰ和Ⅳ处，流向涡没有影响激波串前缘激波的形态结构。在位置Ⅱ和Ⅲ处，流向涡在穿过马赫杆时，导致马赫杆向上游弯曲变形。当激波串与强流向涡相互作用时，激波串前缘激波在从位置Ⅰ运动到位置Ⅳ的过程中，由于流向涡的增强，其相互作用导致前缘激波变形越来越严重，向上游弯曲的程度越来越大。

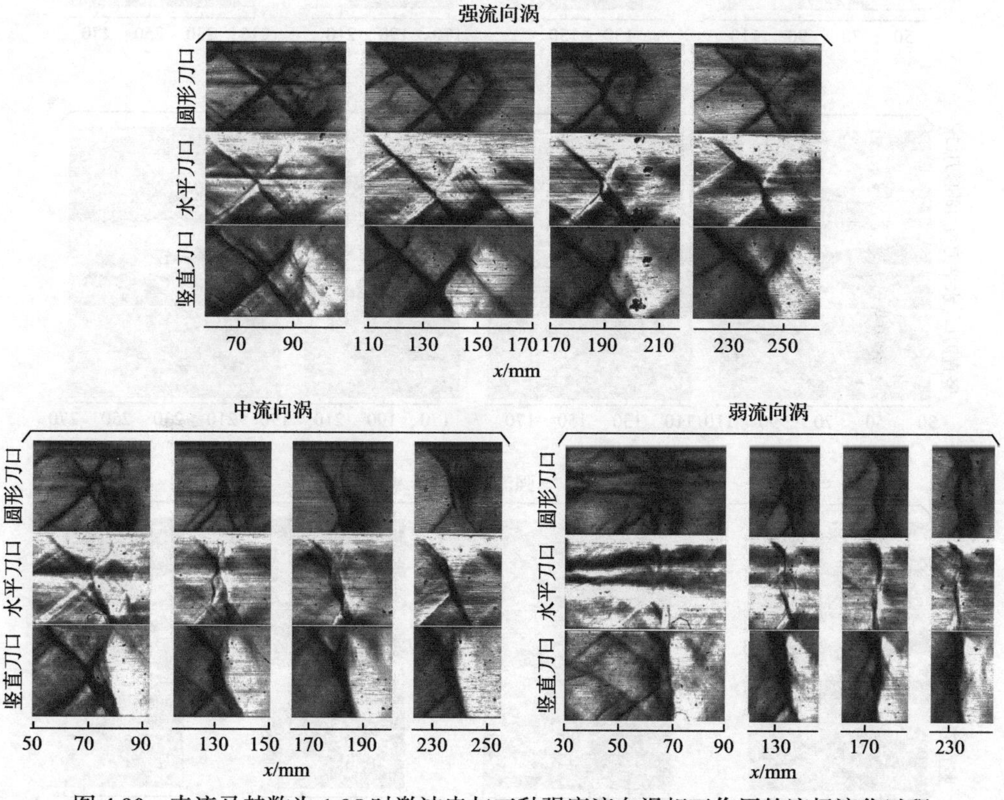

图 4.90　来流马赫数为 1.85 时激波串与三种强度流向涡相互作用的流场演化过程

图 4.91 展示了高马赫数条件下(来流马赫数为 2.70)的激波串与流向涡相互作

用流场演化行为。当激波串与弱流向涡相互作用时，流向涡对激波串中的波系结构影响较小，只是引起了顶壁激波的微小变化：向下游的微微弯曲变形或分岔成多道激波。反过来，激波串中的波系结构引起了流向涡涡轴的偏转。当激波串与中等强度流向涡相互作用时，在位置Ⅰ和Ⅱ，流向涡导致顶壁激波向下游发生大幅度的弯曲。在位置Ⅲ和Ⅳ，流向涡导致顶壁激波分岔为多道激波。反过来，流向涡足够强导致其没有在穿过波系结构后涡轴发生偏转。

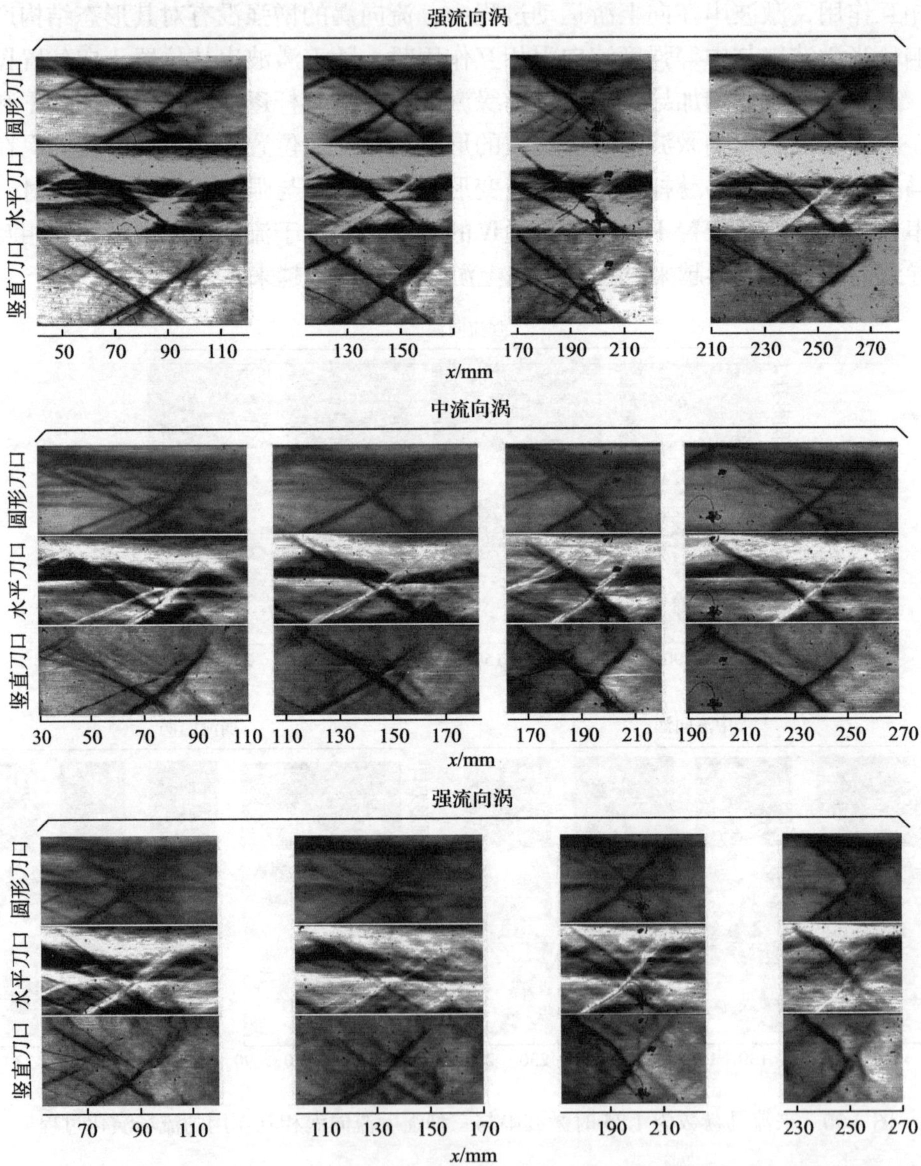

图 4.91　来流马赫数为 2.70 时激波串与三种强度流向涡相互作用的流场演化过程

如图 4.92 和图 4.93 所示，进一步记录了激波串前缘激波在顶壁的运动轨迹，比较了激波串与不同强度的流向涡相互作用下，激波串前缘激波位置与背压比之间的映射关系。在两种来流马赫数和三种激波串与流向涡相互作用强度下的六条曲线中，背压比的线性增加导致激波串前缘激波几乎是线性向上游运动。然而，曲线的斜率(这里对比斜率的绝对值)随着与流向涡发生器距离的减小而减小，流向涡以及由流向涡发生器产生的斜激波抑制了激波串的上游运动。

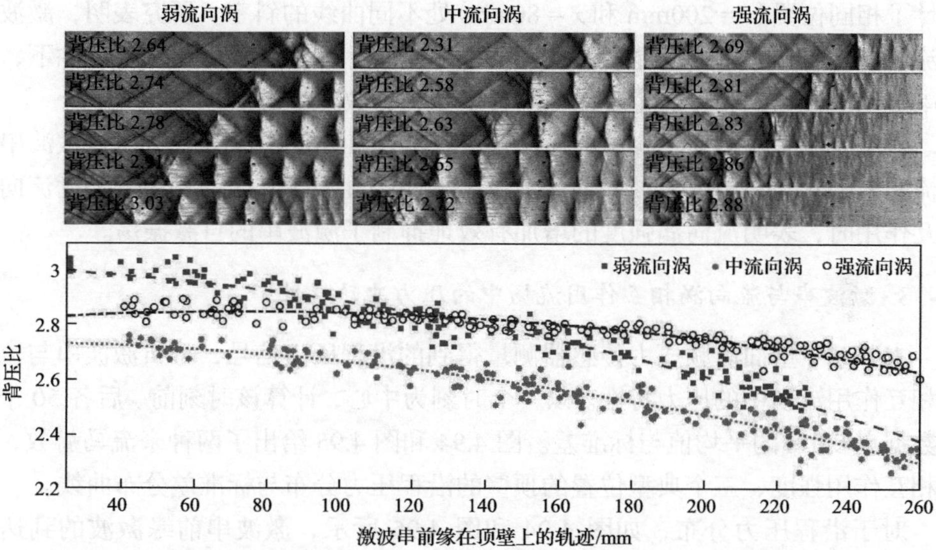

图 4.92　来流马赫数为 1.85 时激波串前缘激波位置与背压比之间的映射关系

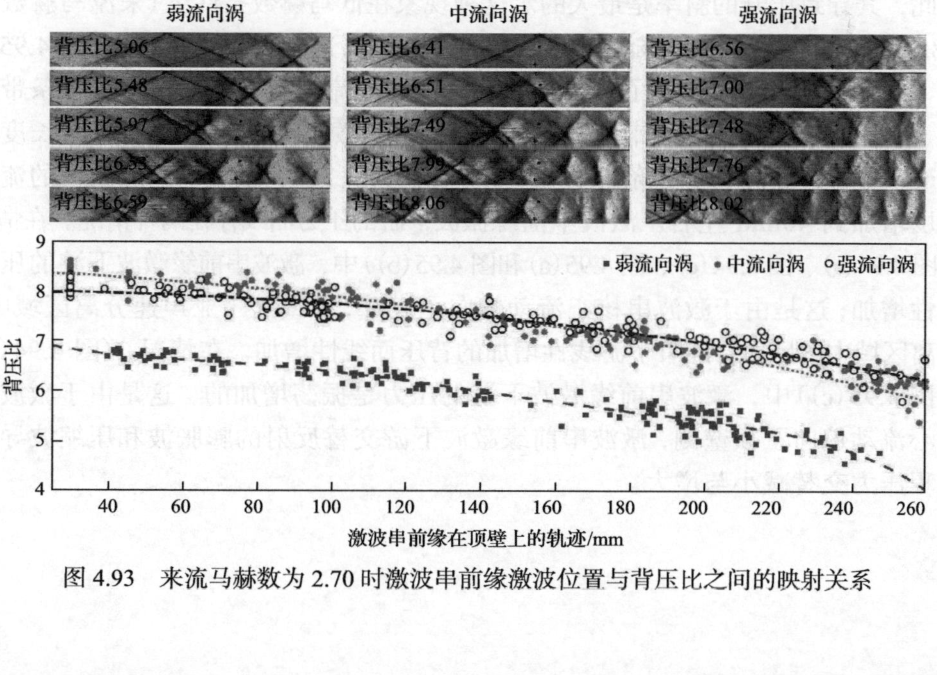

图 4.93　来流马赫数为 2.70 时激波串前缘激波位置与背压比之间的映射关系

对于流场的抗背压能力，如图 4.92 所示，在低马赫数条件下(来流马赫数为 1.85)，流场的最大背压比由大到小的顺序为弱>强>中。如图 4.93 所示，在高马赫数条件下(来流马赫数为 2.70)，流场的最大背压比由大到小的顺序为中>强>弱。这表明，不同来流马赫数、不同激波串与流向涡相互作用强度下，流场的最大背压比不一致并且不是按照相互作用强度的变化而单调变化的。

对于激波串前缘激波的位置相对于背压比的敏感性，如图 4.92 和图 4.93 所示，统计了相同位置($x=200$mm 和 $x=80$mm)处不同曲线的斜率。研究表明，激波串与流向涡相互作用的强度越大，曲线的斜率越小，即相同背压比变化条件下，激波串移动的距离越小，这个规律在两种来流马赫数下均成立。

对于激波串在运动过程中的振荡幅度，如图 4.92 和图 4.93 所示，当激波串与强流向涡相互作用时，激波串前缘激波的振荡幅度小于其与弱和中等强度流向涡相互作用时，表明流向涡强度的增加有效地抑制了激波串的自激振荡。

3. 激波串与流向涡相互作用流场中的压力波动特性

本节基于壁面高频压力传感器测量得到的沿程压力信号，分析激波串与流向涡相互作用流场中的压力特性。以一个时刻为中心，计算该时刻前、后各 50 个压力数据点 0.01s 的平均值与标准差。图 4.94 和图 4.95 给出了两种来流马赫数、三种相互作用强度、三个典型位置的顶壁的沿程压力分布与标准差分布曲线。

对于沿程压力分布，如图 4.94 和图 4.95 所示，激波串前缘激波的到达会导致该位置处压力的突然增大。由于激波串前缘激波是激波串中强度最高的，因此，其导致压升的斜率是最大的。这种现象在低马赫数条件下(来流马赫数为 1.85)比较明显(图 4.94)，随着来流马赫数的增加，这种现象逐渐减弱(图 4.95)。图 4.94 和图 4.95 中统计了曲线高斜率所对应的流向范围，如图中黑色条带所示，在低马赫数条件下(来流马赫数为 1.85)，激波串前缘激波的流向长度在 20mm 左右；在高马赫数条件下(来流马赫数为 2.70)，激波串前缘激波的流向长度增加到 40mm 左右。激波串前缘激波下游的压力曲线存在两种情况。在情况 1(图 4.94(a)、图 4.94(c)、图 4.95(a)和图 4.95(b))中，激波串前缘激波下游的压力线性增加，这是由于激波串核心流动偏向了底壁，顶壁处于亚声速分离区域中，分离区域中的压力会随着下游线性增加的背压而线性增加。在情况 2(图 4.94(b)和图 4.95(c))中，激波串前缘激波下游的压力是振荡增加的，这是由于激波串核心流动偏向了顶壁侧，激波串前缘激波下游交替反射的膨胀波和压缩波导致沿程压力交替减小与增大。

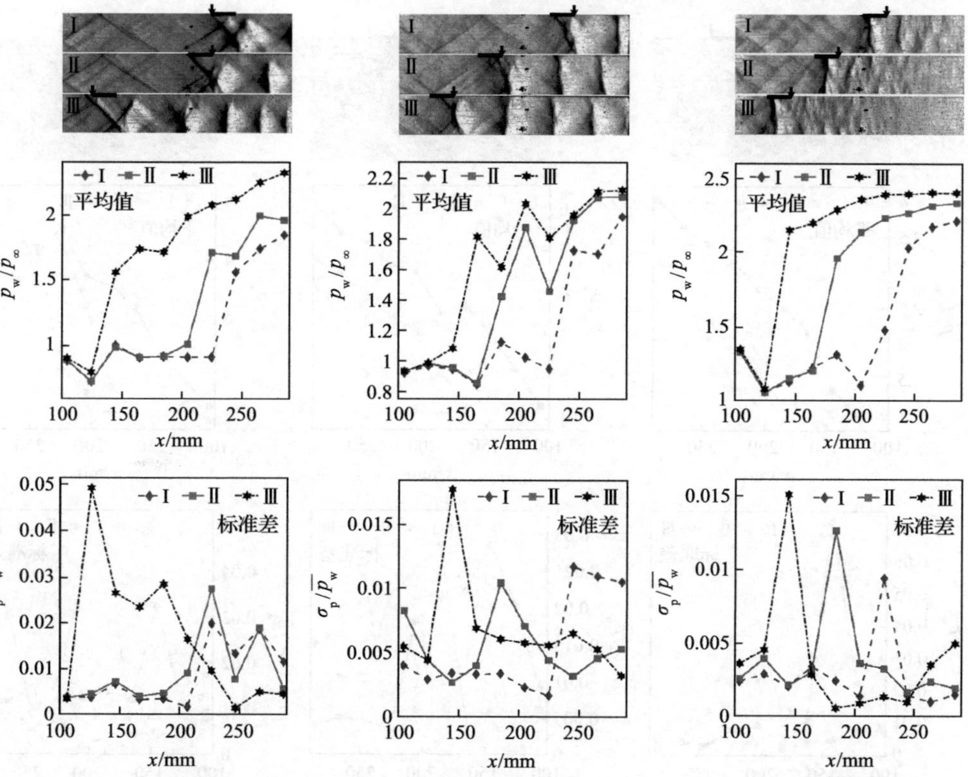

(a) 弱流向涡　(b) 中流向涡　(c) 强流向涡

图 4.94　来流马赫数为 1.85 时激波串与三种强度流向涡相互作用流场中的压力分布情况

压力的标准差分布主要用于描述压力波动的幅度。如图 4.94 和图 4.95 所示，压力的标准差分布在所有情况下比较相似，在激波串前缘激波没有到达的附着流动中，压力的标准差保持较低值；在激波串前缘激波扫掠的间歇流动中，压力的标准差达到极大值，这是由于激波串前缘激波强度最大，其振荡导致的压力波动最强；在激波串前缘激波已经越过的下游分离区域中，压力的标准差逐渐减小，这是由于越靠近下游，反射激波越弱，其振荡导致的压力波动越弱。对比激波串与不同强度流向涡相互作用流场中壁面压力的标准差分布发现，越靠近上游，压力的标准差的极大值越大，这是由于越靠近上游，激波串与流向涡相互作用越强，激波串前缘激波的强度与振荡越大。对比不同来流马赫数下压力的标准差分布可以发现，低马赫数下(来流马赫数为 1.85)压力的标准差的极大值只覆盖一个压力测点，而高马赫数下(来流马赫数为 2.70)压力的标准差的极大值覆盖 2～3 个压力测点，这是因为来流马赫数的增大导致激波串前缘激波流向长度增大。

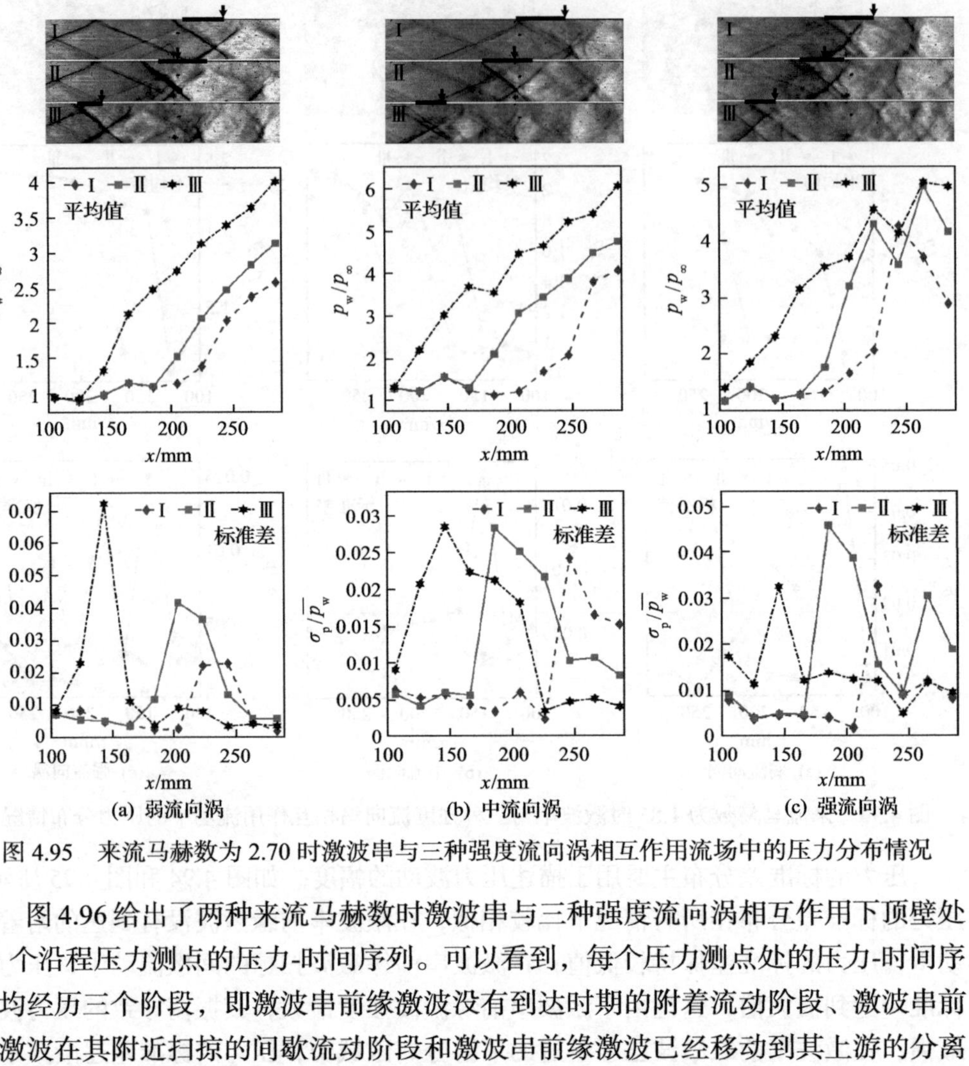

图 4.95　来流马赫数为 2.70 时激波串与三种强度流向涡相互作用流场中的压力分布情况

图 4.96 给出了两种来流马赫数时激波串与三种强度流向涡相互作用下顶壁处 10 个沿程压力测点的压力-时间序列。可以看到，每个压力测点处的压力-时间序列均经历三个阶段，即激波串前缘激波没有到达时期的附着流动阶段、激波串前缘激波在其附近扫掠的间歇流动阶段和激波串前缘激波已经移动到其上游的分离流动阶段。间歇流动何时发生取决于激波串前缘激波何时到达该压力测点，间歇流动发生时压力增大的幅度取决于激波串前缘激波的强度。间歇流动发生时压力波动的强度与频率取决于激波串前缘激波的振荡幅度与频率。

图 4.97 和图 4.98 给出了不同来流马赫数时激波串与三种强度流向涡相互作用流场中 TT4 处压力波动的时间演变情况，以及壁面压力的功率谱密度，以额外增加对波动频率的视野。定量对比压力波动的两个方面：间歇流动期间背压比的增加值；间歇流动期间压力波动的主频及压力波动最大值。

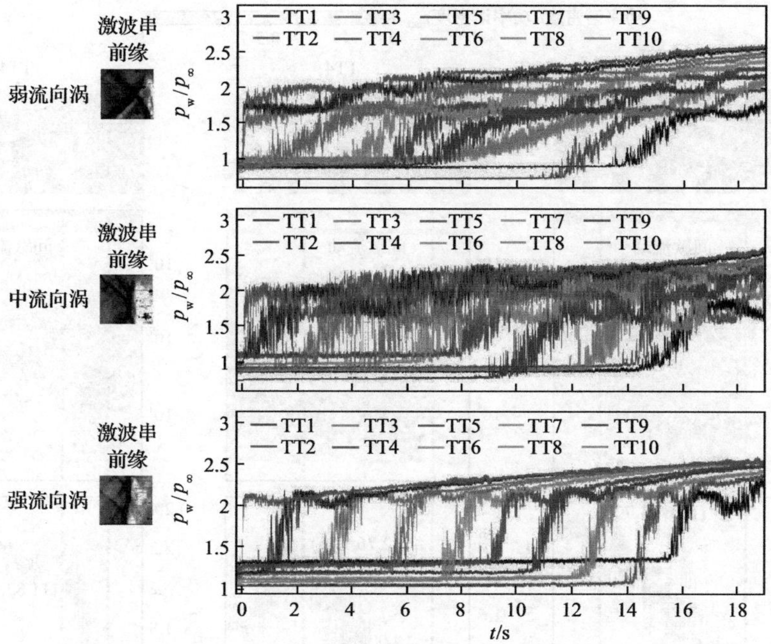

(a) M_∞=1.85

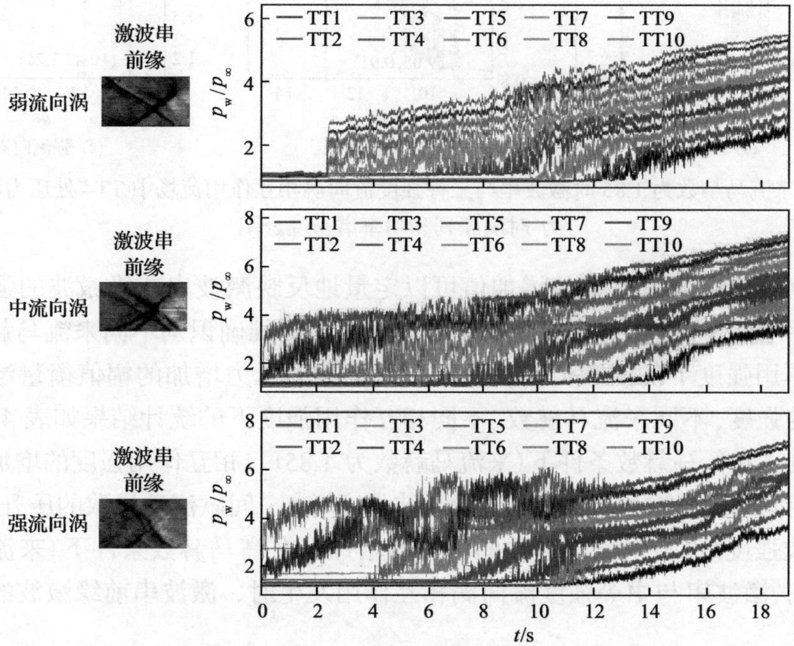

(b) M_∞=2.70

图 4.96　激波串与三种强度流向涡相互作用下流场壁面压力-时间序列

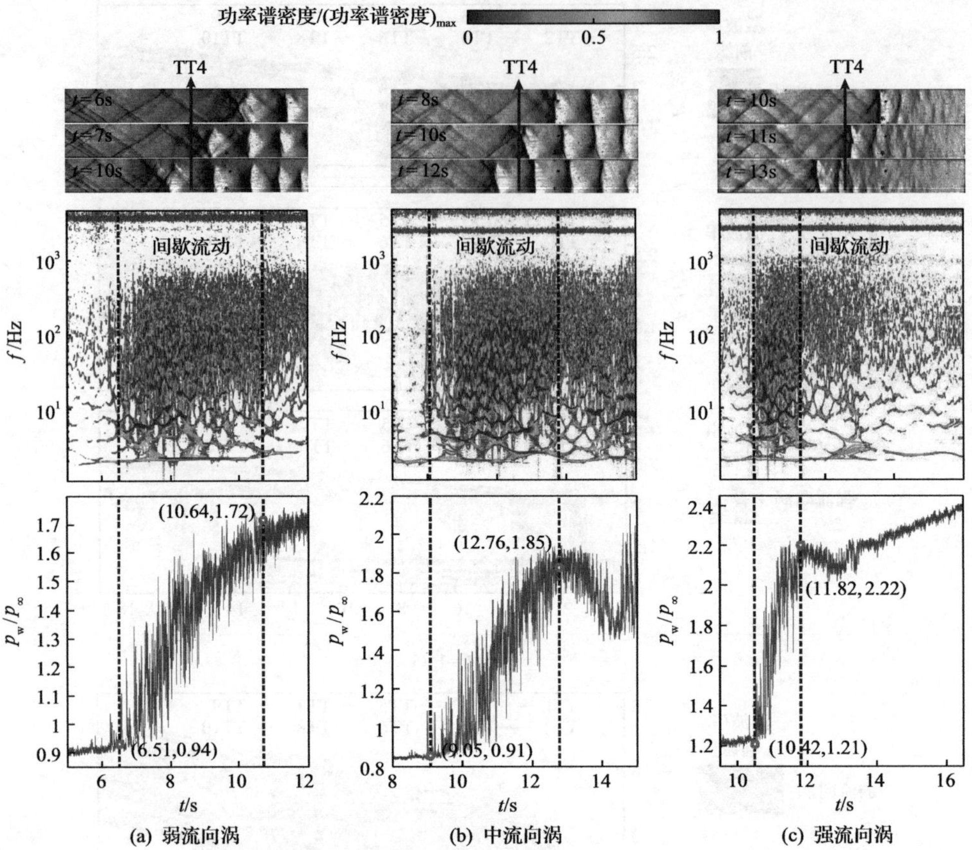

图 4.97 来流马赫数为 1.85 时激波串与三种强度流向涡相互作用流场中 TT4 处压力波动的压力-时间序列和功率谱密度云图

间歇流动期间背压比的增加值可以定量地反映激波串前缘激波的强度，如图 4.97 和图 4.98 所示。基于纹影图像和压力数据准确识别不同来流马赫数、不同相互作用强度下的间歇流动，以间歇流动期间压力增加的幅值衡量激波串前缘激波的强度,不同来流马赫数、不同相互作用强度下的统计结果如表 4.4 所示。可以看到，在低马赫数条件下(来流马赫数为 1.85)，相互作用强度的增加导致间歇流动期间的压升增加，激波串前缘激波强度增加；间歇流动导致的压升(激波串前缘激波强度)也随来流马赫数的增加而增加；在高马赫数条件下(来流马赫数为 2.70)，激波串与中等强度流向涡相互作用发生时，激波串前缘激波的强度是最大的。

间歇流动发生时压力波动的强度与频率取决于激波串前缘激波的振荡幅度与频率，不同来流马赫数、不同相互作用强度下间歇流动期间压力波动功率谱密度的最大值对应的频率及最大值统计于表 4.5 和表 4.6 中。如表 4.5 所示，间歇流动期间压力波动的主导频率在 20～50Hz 的范围内，其是由低频的激波振荡导致的。如表 4.6 所示，间歇流动期间随着激波串与流向涡相互作用强度的增加，激波串前缘激波振荡导致的压力波动强度逐渐增强。相比于低马赫数，高马赫数条件下随着相互作用强度的增加，压力波动增强的幅度更大。

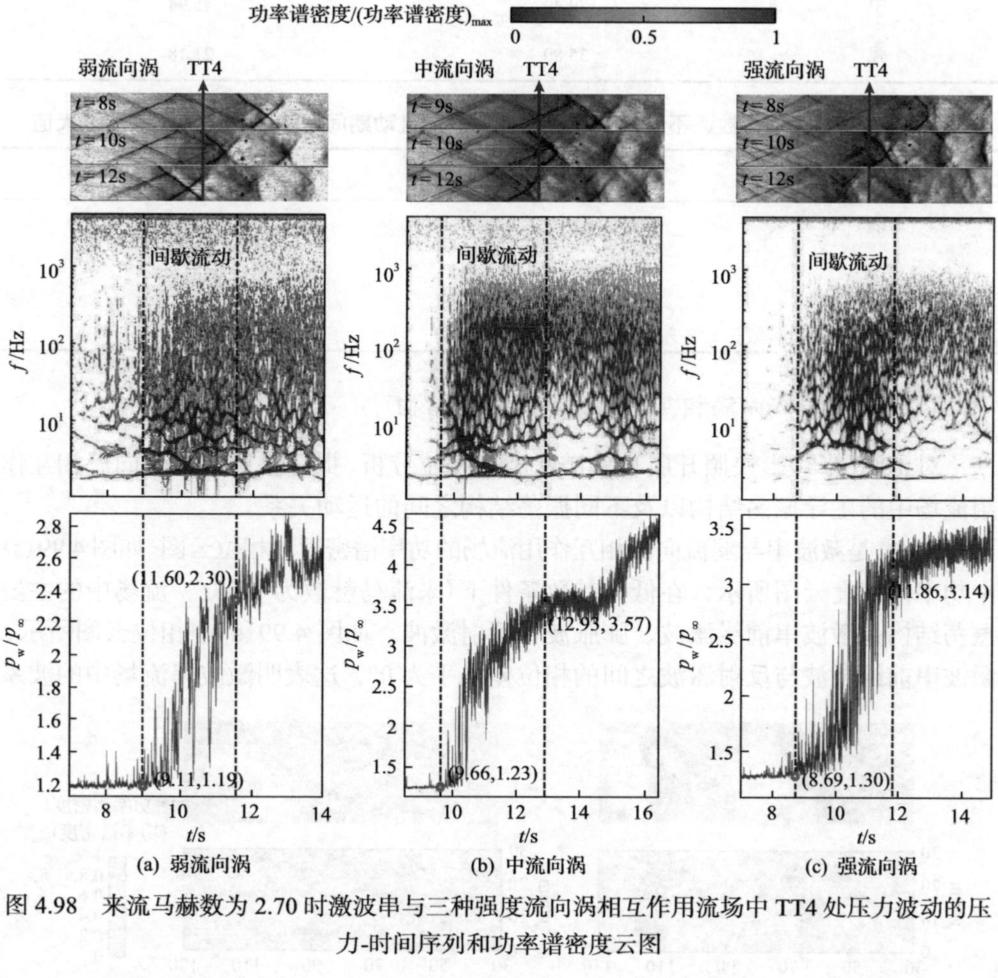

(a) 弱流向涡　　(b) 中流向涡　　(c) 强流向涡

图 4.98　来流马赫数为 2.70 时激波串与三种强度流向涡相互作用流场中 TT4 处压力波动的压力-时间序列和功率谱密度云图

表 4.4　不同来流马赫数、不同相互作用强度下间歇流动期间压力均值的增加值

流向涡强度	来流马赫数为 1.85	来流马赫数为 2.70
弱	0.78	1.11
中	0.94	2.34
强	1.01	1.84

表 4.5　不同来流马赫数、不同相互作用强度下间歇流动期间压力波动功率谱密度最大值对应的频率(单位：Hz)

流向涡强度	来流马赫数为 1.85	来流马赫数为 2.70
弱	41.82	31.48
中	29.49	45.94
强	35.89	21.18

表 4.6　不同来流马赫数、不同相互作用强度下间歇流动期间压力波动功率谱密度最大值

流向涡强度	来流马赫数为 1.85	来流马赫数为 2.70
弱	0.0175	0.0193
中	0.0225	0.0343
强	0.0229	0.0846

4. 激波串与流向涡相互作用流场的振荡结构

对 1000 张纹影快照开展功率谱密度和相位分析，揭示激波串与流向涡相互作用流场中的主导振荡结构以及不同振荡结构之间的运动关系。

图 4.99 是激波串与弱流向涡相互作用流场的功率谱密度和相位云图。如图 4.99(a)中功率谱密度云图所示，在低马赫数条件下(来流马赫数为 1.85)，流场中的主要振荡结构是激波串前缘激波、膨胀波和反射激波。如图 4.99(a)中相位云图所示，激波串前缘激波与反射激波之间的相位差几乎为 0°，这表明激波串流场中的波系

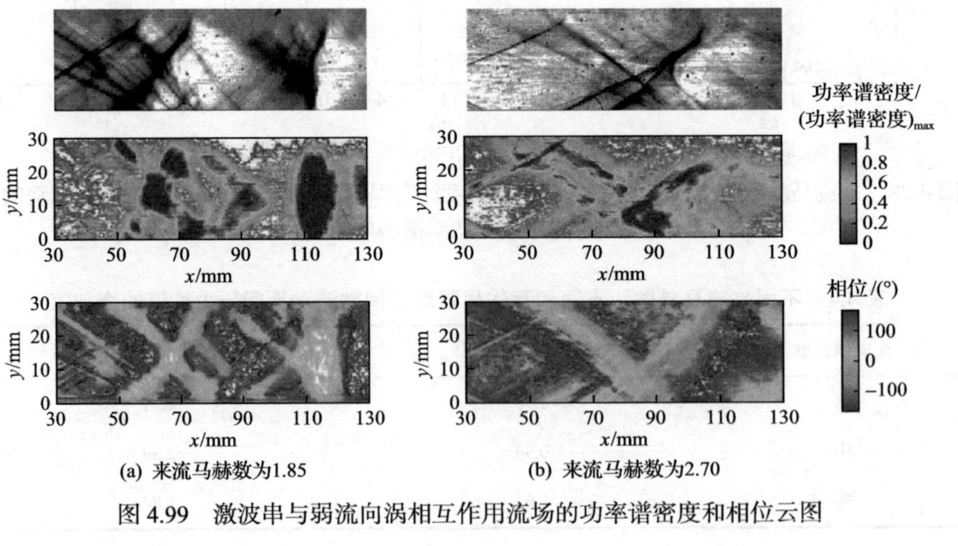

(a) 来流马赫数为1.85　　(b) 来流马赫数为2.70

图 4.99　激波串与弱流向涡相互作用流场的功率谱密度和相位云图

结构是同步运动的。如图 4.99(b)中功率谱密度云图所示，在高马赫数条件下(来流马赫数为 2.70)，流场中的主要振荡结构是激波串前缘激波。如图 4.99(b)中相位云图所示，激波串前缘激波整个结构的相位差几乎为 0°，表明其在流场中做类似刚性运动。

图 4.100 是激波串与中流向涡相互作用流场的功率谱密度和相位云图。如图 4.100(a)中功率谱密度云图所示，在低马赫数条件下(来流马赫数为 1.85)，受流向涡干扰的影响，激波串前缘激波中底壁激波前腿的振荡被抑制。如图 4.100(b)中功率谱密度云图所示，在高马赫数条件下(来流马赫数为 2.70)，在与流向涡相互作用下，激波串前缘激波中顶壁激波前腿的振荡被抑制了。如图 4.100(a)和图 4.100(b)中相位云图所示，激波串流场中激波串前缘激波与反射激波的相位差几乎为 0°，波系结构做类似刚性运动，这和激波串与弱流向涡相互作用流场一致。因此，激波串与流向涡相互作用会抑制激波串的振荡而激波串流场中各个结构的运动关系没有受到影响。

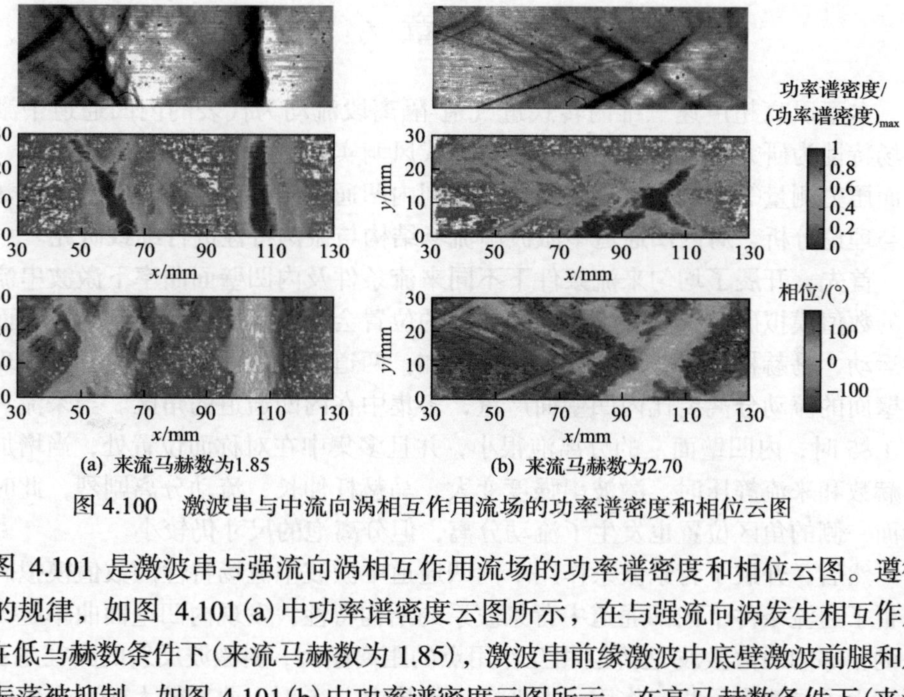

(a) 来流马赫数为1.85　　(b) 来流马赫数为2.70

图 4.100　激波串与中流向涡相互作用流场的功率谱密度和相位云图

图 4.101 是激波串与强流向涡相互作用流场的功率谱密度和相位云图。遵循相同的规律，如图 4.101(a)中功率谱密度云图所示，在与强流向涡发生相互作用后，在低马赫数条件下(来流马赫数为 1.85)，激波串前缘激波中底壁激波前腿和后腿的振荡被抑制。如图 4.101(b)中功率谱密度云图所示，在高马赫数条件下(来流马赫数为 2.70)，激波串前缘激波中顶壁激波前腿以及底壁激波后腿的振荡被抑制。如图 4.101(a)和图 4.101(b)中相位云图所示，激波串流场中波系结构的相位为 0°，激波串流场中各个结构做类似刚性运动，没有受到流向涡的影响。

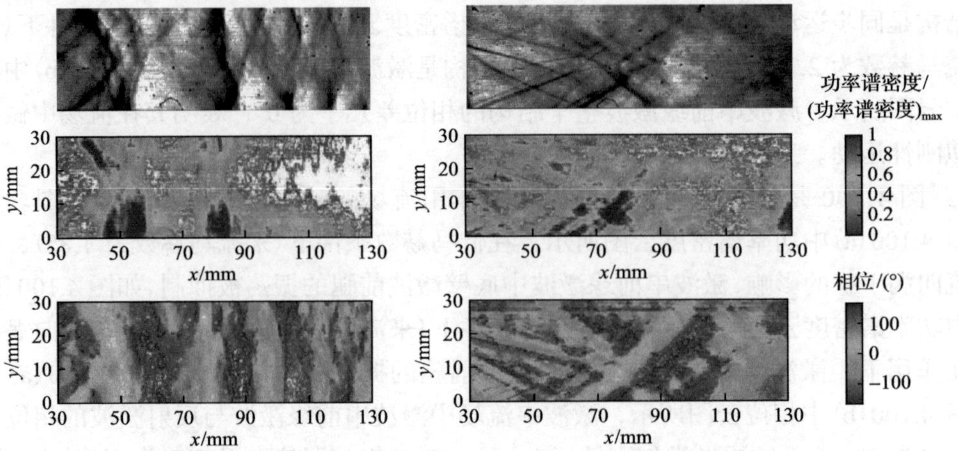

(a) 来流马赫数为1.85 (b) 来流马赫数为2.70

图 4.101 激波串与强流向涡相互作用流场的功率谱密度和相位云图

4.7 本章小结

本章以高超声速三维内转式进气道-隔离段流动为代表的内凹通道中激波串流场特性为研究对象，利用已有的直连式风洞实验平台、高速纹影可视化、高频壁面压力测量等观测技术，并设计一系列内凹通道实验件，同时紧密结合数值模拟与理论分析，对内凹通道中激波串流场结构与振荡特性进行细致研究。

首先，开展了均匀来流条件下不同来流条件及内凹壁面曲率下激波串流场特性的数值模拟研究，激波串在内凹通道的位置会随着内凹壁面曲率的减小而向上游运动，马赫杆缩短，结构尺寸逐渐增加，两道激波的间距变大，并且发现，平直壁面的流动分离要比内凹壁面严重，多集中在内凹通道的角区。当来流马赫数为 1.85 时，内凹壁面上的分离泡很小，并且多集中在对称面位置处，当增加来流马赫数和来流静压时，激波串强度变大，马赫杆伸长，流动分离剧烈，此时内凹壁面一侧的角区位置也发生了流动分离，但分离泡的尺寸仍较小。

然后，开展了背景波系作用下内凹通道中激波串流场特性的数值模拟研究，分析了通流条件下内凹通道中背景波系的结构特性，发现内凹壁面曲率越大，同一侧相邻的两道激波/边界层相互作用点的距离越大，斜激波反射的路径越长，并且产生了异侧多元相互作用。当来流马赫数为 1.85 时，曲率较大的两个内凹通道中产生了正激波串结构，曲率较小的内凹通道中产生了斜激波串结构，三种曲率的内凹通道中，流动分离都较弱，分离泡较小。相比于均匀来流条件，背景波系干扰下内凹壁面一侧的分离泡要比平直壁面一侧的分离泡大。当来流马赫数为 2.70 时，内凹通道中产生的均是斜激波串结构，流动分离严重，分离泡尺度大，此时平直壁面一侧的分离泡尺寸又超过了内凹壁面。

接着，采用直连式超声速风洞实验研究了激波串在内凹通道中的流动现象，实验在两种来流马赫数(2.14 和 2.91)的条件下进行，采用下游襟翼堵塞流道诱导激波串结构产生，采用高频壁面压力传感器分析激波串流场局部位置的参数分布和波动情况，采用高速纹影可视化技术捕捉激波串流场的结构与位置信息。通过对壁面压力-时间序列的分析，可知流场经历了三个典型阶段，分别为激波串前缘激波位于测点下游、正上方和上游。在阶段 I 中，测点处的边界层处于附着流动状态，压力波动最弱；在阶段Ⅱ中，激波串前缘激波的扫掠导致压力波动最强，顶壁和底壁压力波动的相关性最强；在阶段Ⅲ中，测点处的边界层处于分离流动状态，顶壁和底壁压力波动的强度和相关性均较阶段Ⅱ弱。沿程壁面压力平均值分布表明，在激波串前缘激波位置压力发生突增，随着向下游发展，反射激波逐渐减弱，压升梯度减弱。在内凹通道中，激波串核心流动偏向于内凹壁面一侧，分离流动聚集在平直壁面一侧，内凹壁面一侧的压力波动增加，平直壁面一侧的压力线性增大。采用基于壁面压力数据的功率谱密度分析方法研究激波串流场参数的波动特性，研究表明，在 2～1000Hz 的频率范围内，激波串的振荡导致壁面压力脉动能量显著增强，内凹壁面一侧的压力脉动能量大于平直壁面一侧。基于激波串流场的高速纹影可视化，确定了内凹通道中激波串流场的结构和演化规律。在内凹通道中，激波串前缘激波的入射导致平直壁面的流动分离比在矩形通道中的更为明显，激波串核心流动偏向于内凹壁面一侧，流场中反射激波间距增大。均匀来流条件下线性增加的背压比导致激波串线性地向上游运动，与矩形通道相比，内凹通道中激波串前缘激波的位置受背压比的影响更大，随着来流马赫数的增加，激波串前缘激波的运动受背压比的影响更为显著，内凹通道中激波串流场的非对称性增强。

最后，在直连式超声速风洞实验台中研究了内凹通道中激波与流向涡相互作用现象，基于流向涡发生器共产生 2 对，即 4 个流向涡结构，分析了通流流场中斜激波与流向涡相互作用，基于典型时刻流场的高速纹影可视化，总结了斜激波与弱、中、强三种强度流向涡相互作用的流场结构。研究表明，流向涡强度越大，斜激波分岔产生的两道激波中较弯曲的激波变形越严重，流向涡的振荡越强，斜激波的振荡越弱。进一步分析了节流流场中激波串与流向涡相互作用，研究表明，随着流向涡强度的增加，激波串前缘激波中的马赫杆长度增加，与流向涡相互作用后马赫杆的变形增强。激波串与流向涡相互作用流场中的主要振荡结构是激波串前缘激波、膨胀波与反射激波，在流场振荡的主导频率为 20～50Hz，整个激波串流场做类似刚性运动。

参 考 文 献

[1] Kelley M S. Hypersonic weapons: Background and issues for congress[R]. Hampton: NASA Langley Research Center, 2021.

[2] 夏有财，戴顺安，苏艳. 超燃冲压发动机研究现状与趋势[J]. 飞航导弹, 2016,（8）: 59-63.

[3] Chang J T, Li N, Xu K J, et al. Recent research progress on unstart mechanism, detection and control of hypersonic inlet[J]. Progress in Aerospace Sciences, 2017, 89: 1-22.

[4] 熊冰. 高超声速轴对称飞行器进气布局及内转进气道设计[D]. 长沙：国防科技大学, 2019.

[5] Barth J E, Wheatley V, Smart M K. Effects of hydrogen fuel injection in a Mach 12 scramjet inlet[J]. AIAA Journal, 2015, 53（10）: 2907-2919.

[6] 李永洲，张堃元，孙迪. 马赫数可控的方转圆高超声速内收缩进气道试验研究[J]. 航空学报, 2016, 37（10）: 2970-2979.

[7] Liu X, Liang J H, Wang Y. Flow mechanism in a hypersonic sidewall compression inlet with a rectangular-to-circular isolator[J]. Journal of Spacecraft and Rockets, 2016, 53（3）: 549-557.

[8] 王在铎，王惠，丁楠，等. 高超声速飞行器技术研究进展[J]. 科技导报, 2021, 39（11）: 59-67.

[9] 李文杰，叶蕾. 美国航空航天局涡轮基组合循环发动机技术发展研究[J]. 战术导弹技术, 2015,（3）: 1-6.

[10] Xiang X, Babinsky H. Corner effects for oblique shock wave/turbulent boundary layer interactions in rectangular channels[J]. Journal of Fluid Mechanics, 2019, 862: 1060-1083.

[11] Funderburk M L, Narayanaswamy V. Investigation of negative surface curvature effects in axisymmetric shock/boundary-layer interaction[J]. AIAA Journal, 2019, 57（4）: 1594-1607.

[12] Bisek N J. High-Fidelity simulations of the HIFiRE-6 flow path[C]. The 54th AIAA Aerospace Sciences Meeting, San Diego, 2016.

[13] 李一鸣. 内转式进气道流动中的激波及相互作用研究[D]. 合肥：中国科学技术大学, 2020.

[14] 乔文友，余安远. 内转式进气道与飞行器前体的一体化设计综述[J]. 实验流体力学, 2019, 33（3）: 43-59.

[15] 王卫星，朱婷，张仁涛，等. 高超声速内转式进气道型面流场重构[J]. 航空学报, 2020, 41（3）: 178-187.

[16] 杨大伟，余安远，韩亦宇，等. 内转式进气道自起动性能研究[J]. 推进技术, 2019, 40（1）: 76-83.

[17] Li Y M, Li Z F, Yang J M. Tomography-like flow visualization of a hypersonic inward-turning inlet[J]. Chinese Journal of Aeronautics, 2021, 34（1）: 44-49.

[18] Quan P C, Zhong S, Liu Q, et al. Attenuation of flow separation using herringbone riblets at M=5[J]. AIAA Journal, 2018, 57（1）: 142-152.

[19] Gai S L, Khraibut A. Hypersonic compression corner flow with large separated regions[J].

Journal of Fluid Mechanics, 2019, 877: 471-494.

[20] Zhuang Y, Tan H J, Wang W X, et al. Fractal features of turbulent/non-turbulent interface in a shock wave/turbulent boundary-layer interaction flow[J]. Journal of Fluid Mechanics, 2019, 869: R6.

[21] Cao S B, Klioutchnikov I, Olivier H. Görtler vortices in hypersonic flow on compression ramps[J]. AIAA Journal, 2019, 57(9): 3874-3884.

[22] 童福林，李欣，于长平，等. 高超声速激波湍流边界层干扰直接数值模拟研究[J]. 力学学报, 2018, 50(2): 197-208.

[23] He L, Lu X G. Visualization of the shock wave/boundary layer interaction using polarization imaging[J]. Journal of Visualization, 2020, 23(5): 839-850.

[24] 王德鑫，褚佑彪，刘难生，等. 凸拐角附近激波与湍流边界层干扰的数值模拟研究[J]. 空气动力学学报, 2020, 38(1): 148-159.

[25] 童福林，孙东，袁先旭，等. 超声速膨胀角入射激波/湍流边界层干扰直接数值模拟[J]. 航空学报, 2020, 41(3): 134-153.

[26] Wang Z A, Chang J T, Wu G W, et al. Experimental investigation of shock train behavior in a supersonic isolator[J]. Physics of Fluids, 2021, 33(4): 046103.

[27] Wang Z A, Chang J T, Hou W X, et al. Low-frequency unsteadiness of shock-wave/boundary-layer interaction in an isolator with background waves[J]. Physics of Fluids, 2020, 32(5): 056105.

[28] Geerts J S, Yu K H. Shock train/boundary-layer interaction in rectangular isolators[J]. AIAA Journal, 2016, 54(11): 3450-3464.

[29] Edelman L M, Gamba M, Hunt R, et al. Three-dimensional structure and modeling of a normal bifurcated shock train from experimental measurements[C]. AIAA SciTech Forum, San Diego, 2022.

[30] Huang H X, Tan H J, Sun S, et al. Evolution of supersonic corner vortex in a hypersonic inlet/isolator model[J]. Physics of Fluids, 2016, 28(12): 126101.

[31] Xu K J, Chang J T, Li N, et al. Preliminary investigation of limits of shock train jumps in a hypersonic inlet-isolator[J]. European Journal of Mechanics - B/Fluids, 2018, 72: 664-675.

[32] Li N, Chang J T, Xu K J, et al. Prediction dynamic model of shock train with complex background waves[J]. Physics of Fluids, 2017, 29(11): 116103.

[33] Hunt R L, Gamba M. On the origin and propagation of perturbations that cause shock train inherent unsteadiness[J]. Journal of Fluid Mechanics, 2019, 861: 815-859.

第 5 章　微型斜坡对激波串结构和振荡的控制机理

5.1　引　　言

微型涡流发生器用于控制超声速外流中的激波与边界层相互作用时，包括压缩斜坡[1]、正激波入射平板[2]、斜激波入射平板[3]等，具有出色的性能。采用微型涡流发生器后，在超声速外流的下游会出现一对反向旋转的流向涡[4]，流向涡带有高动量的流体[5,6]，增加了壁面附近的边界层速度[2,3,7-9]，提高了边界层流体的抗反压能力[10-12]，进而缩小了相互作用处的分离区域[13,14]。超声速外流中由固定几何构型的激波与边界层相互作用产生的结构是定常的，其引起的流动分离是稳定、局部的[15-18]。在超声速内流中，由背压诱导的激波串结构是非定常的，流动分离沿流向延伸显著的距离[19-23]，并在线性背压作用下逐渐向微型斜坡移动。在此背景下，本章设计了三个几何相似但具有不同高度的微型涡流发生器，在超声速隔离段中堵塞出口产生激波串，通过实验研究微型斜坡对激波串结构和振荡的控制机理，进一步提取实验典型工况，开展三维定常雷诺平均 Navier-Stokes 方程的数值求解，以全面地展示控制流场中的参数分布，深入理解微型斜坡对激波串的控制机理。

5.2　微型斜坡构型及布置方案

本节采用微型斜坡构型的微型涡流发生器，并将它安装于超声速隔离段中(图 5.1)，通过实验研究控制来流马赫数为 1.85 时，超声速隔离段内的激波串结构和振荡。实验研究的来流和背压条件参数如表 5.1 所示。下游襟翼角度线性增加以产生线性增加的背压，确保激波串在隔离段测试段的光学可视化范围内，从出口逐渐向微型斜坡靠近。超声速隔离段风洞装置、高速纹影可视化、高频壁面压力测量均与第 2 章保持一致，本节不再重复描述，这里重点描述不同于第 2 章的实验布置。

在顶壁无控制的情况下，设计了四种不同的底壁实验装置(图 5.2)。对于每种实验装置，使用不同的刀口切割焦点处的图像进行纹影可视化。实验布置和纹影可视化刀口情况如表 5.2 所示。四种底壁实验装置中，设计了高度为 1mm、2mm

和 3mm 的三种微型斜坡，微型斜坡的上游边缘距离坐标原点的距离为 120mm。基于第 3 章所开展的数值模拟，在 $x = 120\text{mm}$ 位置的边界层厚度 δ 为 5.4mm。微型斜坡的几何形状是基于 Giepman 等[24]的实验研究，三种高度微型斜坡的详细尺寸如图 5.3 所示。

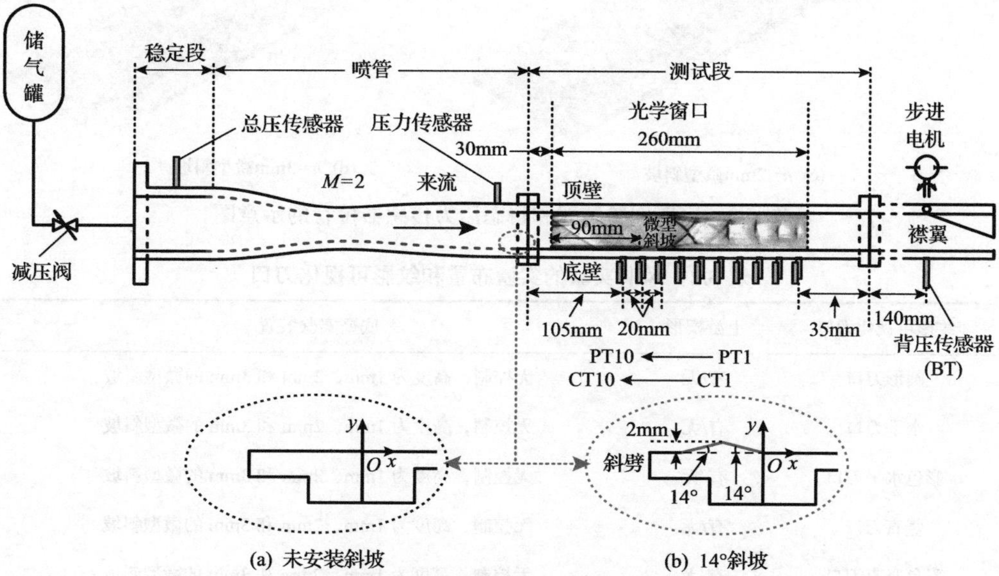

图 5.1　安装于超声速隔离段中的微型斜坡示意图

表 5.1　来流和背压条件参数

来流马赫数 M_∞	来流总温 T_0/K	来流静压 T_∞/K	来流总压 P_0/MPa	来流静压 p_∞/Pa	背压比范围 (p_b/p_∞)	背压增长模式
1.85	287.15	170.47	0.29	47019.12	2.73-3.27	线性

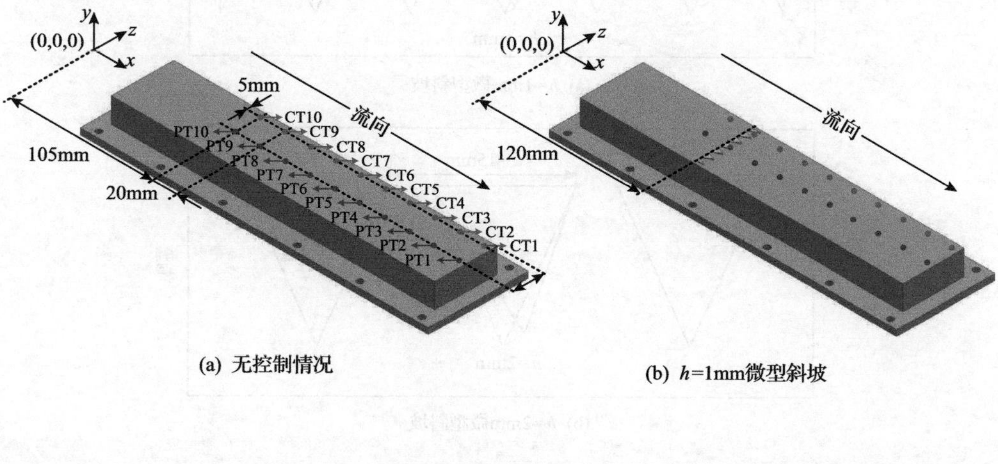

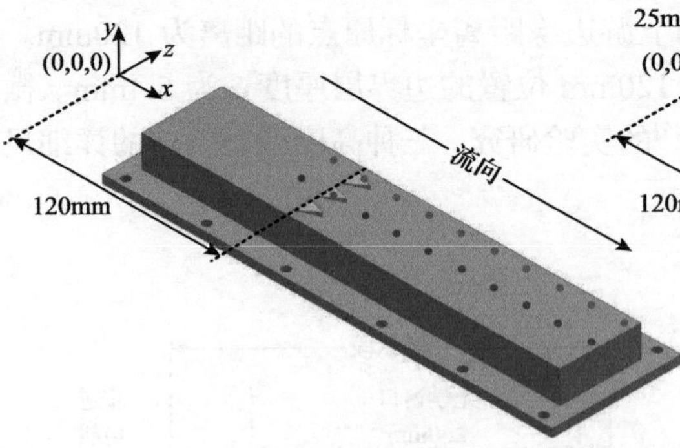

(c) h=2mm微型斜坡

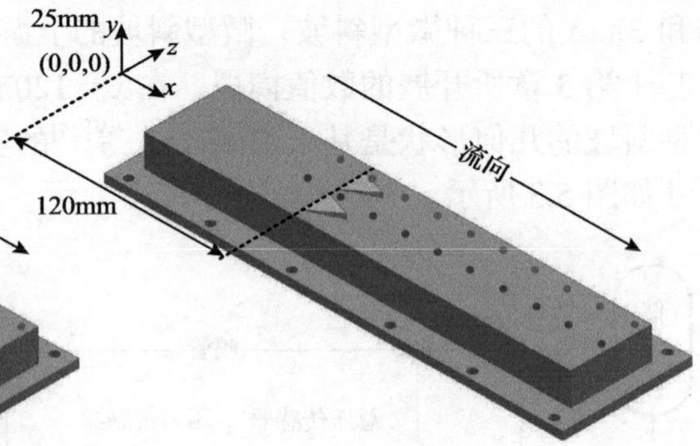

(d) h=3mm微型斜坡

图 5.2　底壁实验装置和瞬态压力传感器位置的示意图

表 5.2　风洞实验的实验布置和纹影可视化刀口

纹影可视化刀口	上游楔形	底壁实验装置
圆形刀口	有/无	无控制，高度为 1mm、2mm 和 3mm 的微型斜坡
水平刀口	有/无	无控制，高度为 1mm、2mm 和 3mm 的微型斜坡
彩色水平刀口	有/无	无控制，高度为 1mm、2mm 和 3mm 的微型斜坡
竖直刀口	有/无	无控制，高度为 1mm、2mm 和 3mm 的微型斜坡
彩色竖直刀口	有/无	无控制，高度为 1mm、2mm 和 3mm 的微型斜坡
双竖直刀口	有	无控制，高度为 1mm、2mm 和 3mm 的微型斜坡
双水平刀口	有	无控制，高度为 1mm、2mm 和 3mm 的微型斜坡

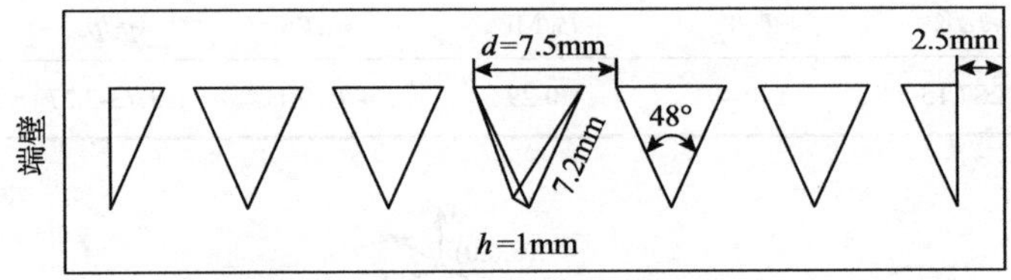

(a) h=1mm微型斜坡

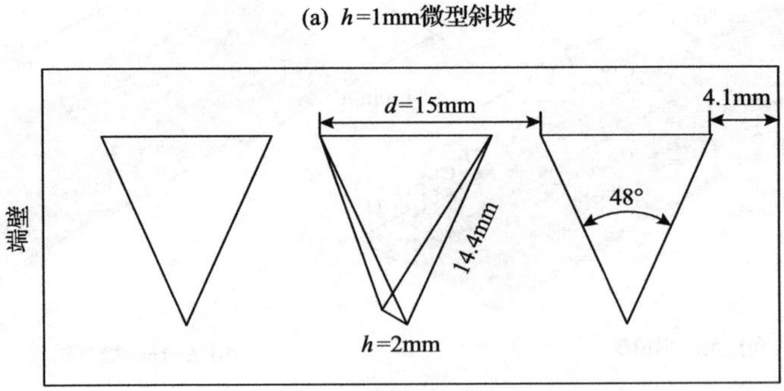

(b) h=2mm微型斜坡

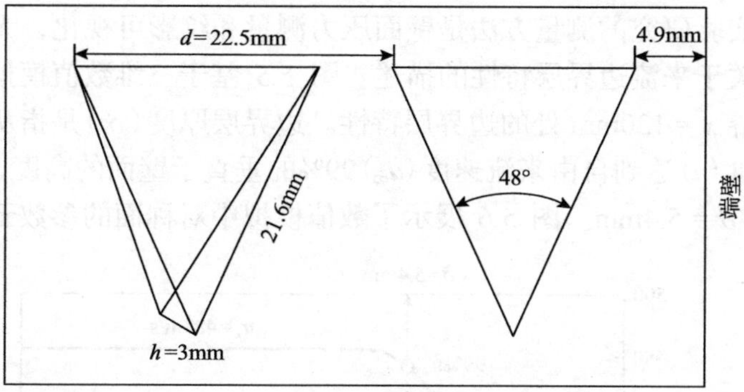

(c) h=3mm微型斜坡

图 5.3　三种微型斜坡的尺寸

为了充分理解微型涡流发生器控制流场的参数分布，并对微型涡流发生器的实验研究给出参考，对高度为 3mm 的微型斜坡控制流场开展了三维定常雷诺平均 Navier-Stokes 方程的数值求解。图 5.4 为带有边界条件标注的计算域示意图。在隔离段测试段的上游设置了一个长度为 100mm 的进口段，进口段的边界条件设为无滑移壁面，调整壁面条件中的粗糙度高度参数，以在 $x=120$mm 处准确地发展出 5.4mm 厚的边界层。进口平面设置为压力远场边界条件，调整进口参数使其与实验条件一致，如表 5.1 所示。为了准确预测不同背压下的流场结构，在隔离段下游延伸了一个长度为 140mm 的出口段至背压传感器(BT)处。由于计算域的几何形状和边界条件都是对称的，只有一半的实际流域($0\text{mm} < z < 25\text{mm}$)作为计算域。计算域中的网格绘制方法以及 Fluent 中的计算设置情况均与第 2 章保持一致。

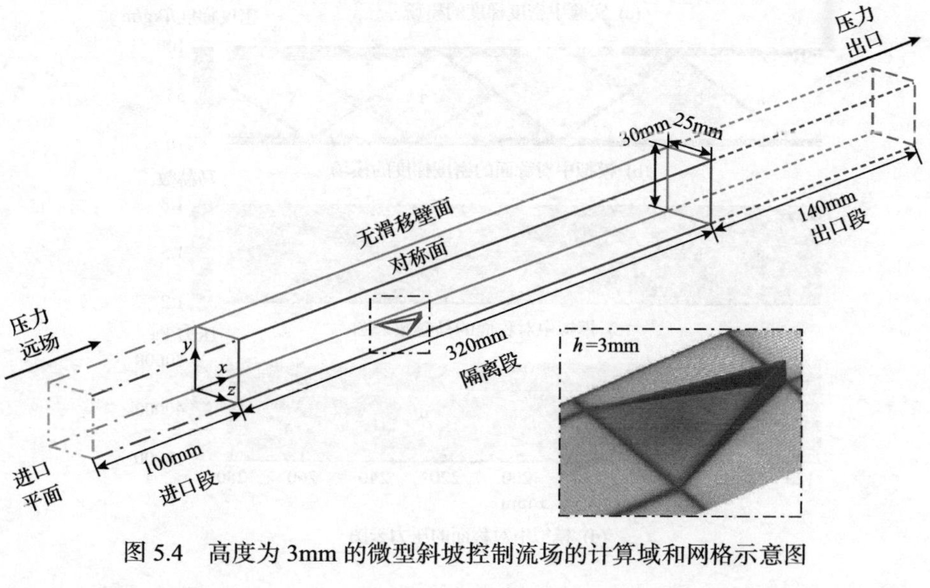

图 5.4　高度为 3mm 的微型斜坡控制流场的计算域和网格示意图

由于本实验研究的测量方法是壁面压力测量和纹影可视化，无法通过实验数据提供更多关于来流边界层特性的描述。图 5.5 基于三维数值模拟，描述了微型斜坡上游边界 $x = 120\text{mm}$ 处的边界层特性。边界层厚度（δ）是指从壁面开始，到壁面切向速度(u)达到自由来流速度(u_∞)99%的垂直于壁面的高度，因此，在 $x = 120\text{mm}$ 处，$\delta = 5.4\text{mm}$。图 5.6 展示了数值模拟中对称面的参数云图和实验纹影

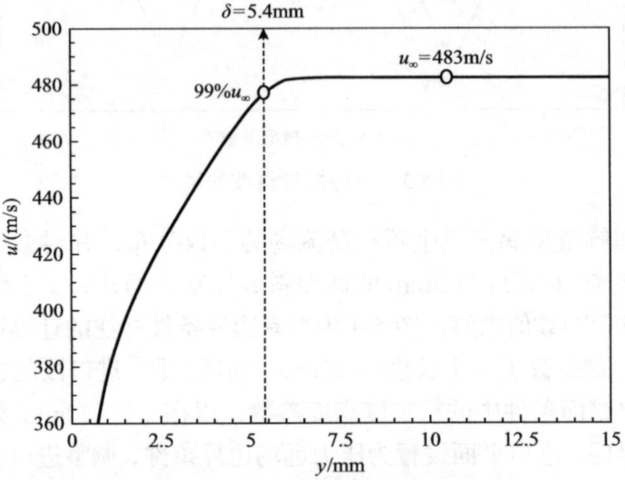

图 5.5　$x = 120\text{mm}$ 处的来流速度分布

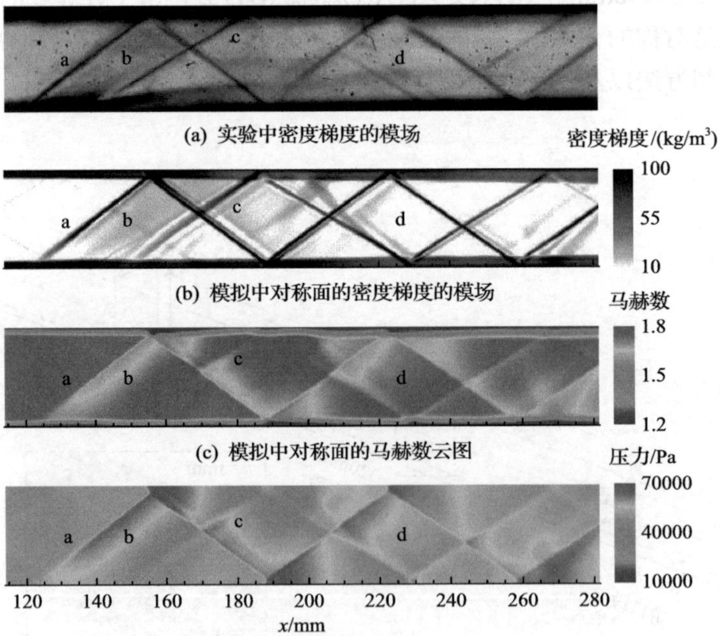

(a) 实验中密度梯度的模场

(b) 模拟中对称面的密度梯度的模场

(c) 模拟中对称面的马赫数云图

(d) 模拟中对称面的压力云图

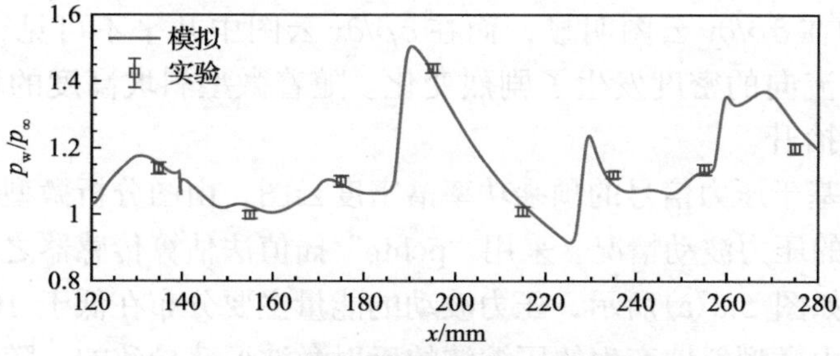

(e) 实验和模拟中底壁压力分布对比

图 5.6　背压比为 0 时实验和模拟的微型斜坡控制流场对比 $h = 3$mm

图像的比较。由图可以看出，数值模拟准确地捕获了压缩波(a)、膨胀波(b)、再压缩波(c)及其反射激波(d)；数值模拟所捕获的底壁压力分布与实验吻合得较好，说明本节所设计的微型斜坡构型合理，采用的数值模拟方法准确。

5.3　微型斜坡控制流场的特征

5.3.1　基于实验的观测结果

为了明确微型斜坡在超声速隔离段流动中产生的波系结构和尾迹结构，在没有下游背压(无激波串结构)的情况下，对微型斜坡控制流场开展研究。如图 5.7 所示，微型斜坡产生了一系列的波系结构：先是压缩波，然后是膨胀波，最后是再压缩波。如图 5.7(b)和图 5.7(c)所示，压缩波和膨胀波的 $\partial\rho/\partial y$ 值是相反的；如图 5.7(d)和图 5.7(e)所示，压缩波和膨胀波的 $\partial\rho/\partial x$ 值也是相反的。上游的压缩波比下游的再压缩波具有更大的激波角和激波强度。微型斜坡产生的波系结构随着其高度的增加而增强。同时，在微型斜坡下游可以看到尾迹结

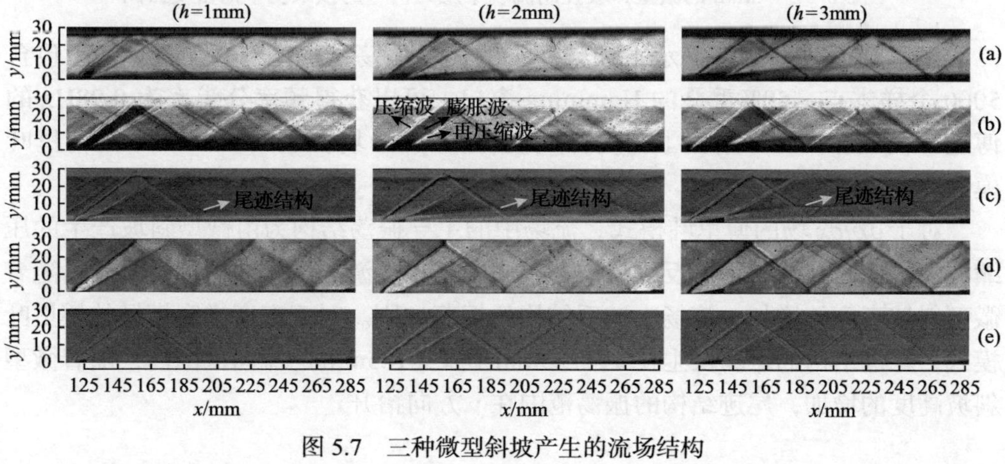

图 5.7　三种微型斜坡产生的流场结构

构，尾迹结构在 $\partial\rho/\partial y$ 云图明显，而在 $\partial\rho/\partial x$ 云图中几乎不可见，说明尾迹结构导致垂直于流向的密度发生了剧烈变化。随着微型斜坡高度的增加，尾迹结构在 y 方向上抬升。

图 5.8 为基于压力信号的预乘功率谱密度云图，由图分析微型斜坡产生的流动结构所引起的压力波动情况。采用“pchip”插值法估算传感器之间位置的预乘功率谱密度。如图 5.8(a)所示，压力波动的能量主要分布在低于 1000Hz 的低频范围内，这是由微型斜坡产生的压缩波的反射激波振荡导致的。随着流动向下游发展，低频激波振荡能量逐渐增加，在 $x = 265$mm(PT2)处达到最大值，主频为 233Hz。这与第 3 章的实验研究结果正好相反，以往的研究表明：越向下游发展，反射激波的强度越小，其振荡引起的压力波动越弱。因此，可以推断，微型斜坡产生的尾迹结构增强了其下游的压力波动。如图 5.8(b)所示，与主流区域相比，角区的压力脉动能量更加集中于激波的低频振荡范围。

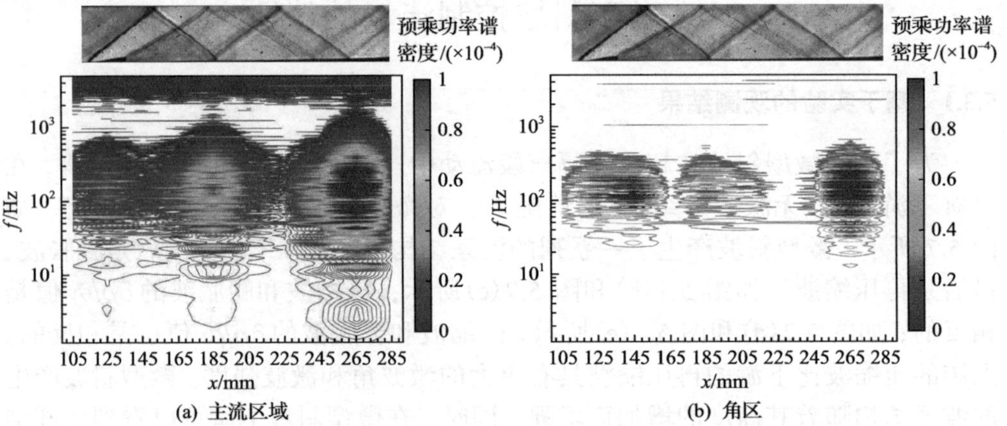

图 5.8 $h = 3$mm 的微型斜坡控制流场中压力信号的预乘功率谱密度云图

傅里叶模式分解是揭示主导频率下的流场振荡结构的有力工具，基于包含 5000 个样本点、50%重叠的 Hamming 窗口，可以获得频率分辨率为 0.98Hz 的傅里叶模式。图 5.9 给出了密度梯度模场和 $\partial\rho/\partial x$ 场在主频 233Hz 下的傅里叶模式。

对于 $\partial\rho/\partial x$ 场的傅里叶模式，流场中的主导振荡结构为由微型斜坡产生的压缩波、再压缩波及其下游反射激波，其中位于最上游的压缩波振荡最剧烈。随着微型斜坡高度的增加，流场中波系结构的振荡加剧。对于密度梯度模场的傅里叶模式，尾迹结构的振荡发生在 $x = 125$mm 到 $x = 185$mm 的流向范围内，随着微型斜坡高度的增加，尾迹结构的振荡范围在 y 方向抬升。

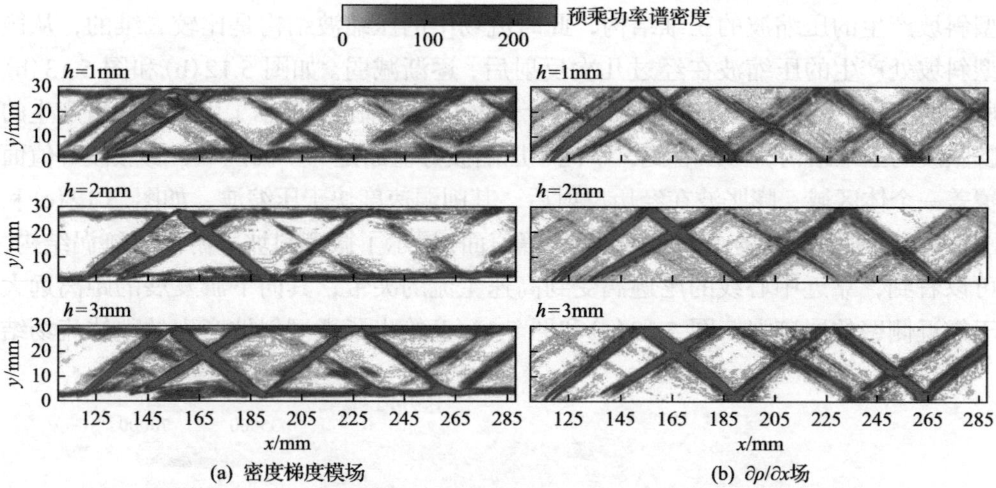

图 5.9　三种高度的微型斜坡流场在 233Hz 下的傅里叶模式

5.3.2　基于模拟的识别结果

进一步基于三维定常雷诺平均 Navier-Stokes 方程的数值求解方法，分析微型斜坡产生的控制流场结构，如图 5.10 所示，微型斜坡下游产生了一对控制涡结构，两个控制涡具有符号相反的流向涡量。

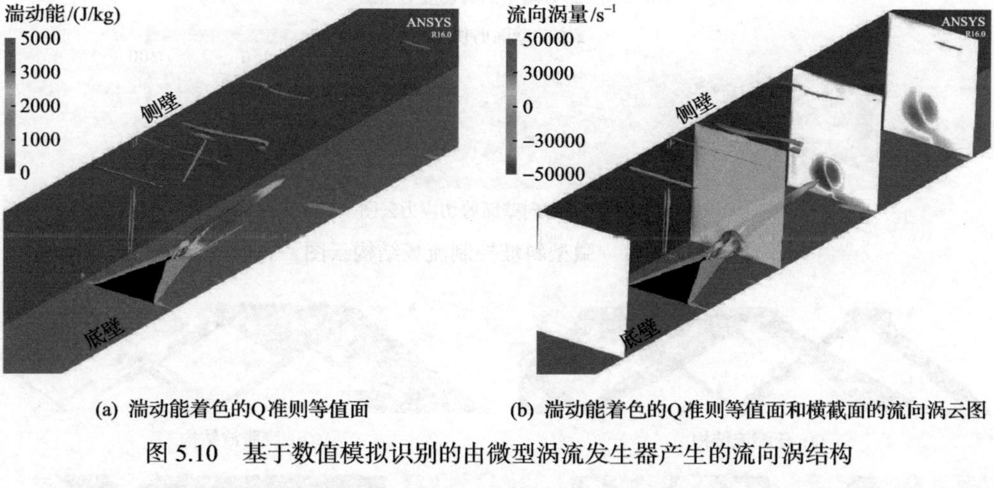

图 5.10　基于数值模拟识别的由微型涡流发生器产生的流向涡结构

如图 5.11 所示，控制涡结构导致微型斜坡的下游壁面具有相反的 z 方向壁面剪切应力。如图 5.12 和图 5.13 所示流场中的变量等值面，分析由微型斜坡产生的三维波系结构、三维尾迹涡结构以及波系-尾迹涡的相互作用关系。如图 5.12(a)和图 5.13(a)所示的流场中的流向压力梯度($\partial\rho/\partial x = 1\times10^6$)等值面，展示了由微型斜坡产生的压缩波的三维结构，此时流场中的压缩波结构是比较二维的，从微型斜坡处产生的压缩波在经过几次反射后，逐渐减弱。如图 5.12(b)和图 5.13(b)所示的流场中的流向压力梯度($\partial\rho/\partial x = -1\times10^6$)等值面，展示了由微型斜坡产生的膨胀波的三维结构，可以看到，不同于压缩波等值面是一个面区域，膨胀波等值面覆盖一个体区域，膨胀波在经历反射后，其削弱速度快于压缩波。如图 5.12(c)和图 5.13(c)所示的流场中 $Q = 0.003$ 的等值面，展示了微型斜坡下游的尾迹涡结构，可以看到，靠近中心线的尾迹涡受到高速主流的夹带，其向下游发展的距离远大于靠近侧壁的尾迹涡。图 5.12(d)和图 5.13(d)给出了微型斜坡产生的整体流场结

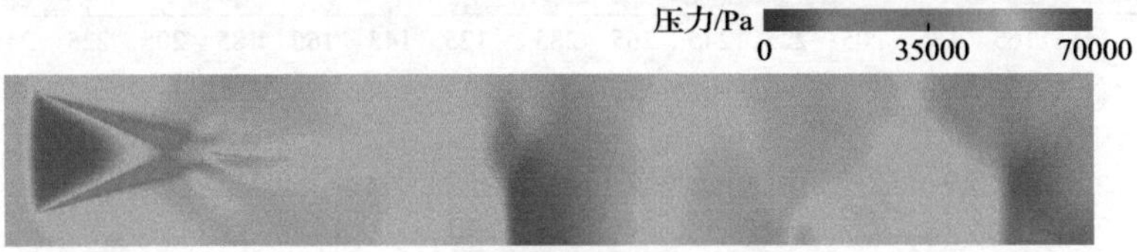

(a) 底壁的压力云图

(b) 底壁的x方向壁面剪切应力云图

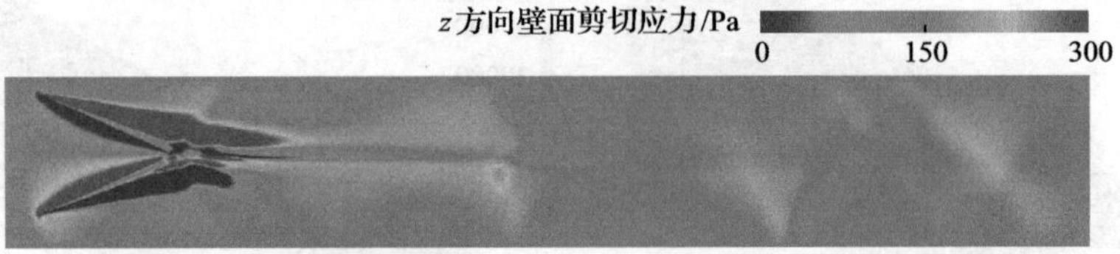

(c) 底壁的z方向壁面剪切应力云图

图 5.11　微型斜坡控制流场结构云图

(a) 压缩波结构

(b) 膨胀波结构

(c) 尾迹涡结构

(d) 整体流场结构

图 5.12　视角 1 中由微型斜坡产生的流场结构

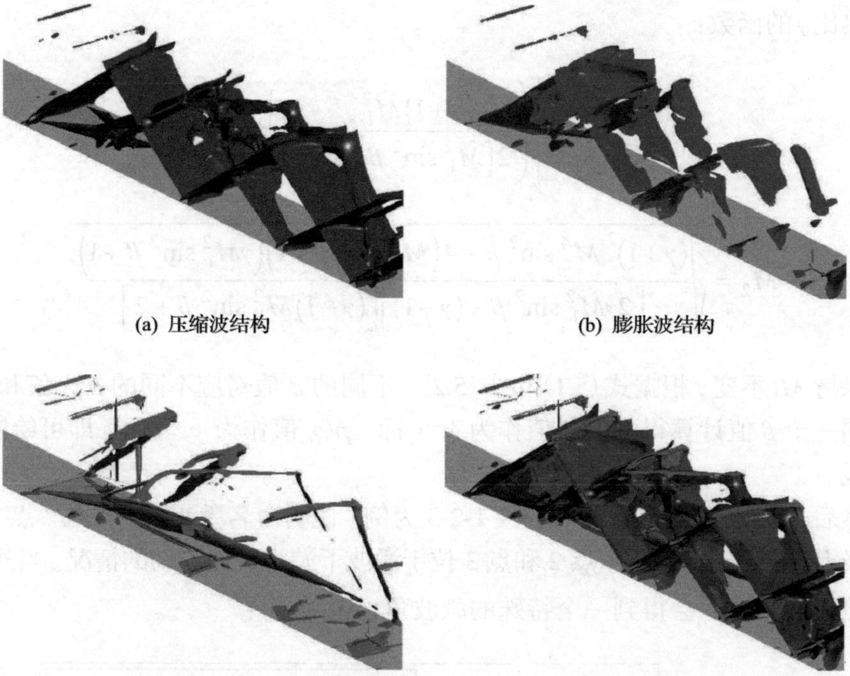

(a) 压缩波结构　(b) 膨胀波结构

(c) 尾迹涡结构　(d) 整体流场结构

图 5.13　视角 2 中由微型斜坡产生的流场结构

构，可以看到，当尾迹涡遇到压缩波和膨胀波时，会穿过波系结构向下游发展，此时，微型斜坡下游的波系结构较弱，并不会对尾迹涡的发展产生影响。

5.4　均匀来流下微型斜坡对激波串结构和振荡的影响

5.4.1　微型斜坡控制流场中的激波串结构

随着下游襟翼角度的增加，出口被堵塞，导致背压增加，形成激波串结构。本节基于纹影图像分析了微型斜坡控制下的激波串结构，为了从流动物理上明确由控制而改变的激波结构，绘制了气流转折角-压升的激波极。从纹影图像上精确测量激波角度，然后用于绘制激波极(图 5.14)。

首先，阐述激波极的绘制方法。气流流经斜激波后的压比 p/p_∞ 是斜激波上游马赫数 M_1、激波角 β 和比热比 γ 的函数：

$$\frac{p}{p_\infty}=\frac{2\gamma M_1^2\sin^2\beta-(\gamma-1)}{\gamma+1} \tag{5.1}$$

气流偏转角 ϕ 和斜激波下游马赫数 M_2 也是斜激波上游马赫数 M_1、激波角 β

和比热比 γ 的函数：

$$\phi = \operatorname{arccot}\left[\left(\frac{(\gamma+1)M_1^2}{2\left(M_1^2\sin^2\beta-1\right)}-1\right)\tan\beta\right] \tag{5.2}$$

$$M_2 = \sqrt{\frac{(\gamma+1)^2 M_1^4\sin^2\beta-4\left(M_1^2\sin^2\beta-1\right)\left(\gamma M_1^2\sin^2\beta+1\right)}{\left[2\gamma M_1^2\sin^2\beta-(\gamma-1)\right]\left[(\gamma-1)M_1^2\sin^2\beta+2\right]}} \tag{5.3}$$

保持 M_1 不变，根据式(5.1)和式(5.2)，不同的 β 值对应不同的 p/p_∞ 值和 ϕ 值。将由同一个 β 值计算得到的 ϕ 值作为 x 坐标、p/p_∞ 值作为 y 坐标，即可绘制激波极曲线。

然后，以图 5.14(b)中的激波极 1-2-3 为例，说明命名激波极的方法。点 1 位于激波极上最小 p/p_∞ 的位置，点 2 和点 3 位于激波下游为声速流动的情况。当式(5.3)的右侧等于 1 时，会得到一个特殊的激波角，记为 β^*：

$$\beta^* = \arcsin\sqrt{\frac{\gamma-3+M_1^2(\gamma+1)+\sqrt{(\gamma+1)\left[\left(M_1^2-3\right)^2+\gamma\left(M_1^2+1\right)^2\right]}}{4\gamma M_1^2}} \tag{5.4}$$

每个 M_1 对应两个具有相同绝对值但符号相反的 β^*，基于式(5.1)和式(5.2)计算 β^* 所对应的 p/p_∞ 和 ϕ，进而画出了点 2 和点 3。在激波串从下游向微型斜坡移动的过程中，经历了五种形态结构，当微型斜坡与激波串前缘激波的距离 d/δ 为 19.4～26.9 时，出现第一种形态结构，如图 5.14 所示。在本节中，激波串前缘激波指激波串的第一道完整的 X 形激波。如图 5.14(a)中第一个图所示，在无控制流场中，激波串前缘激波包含激波 i_1、i_2、i_3、i_4 和一个马赫杆。激波 i_1 和 i_2 的强度达到了激波上游马赫数的脱体极限，因此，发生马赫反射，i_1 和 i_2 的交点被一个马赫杆所取代。马赫杆结构属于强激波，会导致较大的总压损失，增加波阻。如图 5.14(a)中第二、三、四个图所示，微型斜坡的使用有效地缩短了马赫杆的长度，随着微型斜坡高度的增加，其控制效果增强，激波串前缘激波中的马赫杆长度逐渐减小。

基于图 5.14(b)的激波极进一步分析微型斜坡的控制机理。激波极 1-2-3 表示来流马赫数为 1.85 时，流动经过激波后的所有可能 p/p_∞ 和 ϕ。基于对图 5.14(a)的测量，激波 i_2 的激波角 $\beta_2 = -40.82°$，根据式(5.1)和式(5.2)，可以得到经过激波 i_2 的 p/p_∞ 和 ϕ，由此确定了激波极 4-5-6 在激波极 1-2-3 上的原点。激波 i_2 的下游马赫数由式(5.3)求得，由此绘制出激波极 4-5-6。点 10 代表通过激波 i_1 后的 p/p_∞

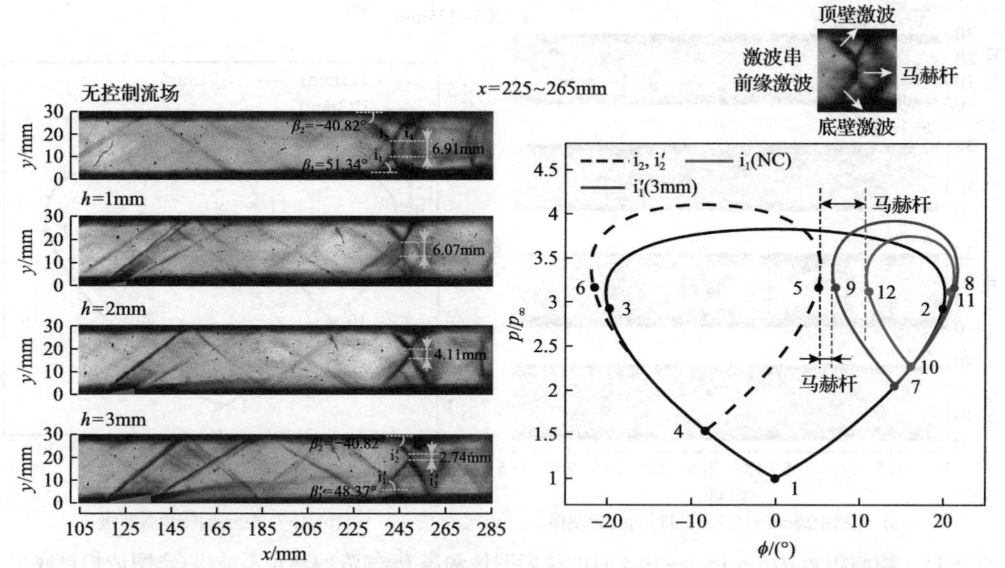

(a) 控制距离d/δ=19.4~26.9时的纹影图像　　(b) 压升-气流偏转角激波极

图 5.14　控制距离 d/δ = 19.4～26.9 时的纹影图像和压升-气流偏转角激波极(彩图请扫封底二维码)

和ϕ，其为反射激波 i_3 的激波极 10-11-12 在激波极 1-2-3 上的原点。当激波极 4-5-6 和激波极 10-11-12 在强解区不相交而只是与激波极 1-2-3 相交时，会产生马赫反射条件，两个激波极之间的间隙定性地反映出马赫杆的长度。如图 5.14(a)中第二、三、四个图所示，微型斜坡产生的尾迹结构导致激波 i_1 的激波足向上游移动，从而导致激波 i_1 的激波角减小。如图 5.14(a)中第四个图所示，激波 i_1' 的反射激波 i_3' 的激波极为图 5.14(b)中的激波极 7-8-9，与激波极 10-11-12 相比，激波极 7-8-9 和激波极 4-5-6 之间的间隙明显减小，表明马赫杆的缩短。总体来说，控制距离 d/δ = 19.4～26.9 对于修正激波结构、缩短马赫杆、减小激波损失是有益的。

激波串前缘激波的第二种形态发生于微型斜坡与激波串前缘激波的距离 d/δ = 15.7～19.4 时。如图 5.15(a)中第一个图所示，在无控制流场中，激波串前缘激波中仍然存在马赫杆结构。结合图 5.15(a)中第二个图和图 5.15(b)，如果激波 i_2 的入射产生的是规则反射，激波极 1-2-3 应该完全包裹住激波 i_2 的反射激波极 4-5-6，两激波极之间不会相交。然而，如图 5.15(b)所示，激波极 1-2-3 与激波极 4-5-6 相交，交点位于激波极 4-5-6 的下游声速流动点 5 的上方，这种激波极模式表明：激波 i_2 的入射引起了马赫反射，并且激波下游是亚声速流动。因此，控制距离 d/δ = 15.7～19.4 是不推荐使用的，因为控制流场中马赫杆的长度和强度增加。

激波串前缘激波的第三种形态发生于微型斜坡与激波串前缘激波的距离 d/δ = 8.3～15.7 时。如图 5.16(a)中第一个图所示，在无控制流场中，激波串前缘

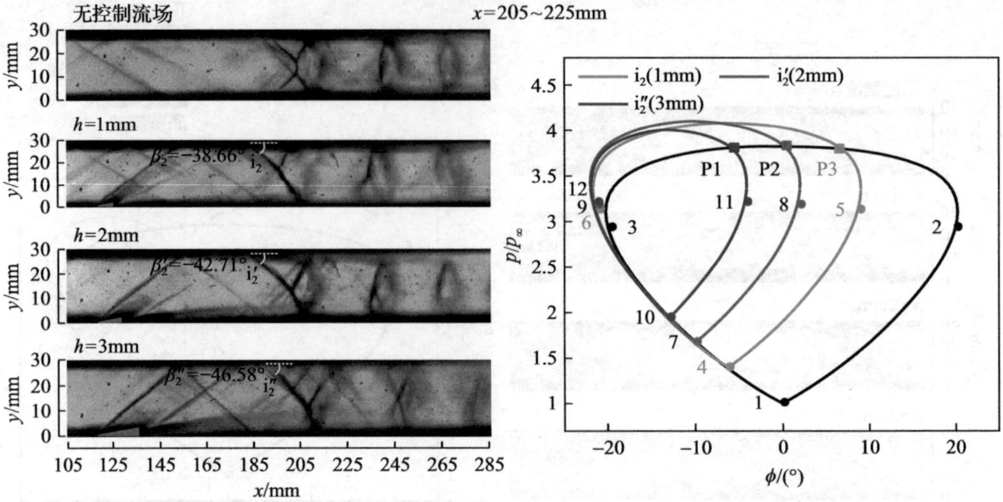

(a) 控制距离d/δ=15.7~19.4时的纹影图像　　(b) 压升-气流偏转角激波极

图 5.15　控制距离 $d/\delta = 15.7$～19.4 时的纹影图像和压升-气流偏转角激波极（彩图请扫封底二维码）

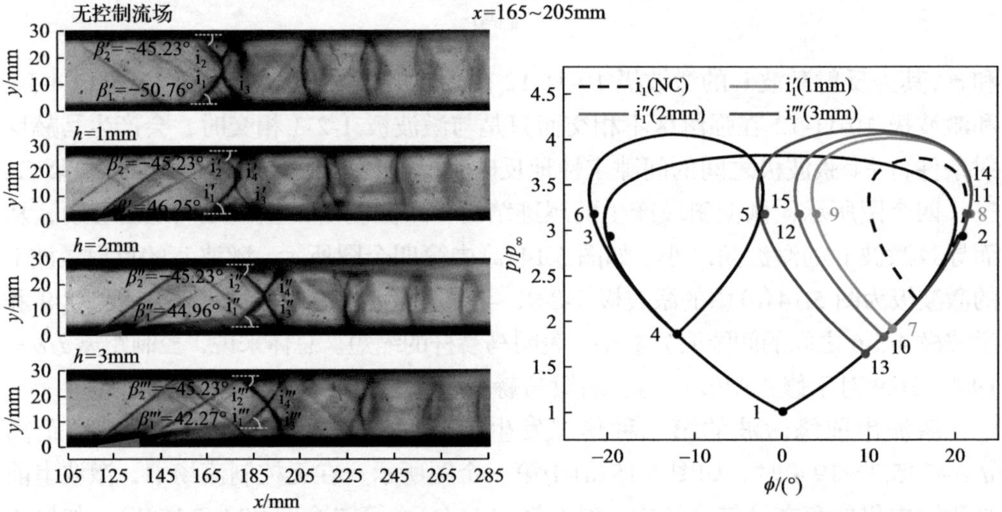

(a) 控制距离d/δ=8.3~15.7时的纹影图像　　(b) 压升-气流偏转角激波极

图 5.16　控制距离 $d/\delta = 8.3$～15.7 时的纹影图像和压升-气流偏转角激波极（彩图请扫封底二维码）

激波是由激波 i_1、i_2、i_3、i_4 和一个马赫杆组成。如图 5.16(a) 中第二、三、四个图所示，微型斜坡的控制导致激波 i_1'、i_1'' 和 i_1''' 的激波足向上游偏移，微型斜坡的高度越大，尾迹对激波串前缘激波的影响越强，激波足就被定位到越靠近上游的位置，从而导致激波角的进一步减小。如图 5.16(b) 所示，激波极 4-5-6 为激波 i_2、i_2'、i_2'' 和 i_2''' 的反射激波极，激波极 7-8-9、10-11-12 和 13-14-15 分别为激波 i_1'、i_1'' 和 i_1''' 的反射激波极。微型斜坡高度的增加缩小了两个激波极之间的间隙，缩短了马赫杆的长度。对于高度为 3mm 的微型斜坡，激波极 4-5-6 与 13-14-15 相交，这表明马赫反射被修正为规则反射，同时可以看出，激波串前缘激波下游的激波也从伪正激波演化为斜激波(蓝框)。因此，控制距离 d/δ= 8.3～15.7 是推荐使用的，因为控制流场中激波串前缘激波中的马赫反射被修正为规则反射，减小了激波损失。

激波串前缘激波的第四种形态发生于微型斜坡与激波串前缘激波的距离 d/δ= 1.0～8.3 时。不同于第一、二、三种形态结构由微型斜坡产生的尾迹结构控制，第四种形态结构是由微型斜坡产生的波系结构所修正的。微型斜坡产生的膨胀波有效地缩短了马赫杆的长度，如图 5.17(a)所示，对于高度为 3mm 的微型斜坡，激波串前缘激波中的马赫杆被限制在膨胀波和尾迹之间的区域内。

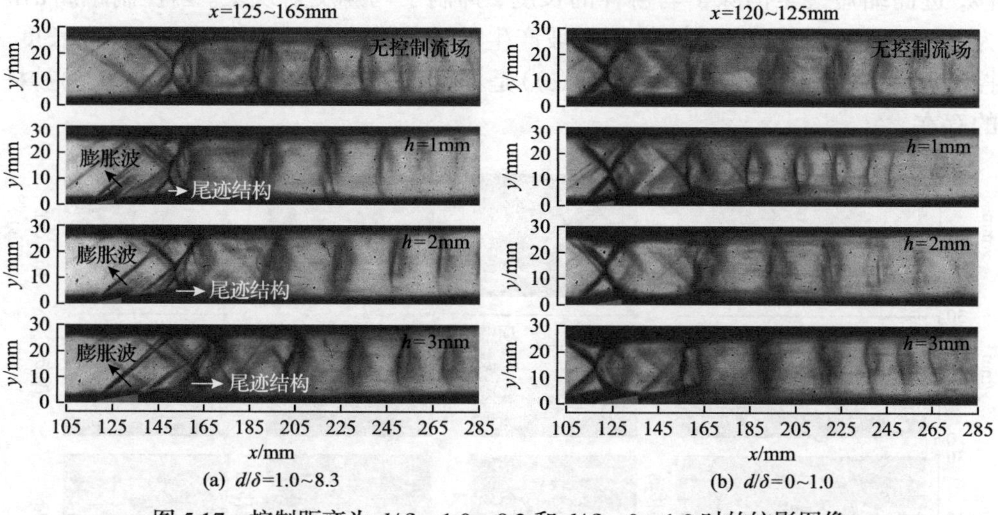

图 5.17　控制距离为 d/δ = 1.0～8.3 和 d/δ = 0～1.0 时的纹影图像

激波串前缘激波的第五种形态发生于微型斜坡与激波串前缘激波的距离 d/δ= 0～1.0 时。在此控制距离下，激波串前缘激波在微型斜坡上方振荡，并与微型斜坡产生的压缩波相互作用。激波串前缘激波的形态几乎没有受微型斜坡的影响而发生变化，然而，由微型斜坡产生的压缩波有效地减缓了激波串前缘激波向上游的运动。总体来说，当控制距离 d/δ= 1.0～8.3 和 d/δ= 0～1.0 时，微型斜坡产生的膨胀波缩短了激波串前缘激波中马赫杆的长度，压缩波延缓了激波串前缘激波向上游的运动，提升了微型斜坡下游流场的抗反压能力。

基于圆形、水平、竖直和彩色刀口的纹影可视化进一步解释微型斜坡控制流场中的激波串结构。如图 5.18(a)～(d)中第一个图所示，密度梯度的模在压缩波、膨胀波和边界层区域急剧增加，压缩波对边界层的入射导致边界层的局部增厚，这些区域在纹影图像中是黑色的。如图 5.18(a)～(d)中第二、三个图所示，使用水平和彩色水平刀口的纹影可视化给出了流场中的 $\partial\rho/\partial y$ 分布，$\partial\rho/\partial y$ 的绝对值在压缩波、膨胀波和边界层区域较大。由具有正 $\partial\rho/\partial y$ 值的顶壁边界层分离诱导的顶壁激波具有负 $\partial\rho/\partial y$ 值，由具有负 $\partial\rho/\partial y$ 值的底壁边界层分离诱导的底壁激波具有正 $\partial\rho/\partial y$ 值，这两道激波在下游的反射导致正、负 $\partial\rho/\partial y$ 值区域交替出现。如图 5.18(a)～(d) 中第四、五个图所示，使用竖直和彩色竖直刀口的纹影可视化给出了流场中的 $\partial\rho/\partial x$ 分布。激波串前缘激波是一种压缩波结构，它具有正 $\partial\rho/\partial x$ 值，在边界层上的入射导致边界层局部增厚，在边界层外形上产生一系列膨胀波，当流体流经具有负 $\partial\rho/\partial x$ 值的膨胀波区域时，被加速至超声速，基于多种刀口的纹影可视化进一步验证，当控制距离 d/δ 为 8.3～15.7 和 19.4～26.9 时(图 5.18(b)、(d))，微型斜坡产生的尾迹结构诱导其下游激波串前缘激波的激波足向上游偏移，进而缩短甚至消除了马赫杆的长度，抑制了马赫反射现象。当控制距离 d/δ 为 1.0～8.3 时(图 5.18(a))，微型斜坡产生的膨胀波有效地缩短了马赫杆的长度。控制距离 d/δ = 15.7～19.4(图 5.18(c))是不推荐的，因为其流场中有较长马赫杆的存在。

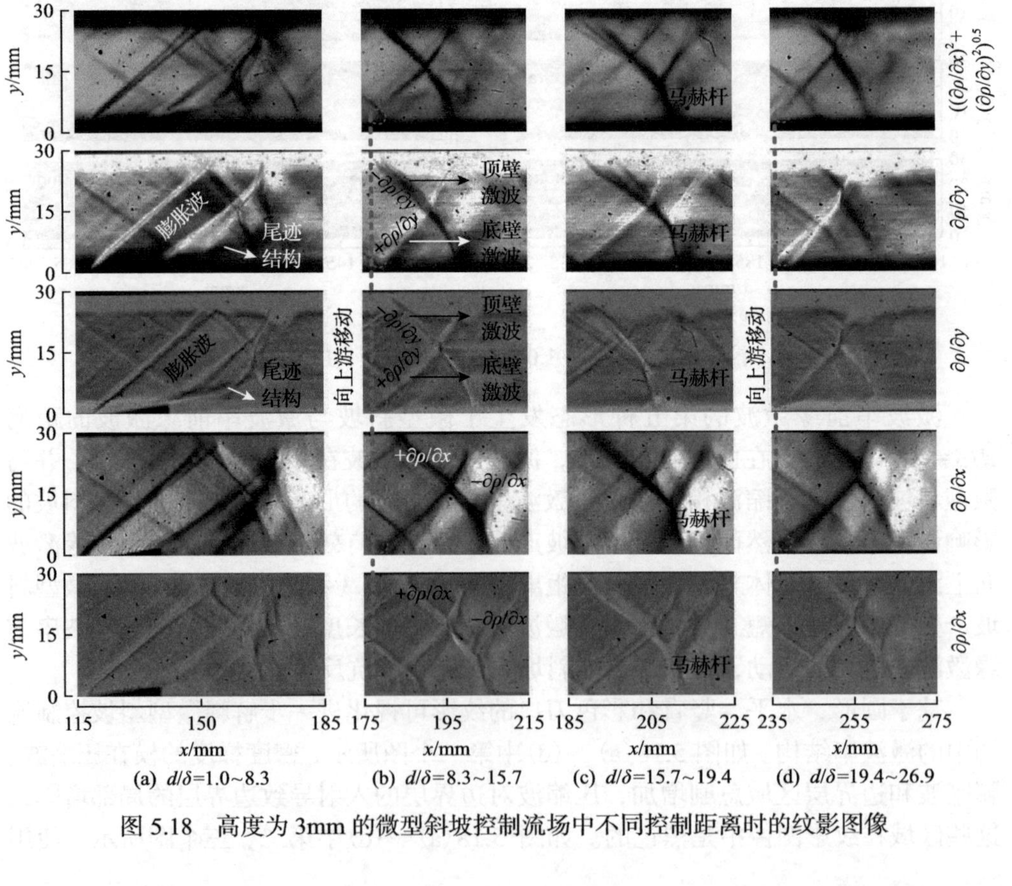

图 5.18 高度为 3mm 的微型斜坡控制流场中不同控制距离时的纹影图像

通过实验研究明确了不同控制距离下微型斜坡对激波串结构及振荡的影响，接下来基于三维定常雷诺平均 Navier-Stokes 方程的数值求解方法，对比无控制流场和控制流场中的激波串结构和参数分布，进一步揭示微型斜坡对激波串流场的控制机理。图 5.19 和图 5.20 分别展示了相同背压条件下无控制流场和控制流场中的 $\partial\rho/\partial x$ 等值面，用以展示流场中压缩波和膨胀波的三维结构。如图 5.19 所示，在无控制流场中，激波串前缘激波呈现一个 X 形压缩波（$\partial\rho/\partial x = \pm 50\mathrm{kg/m^3}$）结构，越靠近侧壁，X 形压缩波结构就越靠近上游，将侧壁附近的 X 形压缩波和中心面的 X 形压缩波相连组成了三维激波串前缘激波结构。

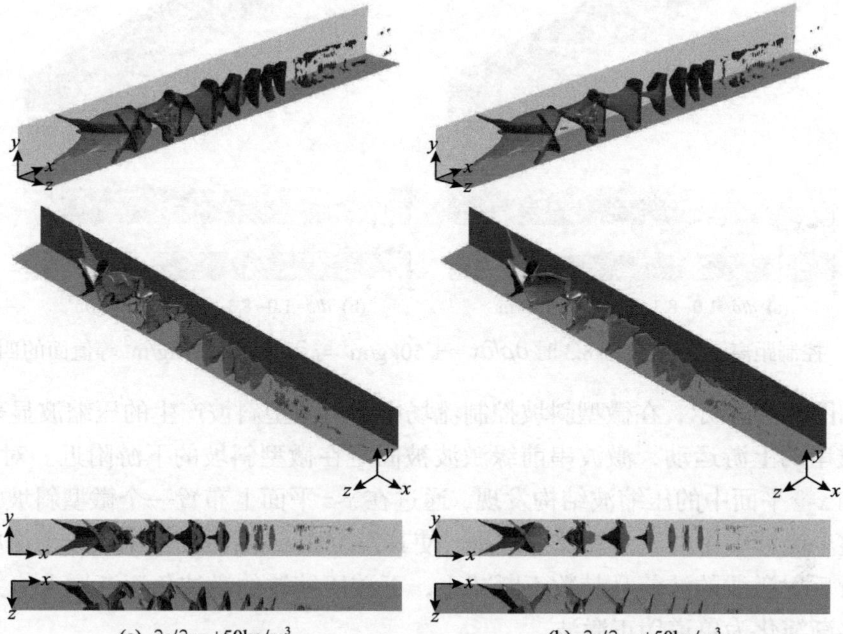

(a) $\partial\rho/\partial x$=±50kg/m³　(b) $\partial\rho/\partial x$=+50kg/m³

图 5.19　无控制流场中 $\partial\rho/\partial x = \pm 50\mathrm{kg/m^3}$ 与 $\partial\rho/\partial x = +50\mathrm{kg/m^3}$ 等值面的四个视角

如图 5.19 所示，激波串中压缩波的反射并不是发生于单独的 x-y 平面或者 x-z 平面，而是一个三维激波反射现象。当压缩波入射到壁面后，在 x 方向上，朝着下游生成压缩波；在 y 方向上，朝着中心线生成压缩波；在 z 方向上，朝着侧壁方向生成压缩波，由此生成了一个凹型的反射压缩波面，膨胀波产生于凹型的反射压缩波面上。激波串中压缩波的反射过程在 x-y 平面中是很难判断的，而在 x-z 平面中却变得显而易见：压缩波在入射到侧壁后，进一步反射形成下游的一系列反射激波。观察 x-z 平面中的压缩波结构可以发现，由于下游反射激波的波前马赫数不断减小，下游压缩波的激波角逐渐增大，并且由 X 形逐渐演化为单道伪正激波。

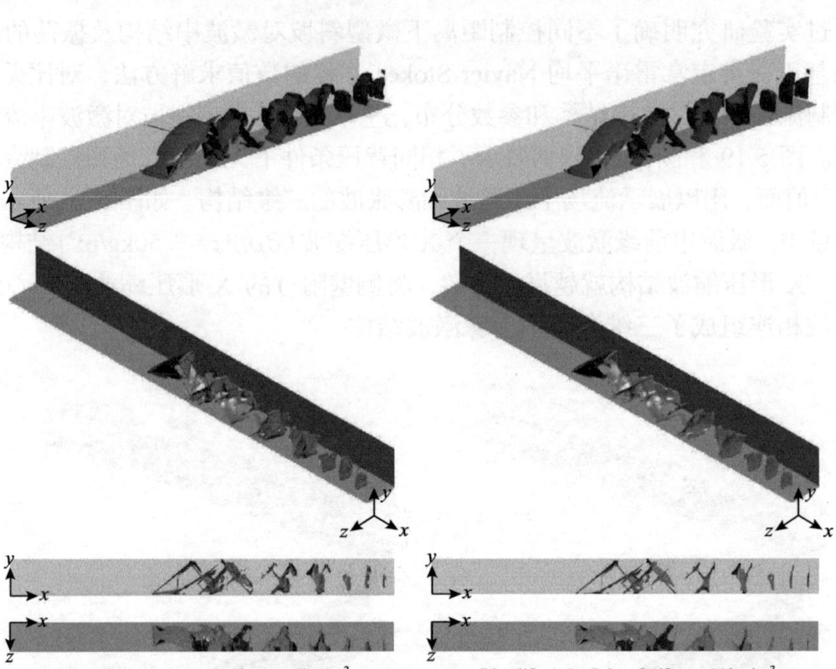

图 5.20 控制距离 d/δ 为 1.0～8.3 时 $\partial\rho/\partial x = \pm$ 50kg/m^3 与 $\partial\rho/\partial x = +$ 50kg/m^3 等值面的四个视角

如图 5.20 所示，在微型斜坡控制流场中，由微型斜坡产生的压缩波显著抑制了激波串的上游运动，激波串前缘激波被固定在微型斜坡的下游附近。对比 *x-z* 平面和 *x-y* 平面中的压缩波结构发现，通过在 *x-z* 平面上布置一个微型斜坡，可以调整整个激波串中的压缩波反射过程，使其发生在 *x-y* 平面中。在 *x-y* 平面中，由于下游反射激波的波前马赫数不断减小，下游压缩波的激波角逐渐增大，并且由 X 形逐渐演化为单道伪正激波。

图 5.21 和图 5.22 对比了无控制流场和控制流场中不同横截面上的总压、压力和马赫数分布。如图 5.21 所示的无控制流场，在 x = 20mm 处，激波串没有到达，流动处于附着状态，整个横截面流动的总压、马赫数较高，压力较低。激波串在侧壁的入射导致低总压、低速的侧壁分离流动区域出现，随着流动向下游发展，侧壁分离区域逐渐扩张，进而压缩对称面处的激波串核心流动，具有高总压、高马赫数的激波串流动区域逐渐收缩。如图 5.22 所示控制流场中，在 x = 170mm 处，由微型斜坡诱导产生的尾迹涡是一个低总压、低马赫数区域，尾迹涡对于主流高速流体和边界层低速流体的掺混增强了壁面附近边界层内流体的速度，随着流动向下游发展，侧壁分离区域的扩张相比于无控制流场有所减缓；x = 320mm 处，控制流场在出口处具有更大面积的高总压、高马赫数的激波串流动区域。

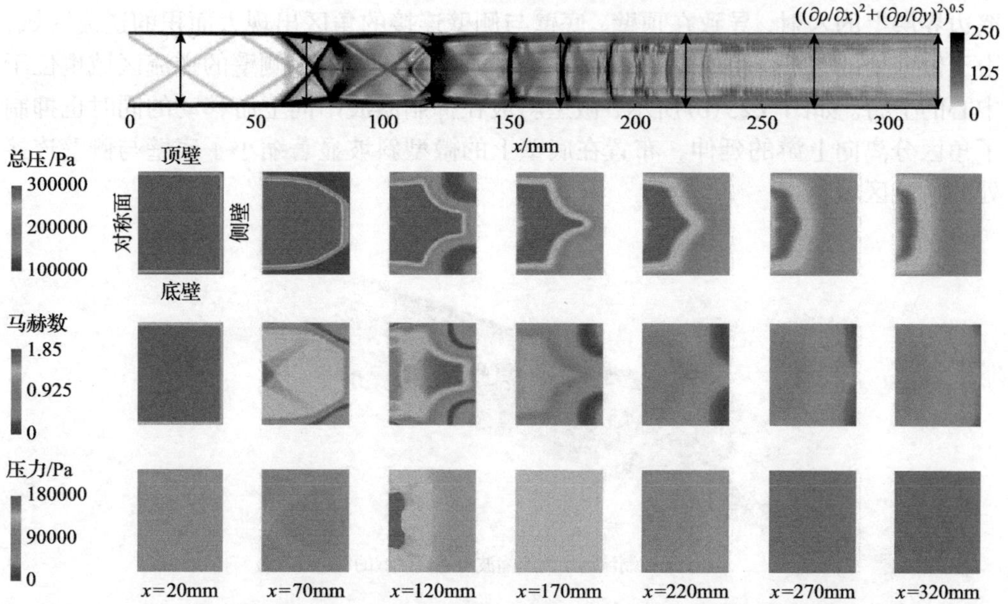

图 5.21　在无控制流场中中心面上的密度梯度模的云图以及不同横截面的总压云图、马赫数云图和压力云图

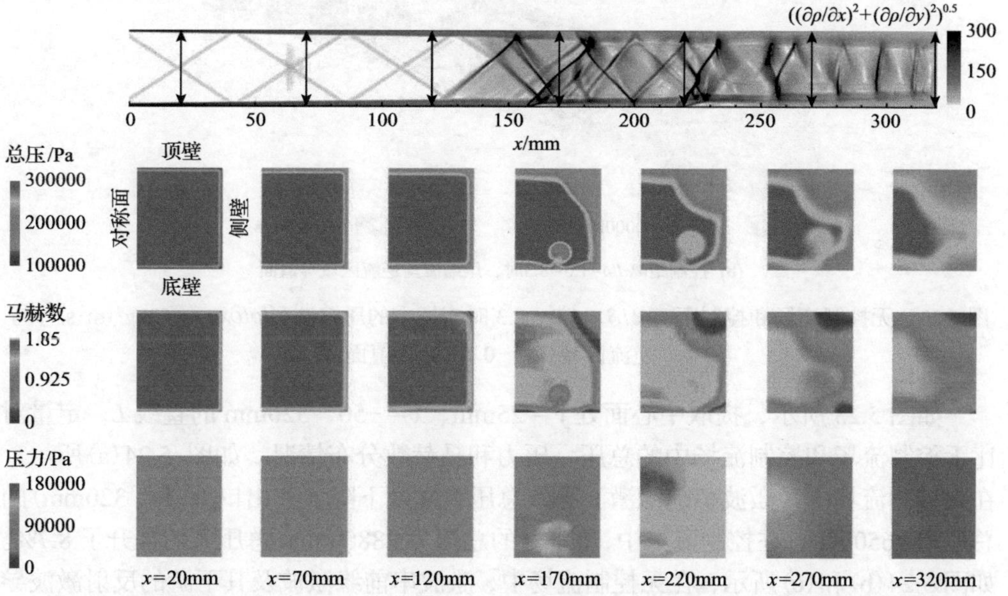

图 5.22　控制距离 $d/\delta = 1.0\sim8.3$ 时中心面上的密度梯度模的云图以及不同横截面的总压云图、马赫数云图和压力云图

图 5.23 展示了无控制流场和控制流场中的压缩波和逆流区域，图 5.24 展示了无控制流场和控制流场中沿程参数分布。图 5.23(a)的无控制流场中，压缩波在侧

壁边界层上的入射，导致在顶壁、底壁与侧壁连接的角区出现大面积的逆流区域，由于侧壁处的 X 形激波串前缘激波位于中心面处的上游，侧壁的逆流区域也位于中心的上游。如图 5.23(b)所示，微型斜坡在抑制激波串向上游移动的同时也抑制了角区分离向上游的延伸，布置在底壁上的微型斜坡显著缩小了底壁与侧壁连接处的逆流区域。

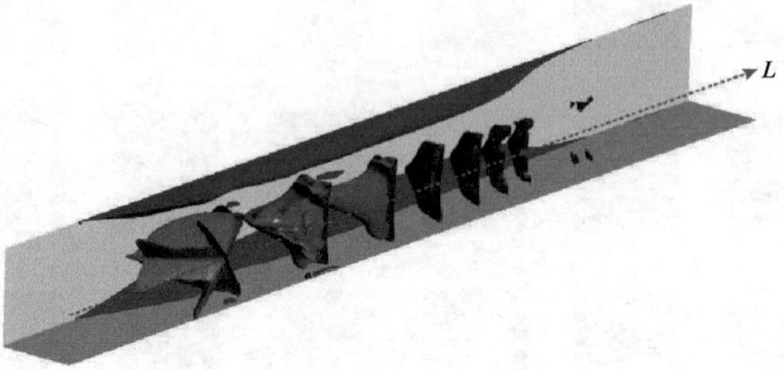

(a) 无控制流场中的压缩波与逆流区域的等值面

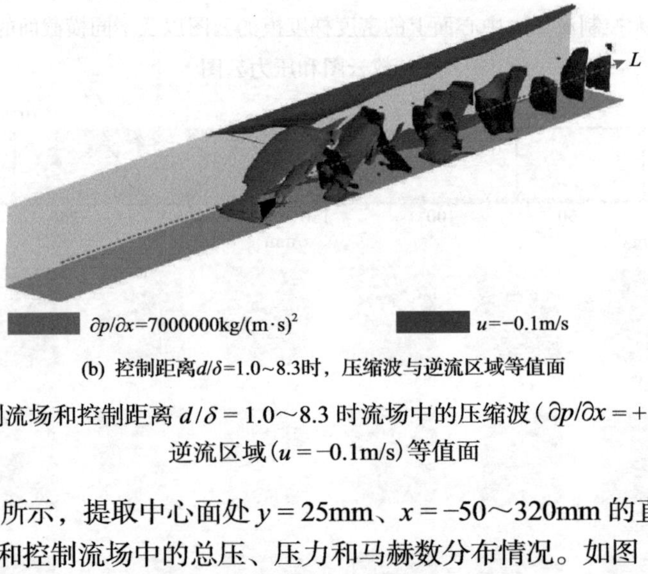

(b) 控制距离d/δ=1.0~8.3时，压缩波与逆流区域等值面

图 5.23　无控制流场和控制距离 $d/\delta = 1.0$～8.3 时流场中的压缩波($\partial p/\partial x = +50\text{kg}/(\text{m}\cdot\text{s})^2$)与逆流区域($u = -0.1\text{m/s}$)等值面

如图 5.23 所示，提取中心面处 $y = 25\text{mm}$、$x = -50$～320mm 的直线 L，定量对比无控制流场和控制流场中的总压、压力和马赫数分布情况。如图 5.24(a)所示，在无控制流场中，激波串前缘激波导致总压大幅度下降，在出口处($x = 320\text{mm}$)的总压为 265000Pa；在控制流场中，出口处的总压为 288000Pa，总压大约提升了 8.7%。如图 5.24(b)和(c)所示，在无控制流场中，激波串前缘激波及其下游的反射激波导致马赫数和压力的波动，由于激波串前缘激波最强，其导致的参数波动最大，随着其下游反射激波强度的不断降低，参数波动不断减弱，当进入亚声速区域后，参数呈线性变化。可以看到，无控制和控制流场中出口的静压几乎相同，由于控制流场中的总压损失较小，其出口马赫数较高。

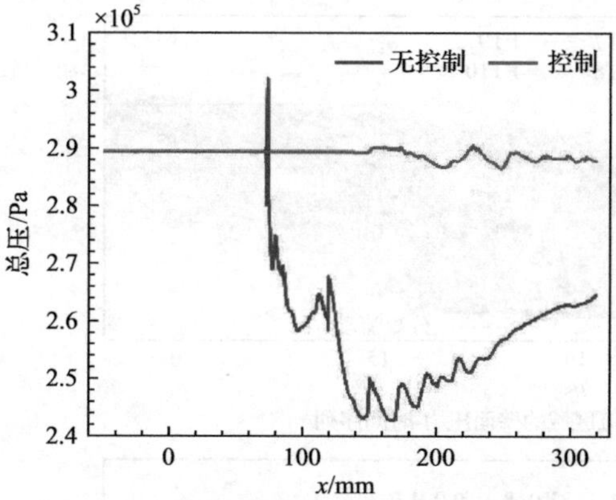

(a) 无控制和控制流场中沿程总压的对比

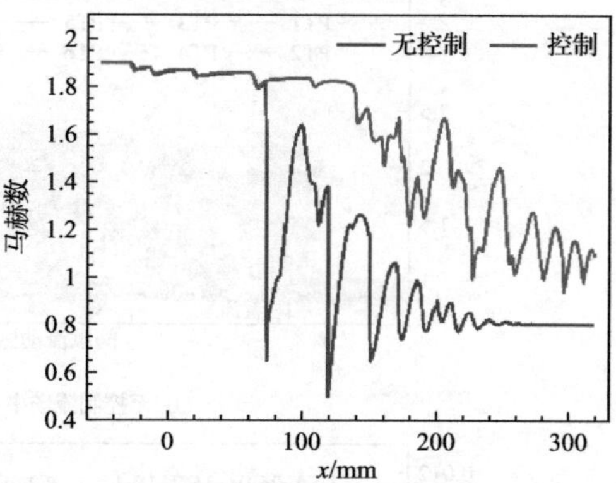

(b) 无控制和控制流场中沿程马赫数的对比

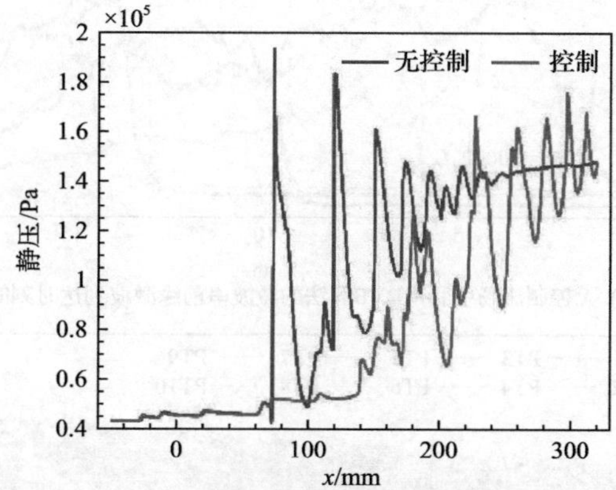

(c) 无控制和控制流场中沿程静压的对比

图 5.24　无控制和控制流场中沿程参数对比

5.4.2　微型斜坡控制流场中的压力波动

图 5.25 为由来流静压 p_∞归一化的壁面压力 p_w，随着下游背压的线性增加，激波串逐渐向上游移动。在压力传感器附近激波串前缘激波的振荡会导致压力的大幅度波动，基于此特性，检测激波串前缘激波到达每个压力传感器的精确时刻，这样 5.4 节中激波串的各个控制距离所覆盖的时间范围可以确定。提取这些时间段内的压力数据有助于分析不同控制距离下的压力波动情况。压力数据的检测算法采用基于导数的(derivative-based, DVB)算法，该算法捕捉了压力数据的导数在压力发生显著波动时会突然增大的特征。DVB 算法的步骤如下：首先，计算原始压力数据的导数；然后，计算导数的绝对值，确保导数结果均为正值；最后，以 0.31s 的平滑时间对正的导数结果进行平滑。以图 5.25 中的 PT5(紫色)为例，阐明激波串流场中的压力波动特征。当 $t < t_A$ 时，PT5 位于激波串前缘激波没有到达的

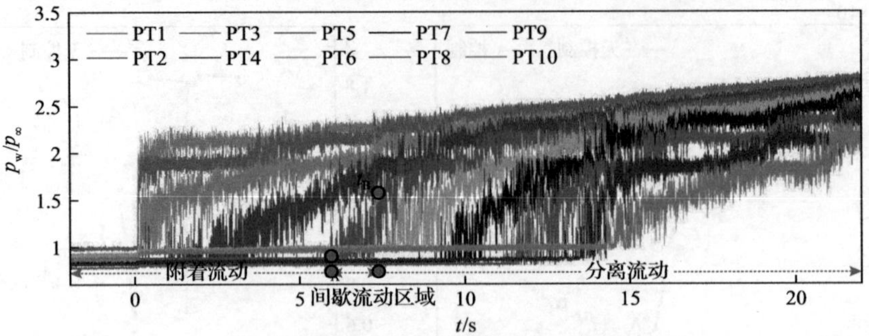

(a) 无控制流场中主流区域的壁面压力-时间序列

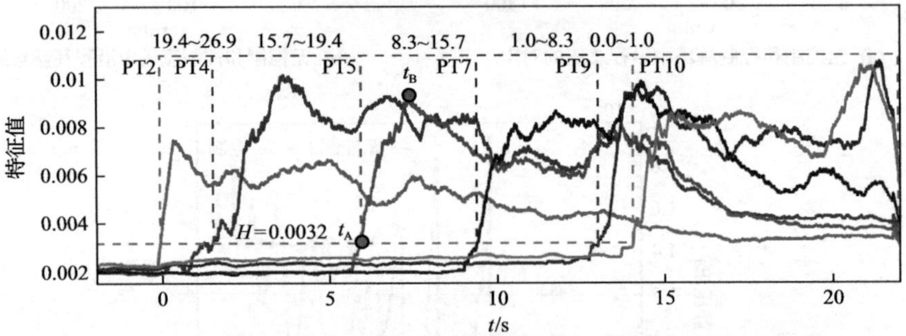

(b) 无控制流场中利用DVB算法的激波串前缘激波到达时刻的检测结果

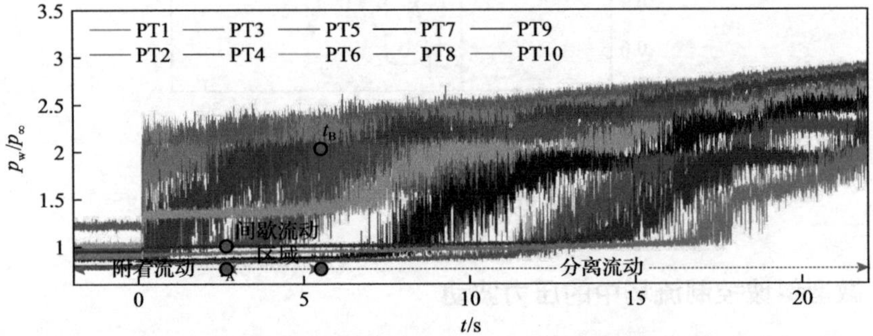

(c) h=3mm微型斜坡控制流场下的主流区域的壁面压力-时间序列

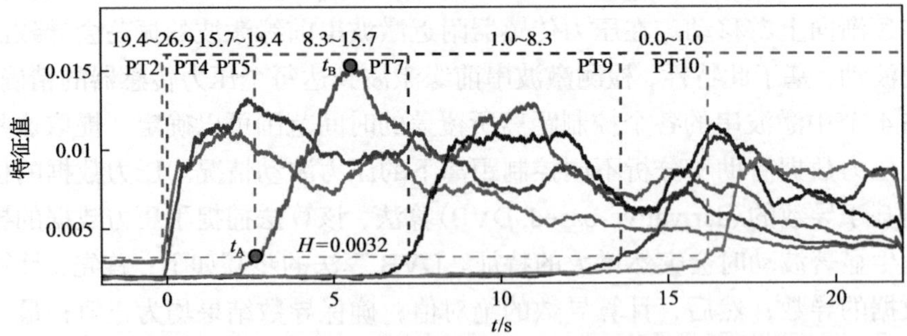

(d) h=3mm微型斜坡控制流场中，利用DVB算法的激波串前缘激波到达时刻的检测结果

图 5.25　无控制流场和 h = 3mm 微型斜坡控制流场中主流区域的壁面压力-时间序列以及利用 DVB 算法的激波串前缘激波到达时刻的检测结果

附着流动中，此时，PT5 处的压力波动较弱，DVB 算法的检测结果较小。当 $t_A < t < t_B$ 时，激波串前缘激波到达 PT5 并在其附近振荡，由于激波串中激波串前缘激波的强度最高，激波串前缘激波的振荡导致 PT5 处压力波动显著增强，DVB 算法的检测结果单调递增。当 $t > t_B$ 时，PT5 位于激波串前缘激波下游的分离流动中，随着激波串前缘激波的逐渐远离，PT5 处的压力波动逐渐减弱，DVB 算法的检测结果逐渐减小。

如图 5.25(b)、(d)所示，设置阈值 $H = 0.0032$，即当 DVB 算法的检测结果大于 0.0032 时，认为激波串前缘激波已经到达。图 5.26 和表 5.3 分别计算了无控制

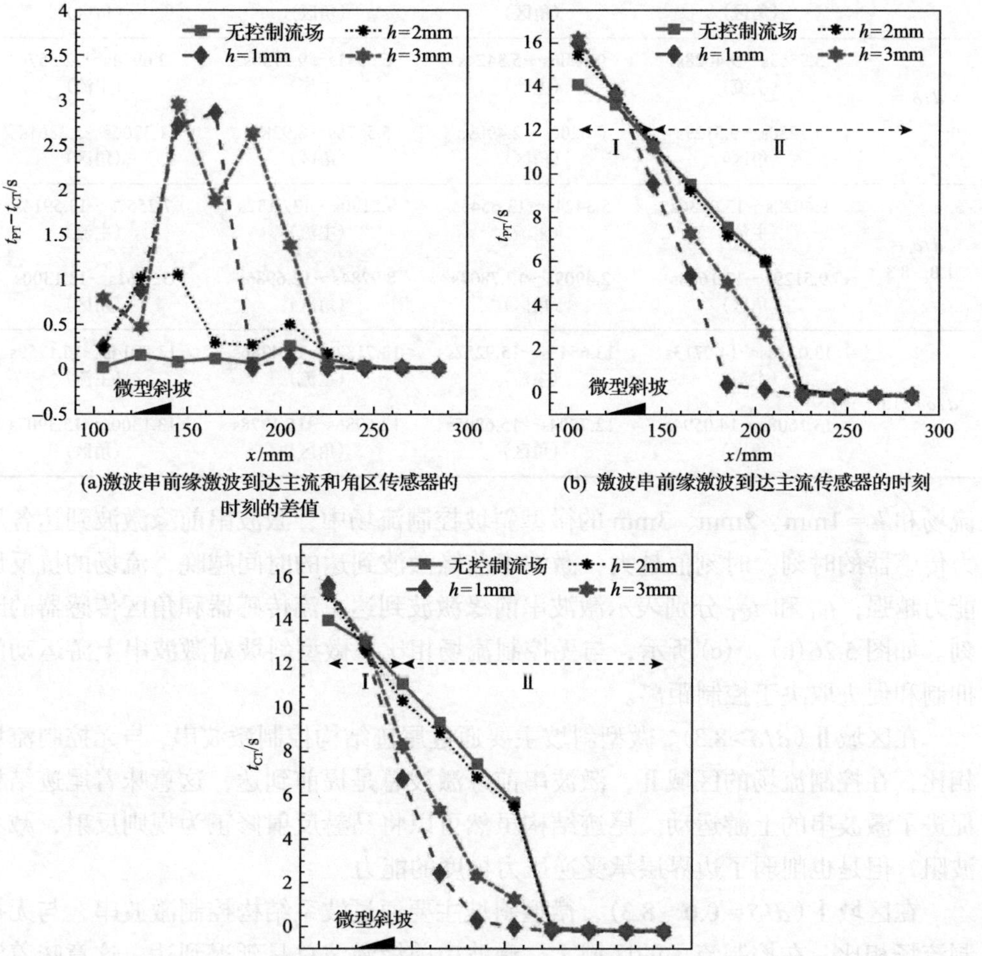

(a)激波串前缘激波到达主流和角区传感器的时刻的差值　(b) 激波串前缘激波到达主流传感器的时刻

(c) 激波串前缘激波到达角区传感器的时刻

图 5.26　激波串前缘激波到达主流和角区传感器的时刻以及激波串前缘激波到达主流和角区传感器的时刻的差值

表 5.3 五个控制距离对应的时间段

	无控制流场	$h = 1\text{mm}$	$h = 2\text{mm}$	$h = 3\text{mm}$
d/δ = 19.4～26.9	−0.1176s～0.0009s（主流）	−0.1486s～−0.1358s（主流）	−0.1211s～0.1128s（主流）	−0.1104s～−0.0571s（主流）
	−0.1222s～0.1029s（角区）	−0.1588s～−0.1401s（角区）	−0.1258s～−0.0589s（角区）	−0.1263s～−0.0765s（角区）
d/δ = 15.7～19.4	0.0009s～5.9753s（主流）	−0.1358s～0.1286s（主流）	0.1128s～6.0531s（主流）	−0.0571s～2.6954s（主流）
	0.1029s～5.7230s（角区）	−0.1401s～0.0200s（角区）	−0.0589s～5.5576s（角区）	−0.0765s～1.3206s（角区）
d/δ = 8.3～15.7	5.9753s～9.4028s（主流）	0.1286s～5.3424s（主流）	6.0531s～9.2130s（主流）	2.6954s～7.2557s（主流）
	5.7230s～9.5129s（角区）	0.0200s～2.4909s（角区）	5.5576s～8.9284s（角区）	1.3206s～5.3861s（角区）
d/δ = 1.0～8.3	9.4028s～13.0136s（主流）	5.3424s～13.6543s（主流）	9.2130s～13.7132s（主流）	7.2557s～13.5914s（主流）
	9.5129s～13.1608s（角区）	2.4909s～12.7804s（角区）	8.9284s～12.6986s（角区）	5.3861s～13.1300s（角区）
$d/\delta<1.0$	13.0136s～14.0713s（主流）	13.6543s～15.9252s（主流）	13.7132s～15.4286s（主流）	13.5914s～16.1759s（主流）
	13.1608s～14.0594s（角区）	12.7804s～15.6805s（角区）	12.6986s～15.1978s（角区）	13.1300s～15.3907s（角区）

流场和 $h = 1\text{mm}$、2mm、3mm 的微型斜坡控制流场中，激波串前缘激波到达各压力传感器的时刻。时刻值越大，激波串前缘激波到达的时间越晚，流场的抗反压能力越强；t_{PT} 和 t_{CT} 分别表示激波串前缘激波到达主流传感器和角区传感器的时刻。如图 5.26(b)、(c)所示，与无控制流场相比，微型斜坡对激波串上游运动的抑制和促进取决于控制距离。

在区域Ⅱ($d/\delta>8.3$)，微型斜坡主要通过尾迹结构控制激波串，与无控制流场相比，在控制流场的区域Ⅱ，激波串前缘激波总是提前到达，这意味着尾迹结构促进了激波串的上游运动。尾迹结构虽然可以将马赫反射修正为规则反射，减小波阻，但是也削弱了边界层承受逆压力梯度的能力。

在区域Ⅰ($d/\delta = 0.0～8.3$)，微型斜坡主要通过波系结构控制激波串，与无控制流场相比，在控制流场的区域Ⅰ，激波串前缘激波总是延迟到达，这意味着波系结构抑制了激波串的上游运动。通过局部波系变换和微型斜坡上方流场的局部演化，可以阻止下游累积的逆压力梯度向上游传播。

如图 5.26(a)所示，角区激波串前缘激波的到达总是提前于主流区域，这表明：

由激波串前缘激波引起的角区分离位于主流分离的上游，使得下游压力扰动提前沿着角区分离的亚声速边界层传播到角区。与无控制流场相比，控制流场的主流和角区差异增大，说明流场的三维性增强。

由上述分析可知，当采用 $h=3\text{mm}$ 的微型斜坡时，控制距离 $d/\delta=8.3$ 将尾迹控制区域和波系控制区域分开。下面具体分析在这两种控制结构下流场中的压力波动情况。采样时间间隔为 0.01s 的 500 个样本点的瞬态壁面压力分布如图 5.27 所示，采用 “pchip” 插值法计算了传感器之间的压力。如图 5.27(a)、(b) 所示，当 $d/\delta>8.3$ 时，微型斜坡产生的尾迹结构显著增强了主流区域中激波串前缘激波振荡引起的压力波动，此时，尾迹结构对角区压力波动的影响较小。如图 5.27(c)、(d) 所示，

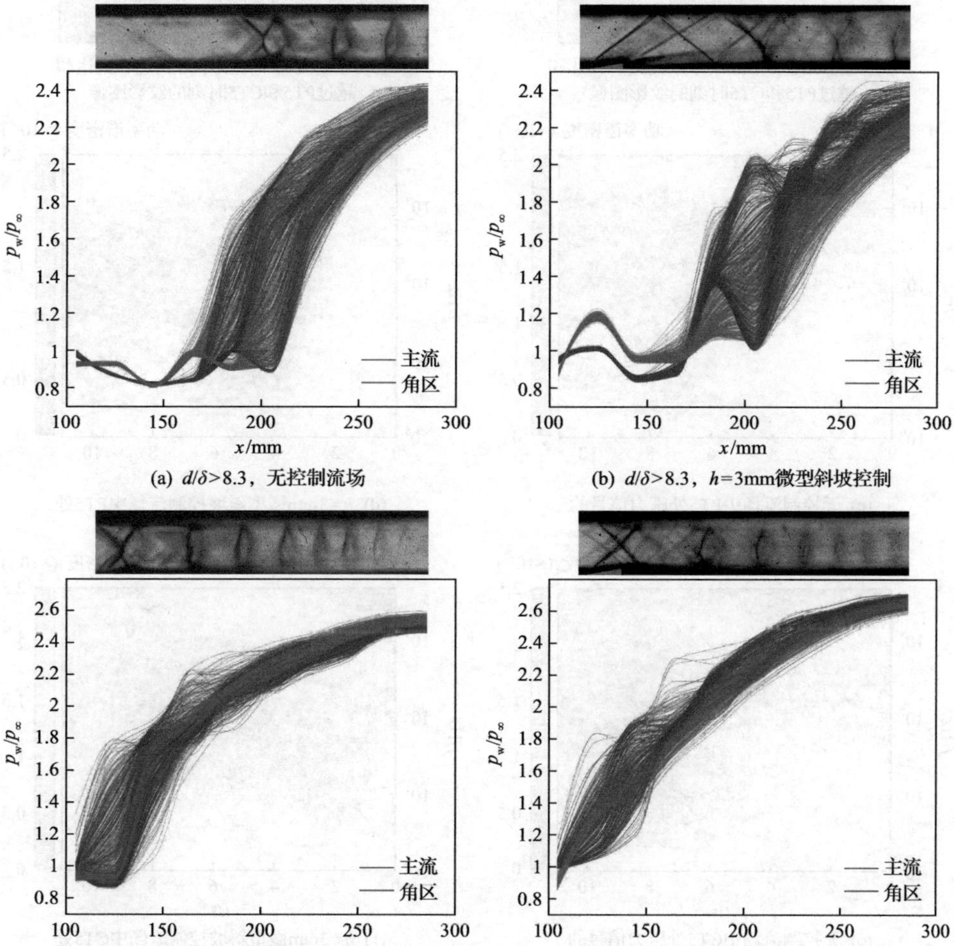

(a) $d/\delta>8.3$，无控制流场　(b) $d/\delta>8.3$，$h=3\text{mm}$微型斜坡控制

(c) $d/\delta<8.3$，无控制流场　(d) $d/\delta<8.3$，$h=3\text{mm}$微型斜坡控制

图 5.27　当 $d/\delta>8.3$ 和 $d/\delta<8.3$ 时，无控制流场和 $h=3\text{mm}$ 微型斜坡控制中的主流及角区瞬态壁面压力分布(对应瞬态纹影图像)

当 $d/\delta < 8.3$ 时，微型斜坡产生的波系结构可以抑制激波串的振荡，削弱主流和角区的压力波动。

为了获得关于压力波动的频率信息，计算了壁面压力的功率谱密度。如图 5.28 和图 5.29 所示，使用一个截止频率为 2Hz 的高通滤波器对压力原始信号进行处理，

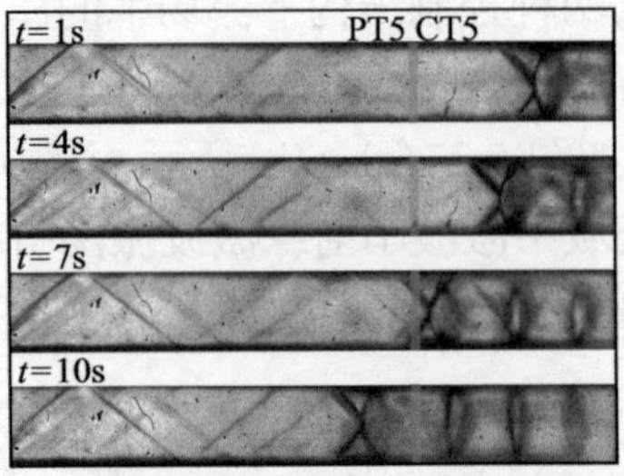

(a) 无控制流场中激波串未到达、到达和越过PT5和CT5时刻的纹影图像

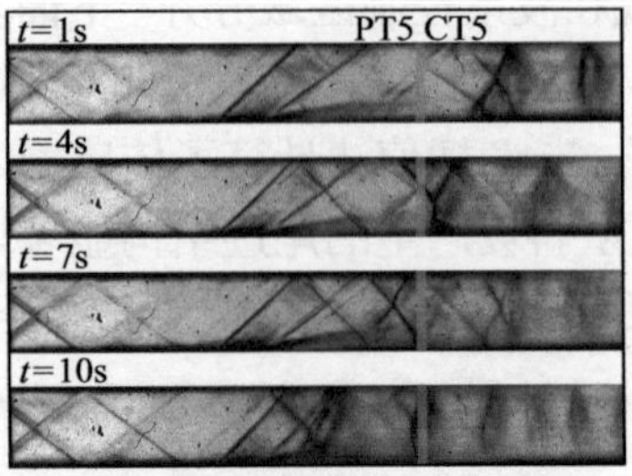

(b) 控制流场中激波串未到达、到达和越过PT5和CT5时刻的纹影图像

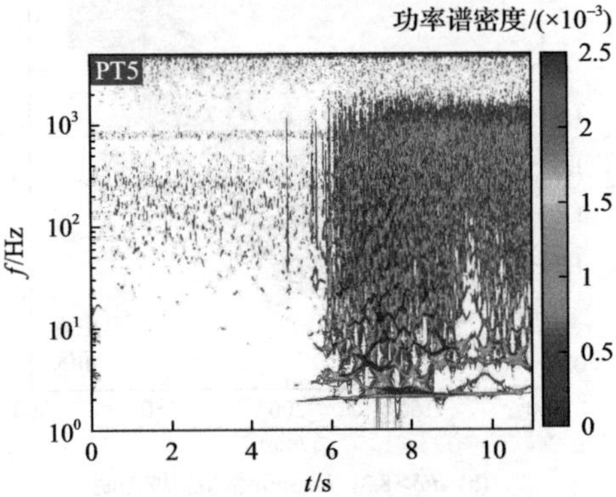

(c) 无控制流场中PT5处压力信号的功率谱密度云图

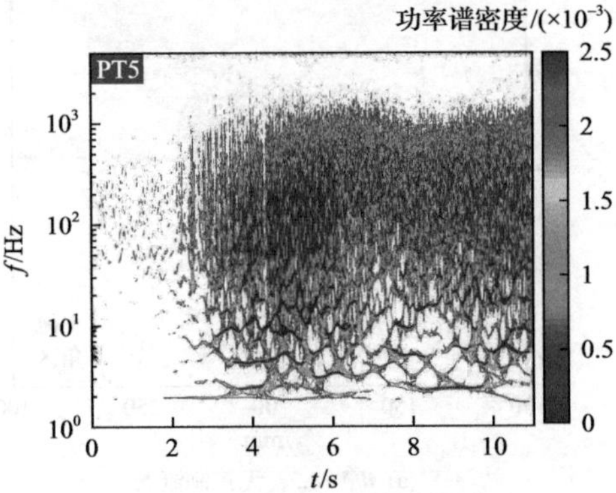

(d) h=3mm微型斜坡控制流场中PT5处压力信号的功率谱密度云图

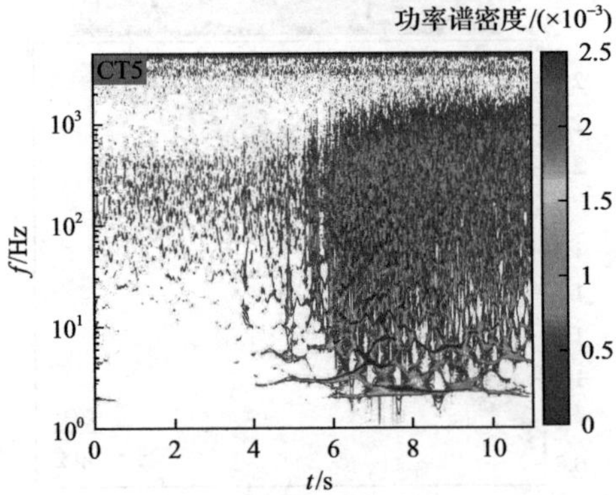

(e) 无控制流场中CT5处压力信号的功率谱密度云图

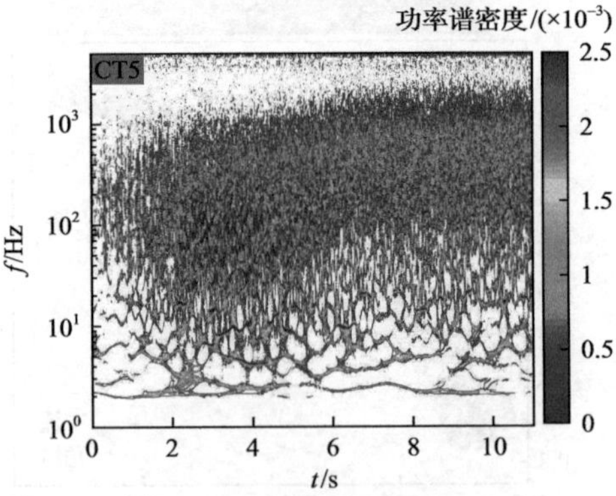

(f) h=3mm微型斜坡控制流场中CT5处压力信号的功率谱密度云图

图 5.28　无控制流场和 $h=3$mm 微型斜坡控制流场中激波串未到达、到达和越过 PT5 和 CT5 时刻的纹影图像以及 PT5 和 CT5 处（$d/\delta > 8.3$）压力信号的功率谱密度云图

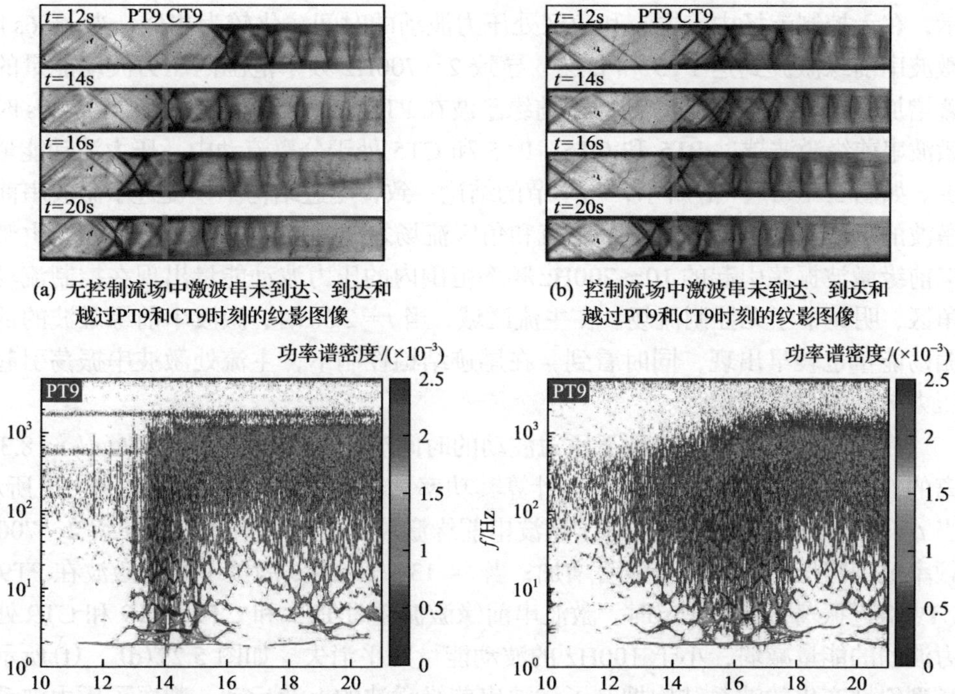

图 5.29 无控制流场和 $h=3$mm 微型斜坡控制流场中激波串未到达、到达和越过 PT5 和 CT5 时刻的纹影图像以及 PT9 和 CT9 处($d/\delta<8.3$)压力信号的功率谱密度云图

零均值信号的同步压缩变换采用解析 Morlet 小波，波数为 18。

为了分析尾迹结构控制下压力波动的时间演化，选取微型斜坡下游 $d/\delta>8.3$ 距离的 PT5 和 CT5 处的压力信号，计算其功率谱密度云图。如图 5.28(c)、(e)所示，在无控制流场中，主流和角区处压力波动的时间演化较为相似，当 $t = 6\text{s}$ 时，激波串前缘激波到达 PT5 和 CT5，导致 2～700Hz 频率范围内压力波动能量的显著增加；当 $t = 6\sim9\text{s}$ 时，激波串前缘激波在 PT5 和 CT5 附近振荡；当 $t > 9\text{s}$ 时，激波串前缘激波越过 PT5 和 CT5，PT5 和 CT5 处于分离流动中，压力波动能量减少。如图 5.28(d)、(f)所示，与本节的结论一致，尾迹结构不仅促进了激波串前缘激波的上游运动，而且增强了主流和角区流场之间的差异。当 $t = 2\text{s}$ 时，由激波串前缘激波振荡引起的 10～200Hz 频率范围内的压力波动能量出现在控制流场的角区，明显早于无控制流场。在主流区域，当 $t = 2.5\text{s}$ 时，激波串前缘激波的低频振荡能量也较早出现，同时看到，在尾迹结构控制下，主流处激波串振荡引起的压力脉动能量显著增强。

为了分析波系结构控制下压力波动的时间演化，选取微型斜坡处 $d/\delta < 8.3$ 距离的 PT9 和 CT9 处的压力信号，计算其功率谱密度云图。如图 5.29(c)、(e)所示，当 $t = 13\text{s}$ 时，在无控制流场中，激波串前缘激波到达 PT9 和 CT9，导致 2～700Hz 频率范围内压力波动能量显著增加；当 $t = 13\sim15\text{s}$ 时，激波串前缘激波在 PT9 和 CT9 附近振荡；当 $t > 15\text{s}$ 时，激波串前缘激波越过 PT9 和 CT9，PT9 和 CT9 处压力波动的能量减弱，小于 100Hz 的波动能量几乎消失。如图 5.29(d)、(f)所示，微型斜坡产生的波系结构抑制了激波串前缘激波的上游运动，削弱了压力波动能量。在主流区域，当 $t = 14\text{s}$ 时，PT9 处出现了激波串前缘激波振荡引起的低频能量。在波系结构的影响下，激波串前缘激波在 $t = 18\text{s}$ 时才越过了 PT9，与无控制流场相比有显著的延迟。同时，在波系结构的控制下，角区压力波动能量显著减少。

5.4.3 微型斜坡控制流场中的激波串振荡

图 5.30(a)给出了无控制流场中激波串前缘激波的运动轨迹：随着背压的线性增加，激波串呈线性向上游移动，伴随着激波串的自激振荡逐渐增强。激波串自激振荡的反馈回路由声波传播、管道体积效应和激波运动三个环节组成，激波串前缘激波下游的亚声速分离区域内压力的变化可由连续性方程给出：

$$\Delta m = V\frac{\mathrm{d}\rho V}{\mathrm{d}t} = V\frac{\mathrm{d}\rho}{\mathrm{d}t} + \rho\frac{\mathrm{d}V}{\mathrm{d}t} = \frac{V\rho}{\gamma p}\frac{\mathrm{d}p}{\mathrm{d}t} + \rho\frac{\mathrm{d}V}{\mathrm{d}t} \tag{5.5}$$

式中，$\Delta m \approx 0$ 是分离区域的质量变化；ρ、p 和 V 分别是分离区域的密度、压力和体积。质量几乎不变的分离区域体积的变化导致其内部压力的变化，如当体积增加时，压力下降。随着激波串向上游运动，激波串前缘激波下游的分离区域体积增加，导致分离区域体积的变化幅度增大。较大的体积变化导致通过声波向上游传播的通道出口处的压力波动增强，从而导致激波串前缘激波的振荡更加剧烈。激波串前缘激波的剧烈振荡进一步促进了分离区域的大幅度体积变化，由于激波串前缘激波振荡与分离区域体积变化的相互促进，激波串前缘激波在向上游运动过程中的振荡越来越剧烈。从图 5.31(a)中激波串前缘激波轨迹的功率谱密度云图可以看出，随着背压的增加，激波串前缘激波在 10～1000Hz 频率范围内的振荡能量逐渐增加。

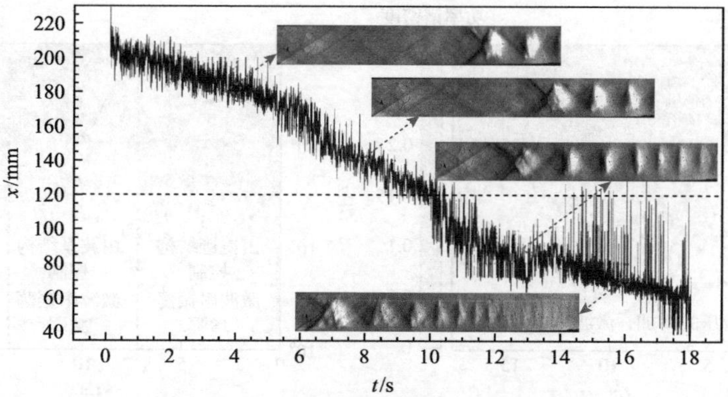

(a) 无控制流场

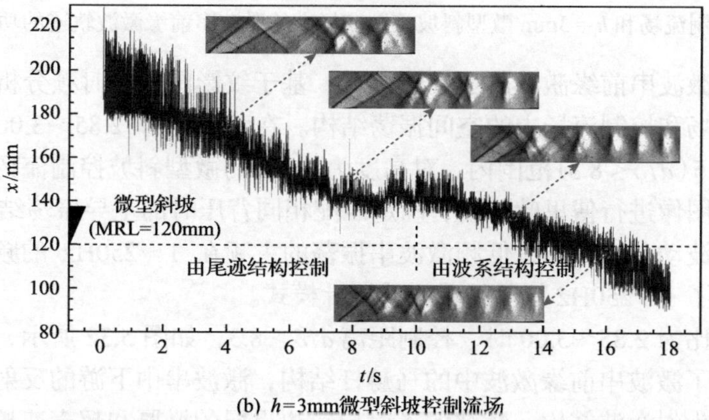

(b) h=3mm微型斜坡控制流场

图 5.30　无控制流场和 h=3mm 微型斜坡控制流场中的激波串前缘激波轨迹

图 5.30(b)为激波串前缘激波在高度为 3mm 的微型斜坡控制流场中的运动轨迹。随着背压的线性增加，激波串前缘激波的运动轨迹在微型斜坡处呈现一个平台，表明激波串前缘激波的上游运动被微型斜坡有效抑制。在无控制流场中，当 $t = 10$s 时，激波串前缘激波到达 $x = 120$mm；在控制流场中，当 $t = 14$s 时，激波串前缘激波才到达 $x = 120$mm。微型斜坡显著地提高了其下游流场的抗反压能力。当控制距离 $d/\delta > 8.3$ ($t < 8$s) 时，由微型斜坡产生的尾迹结构显著地增强了激波串的自激振荡，这与 5.4.2 节中的压力波动分析结果吻合，较强的激波串前缘激波振荡导致压力波动幅度较大。随着激波串逐渐接近微型斜坡，激波串的自激振荡逐

渐减弱，在 $t = 8$～14s 时间段，控制距离为 $0 < d/\delta < 8.3$，微型斜坡产生的波系结构削弱了激波串的自激振荡。从图 5.31(b) 中激波串前缘激波轨迹的功率谱密度云图可以看出，在 $t = 8$～14s 时间段，激波串前缘激波在 10～1000Hz 频率范围内的振荡能量明显减弱。

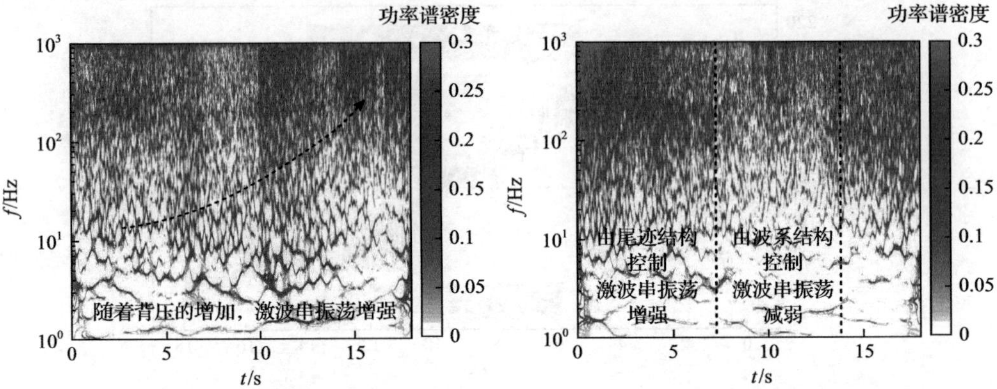

(a) 无控制流场　　(b) h=3mm微型斜坡控制流场

图 5.31　无控制流场和 $h = 3$mm 微型斜坡控制流场中的激波串前缘激波轨迹的功率谱密度云图

在明确激波串前缘激波的运动轨迹后，基于纹影图像的时频分析，进一步分析无控制流场和控制流场中的空间振荡结构。在背压比为 2.85～3.00($d/\delta > 8.3$) 和 3.00～3.15($d/\delta < 8.3$) 范围内，对高度为 3mm 的微型斜坡控制流场和无控制流场中的纹影图像进行傅里叶分解，确定匹配相同背压时的主导振荡结构。由 5.4.2 节中的压力波动分析可知，低频激波串振荡的主频在 1～250Hz 的频率范围内，因此，绘制了 1～250Hz 频段的平均傅里叶模式。

当背压比为 2.85～3.00 时，控制距离 $d/\delta > 8.3$，如图 5.32 所示，尾迹结构缩短甚至消除了激波串前缘激波中的马赫杆结构，激波串中下游的反射激波也从伪正激波演化为斜激波结构。激波的入射导致边界层的增厚和超声速核心流动的收缩，对比图 5.32(a) 和 (b)，在控制流场中，超声速核心流动的收缩被抑制，这使得更多超声速核心流动中高总压、高速、高压流体得以发展到下游燃烧室中。

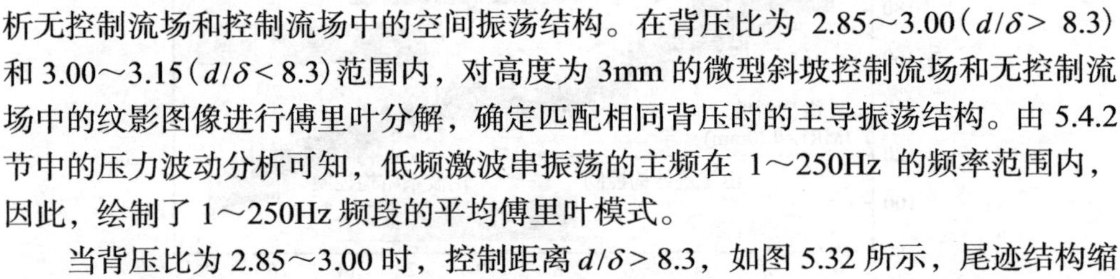

(a) 无控制流场　　(b) h=3mm微型斜坡控制流场

图 5.32　无控制流场和 $h = 3$mm 微型斜坡控制流场 1～250Hz 频段的平均傅里叶模式
($p_b/p_\infty = 2.85$～3.00，$d/\delta > 8.3$)

当背压比为 3.00～3.15 时，控制距离 $d/\delta<8.3$，如图 5.33 所示，微型斜坡通过其产生的波系结构控制激波串，流场结构在两个方面发生了变化：①控制流场中激波串的空间振荡结构被控制在较为下游的位置，表明微型斜坡下游流场的抗反压能力得到了提升；②控制流场中边界层增厚变慢，超声速核心流动的收缩被抑制，更多高总压、高速、高压流体得以向下游发展。

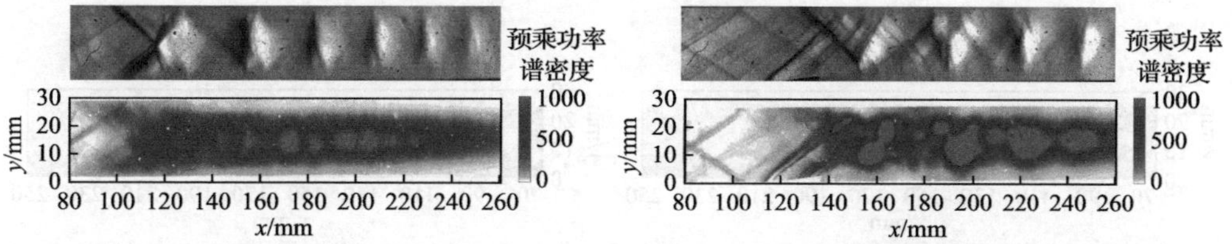

(a) 无控制流场　(b) $h=3$mm微型斜坡控制流场

图 5.33　无控制流场和 $h=3$mm 微型斜坡控制流场 1～250Hz 频段的平均傅里叶模式 ($p_b/p_\infty=3.00$～3.15，$d/\delta<8.3$)

5.5　背景波系干扰下微型斜坡对激波串结构和振荡的影响

5.5.1　背景波系干扰下的控制流场结构

5.4 节分析了无背景波系干扰的均匀来流条件下，微型斜坡对激波串结构、压力波动以及振荡的影响。本节对更接近真实进气道/隔离段工况的背景波系干扰下微型斜坡对激波串流场的影响开展研究。

图 5.34 展示了基于多种刀口的相同背压条件下的无控制流场和控制流场结构。在无控制流场中，如图 5.34(a)、(c)、(e)、(g)、(i)、(k)、(m)所示，激波串位于比较上游的位置，两道前缘激波发生马赫反射，激波串前缘激波下游的反射激波均呈现伪正激波形态。如图 5.34(e)所示，随着流动向下游发展，由激波入射带来的逆压力梯度导致边界层逐渐增厚，进而使得超声速核心流动不断收缩，激波串下游的伪正激波逐渐缩短。在控制流场中，如图 5.34(b)、(d)、(f)、(h)、(j)、(l)、(n)所示，由微型斜坡产生的压缩波有效地抑制了激波串的上游运动，激波串前缘激波被控制在较为下游的 $x=150$mm 附近。同时，由微型斜坡产生的膨胀波结构有效地消除了激波串前缘激波中的强马赫杆结构，控制流场中的激波串前缘激波呈现 X 形。由于激波串前缘激波被有效地修正为两道斜激波结构，激波串前缘激波下游的反射激波也演化为斜激波结构。如图 5.34(f)所示，随着流动向下游发展，下游反射激波的波前马赫数不断减小，这就导致下游反射激波的激波角逐渐增大。同时，如图 5.34(h)所示，随着向下游的发展，两道斜激波的相交也逐

渐从规则反射演化为马赫反射，两道斜激波在底壁附近的交点逐渐被一道强马赫杆所取代。

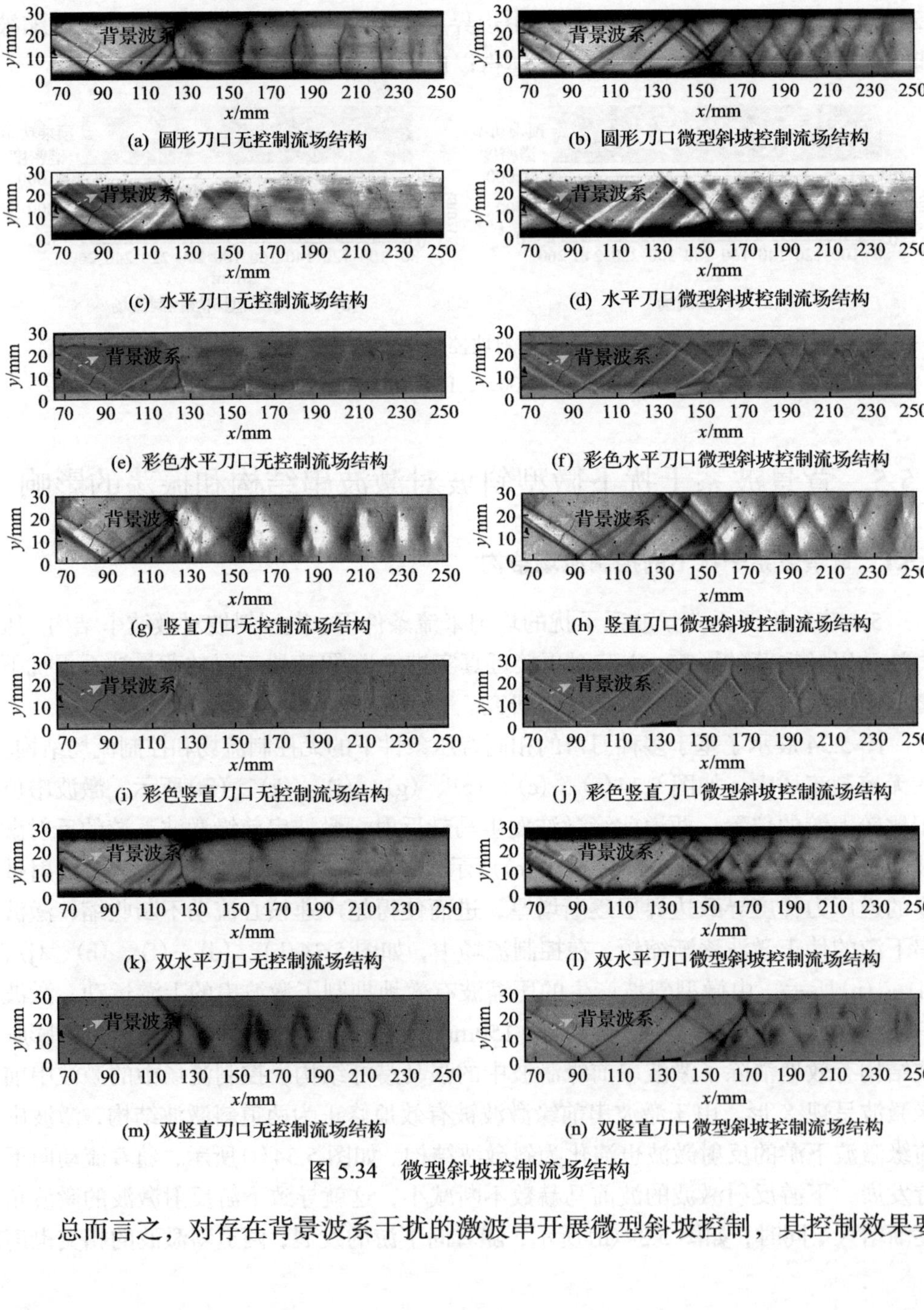

(a) 圆形刀口无控制流场结构　(b) 圆形刀口微型斜坡控制流场结构

(c) 水平刀口无控制流场结构　(d) 水平刀口微型斜坡控制流场结构

(e) 彩色水平刀口无控制流场结构　(f) 彩色水平刀口微型斜坡控制流场结构

(g) 竖直刀口无控制流场结构　(h) 竖直刀口微型斜坡控制流场结构

(i) 彩色竖直刀口无控制流场结构　(j) 彩色竖直刀口微型斜坡控制流场结构

(k) 双水平刀口无控制流场结构　(l) 双水平刀口微型斜坡控制流场结构

(m) 双竖直刀口无控制流场结构　(n) 双竖直刀口微型斜坡控制流场结构

图 5.34　微型斜坡控制流场结构

总而言之，对存在背景波系干扰的激波串开展微型斜坡控制，其控制效果要比均匀来流条件下的明显：①在背景波系入射点的上游合理布置微型斜坡，可以抑制激波串到达入射点后的突跳运动，进而显著抑制激波串的上游运动；②微型斜坡产生的膨胀波有效地消除了激波串前缘激波中的马赫杆，进而将激波串前缘激波下游的伪正激波修正为斜激波，抑制了强激波在边界层入射导致的边界层增厚，使得更多高总压、高速流体向下游发展。

为了更详细地对比有无背景波系干扰、有无微型斜坡控制下的流场特性，提取了 PT9 和 CT9 处的压力-时间序列，并采用 DVB 算法检测了激波串前缘激波到达 PT9 和 CT9 的时刻，如图 5.35 所示。对比图 5.35(a)和(b)，无论有无背景波系干扰、有无微型斜坡控制，由激波串振荡导致的压力波动在主流的 PT9 处要显著强于角区的 CT9 处。在无背景波系流场中，微型斜坡控制可以削弱由激波串振荡导致的压力波动，同时抑制激波串的上游运动：无微型斜坡控制时，激波串前缘激波在 $t_{P1} = 13.3301s$ 时到达 PT9，在 $t_{C1} = 13.3814s$ 时到达 CT9；在有微型斜坡控制流场中，激波串前缘激波在 $t_{P2} = 14.2820s$ 时到达 PT9，在 $t_{C2} = 17.3340s$ 时到达 CT9。在有背景波系流场中，微型斜坡对于激波串上游运动的抑制更加明显。

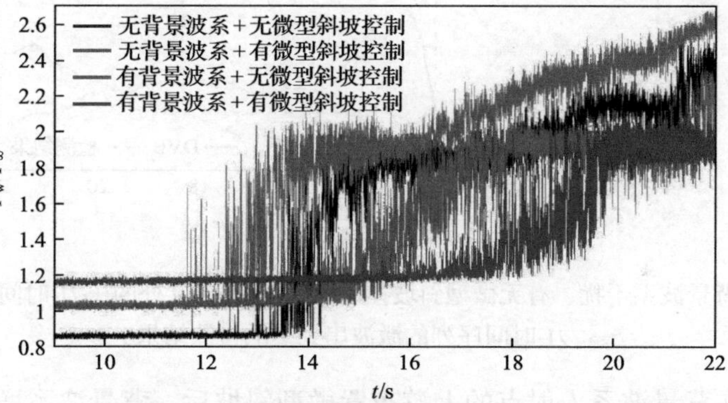

(a) 有无背景波系干扰、有无微型斜坡控制时PT9处的压力-时间序列

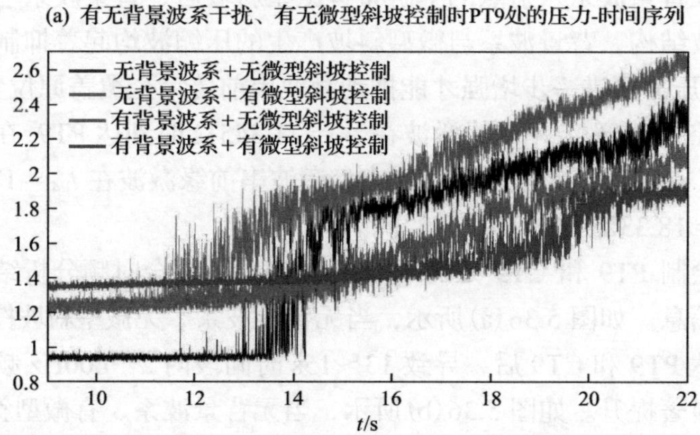

(b) 有无背景波系干扰、有无微型斜坡控制时CT9处的压力-时间序列

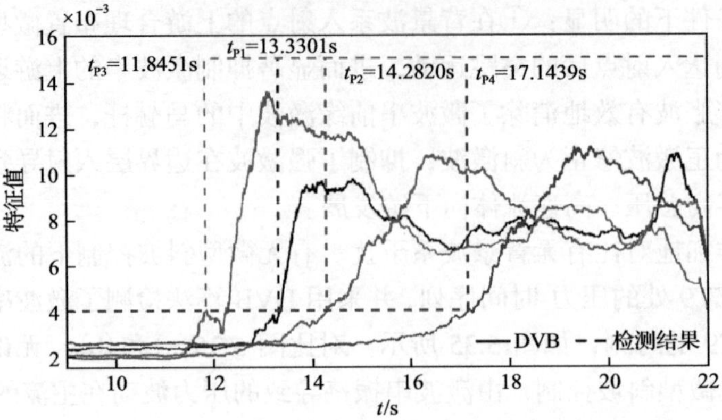

(c) PT9处

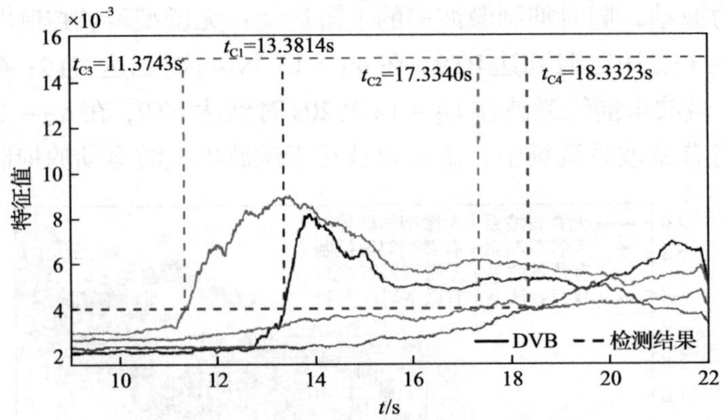

(d) CT9处

图 5.35 有无背景波系干扰、有无微型斜坡控制时 PT9 和 CT9 处的压力-时间序列以及基于压力-时间序列的激波串到达的检测结果

这是因为，在背景波系入射点的上游布置微型斜坡后，背景波系增强了微型斜坡产生的压缩波结构，背景波系与微型斜坡产生的压缩波均起着抑制激波串前传的作用，下游背压需要进一步增强才能推动激波串前传完全覆盖原位置的波系结构。无微型斜坡控制时，激波串前缘激波在 $t_{P3}=11.8451\text{s}$ 时到达 PT9，在 $t_{C3}=11.3743\text{s}$ 时到达 CT9；在有微型斜坡控制流场中，激波串前缘激波在 $t_{P4}=17.1439\text{s}$ 时到达 PT9，在 $t_{C4}=18.3323\text{s}$ 时到达 CT9。

进一步绘制 PT9 和 CT9 处的压力-时间序列的联合时频分析结果，揭示压力波动的频率信息。如图 5.36(a)所示，当无背景波系、无微型斜坡控制时，激波串前缘激波到达 PT9 和 CT9 后，导致 13～15s 时间段内 2～600Hz 频率范围内的压力波动能量显著提升。如图 5.36(b)所示，当无背景波系、有微型斜坡控制时，激波串前缘激波到达 PT9 和 CT9 的时间有所推迟。如图 5.36(c)所示，当有背景波

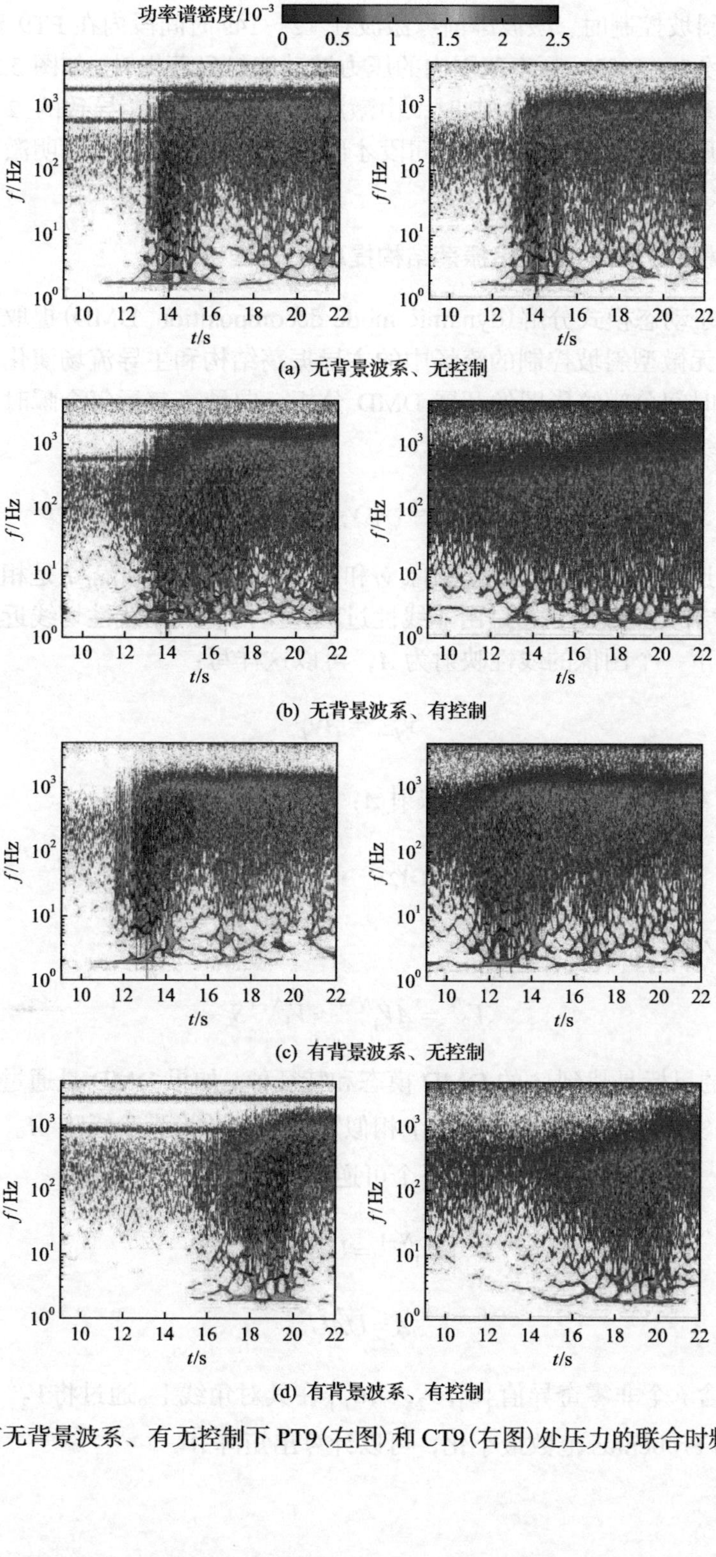

(a) 无背景波系、无控制

(b) 无背景波系、有控制

(c) 有背景波系、无控制

(d) 有背景波系、有控制

图 5.36　有无背景波系、有无控制下 PT9(左图)和 CT9(右图)处压力的联合时频分析结果

系、无微型斜坡控制时，激波串前缘激波在 12～14s 时间段内在 PT9 和 CT9 附近振荡，并导致 2～600Hz 频率范围内的压力波动能量显著提升。如图 5.36(d)所示，当有背景波系、有微型斜坡控制时，由激波串前缘激波振荡导致的 2～600Hz 频率范围内的压力波动在 18～20s 时间段才出现在 PT9 和 CT9，表明激波串的前传被显著抑制。

5.5.2 基于模式分解的激波串振荡结构提取

本节基于动态模式分解(dynamic mode decomposition, DMD)提取有无背景波系干扰、有无微型斜坡控制的流场中的主导振荡结构和主导流场演化机制。基于实验获得的时间分辨纹影图像开展 DMD 分析，向量 v_j 表示每个瞬时的流场纹影图像，N 个纹影图像序列可以写成

$$V_1^N = \{v_1, v_2, \cdots, v_N\} \tag{5.6}$$

式中，两个连续的时间分辨纹影图像 v_j 和 v_{j+1} 之间的时间间隔Δt 是相等的，等于 0.0005s。对于实验数据，v_j 是由非线性过程产生的，调用线性切线近似，假设从一个图像到下一个图像的线性映射为 A，可以这样写：

$$v_{j+1} = Av_j \tag{5.7}$$

用 N−1 维图像 V_1^{N-1} 表示线性映射 A：

$$\{v_2, v_3, \cdots, v_N\} = A\{v_1, v_2, \cdots, v_{N-1}\} \approx \{v_1, v_2, \cdots, v_{N-1}\}S \tag{5.8}$$

或者可以表示为

$$V_2^N = AV_1^{N-1} \approx V_1^{N-1}S \tag{5.9}$$

DMD 的目标是找到 A 的 DMD 模态和特征值，如果 DMD 是通过系统矩阵的相似变换来实现的，则需要构造一个相似矩阵 $\tilde{A}$ 来替换满阶矩阵 A。首先，通过对矩阵 V_1^{N-1} 进行奇异值分解来求一个可逆矩阵：

$$V_1^{N-1} = U\Sigma V^* \tag{5.10}$$

$$A = U\tilde{A}U^* \tag{5.11}$$

式中，Σ 包含 r 个非零奇异值$\{\sigma_1, \sigma_2, \cdots, \sigma_r\}$在其对角线上。通过将 V_2^N 和 AV_1^{N-1}之间的差值的 Frobenius 范数最小化，可以计算出矩阵 $\tilde{A}$：

$$\text{minimize}^{A}\left\|V_2^N - AV_1^{N-1}\right\|_F^2 \tag{5.12}$$

基于式(5.10)和式(5.11)，式(5.12)可以表示为

$$\text{minimize}^{\tilde{A}}\left\|V_2^N - U\tilde{A}\Sigma V^*\right\|_F^2 \tag{5.13}$$

A 可以表示为

$$\tilde{A} = U^* V_2^N V \Sigma^{-1} \tag{5.14}$$

$\tilde{A}$ 具有特征值 μ_j 使得 $\tilde{A}w_j = \mu_j w_j$，其中 w_j 是第 j 个特征值的特征向量，第 j 个动态模式 Φ_j 可以表示为

$$\Phi_j = \tilde{U}w_j \tag{5.15}$$

该模态对应的生长速率 g_j 和物理频率 w_j 可以表示为

$$g_j = \frac{\text{Re}\left\{\log\left(\mu_j\right)\right\}}{\Delta t} \tag{5.16}$$

$$w_j = \frac{\text{Im}\left\{\log\left(\mu_j\right)\right\}}{\Delta t} \tag{5.17}$$

在得到流场的动态模态和相似矩阵 $\tilde{A}$ 后，可以根据式(5.7)预测流场的演化。采用 DMD 方法对实验的纹影可视化结果进行全面分析，每个工况的采样时间为 1.6s，纹影图像的数量为 3200。对提取的流场纹影图像开展 DMD 分析，对不同频率的模态按照振幅 $\alpha_j - w_j^{-1}U^* v_1$ 进行排序，得到每一阶的 DMD 模态，这样有助于筛选出对流场演化起主导作用的模态。图 5.37 为有无微型斜坡控制下流场 $\partial\rho/\partial x$ 和 $\partial\rho/\partial y$ 的实部平均值云图、重构平均值云图和平均误差云图。可以看到，DMD 方法可以有效地捕捉流场模态，真实流场与重构流场之间的差异较小。差异主要分布在激波导致的不连续位置：在 $\partial\rho/\partial x$ 流场中，差异集中在激波杆上；在 $\partial\rho/\partial y$ 流场中，差异集中在激波在边界层上的入射点附近。

图 5.37 所示的静态(f=0Hz)平均流场具有最大的 DMD 能量。图 5.38 给出了无背景波系、有无微型斜坡控制流场时，除了静态平均流场的其他模态，将能量最大的两个模态的云图绘制出来。如图 5.38(b)所示，无微型斜坡控制时，流场的主导振荡模态是激波串的振荡。红色的压缩波和蓝色的膨胀波由于具有相反的 $\partial\rho/\partial x$ 值，两种结构的振荡具有相反的相位值表明压缩波和膨胀波几乎同时、同方向运动。

随着流动向下游发展，压缩波和膨胀波的 DMD 模态幅值逐渐减小，表明越靠近下游，激波串中波系强度越弱，波系振荡幅度越小。图 5.38(b)所展示的激波串形态为：组成前缘激波的两道激波发生马赫反射。图 5.38(d)所展示的控制流场中两道前缘激波的相交由马赫反射向规则反射演化，其下游反射激波也向斜激

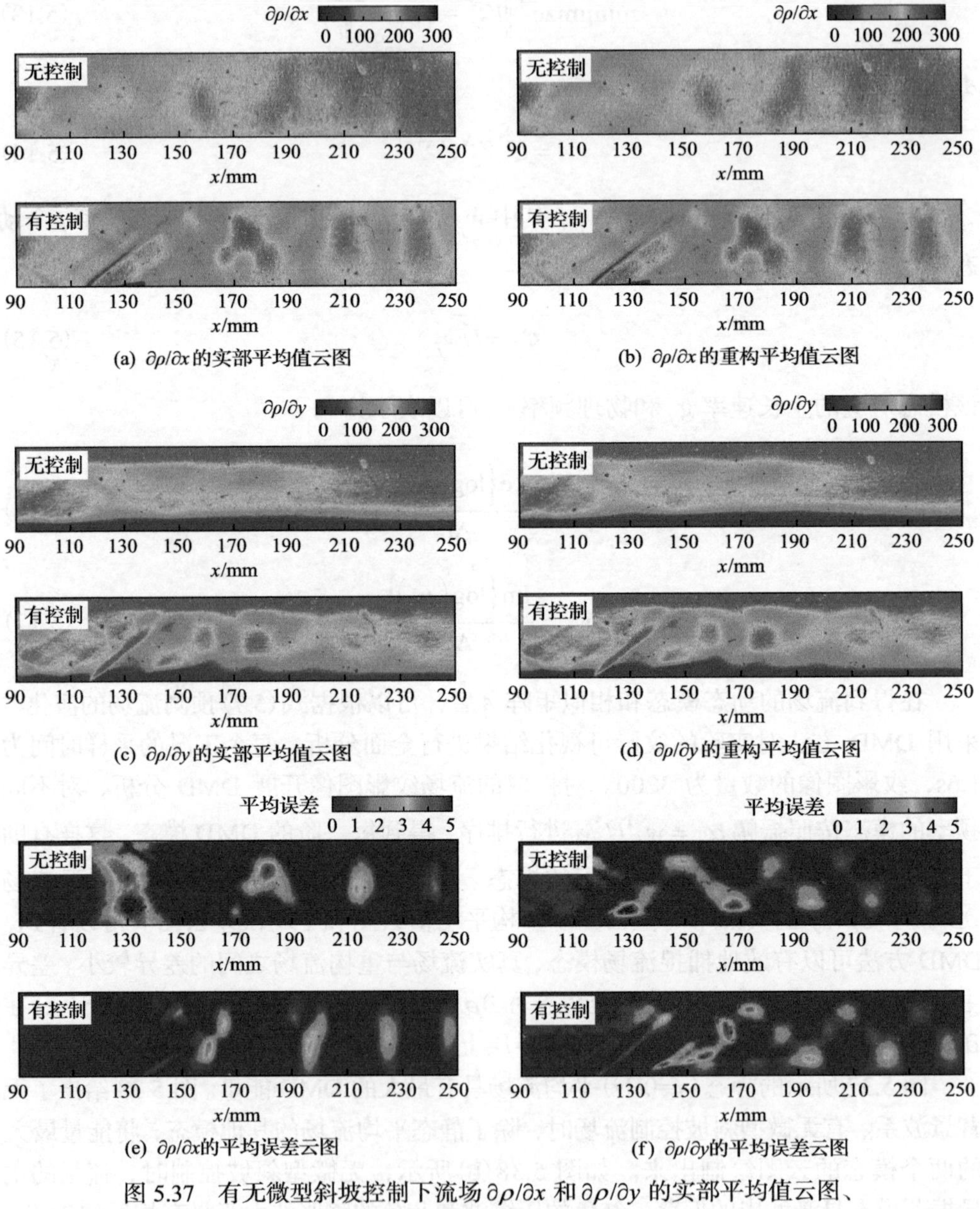

(a) ∂ρ/∂x 的实部平均值云图　(b) ∂ρ/∂x 的重构平均值云图

(c) ∂ρ/∂y 的实部平均值云图　(d) ∂ρ/∂y 的重构平均值云图

(e) ∂ρ/∂x的平均误差云图　(f) ∂ρ/∂y的平均误差云图

图 5.37　有无微型斜坡控制下流场 $\partial\rho/\partial x$ 和 $\partial\rho/\partial y$ 的实部平均值云图、重构平均值云图和平均误差云图

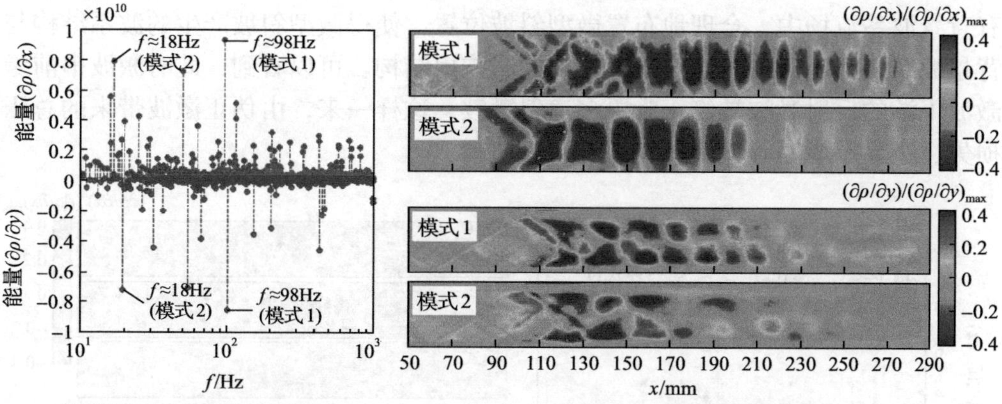

(a) 无背景波系，无微型斜坡控制流场，DMD模态幅值和频率的关系

(b) 无背景波系，无微型斜坡控制流场，DMD分析的$\partial\rho/\partial x$云图和$\partial\rho/\partial y$云图

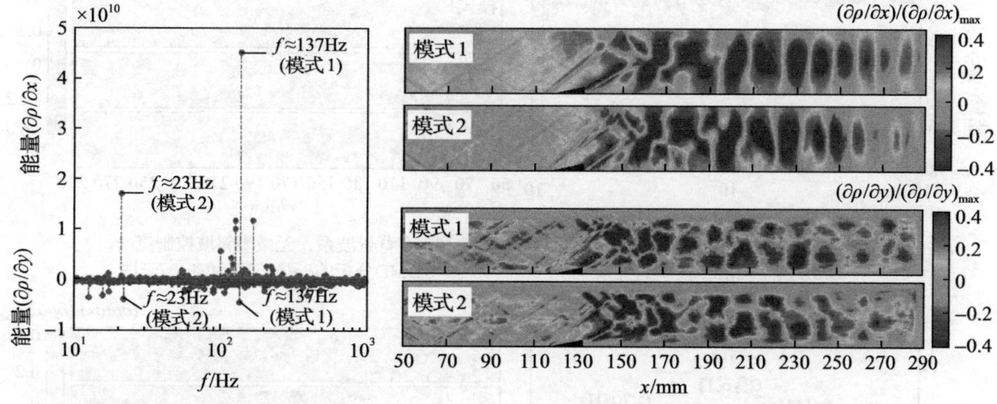

(c) 无背景波系，有微型斜坡控制流场，DMD模态幅值和频率的关系

(d) 无背景波系，有微型斜坡控制流场，DMD分析的$\partial\rho/\partial x$云图和$\partial\rho/\partial y$云图

图 5.38　无背景波系、有无微型斜坡控制流场时 DMD 分析结果(彩图请扫封底二维码)

波结构演化，由于激波串前缘激波及其下游反射激波强度的减弱，激波串中波系强度的衰减变慢，有微型斜坡控制流场出口处波系的 DMD 模态幅值要显著大于无微型斜坡控制流场中的。

图 5.39 为有背景波系干扰下，有无微型斜坡控制流场的 DMD 分析结果。提取 DMD 模态能量最大的前三个模态进行分析。如图 5.39(a)、(b)所示，在无微型斜坡控制流场中，激波串前缘激波中存在一道较长的马赫杆结构，激波串前缘激波下游的反射激波均呈现伪正激波结构，由于下游的反射激波强度较大，随着向下游发展，反射激波强度迅速衰减。如图 5.39(c)和(d)所示，有微型斜坡控制下，激波串流场中的激波结构由伪正激波被修正为斜激波，激波强度降低，随着流动向下游发展，反射激波强度的衰减变慢，超声速核心流动的收缩也变缓，更多高总压、高速流体发展到通道下游。相比于无背景波系干扰下的控制流场，在

有背景波系流场中，合理地布置微型斜坡位置，使得微型斜坡产生的波系结构与背景波系相互补充，共同修正流场中的激波串结构。可以看到，此时激波串前缘激波下游的反射激波被修正为更多道斜激波，这样一来，由伪正激波带来的总压损失、边界层增厚等负面效应都得到了抑制。

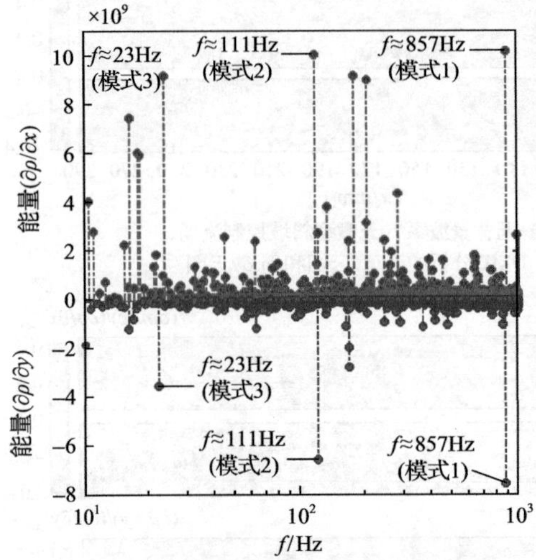

(a)有背景波系，无微型斜坡控制流场，DMD模态幅值和频率的关系

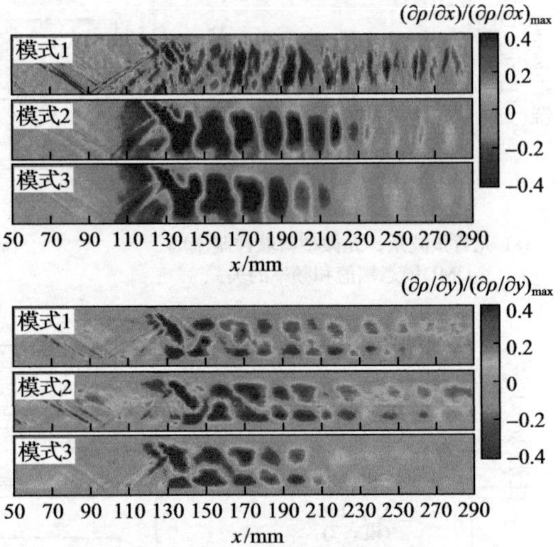

(b) 有背景波系，无微型斜坡控制流场，DMD分析的$\partial\rho/\partial x$云图和$\partial\rho/\partial y$云图

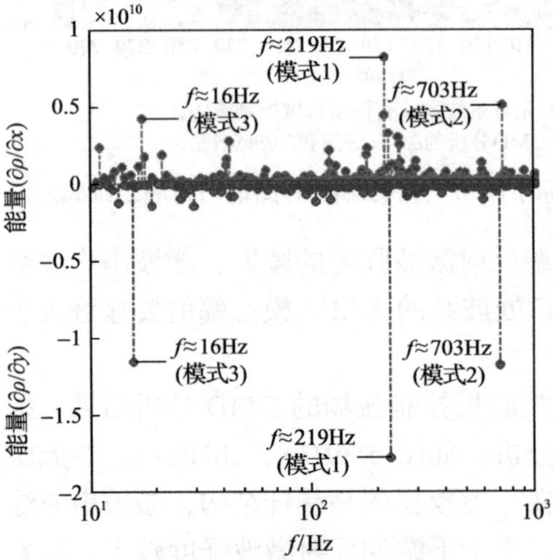

(c) 有背景波系，有微型斜坡控制流场，DMD模态幅值和频率的关系

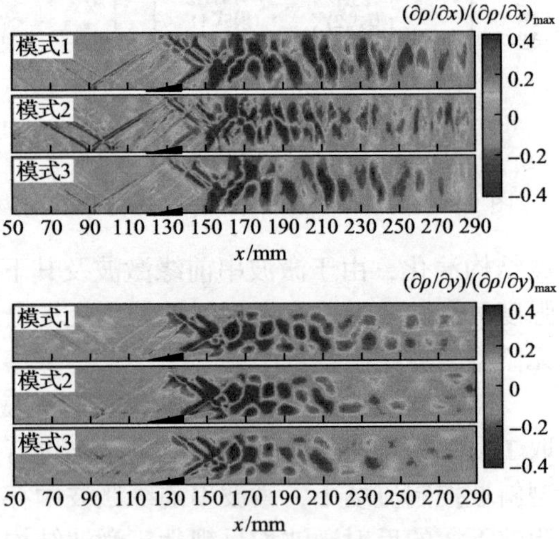

(d) 无背景波系，有微型斜坡控制流场，DMD分析的$\partial\rho/\partial x$云图和$\partial\rho/\partial y$云图

图 5.39　有背景波系干扰、有无微型斜坡控制流场时 DMD 分析结果

基于对控制流场中激波串结构、压力波动和激波串振荡的认识，比较了两种

控制机制下激波串的结构和振荡，如图 5.40 和表 5.4 所示。微型斜坡主要依靠其产生的尾迹和波系结构控制激波串，两个控制结构之间的边界取决于波系结构向下游延伸的距离。在微型斜坡下游，波系结构没有延伸到的区域，尾迹结构控制着激波串，如图 5.40(a)、(b)所示。尾迹结构诱导激波串前缘激波的激波足向上游偏移，减小激波串前缘激波的激波角，将激波串前缘激波中的马赫反射修正为规则反射。随着激波串前缘激波结构的改变，整个激波串的结构、参数分布和振荡都发生了显著变化。当没有施加微型斜坡控制时，由于两道前缘激波发生马赫反射，伪正激波存在于前缘激波的下游流场中；在控制流场中，由于激波串前缘激波中的马赫杆被缩短甚至消除，激波串前缘激波下游的反射激波中出现了斜激波。由于激波强度的降低，由激波入射导致的边界层增厚变缓，超声速核心流动的收缩被抑制，更多高总压、高压、高速流体得以进一步向下游发展。然而，超声速区域越大，激波串振荡越剧烈，在更大的区域内产生更强的压力波动。尾迹结构还会削弱边界层的抗反压能力，促进激波串向上游运动。

当激波串进入由微型斜坡产生的波系结构(压缩波+膨胀波+再压缩波)范围内时，波系结构控制着激波串，如图 5.40(c)、(d)所示。膨胀波有效地缩短或消除了激波串前缘激波中的马赫杆结构，由于激波串前缘激波的修正，激波串前缘激波下游的反射激波从伪正激波演化为斜激波。激波强度的降低可以延缓激波入射引起的边界层增厚和超声速核心流动的收缩，使得更多高总压、高压、高速流体得以进一步向下游发展。同时，由微型斜坡产生的压缩波有效地抑制了激波串

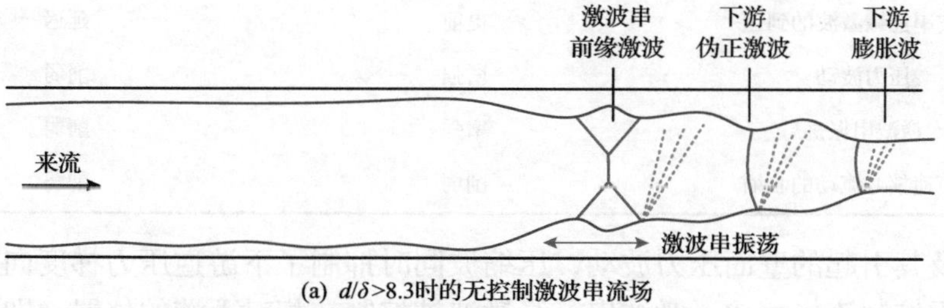

(a) $d/\delta>8.3$时的无控制激波串流场

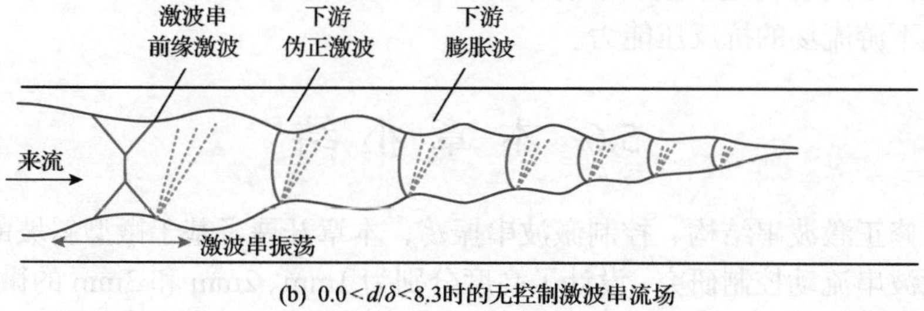

(b) $0.0<d/\delta<8.3$时的无控制激波串流场

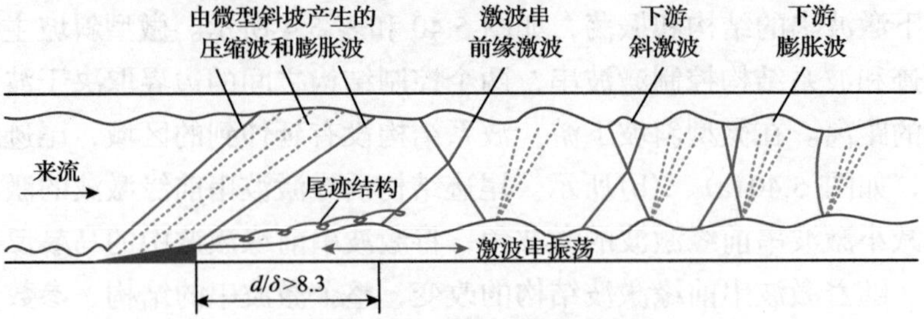

(c) 由微型斜坡产生的尾迹结构的控制机制

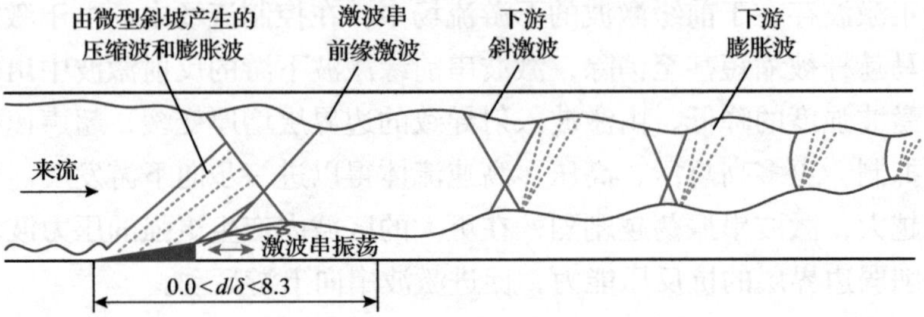

(d) 由微型斜坡产生的波系结构的控制机制

图 5.40 由微型斜坡产生的尾迹结构和波系结构的控制机制

表 5.4 不同控制距离下的控制机制比较

	$d/\delta > 8.3$	$0.0 < d/\delta < 8.3$
控制结构	尾迹结构	波系结构
结构修正	马赫反射→规则反射	马赫反射→规则反射
激波串前缘激波的到达	提前	延迟
压力波动	增强	削弱
激波串振荡	增强	削弱
超声速核心流动的收缩	削弱	削弱

的振荡及其引起的壁面压力波动，压缩波同时抑制了下游逆压力梯度向上游的传播。与无控制流场相比，激波串前缘激波被控制在相对下游的位置，即微型斜坡提高了其下游流场的抗反压能力。

5.6 本 章 小 结

为了修正激波串结构、控制激波串振荡，本章开展了基于微型斜坡的超声速隔离段激波串流动控制研究，设计了高度分别为 1mm、2mm 和 3mm 的微型斜坡，在来流马赫数为 1.85 的超声速隔离段中进行了实验研究。在主流和角区进行高频壁面压力测量，基于圆形、水平和竖直刀口的高速纹影可视化充分揭示激波串结构，利用彩色纹影可视化更好地区分具有不同变量值的区域。隔离段出口使用襟翼线性堵塞流动以获得线性增加的背压，推动激波串从出口逐渐向微型斜坡移动。提取典型实验工况开展数值模拟研究，深化对激波串的微型斜坡控制机理的认识。

微型斜坡控制流场中存在波结构(包括压缩波、膨胀波、再压缩波及它们的反射激波)和沿流向延伸的尾迹结构。随着微型斜坡高度的增加，波结构增强，尾迹结构在垂直于流向方向上抬升。在波结构没有覆盖的下游区域，尾迹结构控制着激波串；当激波串到达波结构时，波结构控制着激波串。尾迹结构诱导激波串前缘激波的激波腿向上游移动，从而导致激波角减小，有效地缩短或消除了激波串前缘激波中的马赫杆。波结构中膨胀波的加速、减压作用有效地缩短或消除了激波串前缘激波中的马赫杆。在无控制流场中，由于激波串前缘激波中存在马赫杆，其下游的反射激波为伪正激波结构，它们的入射导致边界层的快速增厚和超声速核心流动的收缩。微型斜坡将激波串前缘激波处的马赫反射修正为规则反射，导致下游反射激波由伪正激波向斜激波演化，延缓了边界层的增厚和超声速核心流动的收缩。典型实验工况的数值结果表明，在无控制流场中，激波串中的激波导致了较大的总压损失和速度降。在匹配相同出口压力的控制流场中，由激波串导致的总压损失和速度显著降低，更多高总压、高速流体得以向下游发展。

参 考 文 献

[1] Dong X R, Yan Y H, Yang Y, et al. Spectrum study on unsteadiness of shock wave-vortex ring interaction[J]. Physics of Fluids, 2018, 30(5): 056101.

[2] Rybalko M, Babinsky H, Loth E. Vortex generators for a normal shock/boundary-layer interaction with a downstream diffuser[J]. Journal of Propulsion and Power, 2012, 28(1): 71-82.

[3] Lee S, Goettke M K, Loth E, et al. Microramps upstream of an oblique-shock/boundary-layer interaction[J]. AIAA Journal, 2010, 48(1): 104-118.

[4] Panaras A G, Lu F K. Micro-vortex generators for shock wave/boundary layer interactions[J]. Progress in Aerospace Sciences, 2015, 74: 16-47.

[5] Sun D, Guo Q L, Li C, et al. Direct numerical simulation of effects of a micro-ramp on a hypersonic shock wave/boundary layer interaction[J]. Physics of Fluids, 2019, 31(12): 126101.

[6] Sun D, Chen J Q, Li C, et al. On the wake structure of a micro-ramp vortex generator in hypersonic flow[J]. Physics of Fluids, 2020, 32(12): 126111.

[7] Lu F K, Li Q, Liu C Q. Microvortex generators in high-speed flow[J]. Progress in Aerospace Sciences, 2012, 53: 30-45.

[8] Burton D M F, Babinsky H. Corner separation effects for normal shock wave/turbulent boundary layer interactions in rectangular channels[J]. Journal of Fluid Mechanics, 2012, 707: 287-306.

[9] Wang B, Liu W D, Zhao Y X, et al. Experimental investigation of the micro-ramp based shock wave and turbulent boundary layer interaction control[J]. Physics of Fluids, 2012, 24(5): 055110.

[10] Ford C W P, Babinsky H. Micro-ramp control for oblique shock wave/boundary layer interactions[C]. The 37th AIAA Fluid Dynamics Conference and Exhibit, Miami, 2007.

[11] Anderson B H, Tinapple J, Surber L. Optimal control of shock wave turbulent boundary layer interactions using micro-array actuation[C]. The 3th AIAA Flow Control Conference, San Francisco, 2006.

[12] Holden H, Babinsky H. Effect of microvortex generators on seperated normal shock/boundary layer interactions[J]. Journal of Aircraft, 2007, 44(1): 170-174.

[13] Verma S B, Chidambaranathan M. Transition control of Mach to regular reflection induced interaction using an array of micro ramp vane-type vortex generators[J]. Physics of Fluids, 2015, 27(10): 107102.

[14] Barter J W, Dolling D S. Reduction of fluctuating pressure loads in shock/boundary-layer interactions using vortex generators[J]. AIAA Journal, 1995, 33(10): 1842-1849.

[15] Yan W H, Tian J Q, Sun Z Z, et al. Numerical study of shock wave boundary layer interaction flows using a novel turbulence model[J]. Physics of Fluids, 2024, 36(5):055122.

[16] Liu H L, Li Q, Chen W F, et al. On the shock wave boundary layer interaction in slightly rarefied gas[J]. Physics of Fluids, 2024, 36(2): 026115.

[17] Sofos F, Drikakis D, Kokkinakis I W, et al. A deep learning super-resolution model for turbulent image upscaling and its application to shock wave-boundary layer interaction[J]. Physics of Fluids, 2024, 36(2): 025117.

[18] Zhou Y Y, Zhao Y L, He G, et al. Study on the separation in the shock wave/boundary layer interaction induced by a curved fin[J]. Physics of Fluids, 2023, 35(7): 076106.

[19] Yuan T F, Zhang P J Y, Liao Z M, et al. Effects of inflow Mach numbers on shock train dynamics and turbulence features in a backpressured supersonic channel flow[J]. Physics of Fluids, 2024, 36(2): 026126.

[20] Liang S, Guo M M, Tian Y, et al. Research on intelligent active disturbance rejection control algorithm for shock train leading edge of dual-mode scramjet[J]. Physics of Fluids, 2024, 36(1): 015013.

[21] Yu H, Tan H J, Li X, et al. Analysis of shock train leading shock structure under oscillatory backpressure[J]. Physics of Fluids, 2023, 35(6): 061706.

[22] Ji Y, He M S, Huang X B, et al. Influence of the rising rate of backpressure on the upstream motion characteristics of the shock train in a scramjet isolator[J]. Physics of Fluids, 2023, 35(4): 041708.

[23] Sethuraman V R P, Yang Y, Kim J G. Interaction of shock train with cavity shear layer in a

scramjet isolator[J]. Physics of Fluids, 2023, 35(3): 036111.

[24] Giepman R H M, Schrijer F F J, van Oudheusden B W V. Flow control of an oblique shock wave reflection with micro-ramp vortex generators: Effects of location and size[J]. Physics of Fluids, 2014, 26(6): 066101.

编 后 记

“博士后文库”是汇集自然科学领域博士后研究人员优秀学术成果的系列丛书。“博士后文库”致力于打造专属于博士后学术创新的旗舰品牌，营造博士后百花齐放的学术氛围，提升博士后优秀成果的学术影响力和社会影响力。

“博士后文库”出版资助工作开展以来，得到了全国博士后管委会办公室、中国博士后科学基金会、中国科学院、科学出版社等有关单位领导的大力支持，众多热心博士后事业的专家学者给予积极的建议，工作人员做了大量艰苦细致的工作。在此，我们一并表示感谢！

“博士后文库”编委会